配套多媒体视频教学光盘使用说明

本书部分精彩案例多媒体教学课程

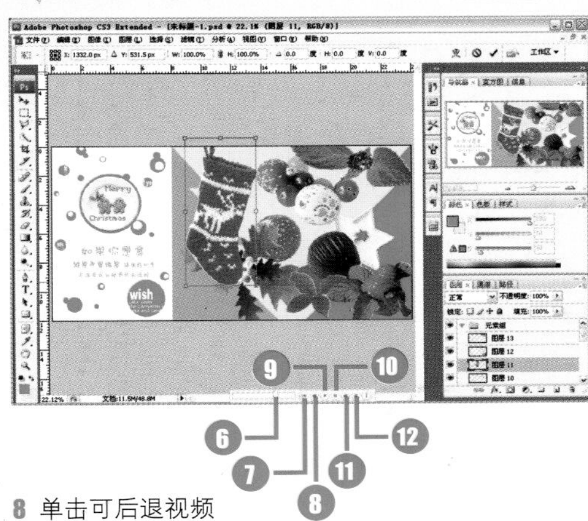

1 单击可弹出下级菜单
2 单击可打开书中实例相应的视频文件
3 单击可查看光盘说明
4 单击可打开书中实例的素材和源文件
5 单击可退出光盘主界面
6 拖动控制条滑块可调整播放进度
7 单击可重新开始播放视频
8 单击可后退视频
9 单击可播放视频
10 单击可暂停视频播放
11 单击可快进视频
12 单击可退出视频播放窗口

超值附赠22堂Photoshop基础操作多媒体教学课程

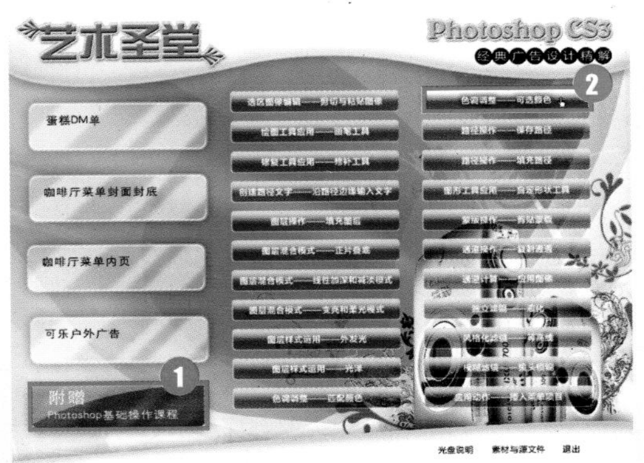

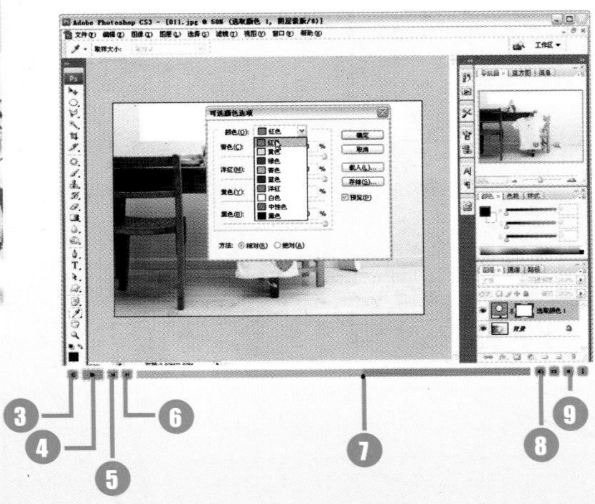

1 单击可弹出下级菜单
2 单击可打开Photoshop基础操作视频文件
3 单击可重新开始播放视频
4 单击可播放/暂停视频
5 单击可后退视频
6 单击可快进视频
7 拖动控制条滑块可调整播放进度
8 单击可打开/关闭声音
9 单击可退出视频播放窗口

Part 01 食品广告

1.3 可乐海报 P004

本实例主要运用了选择工具、渐变工具、画笔工具等，通过合理的排版，以及图层混合模式的运用达到理想的效果。

1.4 可乐户外广告 P015

本实例主要运用了自定义图形工具、画笔工具等，通过简单的渐变，以及图层的不同透明度设置达到理想的效果。

2.3 咖啡厅菜单封面封底 P028

本实例主要运用了图层剪贴、图层样式等功能，通过滤镜纹理和图层样式的运用，达到立体生动的效果。

2.4 咖啡厅菜单内页 P044

本实例主要运用了图层剪贴蒙版，文字工具，以及图层的不同透明度等，通过合理的排版达到和谐的视觉效果。

3.4 蛋糕DM单

P067

本实例主要运用了画笔工具、文字工具，以及图层的不同透明度等。通过合理的排版达到和谐的视觉效果。

3.3 蛋糕招贴

P056

本实例主要运用了曲线、色阶调整、图层蒙版、描边命令等，通过色彩的强烈对比达到圣诞招贴的理想效果。

4.4 手机户外广告

P098

本实例主要运用了图层模式、路径工具等，通过合理排版使时尚效果更抢眼。

4.3 手机杂志广告

P082

本实例主要运用了图层混合模式、通道选区、画笔工具，路径描边等，通过元素与主体的合理搭配，以及背景的烘托达到理想的效果。

5.3 数码相机杂志广告

P111

本实例主要运用了动感模糊、旋转扭曲、图层渐变、混合模式等，通过图片的和谐处理以及合理的排版，达到动感时尚的杂志广告效果。

5.4 数码相机户外广告

P127

本实例主要运用了渐变工具，图层的不透明度，形状变形等。通过色彩搭配以及空间运用，达到时尚梦幻的户外广告效果。

6.3 电脑杂志广告

P142

本实例主要运用了径向模糊、图层混合模式等，通过图片的和谐处理以及合理的排版，达到动感时尚的杂志广告效果。

6.4 电脑户外广告

P159

本实例主要运用了滤镜工具，图层的不透明度，路径工具等，通过色彩的合理搭配以及空间的合理运用，达到时尚梦幻的户外广告效果。

Part 03 —— 时尚广告

7.3 香水杂志广告 P178

本实例主要运用了钢笔工具、渐变工具、画笔工具，加深减淡工具等，通过香水瓶的质感体现，以及背景的协调配合达到理想的效果。

7.4 香水日历 P193

本实例主要运用了画笔工具、文字工具等，通过通道对人物调整使整体更协调。

8.3 运动品牌户外广告 P207

本实例主要运用了图层混合模式、图层蒙版、画笔工具、阈值设置等，通过背景的烘托以及空间的和谐位置关系表现出运动品牌的流动时尚感。

8.4 运动品牌杂志广告 P220

本实例主要运用了渐变工具，图层的不透明度，形状变形等，通过色彩的合理搭配以及空间的合理运用，达到时尚梦幻的户外广告效果。

P238

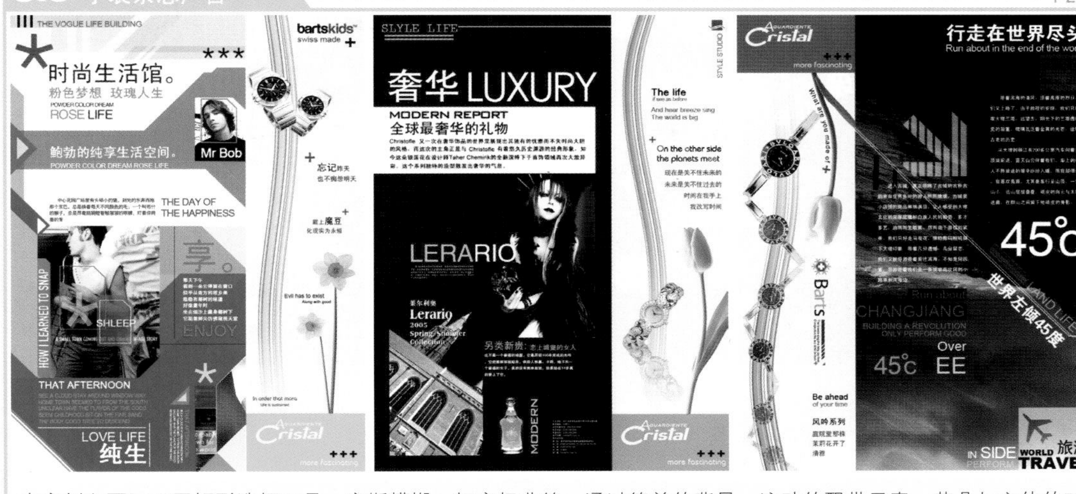

本实例主要运用了矩形选框工具、高斯模糊、切变扭曲等，通过简单的背景，流动的飘带元素，花朵与主体的对比衬托，表现出产品的内在品质。

9.4 手表户外广告

P251

本实例主要运用了画笔工具，色相/饱和度的调整，图层的位置关系等，通过冷色调运用，渲染出梦幻的时空气氛。

10.3 汽车杂志广告 P265

本实例主要运用了渐变工具、钢笔工具、动感模糊等，通过梦幻的背景效果，配合质感的文字表现汽车的时尚气质以及流线的速度感。

10.4 汽车DM单 P281

本实例主要运用了渐变工具、自定义形状工具、图层样式等，通过时尚简单的元素，合理的排版，使整个画面简洁、美观、大方。

Part 04 综合运用

11.3 通信杂志广告 P300

本实例主要运用了渐变工具、图层蒙版，图层样式等，通过时尚彩色的元素与冷色背景的衬托，突出了主体，使中心广告语得到更好的体现。

11.4 通信DM单 P314

本实例主要运用了图层模式、路径工具，文字工具等，通过元素的合理运用，使整体画面饱满，给人强烈的视觉冲击力。

12.3 地产标志制作

P329

本实例主要运用了渐变工具、钢笔工具、图层蒙版等，通过合理的排版，色彩的合理搭配，表现出标志的动感时尚而不失高贵的本质。

12.4 地产报纸广告

P336

本实例主要运用了渐变工具、自定义形状工具，阈值调整等，通过合理的排版，色彩的合理运用，达到理想的报纸广告效果。

12.5 地产户外广告

P356

本实例主要运用了渐变工具、图层蒙版等，通过合理的排版，色彩的对比烘托达到理想的效果。

12.6.1 封面封底制作

P365

本实例主要运用了渐变工具、图层剪贴蒙版等，通过合理的排版，色彩的对比烘托达到理想的效果。

12.6.2 楼书内页制作

P374

本实例主要运用了渐变工具、路径工具、文本工具、画笔工具等，通过合理的排版，色彩的和谐运用，强烈表现出地产楼书内页的时尚感，从侧面衬托出主题：时尚领地，财富之都。

马世旭/编著

Photoshop CS3 经典广告设计精解

科学出版社
北京科海电子出版社
www.khp.com.cn

内 容 简 介

本书全面讲解了Photoshop CS3与平面广告设计有关的各项技术，在注重最终效果的基础上，充分表现广告的视觉冲击力。全书分为4个部分，共12章，通过市面上最火热的可乐广告、咖啡厅菜单设计、蛋糕广告、手机广告、数码相机广告、电脑广告、香水广告、运动品牌广告、手表广告、汽车广告、通信广告、地产广告共12类极具代表性的平面广告设计领域的精彩案例，详细介绍了使用中文版Photoshop CS3制作平面广告的具体过程，以及Photoshop中的图层、蒙版、通道等重要知识点与平面广告设计的必然联系。

本书从广告的构思策划入手，逐步深入讲解效果图的具体实现过程。在每一章中都分为多个步骤讲解，层次清晰，由易而难，由浅入深，使读者能够全面了解和掌握平面广告设计的构思方法与制作技巧。

本书配套光盘中提供了全书所有案例的最终效果图源文件与素材文件。值得一提的是光盘中不仅为读者提供了书中部分精彩案例的多媒体教学视频，另外还超值赠送了一套Photoshop CS3基础操作的多媒体教学视频。

本书既可以让Photoshop初学读者轻松上手，同时也适用于具有一定专业水平的Photoshop读者，以及从事平面广告设计等工作的相关从业人员。相信通过本书的学习，读者的Photoshop操作技能和广告设计功力都将极大的提高。

图书在版编目（CIP）数据

艺术圣堂——Photoshop CS3经典广告设计精解/马世旭编著.—北京：科学出版社；北京科海电子出版社，2008
ISBN 978-7-03-020685-5

Ⅰ.艺… Ⅱ.马… Ⅲ.广告－计算机辅助设计－图形软件，Photoshop CS3 Ⅳ.J524.3-39

中国版本图书馆CIP数据核字（2008）第183044号

责任编辑：俞凌娣 / 责任校对：张丽娜
责任印刷：科 海 / 封面设计：ANTONIO

科学出版社 出版
北京东黄城根北街16号
邮政编码：100717
http://www.sciencep.com

北京市雅彩印刷有限责任公司

科学出版社发行 各地新华书店经销

*

2008年2月第一版 开本：16开
2008年7月第二次印刷 印张：25.5
印数：4001~6000 字数：620千字

定价：76.00 元（含1DVD价格）
（如有印装质量问题，我社负责调换）

前言

在信息高速发展的当今社会，广告已经成为人们生活的一部分。广告除了在视觉上给人一种美的享受外，更重要的是在向广大的消费者传达一种信息，一种理念。因此在平面广告设计中，不单单要注重表面视觉上的美观，更应该考虑信息的准确传达。

Adobe公司出品的Photoshop CS3软件是当前功能最强大的图形图像处理软件，主要应用于平面设计和图像处理等方面，也是目前全世界范围使用最广，用户群最多的图像图像处理软件之一。本书精挑细选了一些极具代表性的平面广告设计实例，来向读者介绍Photoshop CS3的各种操作技能和平面广告设计知识。

本书特点

- **典型行业案例精选** 本书采用实例贯穿全书的方法，安排了食品广告、数码产品广告、时尚广告、综合运用4大部分内容，其中包括了可乐广告、手机广告、香水广告、房地产广告等实用商业案例。
- **行业知识与流程尽在掌握** 本书每章都分为产品广告分析、策划方案、实例制作和后期运用4个部分，完整再现了广告设计的实际流程，同时在整体上保证了本书的技术性和可实施性。另外，在学习制作广告的同时，还加入了大量的色彩搭配、版式设计、纸张规格、数码打样等方面的内容，使读者能在掌握本书所讲内容的同时，了解到更多相关领域的知识。
- **时尚前沿的设计创意体现** 创意在生活中无处不在，广告创意是广告人对广告创作对象进行的创造性思维活动，广告富有创意才能更好地发挥广告效应。本书中的广告主要从市场出发，在讲求广告创意的同时也注重商业效果。
- **轻松易学的编写方法** 本书在图片上添加了丰富的操作引导性标注和详细的颜色值标示，使读者理解起来更加轻松，操作更加流畅。同时本书采用新颖的图文双栏的排版风格，左边为操作步骤，右边为图片信息，更加符合视觉流程，增加读者学习的兴趣。
- **全面专业的技术水平** 本书在设计制作不同广告时使用了不同方法，从较为基础的选区创建，到使用钢笔工具绘制不同形态的路径，再到能暂时隐藏的蒙版和较为高级的通道技术都逐步深入地进行讲解。通过学习，读者不仅能知晓广告的制作方法，更能对Photoshop操作技能有一个全面的了解和提升。

适用对象

本书创意独特，内容丰富，适合平面设计、排版制作等领域的读者，无论是专门从事平面设计的专业人员，还是对Photoshop有浓厚兴趣的爱好者，都可以通过阅读本书迅速提高自己的Photoshop应用水平。

尽管笔者在编写本书的过程中力求准确、完善，但难免会有所疏漏，忠心希望广大读者朋友能给予批评和指正。

编 者

Part 01 食品广告

Chapter 1

Chapter 2

Part 02 数码产品广告

Chapter 5

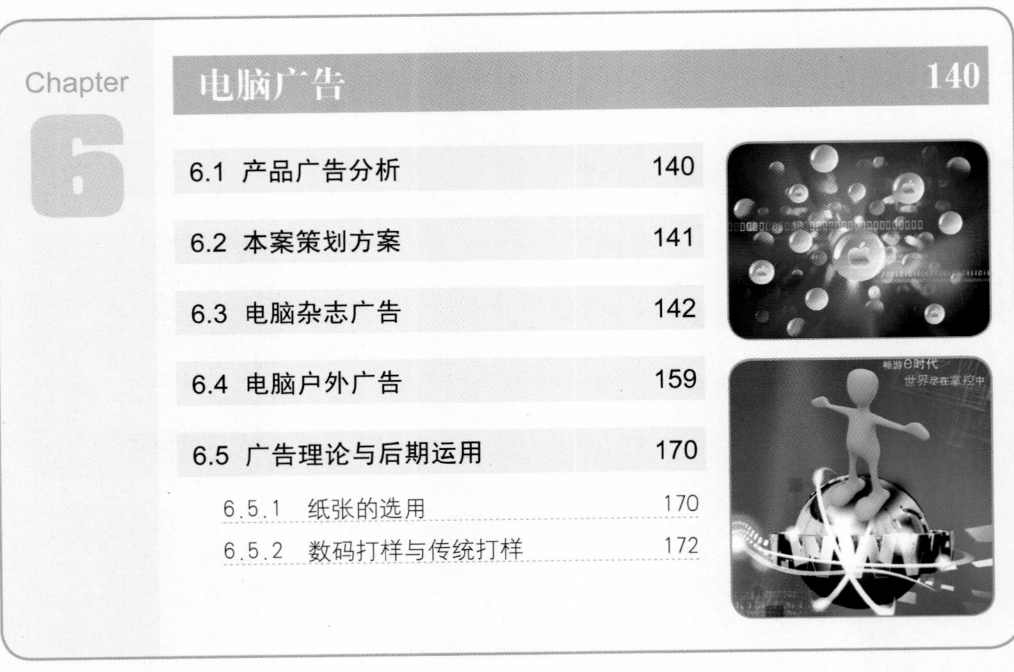

Chapter 6

Part 03 时尚广告

Part 04 综合运用

Chapter 11 通信广告 298

Chapter 12 地产广告 326

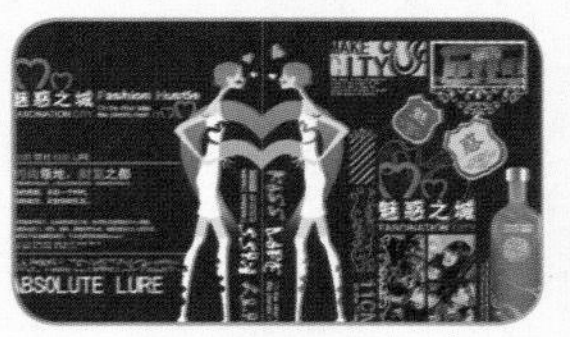

纯真咖啡

感动最深

Part 1 食品广告

食品广告是广告中最为普遍的广告之一，在策划设计食品广告的时候，需要重点考虑表现食品的卫生性、新鲜性、保存性等，同时能用强烈的视觉效果，激发出人们的购买欲望。

本篇主要选择了几种生活中的常见食品，通过强烈的视觉表现力，充分表现出产品的特征。同时加入基本的策划文案、实例的详细操作步骤和后期工艺，给读者全面详尽的讲解食品广告的特征和制作要领。

摩卡咖啡Mocha Coffee
香味强劲、口感甘滑，风味优雅而别具风情　$18

碳烧咖啡Charcoal Roasted Coffee
碳火慢焙而成的咖啡，更增加浓郁、干醇　$18

曼特宁咖啡Mandeling Coffee
具独特香味及热带风味，咖啡因含量较高，提神功能特佳　$18

巴西咖啡Brazilian Coffee
中性咖啡、芳香怡口　$18

哥伦比亚咖啡Colombian Coffee
丰富浓郁、味醇芳香，犹如皇后般高贵　$28

蓝山咖啡Blue Mountain Coffee
香味甘醇，是咖啡中之极品　$28

精致系列
Exquisite Coffee

卡布奇诺咖啡Cappuccino Coffee
咖啡奶油上肉桂飘香　$28

巧克力咖啡Chocolate Coffee
咖啡、鲜奶油、巧克力三种口味的混合，形成一种特殊的香味　$28

Chapter 01 可乐广告

1.1 产品广告分析

可口可乐是可乐产品中的一个大品牌，在广告的策划和定位方面也做得非常到位。广告是可口可乐营销策略的重要组成部分。

众所周知，可口可乐的广告创意表现可谓独树一帜、不同凡响，其广告创意也同样精彩非凡。在同竞争对手的百年广告交锋中，常常好戏迭出。下面是几张可口可乐推出的创意海报，表现出可口可乐别致的独特魅力。

在中国市场营销工作如此出色，不仅和对手品牌不分上下，且与国内饮料企业形成如此大的反差，关键就是在广告宣传的及时性、准确性以及创意性。主要使用的表现手法有以下几种。

1．新人，新鲜

全新的代言人，活力有新鲜感。提出“要爽由自己，炫目个性秀”的新新人类口号，符合年轻人的心理需要，真正提升品牌价值。

2. 新闻，新意

借助明星效应，向消费者传递新的品牌信息，激发年轻人心中的共鸣。富有创意的广告以及别具心意的发布会，吸引媒体关注，增加新闻看点，扩大品牌形象。

1.2 本案策划方案

在明星效益泛滥的今天，本章通过艺术的手法效果来表现出可口可乐的独特魅力。选择了POP售点海报和户外广告两种媒体，直接对可口可乐进行宣传。在售点处充分、合理地利用广告用品，正确地向消费者传递产品信息，可以有效地刺激消费者的购买欲望，从而建立品牌的良好形象。

本章的第一个实例海报招贴，运用了“新鲜”的表现手法，复古而不失华丽的色彩，给人们强烈的视觉冲击力。通过醒目的搭配运用，给人新鲜的视觉感。

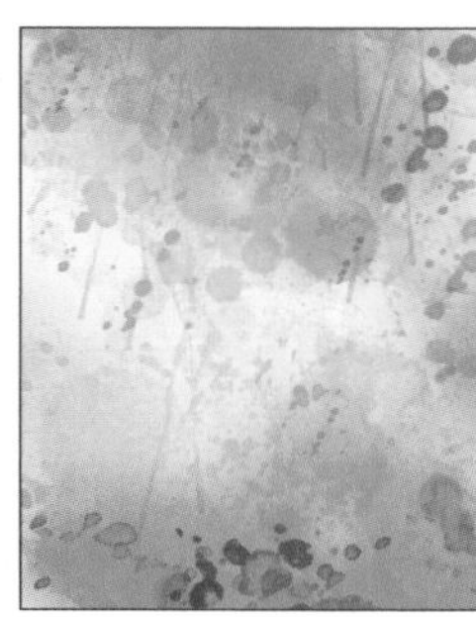
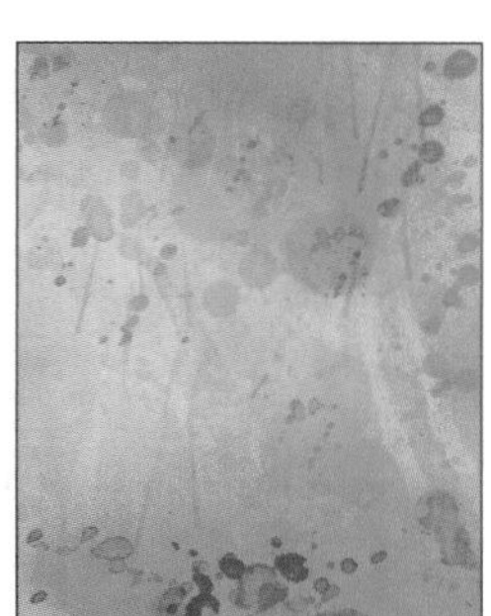

温暖的渐变背景＋高光层和复古的墨点＝复古华丽的背景

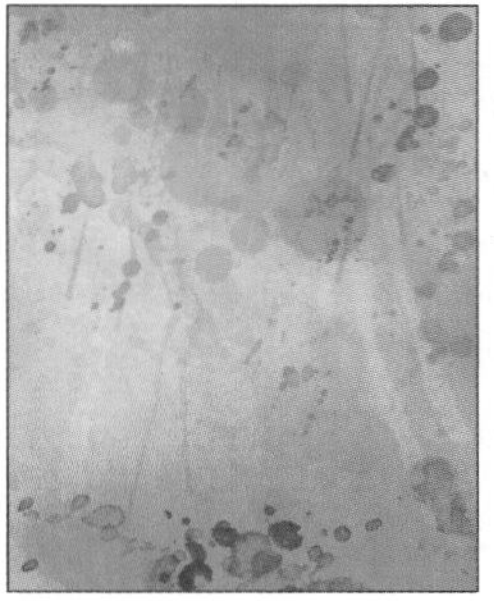

华丽的背景＋合理排版的元素＝冲击力强的海报

本章的第二个实例户外广告，运用了“新意”的表现手法。一个简单的模特，朴实的颜色，却不失现代流行的时尚。

朴实的冷色背景＋活泼的渐变和时尚的元素＝时尚现代感强的户外广告

1.3 可乐海报

文件路径 素材与源文件\Chapter1\01可乐海报\Complete\可乐海报.psd

实例说明 本实例主要运用了选择工具、渐变工具、画笔工具等，通过合理的排版，以及图层的混合模式达到理想的效果。

技法表现 运用复古的艺术风格达到华丽的效果。

难度指数 ★★★★★

01 新建文件

执行“文件>新建”命令，弹出“新建”对话框，在对话框中设置“宽度”为10厘米，“高度”为12.85厘米，“分辨率”为300像素/英寸。单击“确定”按钮，新建一个图像文件。

02 对背景进行渐变填充

选择背景图层，单击渐变工具，在属性栏中单击“径向渐变”按钮，再单击“点按可编辑渐变”按钮，在弹出的“渐变编辑器”对话框中设置渐变颜色，完成后单击“确定”按钮。按住Shift键在图像窗口中从中间到两边拖动出渐变效果。

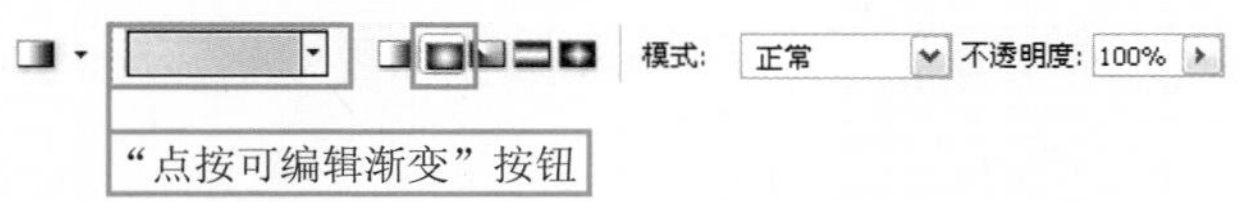

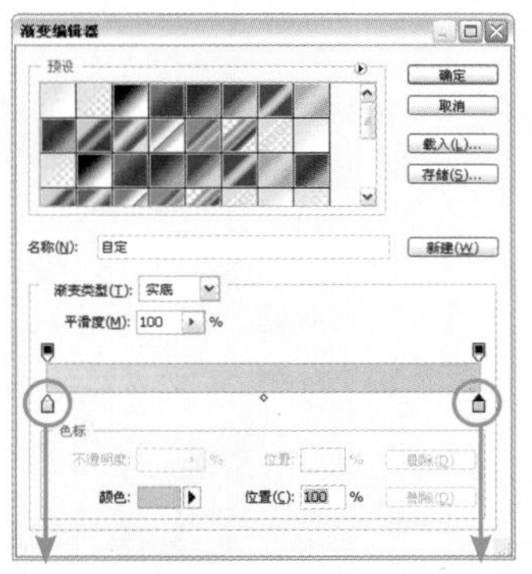

R240、G210、B160　　R250、G180、B50

03 对背景添加红色

单击“创建新图层”按钮，新建图层1。设置前景色为红色。单击画笔工具，设置好画笔大小后，在图层1中进行绘制。最后设置图层1的“不透明度”为85%。

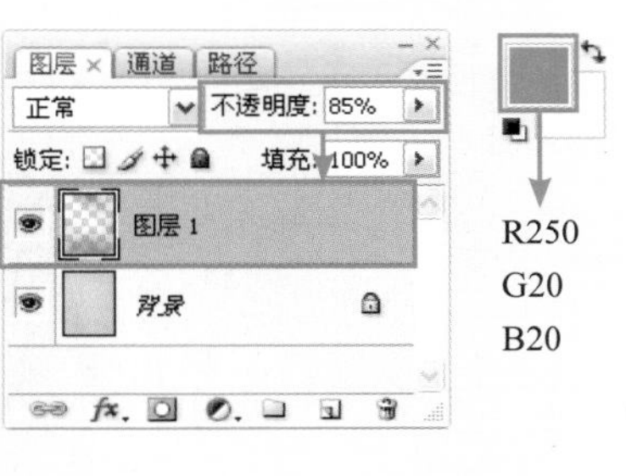

R250
G20
B20

04 对背景添加黄色

新建图层2。设置前景色为黄色，单击画笔工具，在图层2中进行绘制，并在图层面板中设置图层2的“不透明度”为65%。

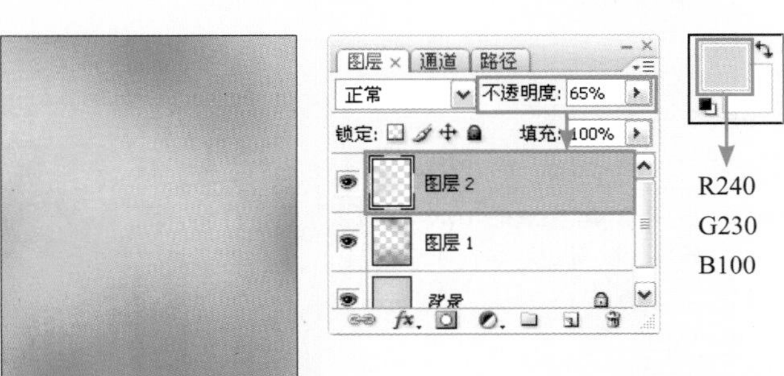

05 打开背景素材文件

执行“文件>打开”命令，选择本书配套光盘中素材与源文件\Chapter1\01可乐海报\Media\002.png文件，单击“打开”按钮打开素材文件。

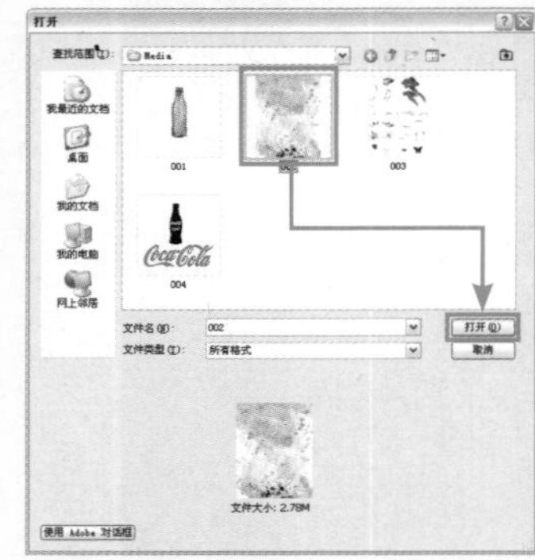

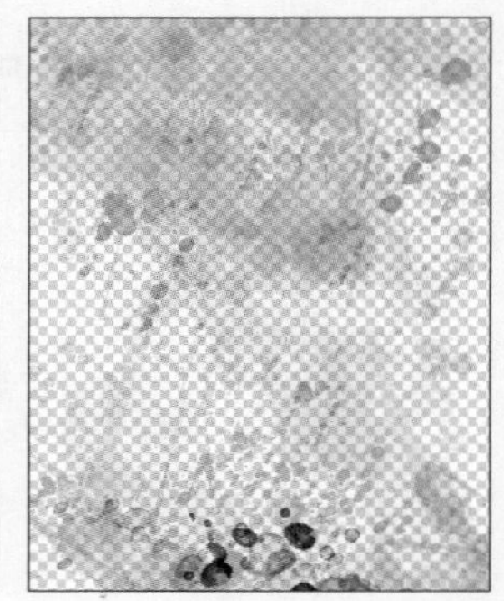

06 移动素材文件

单击移动工具，将此素材图片拖入图中，产生图层3，移动图层3到图层1下面。

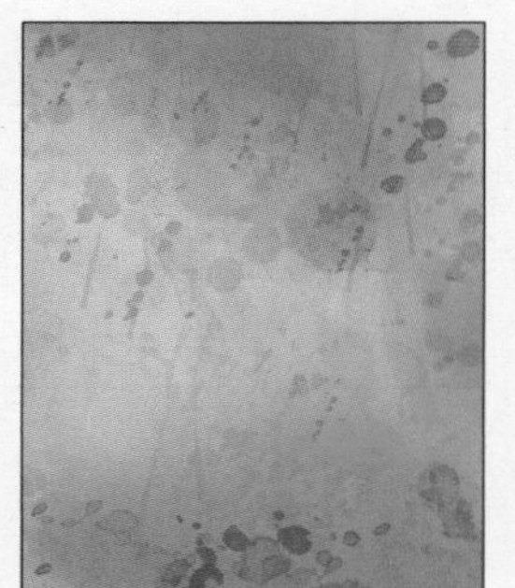

07 打开素材文件

执行“文件>打开”命令，选择本书配套光盘中素材与源文件\Chapter1\01可乐海报\Media\001.png和003.png文件，单击“打开”按钮打开素材文件。

专家支招：在按住Ctrl键的同时，单击需要打开的文件，可以连续选择文件，以便能同时打开文件。

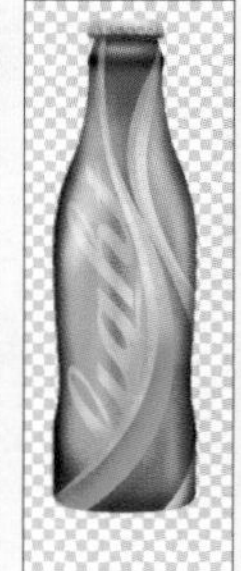

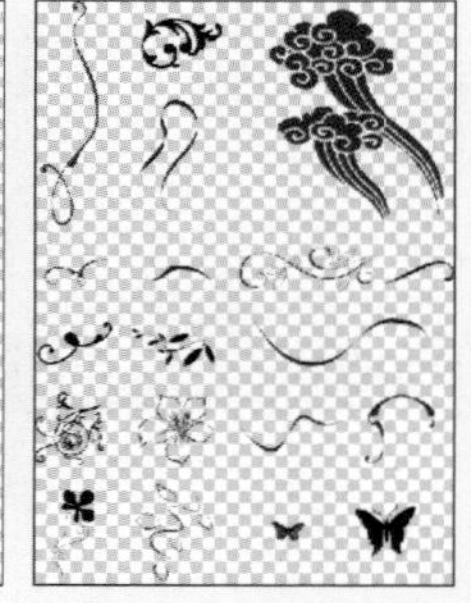

08 移动素材文件

单击移动工具，将可乐瓶素材图片拖入图中为图层4，并将可乐瓶素材放在图像窗口的中间位置。

09 选择并复制元素

单击矩形选框工具，沿"元素云"的边缘创建选区，如图所示，按下快捷键Ctrl+J，得到图层1。

10 移动元素并改变大小

单击移动工具，将图层1拖入文件，得到图层5。按下快捷键Ctrl+T，按住Shift键，等比例改变其大小。

> 专家支招：按住Ctrl键，鼠标对准控制点，可进行斜切、扭曲、透视变形命令。

11 复制图像并水平翻转

按下快捷键Ctrl+J复制图层5，得到图层5副本，按下快捷键Ctrl+T，右击鼠标后在弹出的快捷菜单中选择"水平翻转"命令，按下Enter键确定。按住Shift键，水平移动到相应位置，按下快捷键Ctrl+E向下合并图层。

模式: 正常 不透明度: 100%

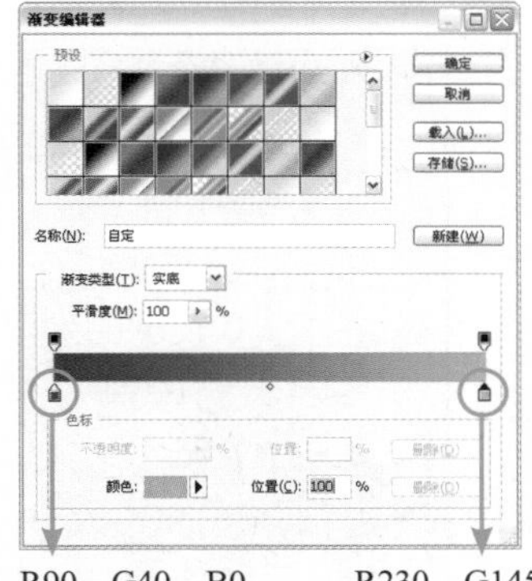

R90、G40、B0　　R230、G145、B0

12 对图像进行渐变填充

按住Ctrl键，选择图层5，载入选区。单击渐变工具，在属性栏中单击"线性渐变"按钮，再单击"点按可编辑渐变"按钮，在弹出的"渐变编辑器"对话框中设置渐变颜色，按住Shift键在选区中从下往上拖动出渐变效果，最后按下快捷键Ctrl+D取消选区。

13 更改图层的混合模式

将图层5的混合模式改为“线性光”，得到加亮的效果。

14 添加花形图案

单击“创建新组”按钮，重命名为“花组”。以同样的方法将元素素材里面的花拖入图中，并适当修改图像的大小。然后单击图层面板中的“锁定透明像素”按钮，设置好前景色后对花形图案进行填充。

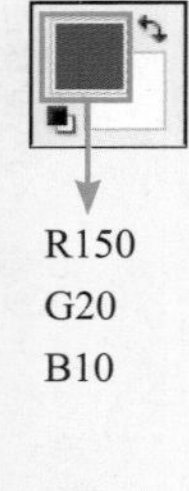

15 复制并改变填充颜色

复制花形图层，并改变大小，放在适合位置。然后修改前景色，按下快捷键Alt+Delete进行填充。

专家支招：在填充前，单击该图层的的“锁定透明像素”按钮，这样就只针对素材图案进行填充。

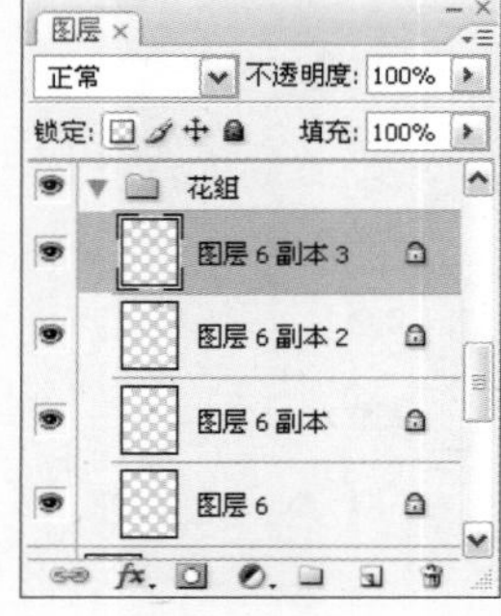

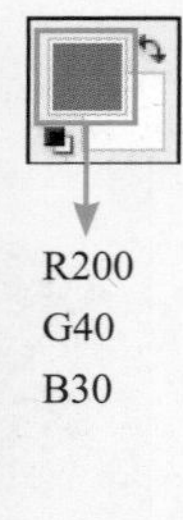

16 创建其他元素组

单击“创建新组”按钮，重命名为“其他元素”。以同样的方法将元素素材里面适当的元素拖入图中，复制适当图层，改变大小，放在适合位置。

17 填充不同的前景色

单击“其他元素”组中需要填充的图层面板中的“锁定透明像素”按钮，然后根据画面效果，设置不同的前景色，按下快捷键Alt+Delete分别对每个图层进行填充。这里提供原图的颜色参考值，读者也可以根据自己的喜好结合效果图来进行填充。

专家支招：对于相同颜色的元素，可使用吸管工具快速选择颜色后，再按下快捷键Alt+Delete进行填充。这样可大大节约时间。

18 创建中间高光部分

单击“创建新组”按钮，重命名为“中间高光部分”。单击移动工具，将元素素材里面的适当元素拖入图中，复制适当图层，改变大小，放在适合位置。

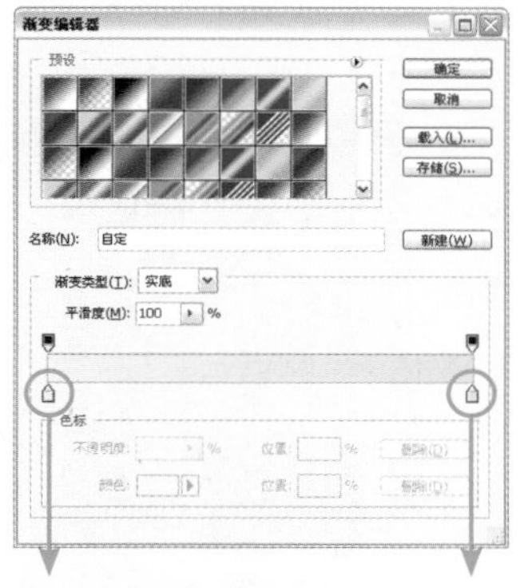

19 填充高光渐变

单击渐变工具，设置如图所示，为高光部分填充渐变，按住Shift键从左到右方向进行填充。得到中间高光部分的效果。

20 创建蝴蝶元素

单击“创建新组”按钮，重命名为“蝴蝶组”。以同样的方法将元素素材里面的蝴蝶元素拖入图中，复制适当图层，改变大小，放在适合位置。选择“蝴蝶组”右击，在弹出的快捷菜单中选择“合并组”命令，合并整个组里的图层到一个图层。

组属性...
复制组...
删除组
取消图层编组
Convert to Smart Object
启用图层蒙版
启用矢量蒙版
链接图层
选择链接图层
选择相似图层
合并组

21 改变蝴蝶颜色

按下快捷键Ctrl+U，弹出“色相/饱和度”对话框，设置“明度”为100，单击“确定”按钮。使黑色的蝴蝶变成白色。

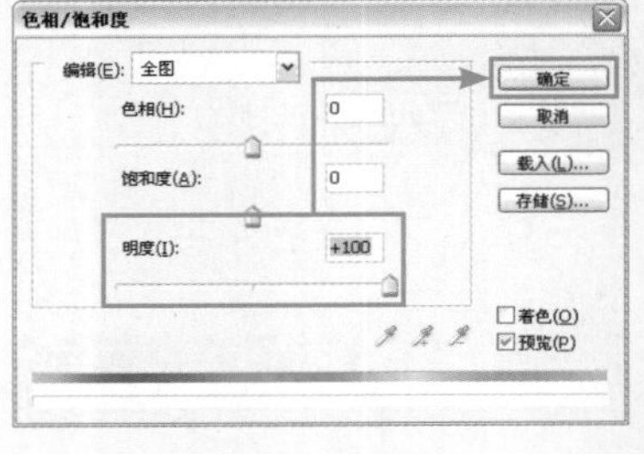

22 更改图层混合模式

复制图层3，得到图层3副本，将它移动到图层组“中间高光部分”的上面，改变图层混合模式为“柔光”，得到光线柔和的背景。

23 更改图层混合模式

复制图层4，得到图层4副本，将它移动到图层3副本的上面，改变图层混合模式为“叠加”，得到瓶身加亮的效果。

24 新建高光图层

新建图层25。设置前景色为黄色色，单击画笔工具，在图层25中瓶身周围进行绘制。完成后，改变图层混合模式为“柔光”，得到瓶身周围高光的效果。

25 拖入标志元素

执行“文件>打开”命令，选择本书配套光盘中素材与源文件\Chapter1\01可乐海报\Media\004.png文件，单击“打开”按钮打开素材文件。单击移动工具，将此标志元素拖入图中为图层26，改变大小放在适当位置。设置前景色为白色，按住Ctrl键选择此图层将其载入选区，按下快捷键Alt+Delete填充颜色。

26 新建文件

按下快捷键Ctrl+N，弹出“新建”文件对话框，设置“宽度”为5厘米，“高度”为5厘米，“分辨率”为300像素/英寸的文件。

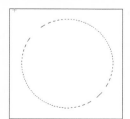

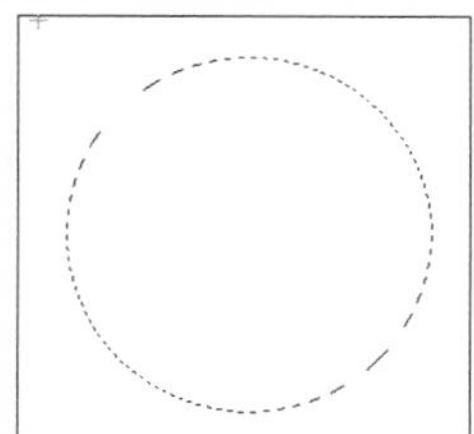

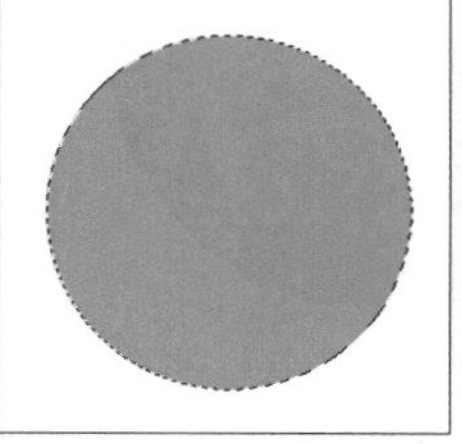

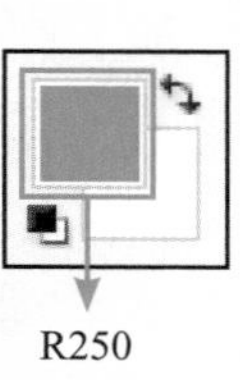

27 创建正圆选区并填充

新建图层1，单击椭圆选框工具，按住Shift键，绘制一个正圆选区。设置前景色为红色，按下快捷键Alt+Delete，对图层1的选区进行填充，保留选区。

28 扩展选区并填充

新建图层2，执行"选择>修改>扩展"命令，弹出"扩展选区"对话框。设置"扩展量"为5像素；设置前景色为黑色，为图层2选区进行填充。

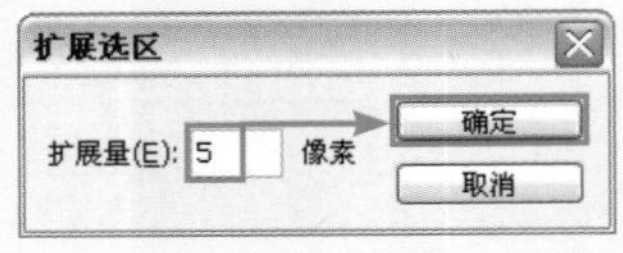

29 移动图层

将图层2移动到图层1的下面，按下快捷键Ctrl+D，取消选区。

专家支招：下移图层的快捷键是Ctrl+[，上移图层的快捷键是Ctrl+]。

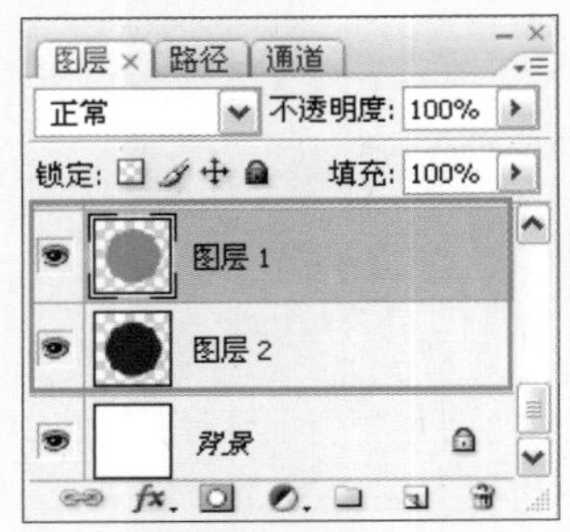

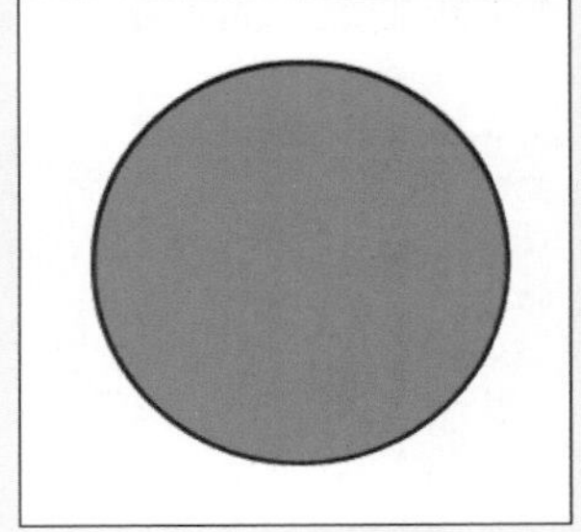

30 创建浮雕图层样式

选择图层1，在图层面板中单击"添加图层样式"按钮，在弹出的快捷菜单中选择"斜面和浮雕"选项，在弹出的图层样式对话框中设置各项参数，完成后单击"确定"按钮。得到斜面的立体感效果。

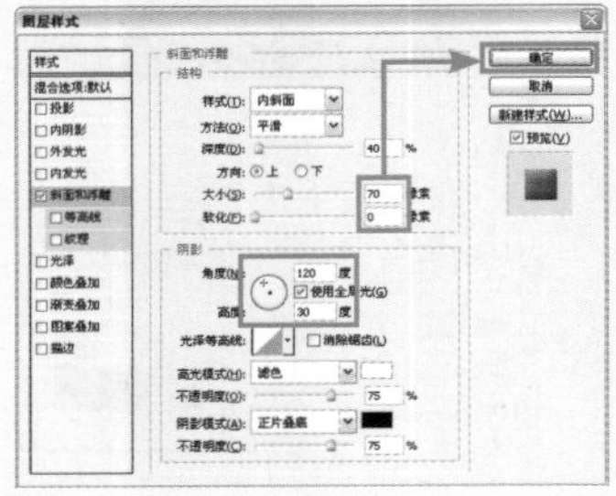

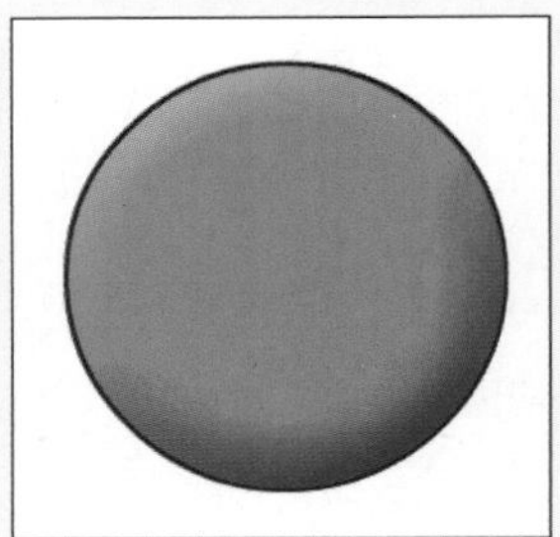

31 绘制高光区域

新建图层3，单击椭圆选框工具，创建1个椭圆选区，设置前景色为白色，对该图层选区进行填充，按下快捷键Ctrl+T，旋转适当角度，移动到适当位置。

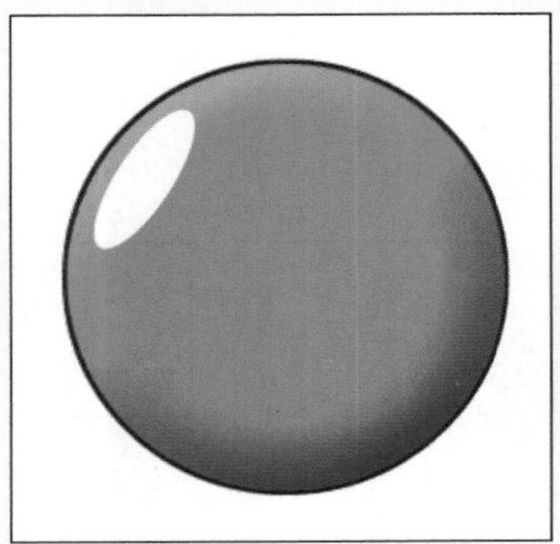

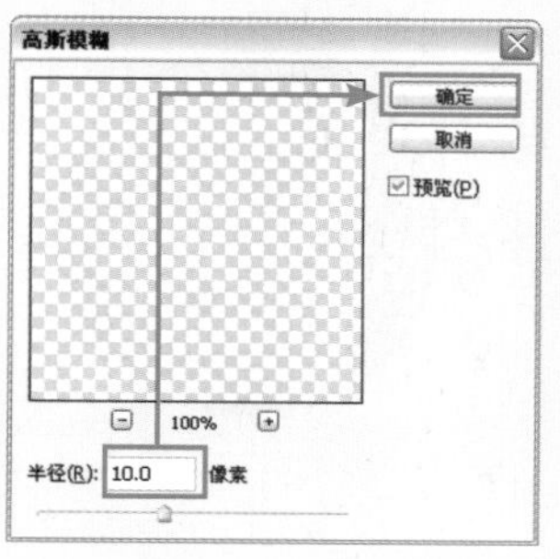

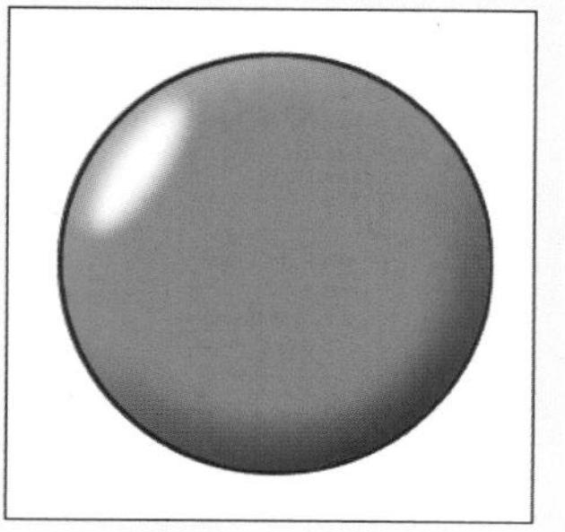

32 对高光进行模糊处理

对图层3执行"滤镜>模糊>高斯模糊"命令，在弹出的对话框中设置"半径"为10像素，得到模糊的高光效果。

33 拖入黑色瓶子素材

将标志素材里面的可乐瓶子拖入文件，按下快捷键Ctrl+T，改变适当大小，旋转适当角度，放在适当位置。

专家支招：按住Shift键时，可以15°的倍数旋转。

R240、G240、B30　R10、G100、B60　R140、G140、B140

34 创建英文文字图层

单击横排文字工具T，在属性栏中单击"显示/隐藏字符和段落调板"按钮，在弹出的"字符和段落"面板中设置各项参数，设置后在图像窗口中输入文字，改变成其他颜色，输入其他文字，并改变其大小，放置到适当位置，效果如图所示。

35 创建中文文字图层

再次输入文字，颜色为白色。按下快捷键Ctrl+T，旋转适当角度，放置在适当位置，效果如图所示。

36 创建文字图层阴影

选择该中文图层，在图层面板中单击“添加图层样式”按钮，在弹出的快捷菜单中选择“投影”选项，在弹出的图层样式对话框中设置各项参数。得到文字的阴影效果。

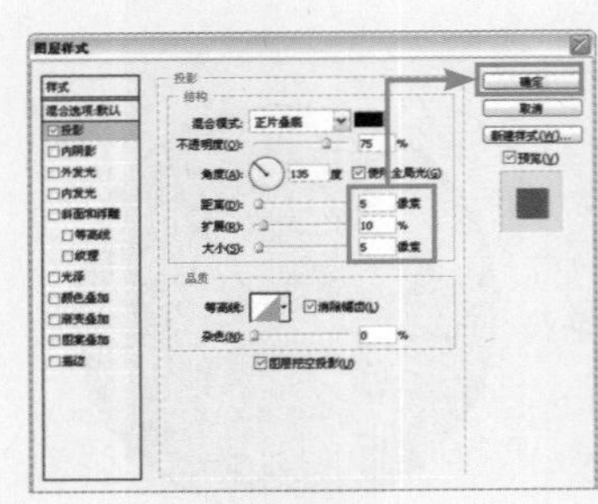

37 合并可见图层

单击背景图层前面的“指示图层可视性”按钮，按下快捷键Shift+Ctrl+Alt+E，合并可见图层，并自动生成新图层5。

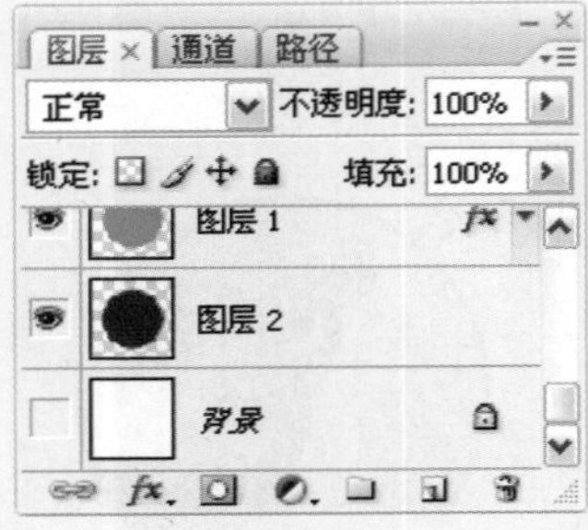

38 整个图标的阴影效果

将图层5拖入制作文件，得到图层27，在图层面板中单击“添加图层样式”按钮，在弹出的快捷菜单中选择“投影”选项，在弹出的图层样式对话框中设置各项参数。得到黑色的阴影效果。本实例完成。

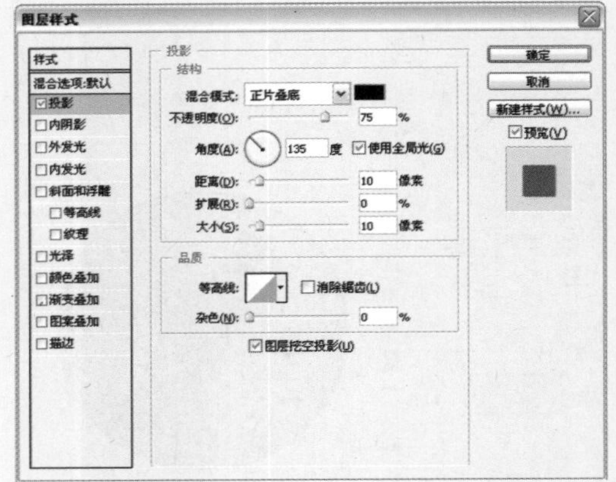

1.4 可乐户外广告

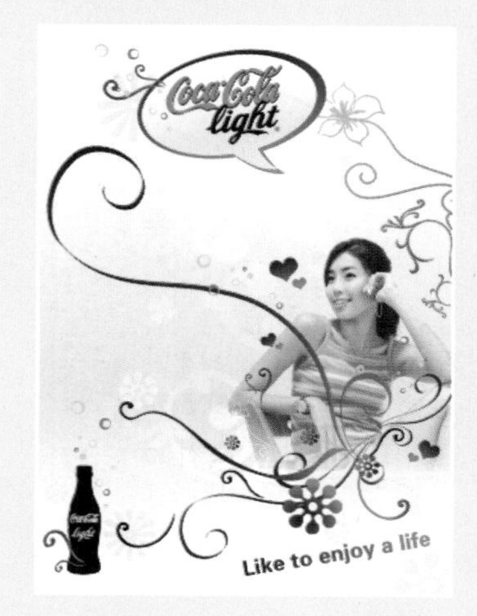

文件路径 素材与源文件\Chapter1\02可乐户外广告\Complete\可乐户外广告.psd

视频路径 视频文件\可乐户外广告\01.swf~02.swf

实例说明 本实例主要运用了自定义图形工具、画笔工具等，通过简单的渐变，以及图层的不同透明度达到理想的效果。

技法表现 运用简单的元素，朴素的颜色制作出时尚的现代主义效果。

难度指数 ★★★★★

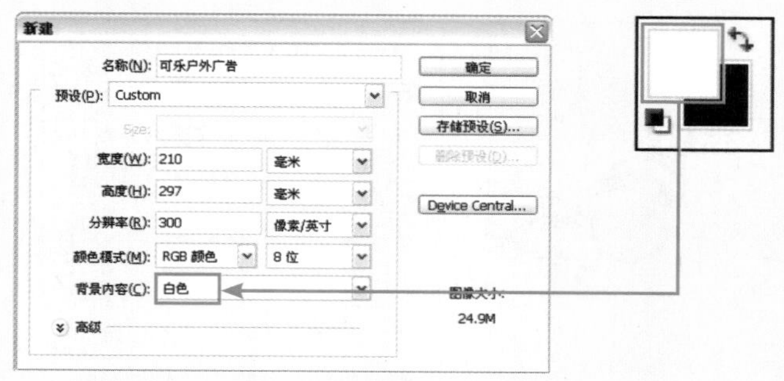

01 新建文件

执行“文件>新建”命令，弹出“新建”对话框，在对话框中设置“宽度”为210毫米，“高度”为297毫米，“分辨率”为300像素/英寸，单击“确定”按钮。

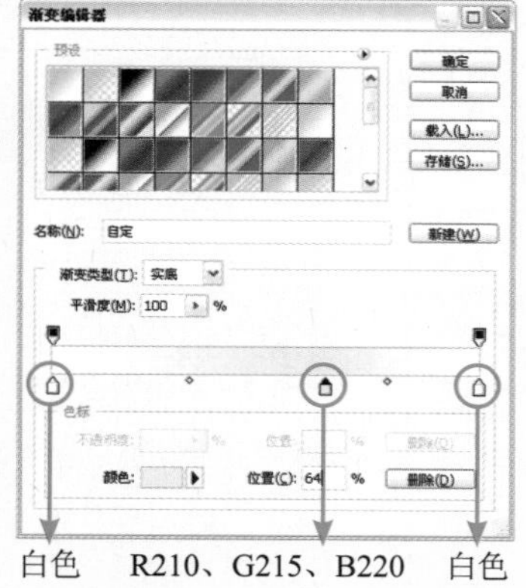

白色　R210、G215、B220　白色

02 对背景进行渐变填充

选择背景图层，单击渐变工具，设置颜色后单击“确定”按钮。按住Shift键在图像窗口中从上到下拖动出渐变效果。

03 打开素材图片

执行“文件＞打开”命令，选择本书配套光盘中素材与源文件\Chapter1\02可乐户外广告\Media\002.png文件，单击“打开”按钮打开素材文件。

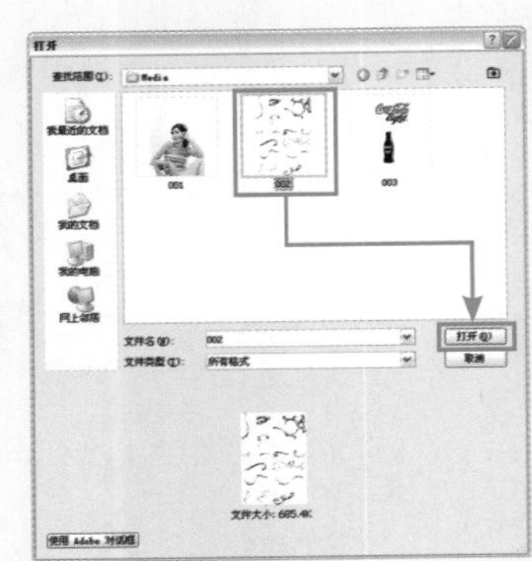

04 选择素材并复制

单击矩形选框工具，沿着“元素花”边缘进行选择，按下快捷键Ctrl+J，得到图层1。

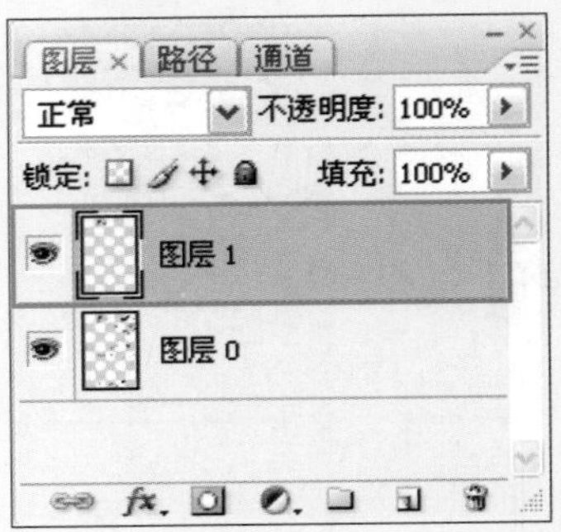

05 拖入素材并复制

单击移动工具，将图层1拖入文件中，得到图层1，按下快捷键Ctrl+T，改变其大小，再次复制图层1，按下快捷键Ctrl+T，改变其大小，右击鼠标在弹出快捷菜单中，选择“水平翻转”，按下Enter键确定。

06 对图层1进行渐变填充

按下快捷键Ctrl+E，向下合并图层，单击“锁定透明像素”按钮。单击渐变工具，设置如图所示。按住Shift键在图像窗口中从下到上拖动出渐变效果。

模式: 正常　不透明度: 100%

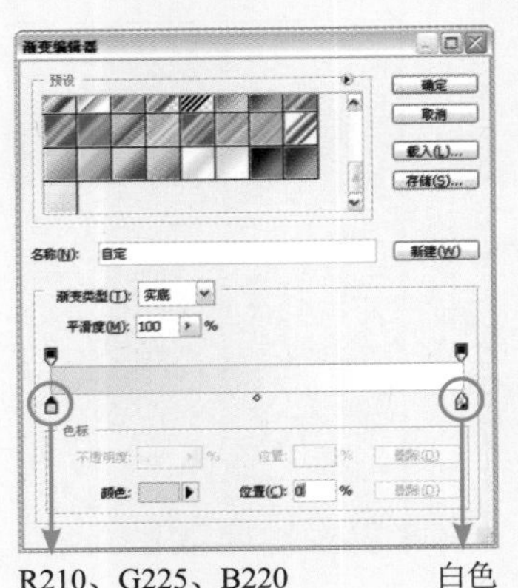

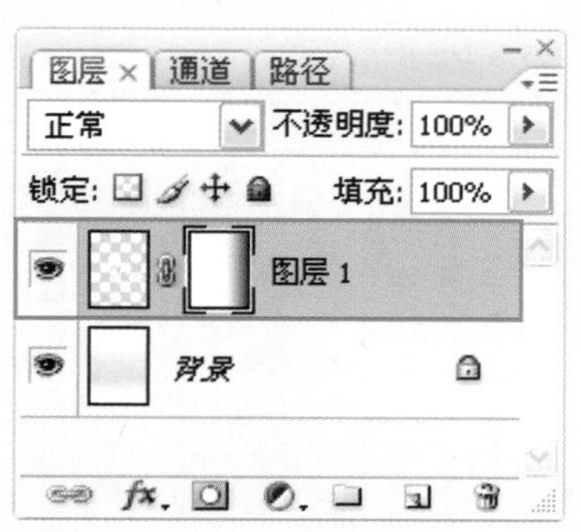

07 创建渐变蒙版

选择图层1，在图层面板中单击“添加图层蒙版”按钮，单击渐变工具，选择“前景色”到“背景色”，单击图层蒙版，按住Shift键，从右到左进行填充。

08 复制图层1

按下快捷键Ctrl+J，快速复制图层1，得到图层1副本，按下快捷键Ctrl+T，改变方向以及大小，调整到合适位置。

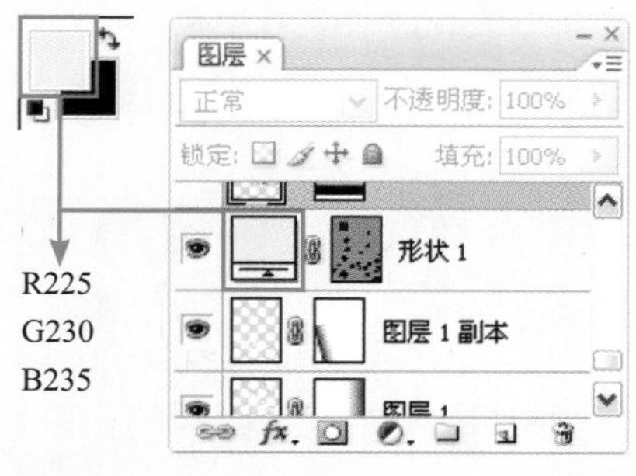

09 添加自定义形状

将前景色设置为灰色，单击自定义形状工具，在属性面板中单击“形状图层”按钮。按住Shift键在适当位置绘制图形。

专家支招：这里可以选择自己喜欢的自定义形状进行绘制。大小根据位置进行适当的调整，协调就好。

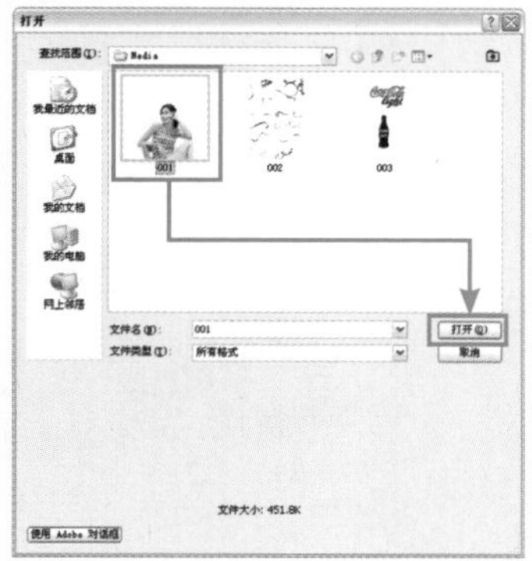

10 打开素材文件

执行“文件＞打开”命令，选择本书配套光盘中素材与源文件\Chapter1\02可乐户外广告\Media\001.jpg文件，单击“打开”按钮打开素材文件。

11 移动元素并改变大小

单击移动工具，将此素材图片拖入图中为图层2。改变适当大小，放在适当位置。单击魔棒工具，设置“容差”为30，勾选“连续”复选框。依次单击图层中白色部分，按下Delete键删除，最后按下快捷键Ctrl+D，取消选区。

12 擦除头发白色部分

单击缩放工具，放大头发局部。单击橡皮擦工具，设置“不透明度”为70%，擦除白色部分。

专家支招：使用画笔或者橡皮擦工具的时候按住Shift键可以直线连接前一个点和后一个点。

13 调整人物色相饱和度

执行“图像>调整>色相\饱和度”命令，在弹出的对话框中勾选“着色”复选框，并设置“色相”为300，“饱和度”为10，然后单击“确定”按钮，得到一个复古的颜色效果。

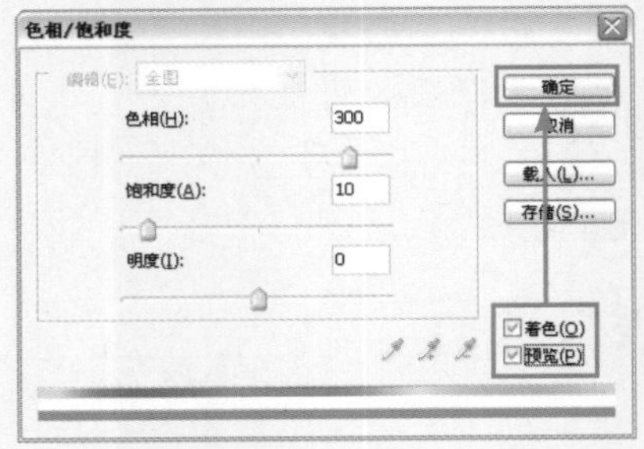

14 添加图层蒙版

选择图层2，在图层面板中单击“添加图层蒙版”按钮，单击渐变工具，选择“前景色”到“背景色”，单击图层蒙版，按住Shift键，从上到下进行填充。

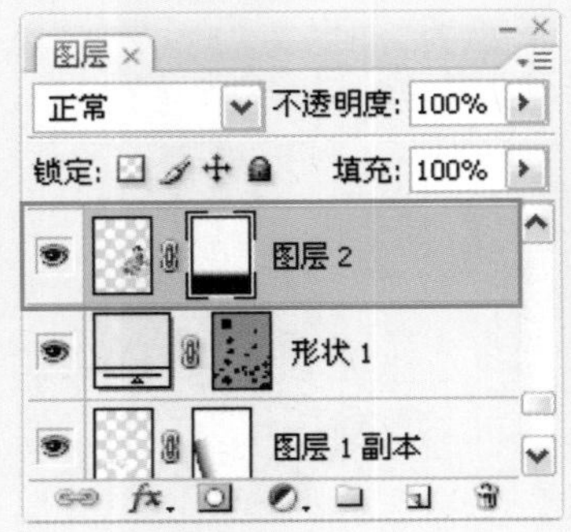

15 添加元素飘带

单击图层面板下方的“创建新组”按钮，重命名为“元素飘带”。用同样的方法将素材元素拖入“元素飘带”组中，按住Alt键，移动元素，可快速复制该元素。按下快捷键Ctrl+T，改变适当大小，旋转适当角度，把元素摆放在适合的位置。

16 给元素飘带填充渐变

单击渐变工具，设置如图所示。选择相应的图层按住Shift键，控制好方向拖动渐变，效果如图所示。

> 专家支招：在填充图层渐变前，单击图层面板上面的“锁定透明像素”按钮。

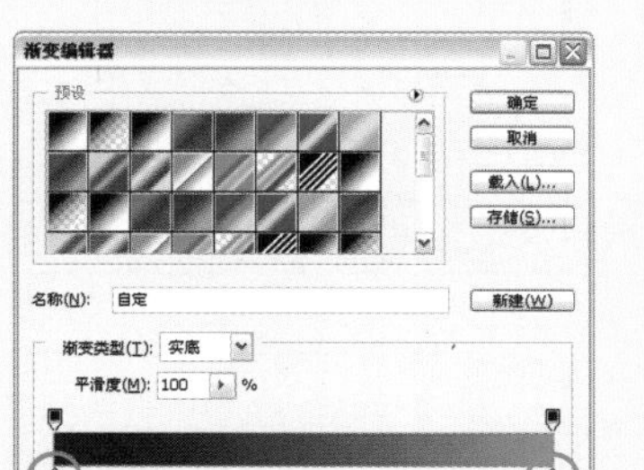

R30、G30、B30　　R250、G10、B10

17 改变上面元素透明度

分别选择图层7和图层7副本，并设置它们的“不透明度”为75%。

18 添加图层蒙版

选择花形元素所在的图层，在图层面板中单击“添加图层蒙版”按钮，单击渐变工具，选择“前景色”到“背景色”，单击图层模板，按住Shift键，从右下角到右上角进行填充。

19 创建心形自定义形状

单击自定义形状工具，在属性面板中单击“路径”按钮。然后在路径面板中单击“创建新路径”按钮，得到路径1，按住Shift键绘制图形。

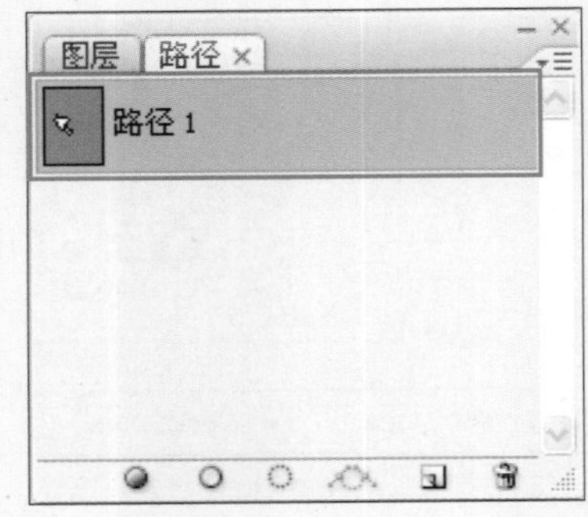

20 为路径填充渐变

新建一个图层，回到路径面，单击“将路径作为选区载入”按钮。单击渐变工具，按住Shift键，由下往上拖动填充渐变。

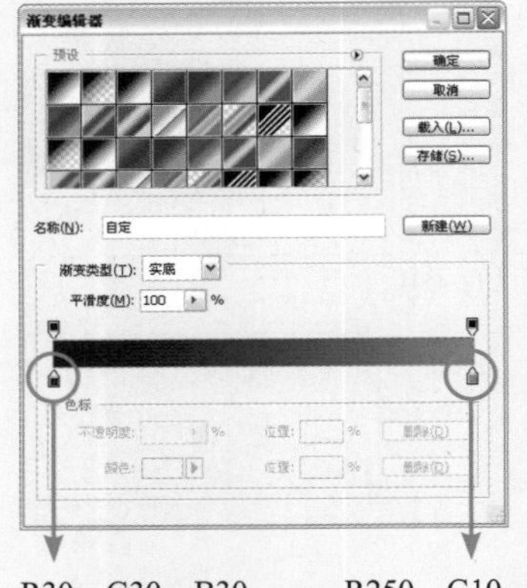

R30、G30、B30　　R250、G10、B10

21 复制并改变心形图层

按下快捷键Ctrl+D取消选区，按下快捷键Ctrl+T，旋转方向，改变大小，并复制多个图层摆放在适当位置。

形状:

22 创建花形自定义形状

选择路径面板，新建路径2。根据同样的方法创建花形路径，并填充相同的渐变。适当改变大小，放在合适位置。

形状:

23 创建对话框图案

新建路径3，根据同样的方法创建一个对话框路径，并填充同样的渐变。

模式: 正常 不透明度: 100%

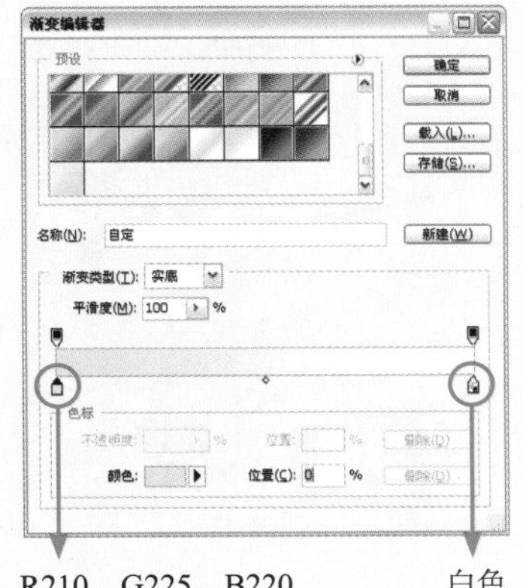

24 美化对话框元素

复制对话框图层，适当缩小，调整到适当位置，单击渐变工具，按住Shift键，由下往上拖动填充渐变。

25 创建文字

单击横排文字工具T，在属性栏中单击“显示/隐藏字符和段落调板”按钮，在弹出的“字符和段落”面板中设置各项参数，颜色为黑色，设置后在图像窗口中输入文字。

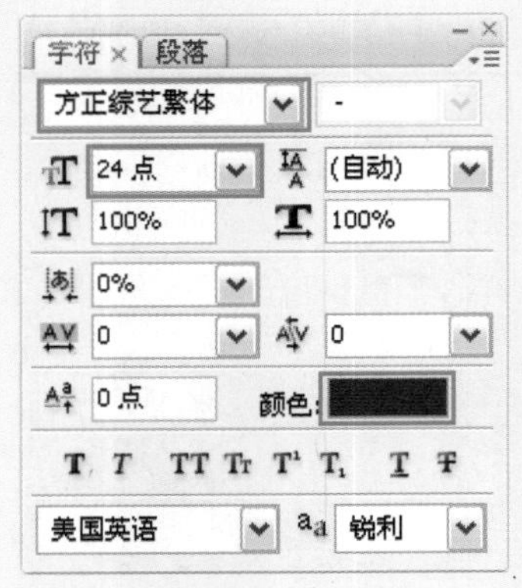

26 为文字填充渐变

选择文字图层，载入选区，再新建一个图层，填充渐变，如图所示。按下快捷键Ctrl+T适当调整角度和大小，并单击原文字图层前面的“指示图层可视性”按钮。

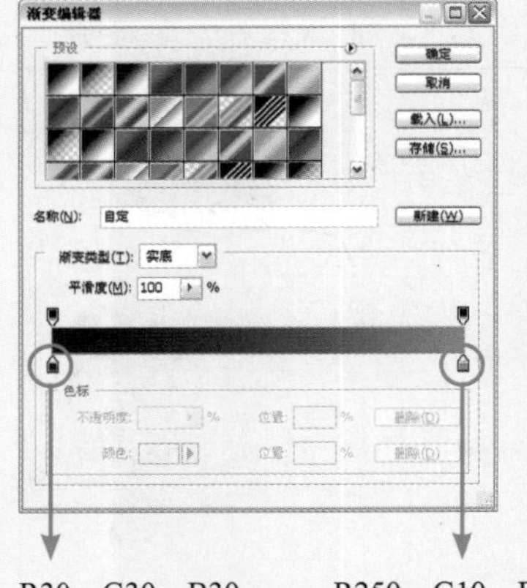

R30、G30、B30　　R250、G10、B10

27 拖入标志素材并调整

打开素材标志，拖入文件中，按下快捷键Ctrl+T做适当调整，放在合适位置。

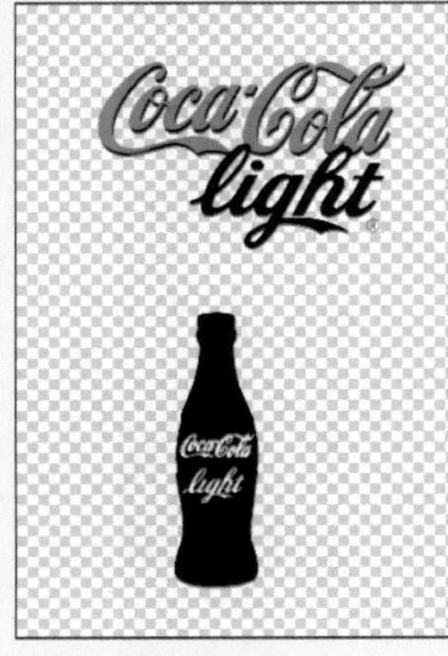

28 添加一些小元素

再次复制元素图层里面的小飘带元素，并将图层顺序移动到图层面板的最上面，放在适当位置。

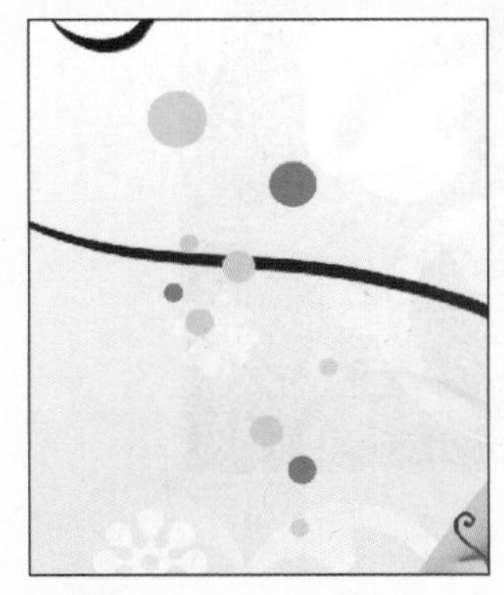

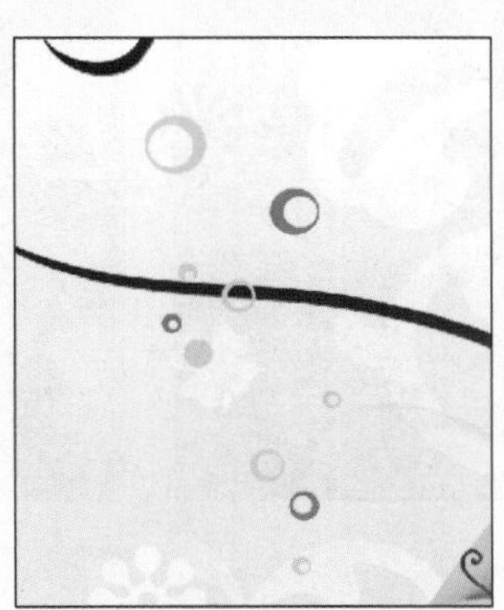

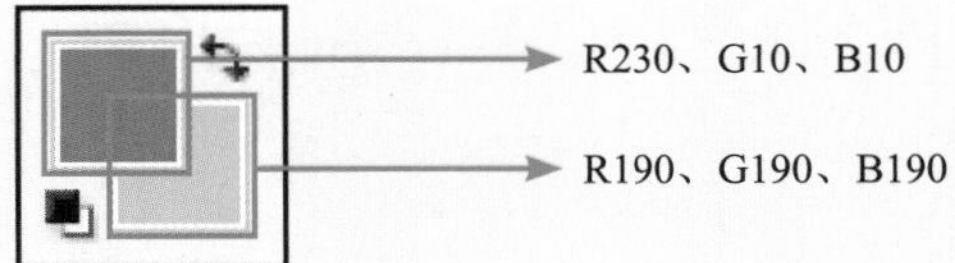

29 添加气泡元素

新建图层16，设置好前景色和背景色，单击画笔工具，适当更改不同的画笔大小绘制，效果如图所示。再单击橡皮擦工具，擦除中间部分，得到气泡圈的效果。

专家支招：按下快捷键X可切换背景色和前景色。按下快捷键[，可减小画笔大小；按下快捷键]，可增大画笔大小。

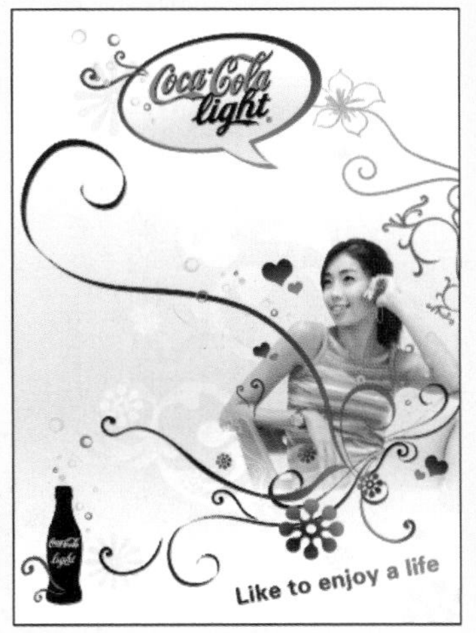

30 复制并适当移动图层

适当复制气泡图层，调整好大小和方向，放在合适位置。本实例完成。

1.5 广告理论与后期应用

1.5.1 海报招贴

招贴又称海报、宣传画，是放置在户内或者户外人流量大的公共场所，用以传递信息的印刷广告。它具有传播信息及时、成本费用低、制作简便、可大面积连续张贴等特点。有利于品牌视觉形象传达，及时宣传新产品的优点。

食品海报

艺术海报

电影海报

本实例的海报招贴可贴在购物场所、社区、校园以及各种场馆。它的版面也很灵活，常用的尺寸有一下几种：四开、对开、全开。它的制作也简单快捷，一般使用数码写真。数码写真按平方计算价格，如果尺寸在一平方米以内数量在20张一下，则费用比传统印刷低。

海报招贴应用效果

1.5.2 户外广告——概述

户外广告的概念很广，从字面意思理解就是指在户外露天场所设立的广告媒体，如各种形式的广告牌，店面招牌，各种招贴店。它具有以下优点：地理位置的可选择性；重复提示，信息传播持久；表现直观，视觉冲击力强；可增加照明设施，不受天气限制；价格低廉。现代社会的发展使户外广告和我们的生活密不可分，它作为大众传播媒介，不仅起到了很好的宣传效应，而且也美化了我们的城市空间。

纽约街头可乐的创意户外广告

高速公路上的户外广告

1.4节实例的户外广告可运用在候车灯箱、电话亭、自动售货机等。随着现在科技的发展，它的制作也变得简单便捷，一般使用电脑喷绘，材料可以使用PC材料，耐高温、耐冲击。夜晚加上灯光设施，更能增加美感和吸引力。

Chapter 02 咖啡厅菜单设计

2.1 产品广告分析

在一个消费导向的社会里，没有任何一种消费产品的流行不受商业广告的影响，咖啡也是如此。在咖啡历史上，就曾有人因成功地树立品牌概念和有效的营销宣传手段，而在短短十几年内成为咖啡大亨。广告是咖啡业内各商家的竞争手段，也是咖啡与其他饮料的竞争手段。咖啡作为四大饮料之一，针对的消费者也最广泛，它的广告更是需要发挥其最大的作用，才能在当今竞争激烈的市场上拥有一席之地。

雀巢咖啡的广告形式多样，针对不同的人群，广告别出心裁，创意不断。"再忙，也要和你喝杯咖啡"一句简单的广告语，却符合现代节奏感快的年轻人。

一组简单却让人过目不忘的雀巢咖啡广告：通过强烈的色彩对比，恰到好处的文字说明，使广告整个画面和谐统一让人难忘。

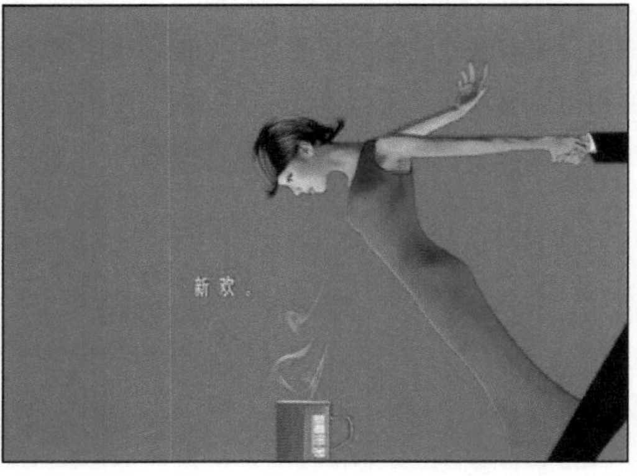

一组创意独特的LAVAZZA咖啡广告：超现实主义的完美表达，重新诠释咖啡的时尚主义新风格。

2.2 本案策划方案

本章主要模拟制作纯真咖啡厅的菜单。第一个为实例封面封底制作，以中世纪的复古风格将咖啡厅时尚高雅的气质表现得淋漓尽致。整个画面和谐统一，给消费者浪漫的心情。

富有质感的背景＋古典花纹烘托＋时尚莲花的点缀＝雅致的菜单封面

质感背景＋古典花纹＋巧妙的排版＝复古风格的菜单封底

本章的第二个实例为菜单内页制作，沿用了封面的复古风格，色彩强烈，烘托咖啡的本质，给顾客更强烈的视觉冲击。

色彩浓烈的背景+时尚的人物+雅致的花纹+合理的排版=复古精致的菜单内页

2.3 咖啡厅菜单封面封底

文件路径 素材与源文件\Chapter 2\01咖啡厅菜单封面封底\Complete\咖啡厅菜单封面封底.psd

视频路径 视频文件\咖啡厅菜单封面封底\01.swf～04.swf

实例说明 本实例主要运用了图层剪贴、图层样式等，通过滤镜纹理和图层样式的运用，达到立体生动的效果。

技法表现 复古的中世纪风格，把咖啡的品质表现得淋漓尽致。

难度指数 ★★★★★

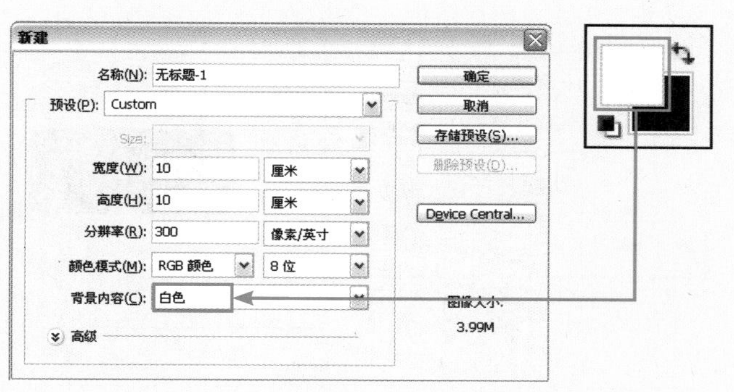

01 新建文件

首先制作咖啡厅的英文标志。执行“文件>新建”命令，弹出“新建”对话框，在对话框中设置“宽度”为10厘米，“高度”为10厘米，“分辨率”为300像素/英寸，单击“确定”按钮。

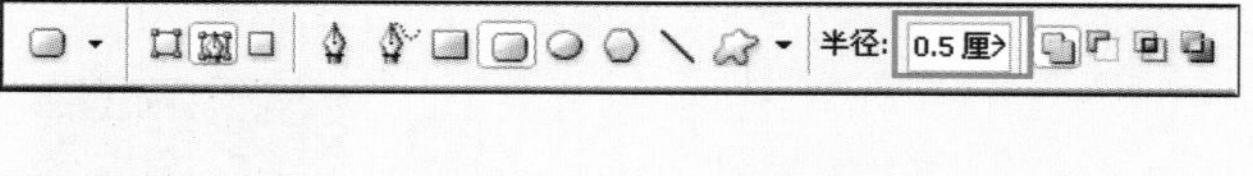

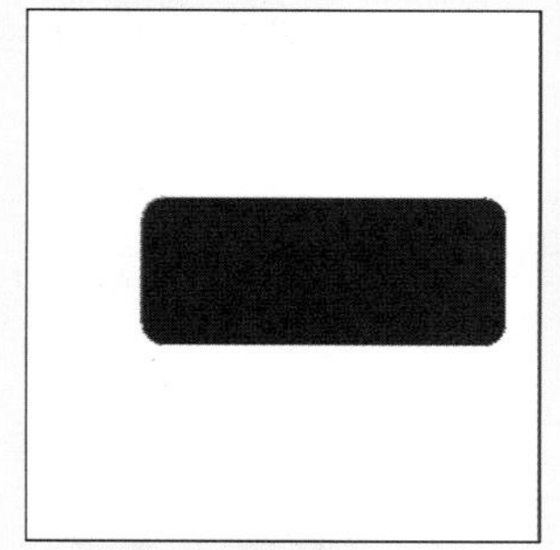

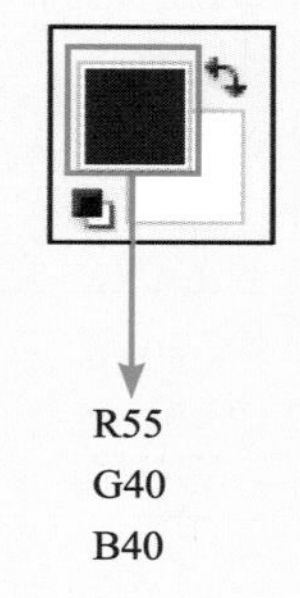

R55
G40
B40

02 绘制路径并填充

单击圆角矩形工具，在属性面板中单击“路径”按钮，并设置“半径”为0.5厘米。绘制一个圆角形路径，新建图层1，设置好前景色，单击“用前景色填充路径”按钮，得到一个填充好的路径。

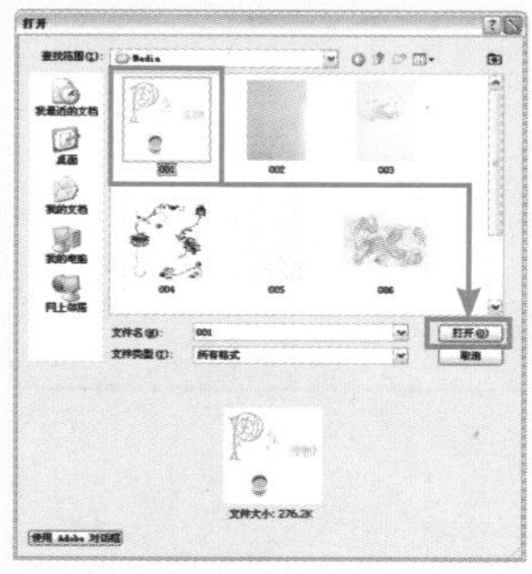

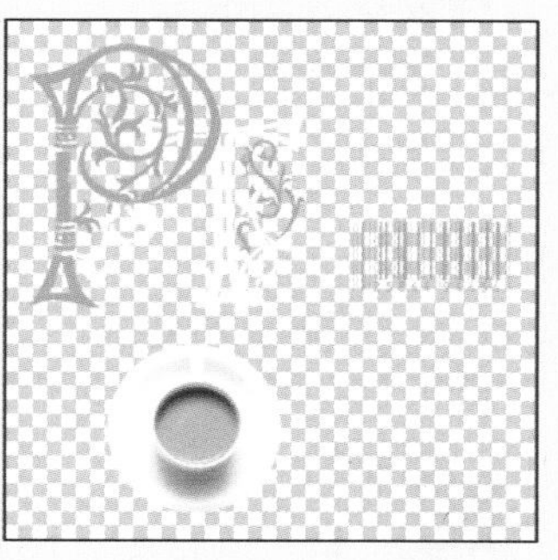

03 打开素材

按下快捷键Ctrl+O，选择本书配套光盘中素材与源文件\Chapter2\01咖啡厅菜单封面封底\Media\001.png文件，单击“打开”按钮打开素材文件。

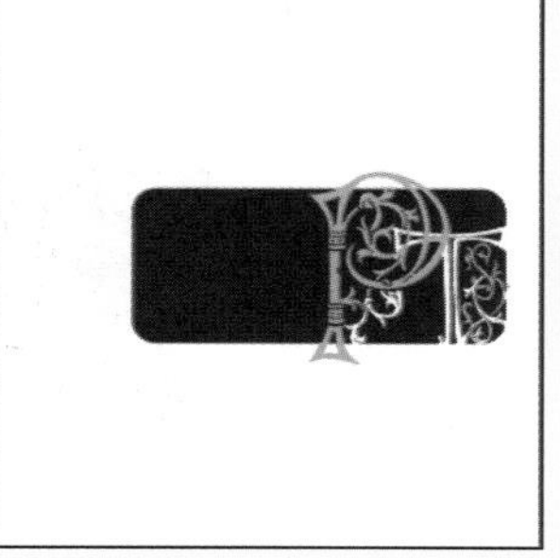

04 拖入素材字母

单击多边形套索工具，沿字母周围创建选区，然后单击移动工具，将字母拖入文件中，得到图层2。

05 创建剪贴蒙版

选择图层2，执行“图层>创建剪贴蒙版”命令，得到图层2对图层1的剪贴蒙版。

06 拖入素材杯子

同理，沿着杯子周围创建选区，然后将素材杯子拖入文件中，得到图层3。

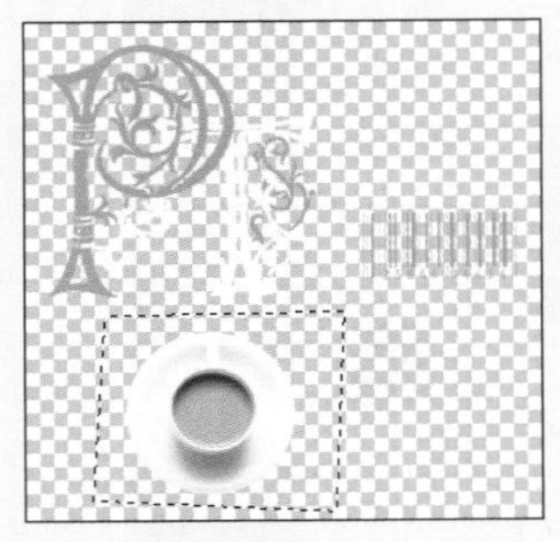

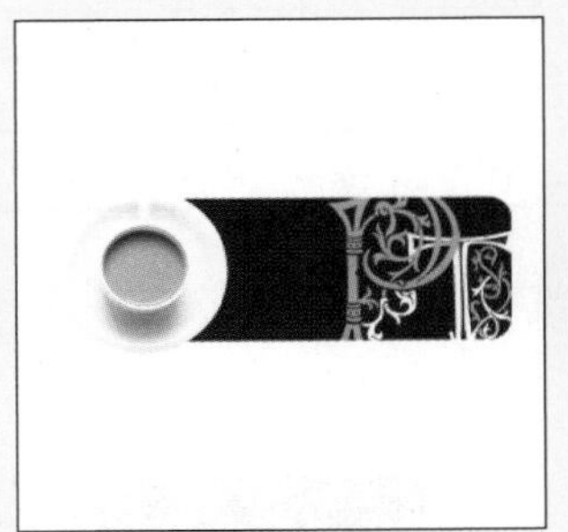

07 调整曲线

单击图层面板下面的“创建新的填充或调整图层”按钮，在弹出的快捷菜单中选择“曲线”，设置好参数，单击“确定”按钮。最后按下快捷键Alt+Ctrl+G，创建图层3的剪贴蒙版。

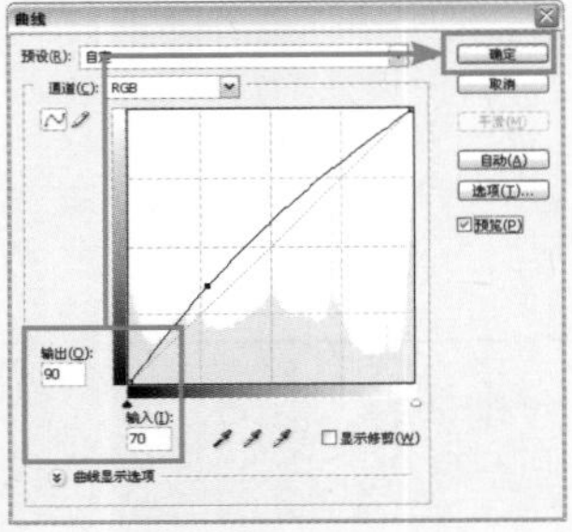

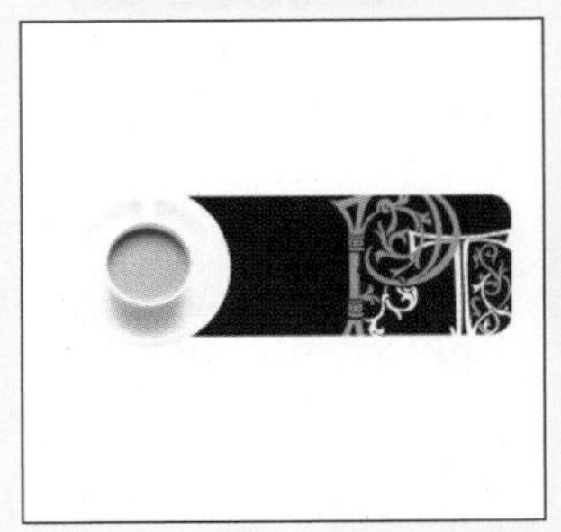

08 创建圆形选区并填充

新建图层4，单击椭圆选框工具，设置“羽化”为5px。按住Shift键，在杯子周围创建正圆选区。设置前景色为咖啡色，按下快捷键Alt+Delete，填充前景色。最后按下快捷键Ctrl+D，取消选区。

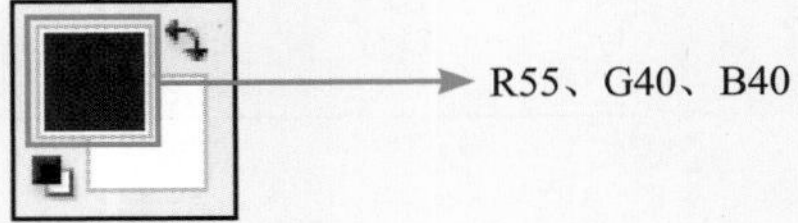

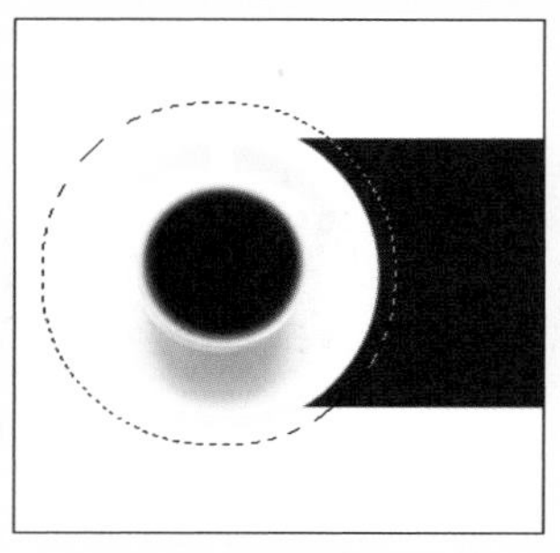

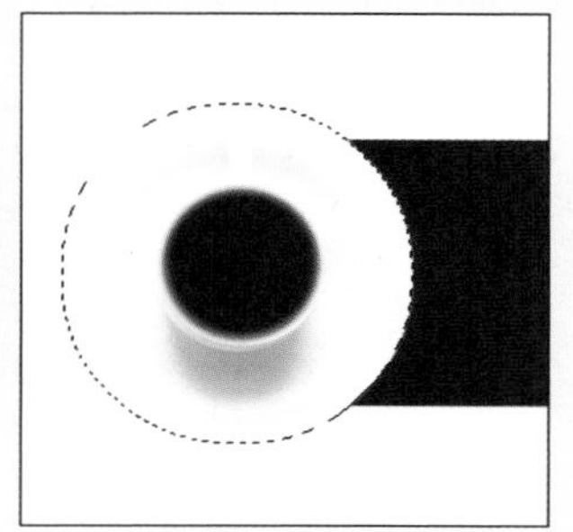

09 扩展选区

选择图层3，执行“选择>载入选区”命令，得到图层3的选区。再执行“选择>修改>扩展”命令，设置“扩展量”为20像素。然后单击“确定”按钮。选择图层1，按下Delete键删除。并保留选区。

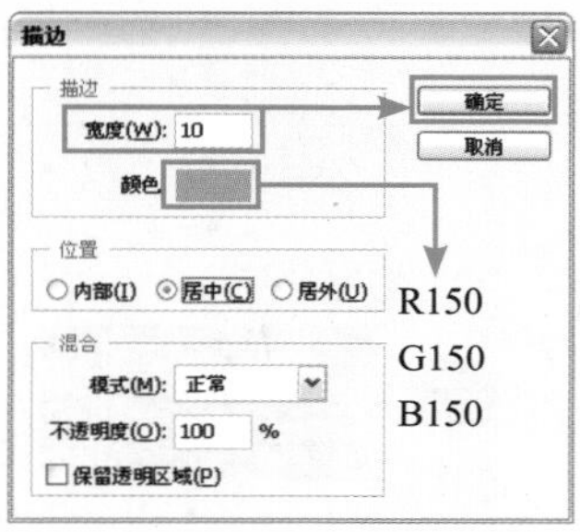

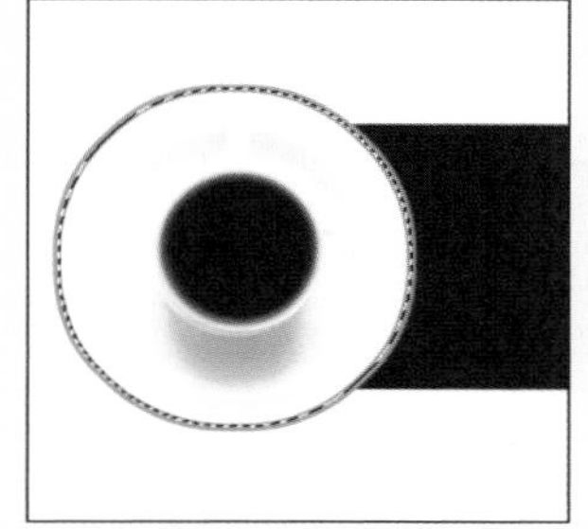

10 执行描边命令

新建图层5，执行“编辑>描边”命令，设置“宽度”为10px，颜色为灰色，单击“确定”按钮。最后保留选区。

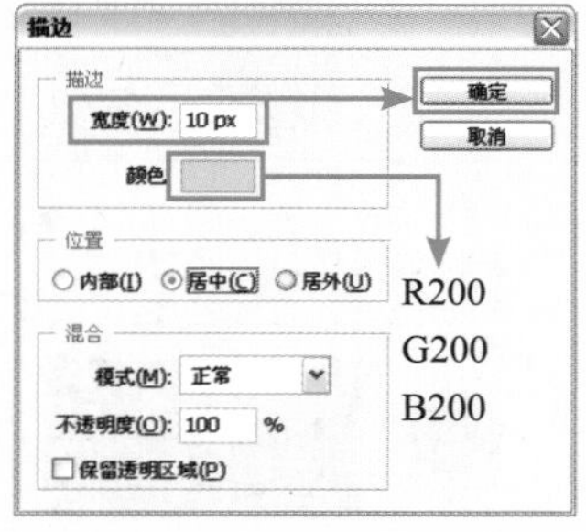

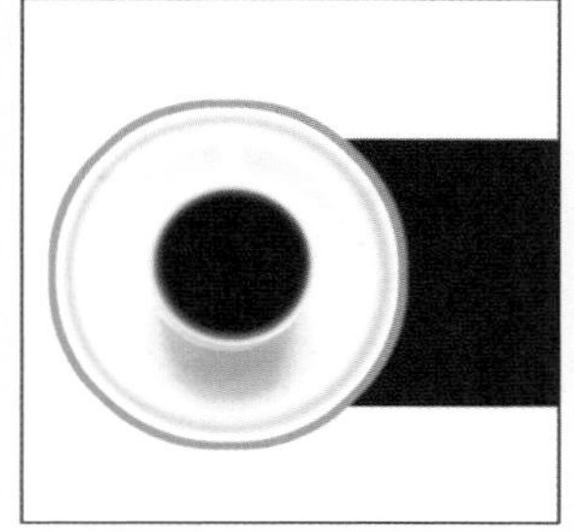

11 收缩选区并描边

执行“选择>修改>收缩”命令，设置“收缩量”为20像素。并按下快捷键Ctrl+Alt+D，设置“羽化半径”为5像素。然后执行“编辑>描边”命令，设置“宽度”为10px，颜色为灰色，单击“确定”按钮。最后取消选区。

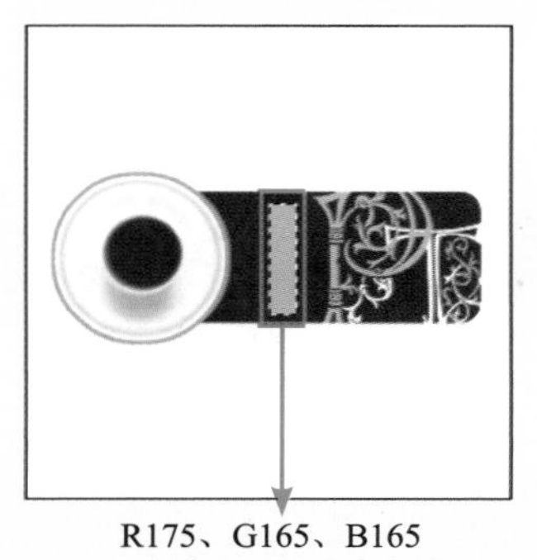

R175、G165、B165

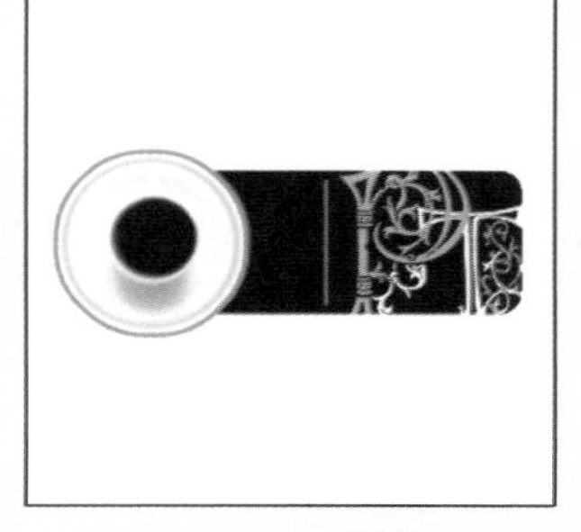

12 绘制矩形选区并填充

新建图层6，单击矩形选框工具，绘制一个矩形选区。设置好前景色，按下快捷键Alt+Delete，进行填充，然后取消选区。单击移动工具，改变其大小，放在合适位置。

13 拖入条形码素材

同理将条形码拖入文件中，得到图层7。按下快捷键Ctrl+T，右击鼠标，在弹出的快捷对话框中选择“旋转90度（逆时针）”，按下Enter键来确定。改变适当大小，放在适当位置。

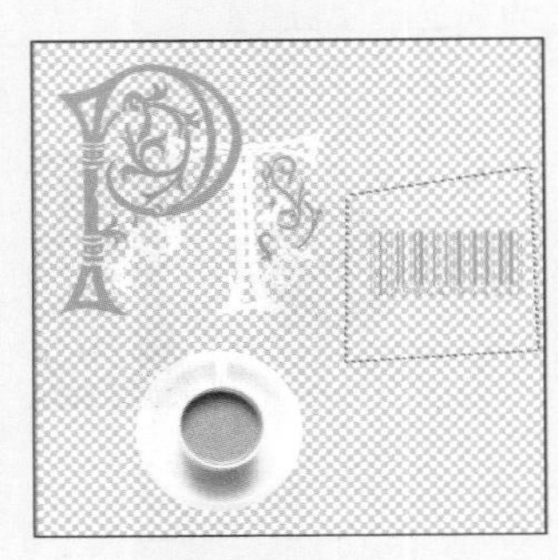

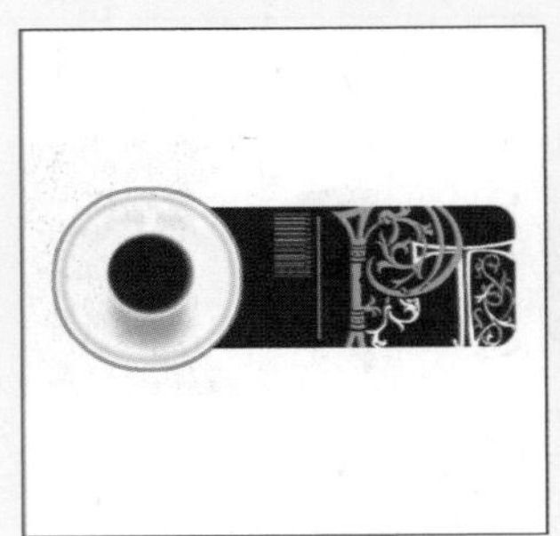

14 输入文字

单击横排文字工具[T]，在属性栏中单击“显示/隐藏字符和段落调板”按钮[按钮]，在弹出的“字符和段落”面板中设置好各项参数后，输入文字。

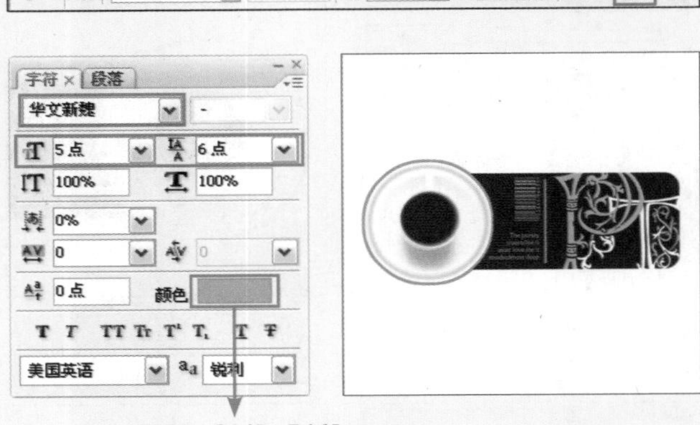

R175、G165、B165

15 再次输入文字

单击横排文字工具[T]，设置颜色为白色，输入如图所示文字。

16 创建弧形路径

单击钢笔工具[钢笔]，选择路径面板，单击“创建新路径”按钮[按钮]，得到路径1，绘制一条弧形路径。

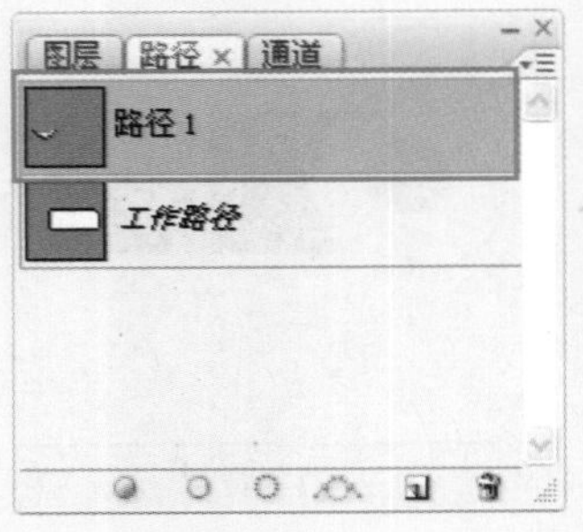

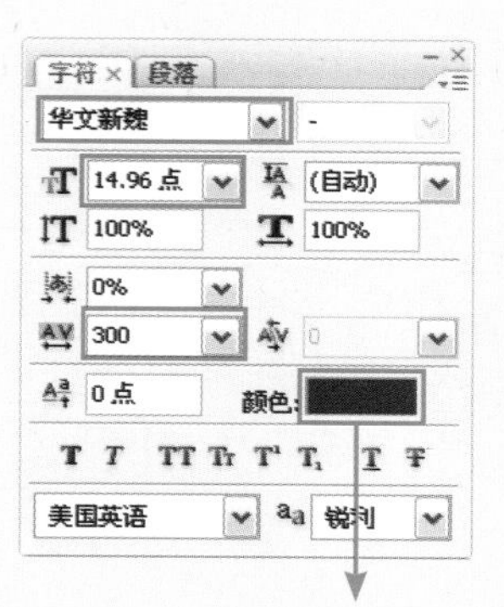

R55、G40、B40

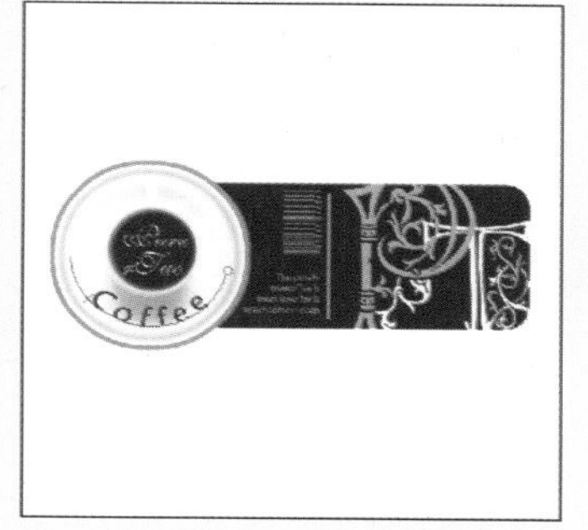

17 输入路径文字

单击横排文字工具T，设置好参数后，沿着刚才绘制的弧形路径输入文字。

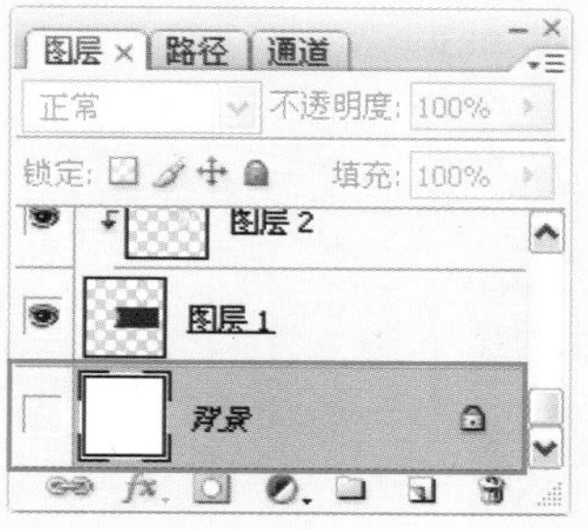

18 合并图层

单击背景图层前面的"指示图层可视性"按钮，按下快捷键Shift+Ctrl+Alt+E，合并可见图层，并自动生成新图层8。完成本实例的标志制作。

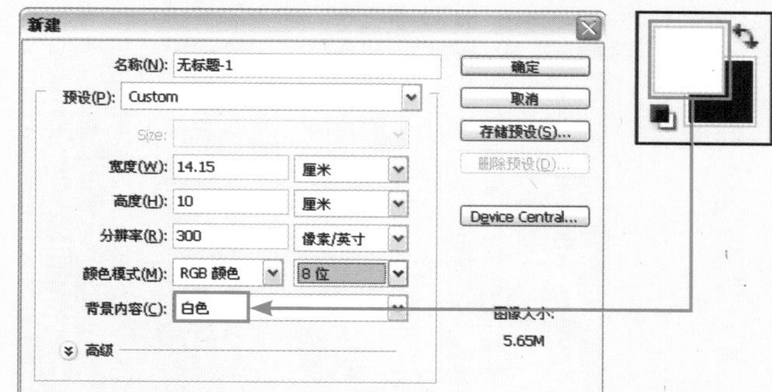

19 新建文件

下面来制作咖啡厅的封面和封底。执行"文件>新建"命令，弹出"新建"对话框，在对话框中设置"宽度"为14.15厘米，"高度"为10厘米，"分辨率"为300像素/英寸，单击"确定"按钮。

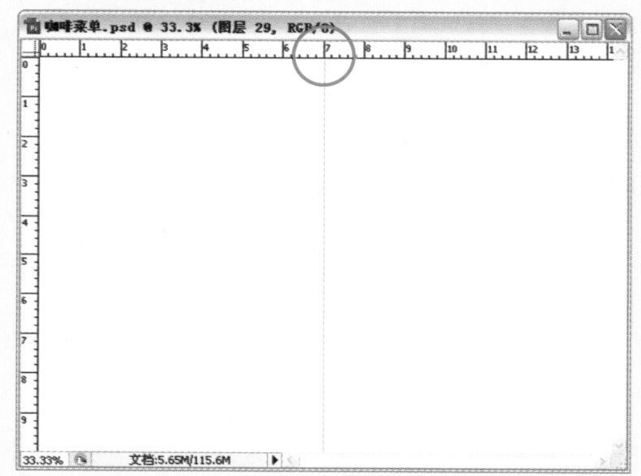

20 创建参考线

按下快捷键Ctrl+R，显示标尺。单击移动工具，从左边的标尺拖出一条参考线，放在中间位置。

21 填充渐变

单击渐变工具，设置好参数后，在背景图层中，从左上角到右下角拖动鼠标，填充渐变。

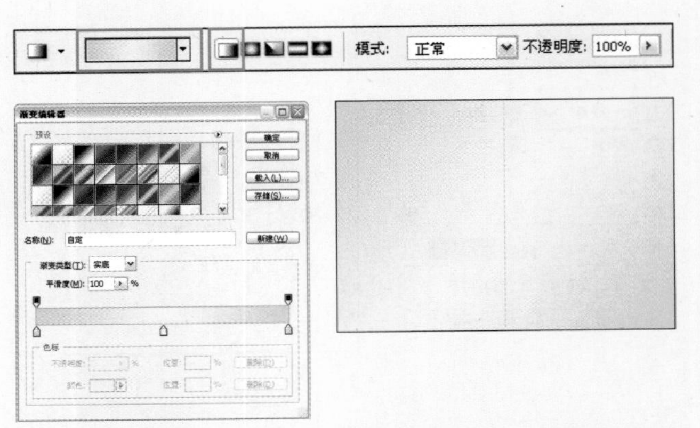

R235、G200、B170　R245、G240、B230　R235、G200、B170

22 使用纹理滤镜

按下快捷键Ctrl+J，快速复制背景图层，执行"滤镜>纹理>纹理化"命令，设置"纹理"为岩砂，"缩放"为150%，"凸现"为2，单击"确定"按钮。

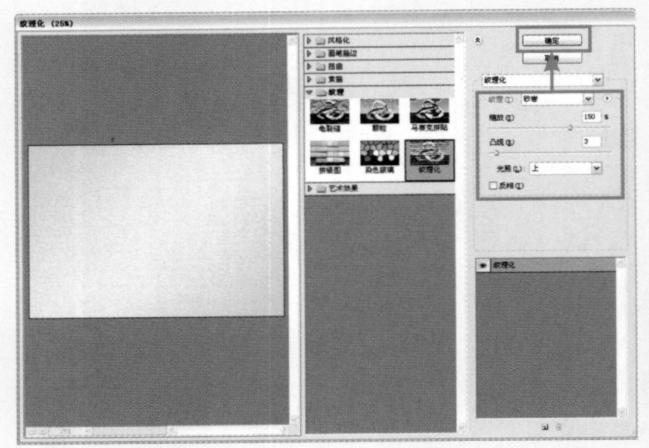

23 打开素材

先制作封面部分，按下快捷键Ctrl+O，选择本书配套光盘中素材与源文件\Chapter2\01咖啡厅菜单封面封底\Media\002.png文件，单击"打开"按钮打开素材文件。

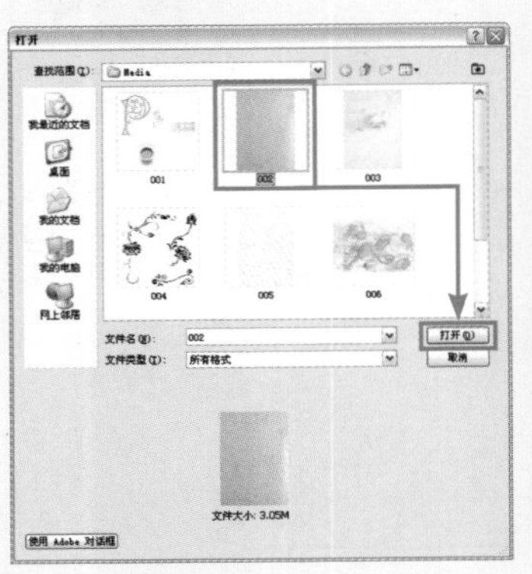

24 拖入素材并调整

将素材拖入文件中得到图层1，单击"创建新的填充或调整图层"按钮，选择"色相/饱和度"，勾选"着色"复选框。设置"色相"为25，"饱和度"为20，单击"确定"按钮。

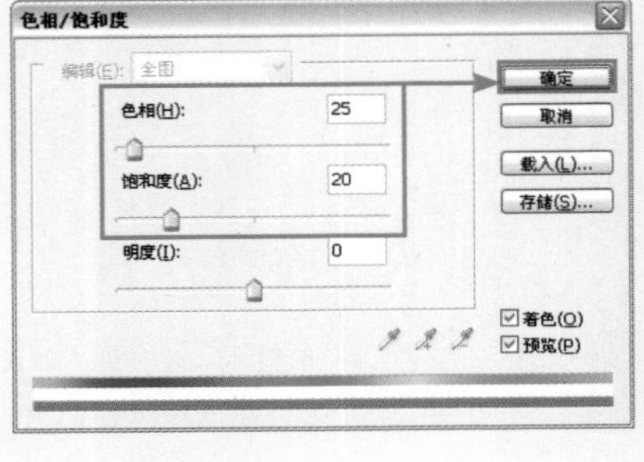

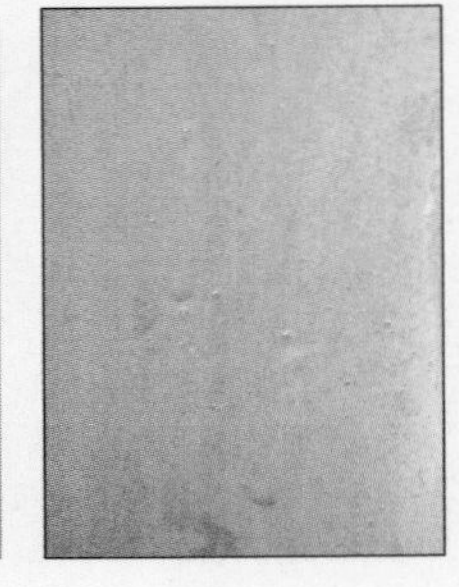

25 创建图层蒙版

选择图层1，单击“添加图层蒙版”按钮，然后单击画笔工具，设置画笔的“不透明度”为35%。并设置前景色为默认黑色，在图层蒙版绘制，使图层1的层次感效果更好。

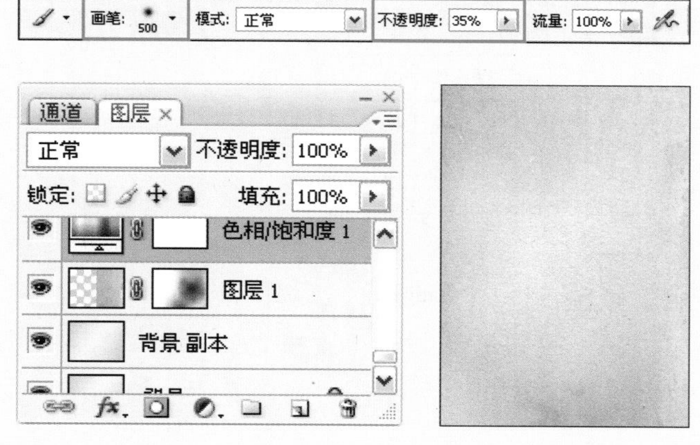

26 创建图层剪贴蒙版

选择调整图层，执行“图层>创建剪贴蒙版”命令，得到图层1的剪贴蒙版。

27 使用画笔工具

新建图层2，单击画笔工具，并设置画笔的“不透明度”为35%。然后设置好前景色，在图层2上面进行绘制。得到柔亮的效果。

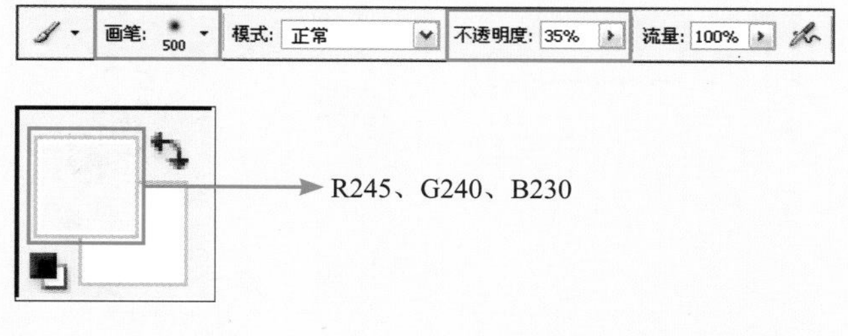

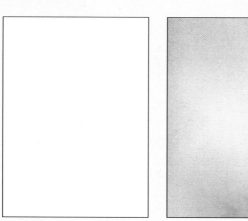

28 拖入素材并调整

按下快捷键Ctrl+O，选择本书配套光盘中素材与源文件\Chapter2\01咖啡厅菜单封面封底\Media\008.png文件，将该素材拖入文件中，得到图层3，并设置该图层的“不透明度”为70%。按下快捷键Alt+Ctrl+G，创建图层2的剪贴蒙版。

29 拖入亮光素材

按下快捷键Ctrl+O，选择本书配套光盘中素材与源文件\Chapter2\01咖啡厅菜单封面封底\Media\006.png文件，将该素材拖入文件中，得到图层4，并设置图层的“不透明度”为65%。按下快捷键Alt+Ctrl+G，创建图层2的剪贴蒙版。得到颜色鲜艳的亮光效果。

30 打开素材花

按下快捷键Ctrl+O，选择本书配套光盘中素材与源文件\Chapter2\01咖啡厅菜单封面封底\Media\004.png文件，单击“打开”按钮打开文件。

31 拖入素材

单击多边形套索工具，沿着需要的元素周围创建选区，单击移动工具，将素材拖入文件中，得到图层5，复制1个，适当改变大小和方向，放在合适位置。最后按下快捷键Ctrl+E，合并图层5以及图层5副本。

32 填充渐变

单击图层5“锁定透明像素”按钮，然后单击渐变工具，设置好后，从下往上拖动鼠标，填充渐变。

33 改变图层混合模式

选择图层5，改变该图层的混合模式为“正片叠底”。

34 复制图层并调整

复制图层4，得到图层4副本，并将该图层移动到图层5上面。并按下快捷键Alt+Ctrl+G，创建图层5的剪贴蒙版。

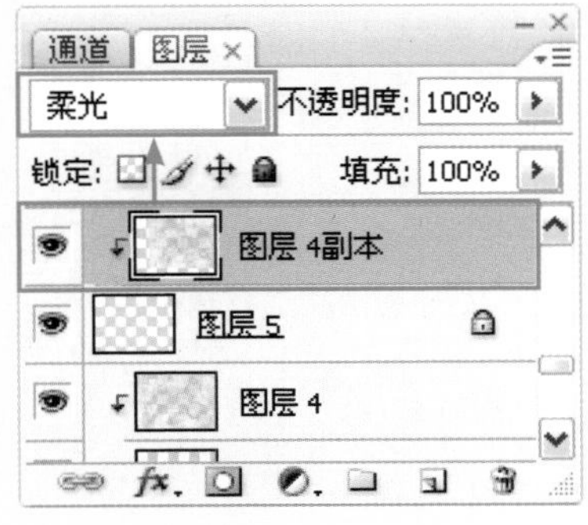

35 改变图层混合模式

选择图层4副本，改变该图层混合模式为“柔光”。

36 拖入素材并填充

同理将需要的素材花纹拖入文件中，得到图层6。单击该图层的“锁定透明像素”按钮，设置前景色为红色，按下快捷键Alt+Delete，填充红色。

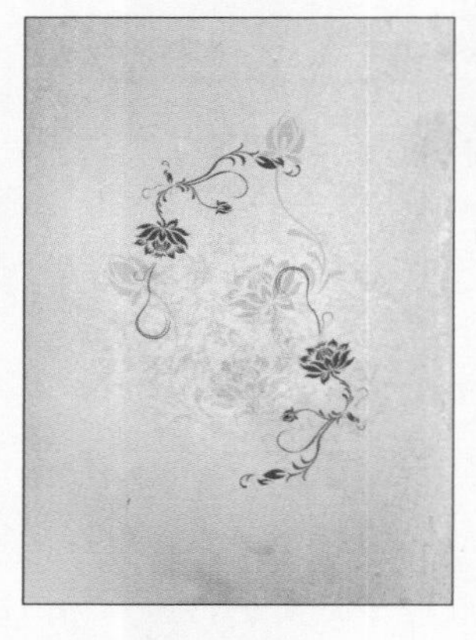

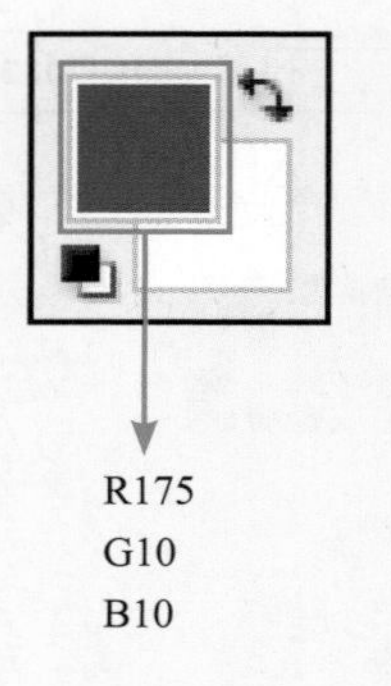

R175
G10
B10

37 改变图层的不透明度

选择图层6，设置该图层的“不透明度”为75%。

38 打开素材

按下快捷键Ctrl+O，选择本书配套光盘中素材与源文件\Chapter2\01咖啡厅菜单封面封底\Media\007.png文件，单击“打开”按钮打开文件。

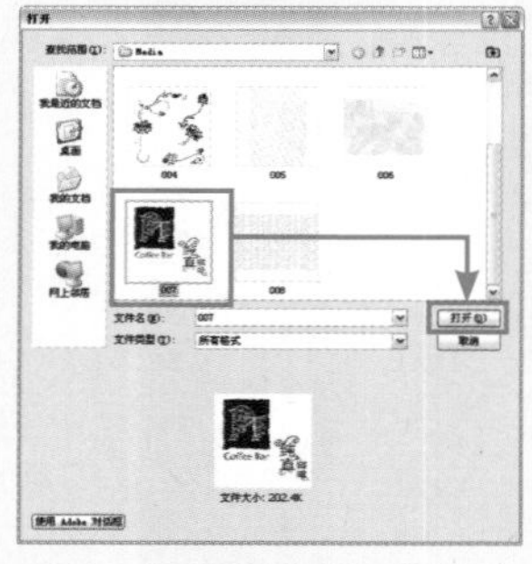

39 分别拖入素材

分别将素材标志拖入文件中，得到图层7和图层8。单击移动工具，适当调整大小，放在合适的位置。完成封面制作。

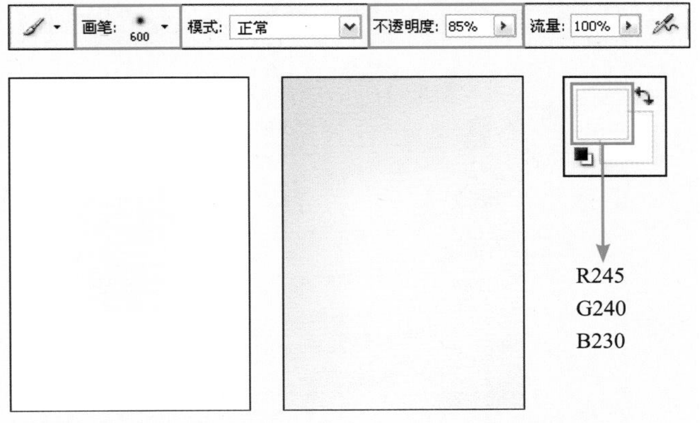

40 使用画笔工具

新建图层9，单击画笔工具，设置画笔的“不透明度”为85%。然后设置好前景色后，在图层就上进行绘制。得到柔亮的效果。

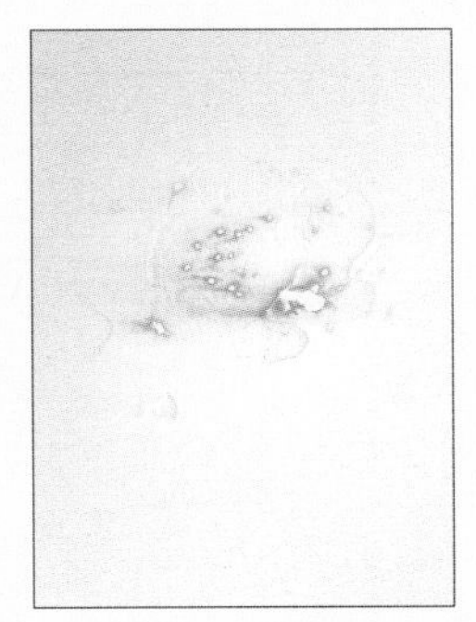

41 拖入素材并调整

按下快捷键Ctrl+O，选择本书配套光盘中素材与源文件\Chapter2\01咖啡厅菜单封面封底\Media\003.png文件，将其拖入文件得到图层10。按下快捷键Alt+Ctrl+G，创建图层9的剪贴蒙版。

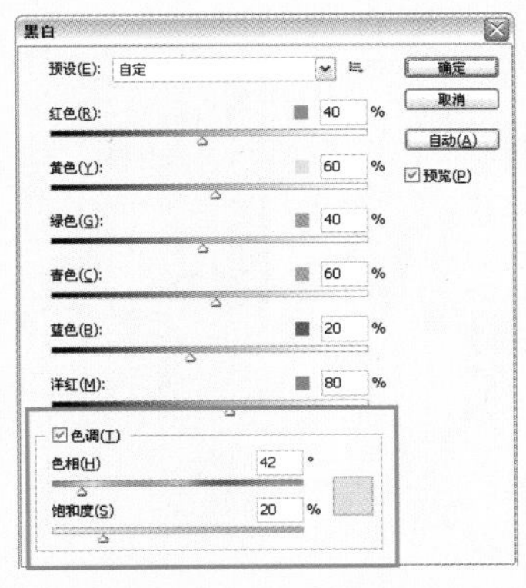

42 创建调整图层

选择图层10，单击“创建新的填充或调整图层”按钮，在弹出的快捷菜单中选择“黑白”，设置好参数后，单击“确定”按钮。

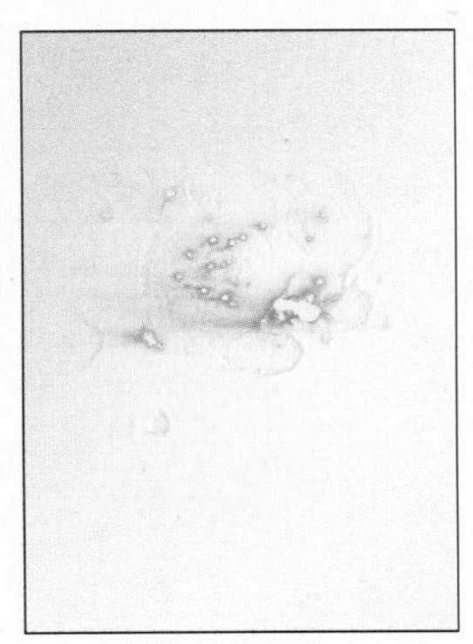

43 创建图层剪贴蒙版

选择调整图层，执行“图层>创建剪贴蒙版”命令，得到图层10的剪贴蒙版。

44 拖入素材并填充

按下快捷键Ctrl+O，选择本书配套光盘中素材与源文件\Chapter2\01咖啡厅菜单封面封底\Media\009.png文件，将其拖入文件得到图层11。单击“锁定透明像素”按钮⊠，设置好前景色，按下快捷键Alt+Delete，进行填充。

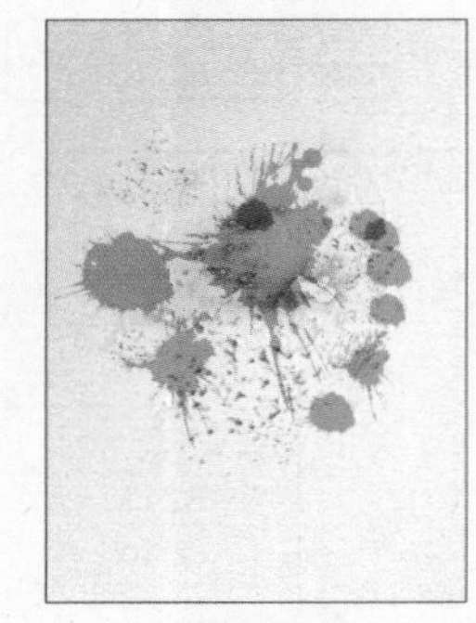

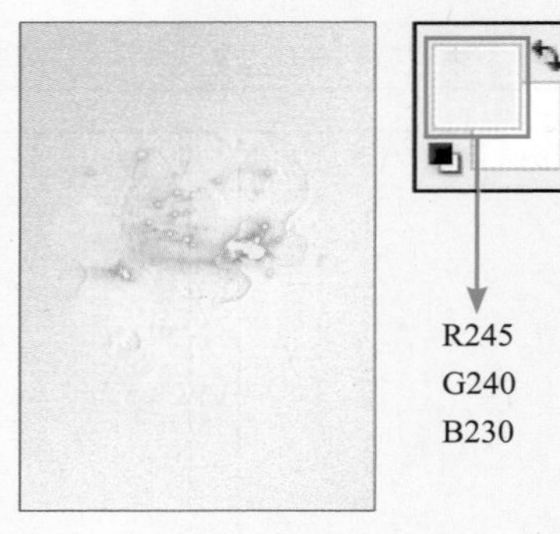

45 使用画笔工具

新建图层12，单击矩形选框工具⬚，创建一个矩形选区。然后单击画笔工具🖌，并设置画笔的“不透明度”为85%。然后设置好前景色后，在选区内进行绘制。得到颜色加深的效果。

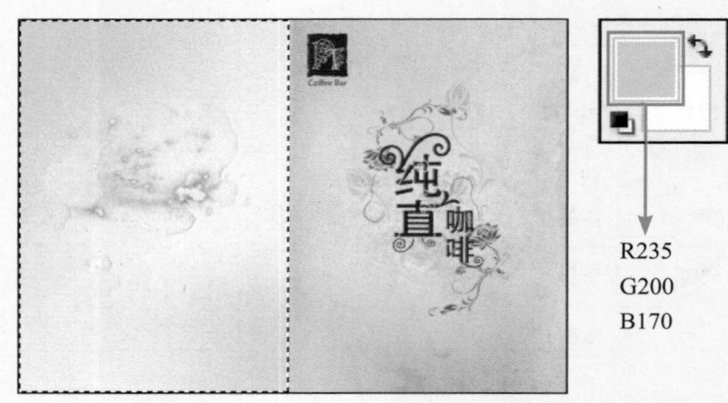

46 拖入素材并调整

按下快捷键Ctrl+O，选择本书配套光盘中素材与源文件\Chapter2\01咖啡厅菜单封面封底\Media\005.jpg文件，将其拖入文件得到图层13。按下快捷键Alt+Ctrl+G，得到图层12的剪贴蒙版。

47 复制图层并调整

选择图层3，复制该图层得到图层3副本，并将该图层移动到图层13上面，按下快捷键Alt+Ctrl+G，创建图层13的剪贴蒙版。设置该图层的“不透明度”为70%。

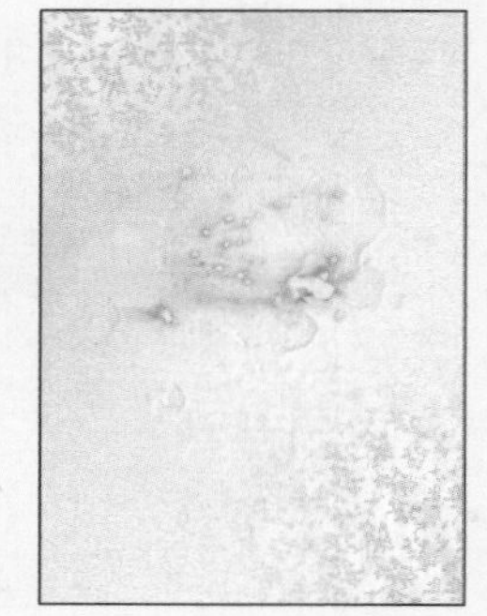

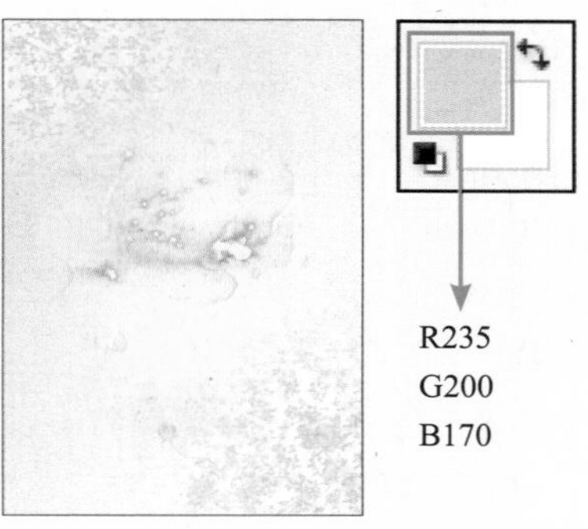

48 拖入素材并填充

同理将需要的素材花纹拖入文件中，得到图层14。单击该图层的“锁定透明像素”按钮，设置前景色为黄色，按下快捷键Alt+Delete，填充黄色。

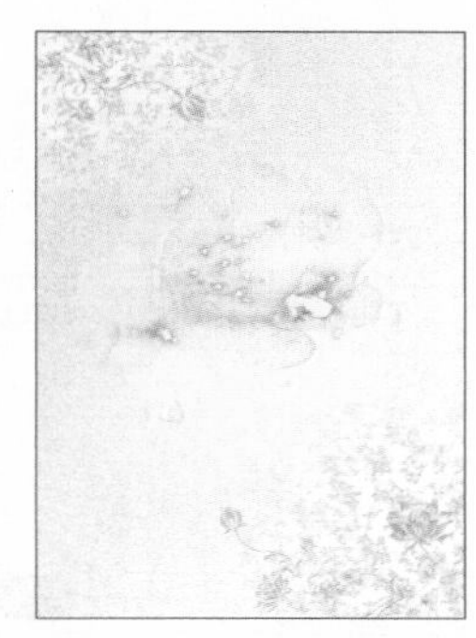

49 更改图层混合模式

选择图层14，设置该图层的混合模式为“正片叠底”。

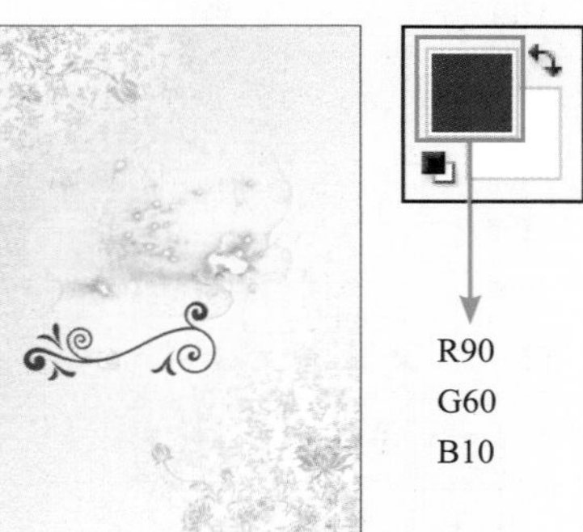

50 拖入素材并填充

同理将需要的素材花纹拖入文件中，得到图层15。调整适当大小，放在适当位置。单击该图层的“锁定透明像素”按钮，设置前景色为咖啡色，按下快捷键Alt+Delete，填充咖啡色。

51 拖入标志并调整

将刚才制作好的标志，拖入文件中，得到图层16，单击移动工具，按下快捷键Ctrl+T，适当改变大小，放在适当位置。

52 输入文字

单击横排文字工具T，在属性栏中单击“显示/隐藏字符和段落调板”按钮，在弹出的“字符和段落”面板中设置好各项参数后，在适当位置输入文字。

> 专家支招：在输入“咖啡”两个字的时候，适当调整字体大小，使文字看起来错落有致，增加美感。

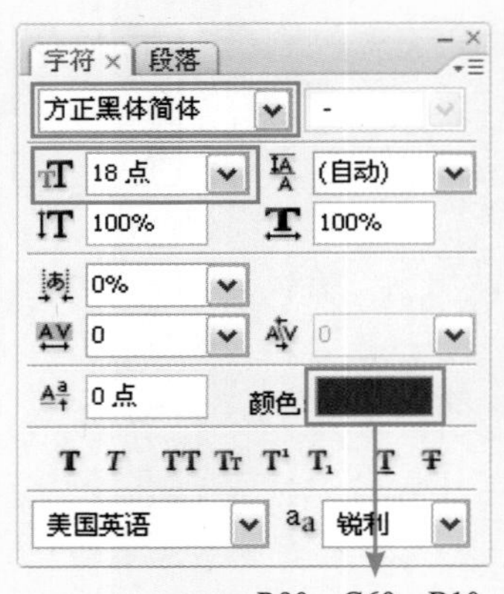

R90、G60、B10

53 再次输入文字

同理，单击横排文字工具T，设置好参数后，在适当位置输入以下文字。

> 专家支招：在输入“最深”两个字的时候，适当调大字体大小，增加美感。

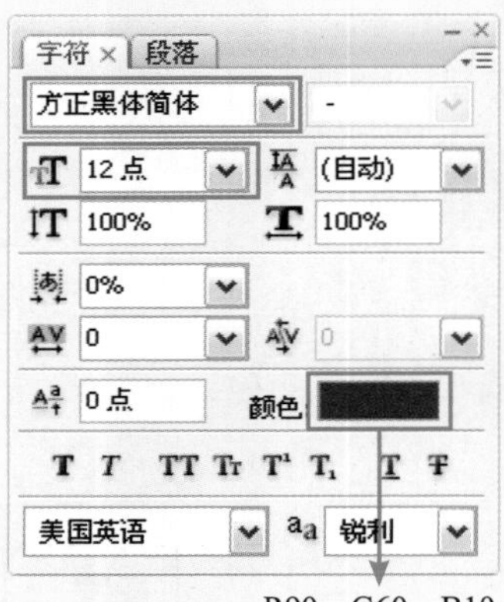

R90、G60、B10

54 合并图层

按下快捷键Shift+Ctrl+Alt+E，合并可见图层，并自动生成新图层17。单击除图层17以外图层的“指示图层可视性”按钮。

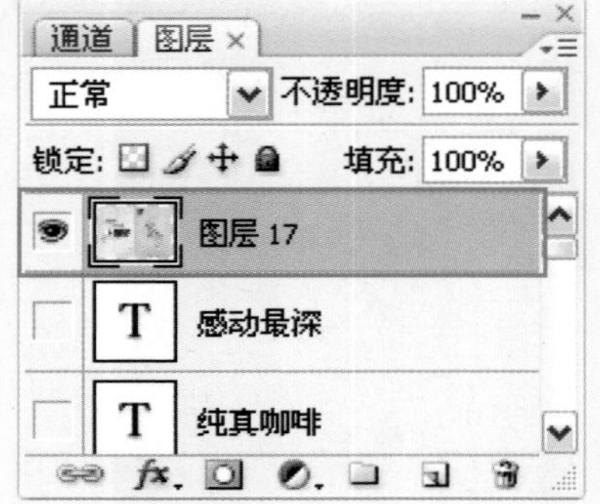

55 扩展画布

执行“图像>画布大小”命令，在弹出的对话框中设置“宽度”为15.15厘米，“高度”为11厘米。单击“确定”按钮。

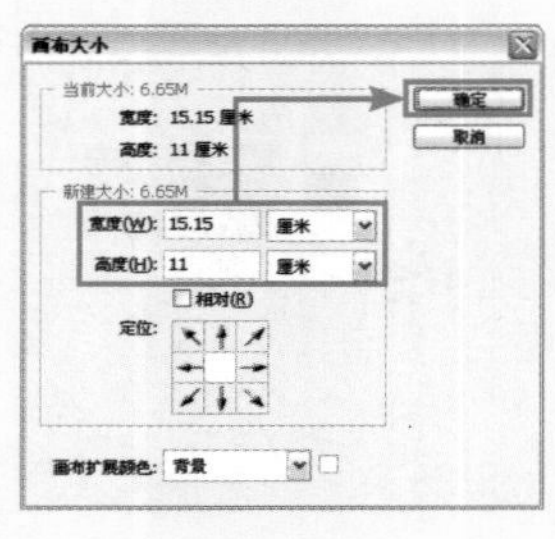

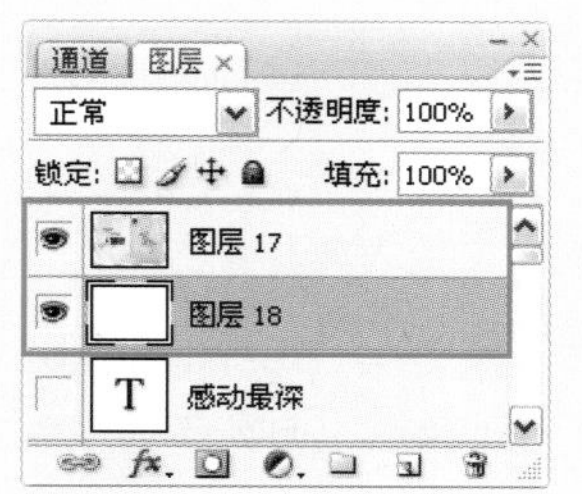

56 新建图层并填充白色

新建图层18，设置前景色为白色，按下快捷键Alt+Delete，填充白色。并将该图层移动到图层17下面。

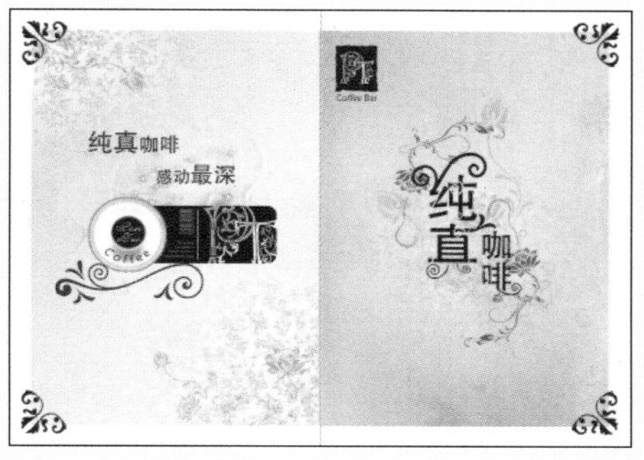

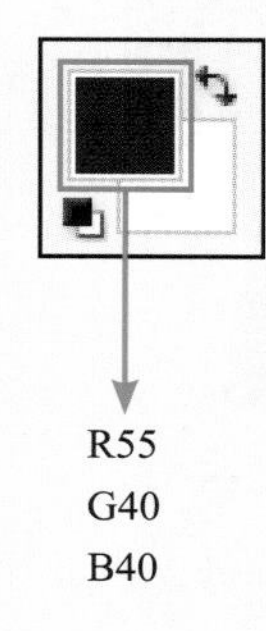

57 拖入素材并填充

按下快捷键Ctrl+O，选择本书配套光盘中素材与源文件\Chapter2\01咖啡厅菜单封面封底\Media\010.png文件，将其拖入文件得到图层19，放在适当位置。单击该图层的"锁定透明像素"按钮，设置前景色为咖啡色，按下快捷键Alt+Delete填充前景色。

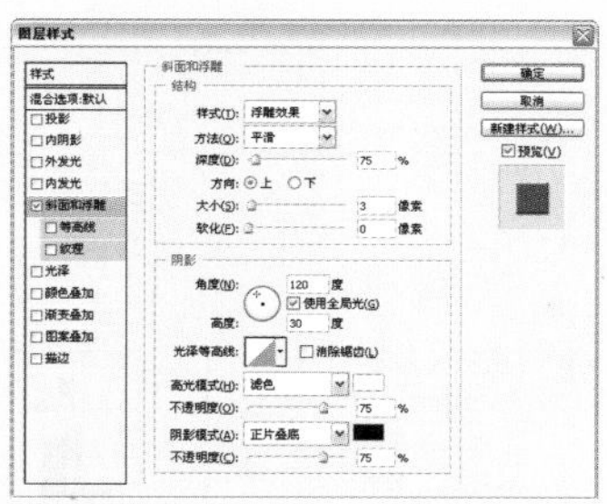

58 添加图层样式

选择图层19，单击"添加图层样式"按钮，在弹出的快捷菜单中选择"斜面和浮雕"，设置好参数后，单击"确定"按钮。

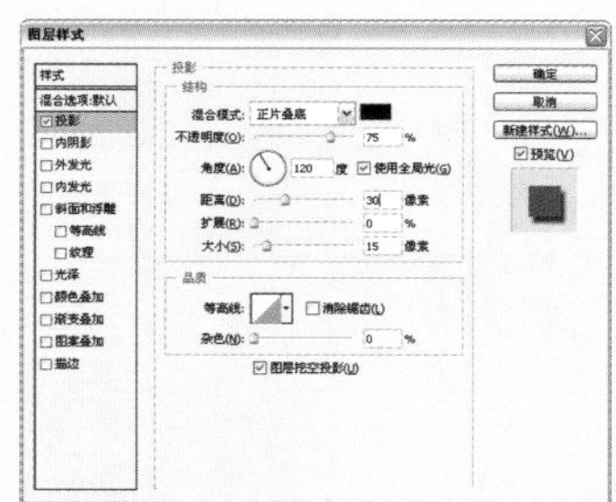

59 添加投影

选择图层17，单击"添加图层样式"按钮，在弹出的快捷菜单中选择"投影"，设置好参数后，单击"确定"按钮。本实例完成。

2.4 咖啡厅菜单内页

文件路径 素材与源文件\Chapter2\02咖啡厅菜单内页\Complete\咖啡厅菜单内页.psd

视频路径 视频文件\咖啡厅菜单内页\01.swf~03.swf

实例说明 本实例主要运用了图层剪贴蒙版，文字工具，以及图层的不同透明度等。通过合理的排版达到和谐的视觉效果。

技法表现 延续封面复古的中世纪风格，内页的色彩更生动。

难度指数 ★★★★★

01 新建文件

执行“文件>新建”命令，弹出“新建”对话框，在对话框中设置“宽度”为10厘米，“高度”为10厘米，“分辨率”为300像素/英寸，单击“确定”按钮。

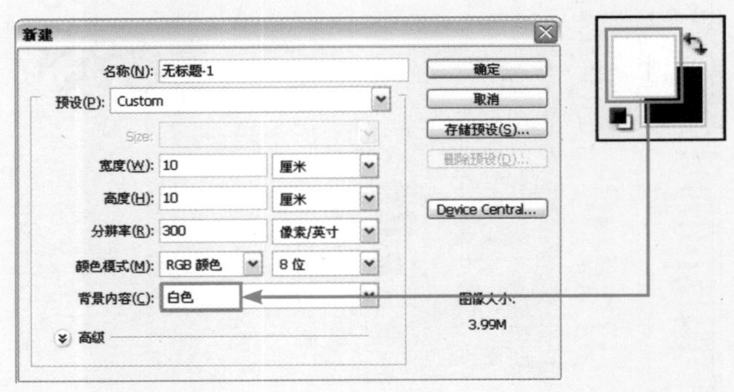

02 填充背景图层颜色

设置前景色为咖啡色，按下快捷键Alt+Delete，将背景图层填充为咖啡色。

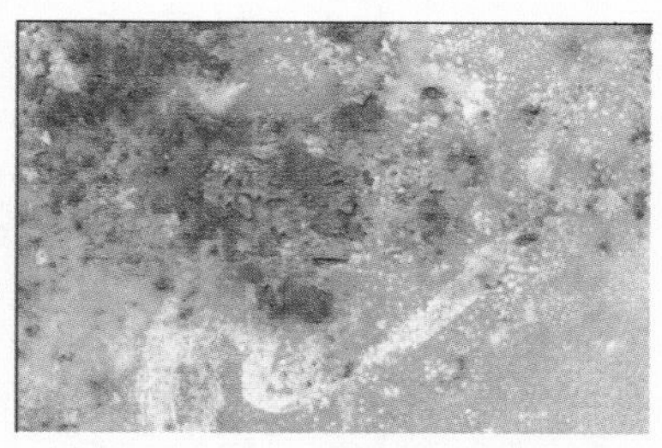

03 打开素材文件

按下快捷键Ctrl+O，选择本书配套光盘中素材与源文件\Chapter2\02咖啡厅菜单内页\Media\007.jpg文件，单击“确定”按钮打开素材文件。

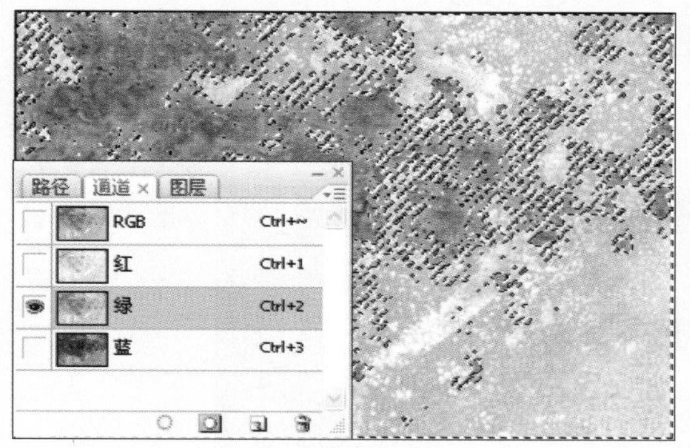

04 载入绿色通道选区

选择通道面板，选择绿色通道，单击“将通道作为选区载入”按钮。得到绿色通道得选区。

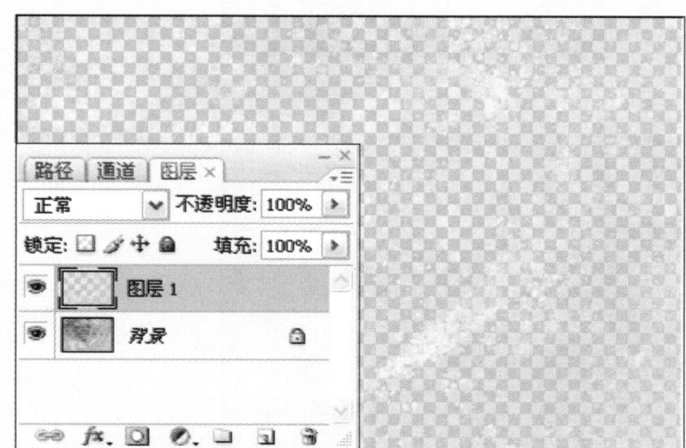

05 复制图层

单击RGB通道，然后回到图层面板，按下快捷键Ctrl+J，快速复制绿色通道的选区图层，得到图层1。

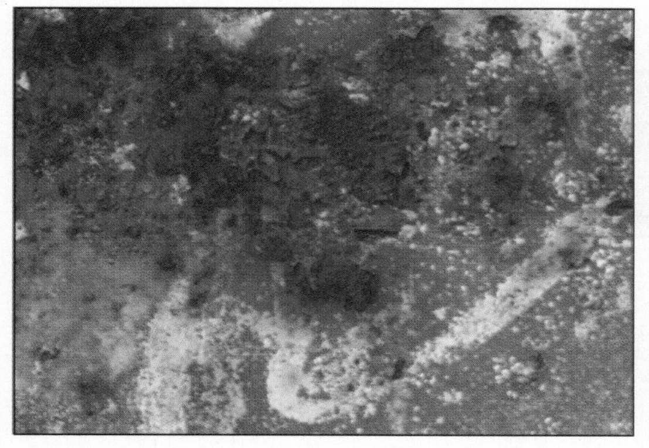

06 拖入文件中并去色

单击移动工具，将图层1拖入文件中，得到图层1。执行“图像>调整>去色”命令，得到黑白的效果。

07 创建图层蒙版

选择图层1，单击“添加图层蒙版”按钮，然后单击画笔工具，设置前景色为黑色，画笔的“不透明度”为85%，在图层蒙版上进行绘制。

专家支招：在绘制的时候注意根据情况适当改变画笔大小和不透明度，以达到更好的效果。

08 改变图层混合模式

设置图层1的混合模式为“柔光”，以达到一种复古的效果。

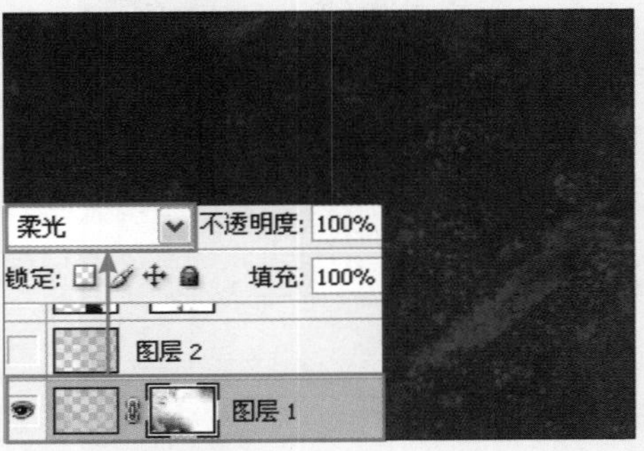

09 同理拖入素材

按下快捷键Ctrl+O，选择本书配套光盘中素材与源文件\Chapter2\02咖啡厅菜单内页\Media\006.jpg文件，载入绿色通道选区，并复制图层，然后拖入文件中，得到图层2。

10 改变图层混合模式

设置图层2的混合模式为“正片叠底”，使复古效果更生动。

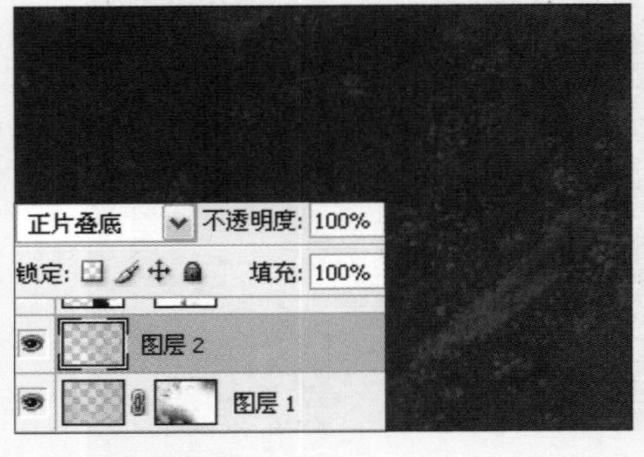

11 拖入人物素材

按下快捷键Ctrl+O，选择本书配套光盘中素材与源文件\Chapter2\02咖啡厅菜单内页\Media\004.jpg文件，将人物拖入文件中，放在适当的位置，得到图层3。

12 创建图层蒙版

选择图层3，单击"添加图层蒙版"按钮 ，然后单击画笔工具 ，设置前景色为黑色，在图层蒙版上进行绘制。遮住素材的黑色背景。

专家支招：在绘制的时候注意根据情况适当改变画笔大小和不透明度。达到更好的效果。

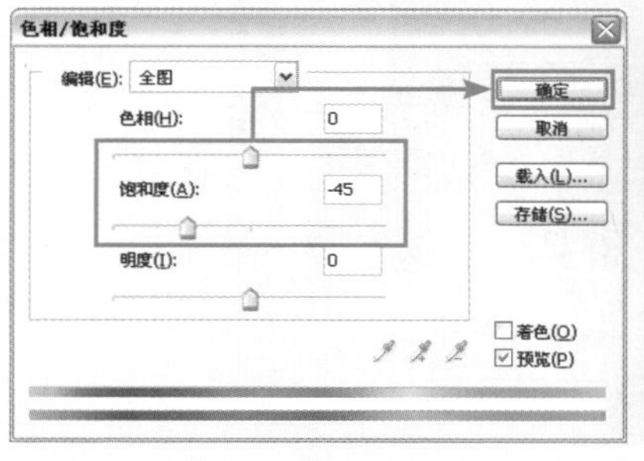

13 调整饱和度

单击"创建新的填充或调整图层"按钮 ，在弹出的快捷菜单中选择"色相/饱和度"。设置"饱和度"为-45，然后单击"确定"按钮。最后按下快捷键Alt+Ctrl+G，创建图层剪贴蒙版。

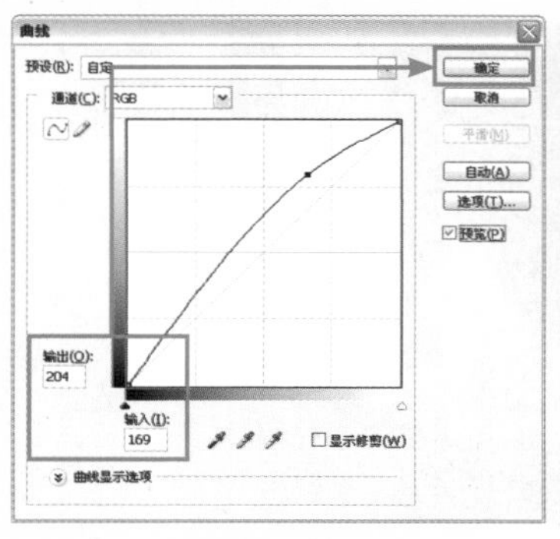

14 调整曲线

单击"创建新的填充或调整图层"按钮 ，在弹出的快捷菜单中选择"曲线"。设置好参数后，单击"确定"按钮。最后按下快捷键Alt+Ctrl+G，创建图层剪贴蒙版。

15 拖入元素

按下快捷键Ctrl+O，选择本书配套光盘中素材与源文件\Chapter2\02咖啡厅菜单内页\Media\001.png文件。单击多边形套索工具，沿着需要的元素创建选区。然后单击移动工具，拖入到文件中。复制适当元素，调整大小，旋转一定角度，放在合适位置。得到图层4。

16 创建图层剪贴蒙版

按下快捷键Ctrl+O，选择本书配套光盘中素材与源文件\Chapter2\02咖啡厅菜单内页\Media\005.jpg文件。将其拖入文件中，得到图层5，按下快捷键Alt+Ctrl+G，创建图层4的剪贴蒙版。

17 改变图层的不透明度

选择图层4，设置该图层的"不透明度"为35%。使元素和背景关系更协调。

18 拖入素材并填充

同理将素材拖入文件中，得到图层6，单击"锁定透明像素"按钮。设置前景色为朱红色，按下快捷键Alt+Delete，填充前景色。

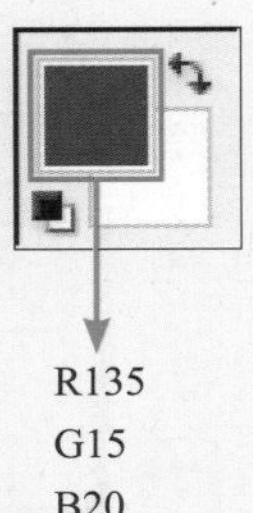

R135
G15
B20

19 拖入素材并调整

同理将素材拖入文件中，得到图层7，单击"锁定透明像素"按钮 。设置前景色为朱红色，按下快捷键Alt+Delete，填充前景色，并设置该图层的"不透明度"为75%。使人物看起来更生动。

20 拖入素材并填充渐变

同理将素材花拖入文件中，放在右上位置，得到图层8，单击"锁定透明像素"按钮 。然后单击渐变工具 ，设置好参数后，从上到下拖动鼠标，填充渐变。

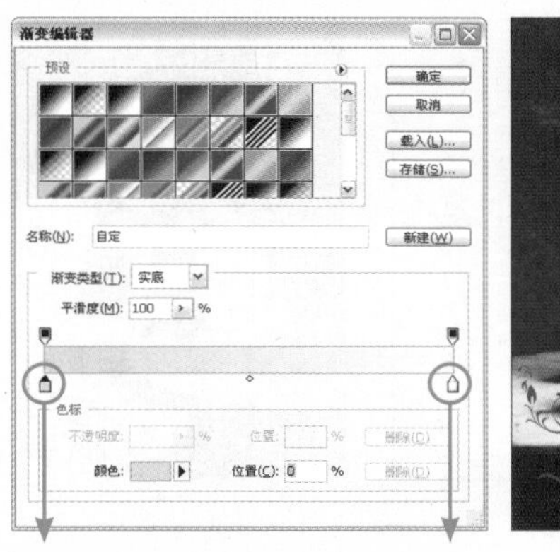

R235、G200、B170　　R245、G240、B230

21 创建图层蒙版

选择图层8，单击"添加图层蒙版"按钮 ，然后单击画笔工具 ，设置前景色为黑色，画笔"不透明度"为60%，在图层蒙版中进行涂抹，使图层8过渡效果更自然。

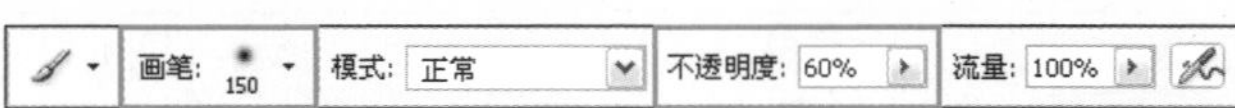

22 使用画笔工具

新建图层9，单击画笔工具，设置前景色为朱红，画笔的"不透明度"为40%，在画面四周进行涂抹，最后将该图层移动到图层8下面，达到自然的复古效果。

23 拖入标志素材

按下快捷键Ctrl+O，选择本书配套光盘中素材与源文件\Chapter2\02咖啡厅菜单内页\Media\003.png文件。将其拖入文件中，得到图层10。适当调整大小，放在适当位置。

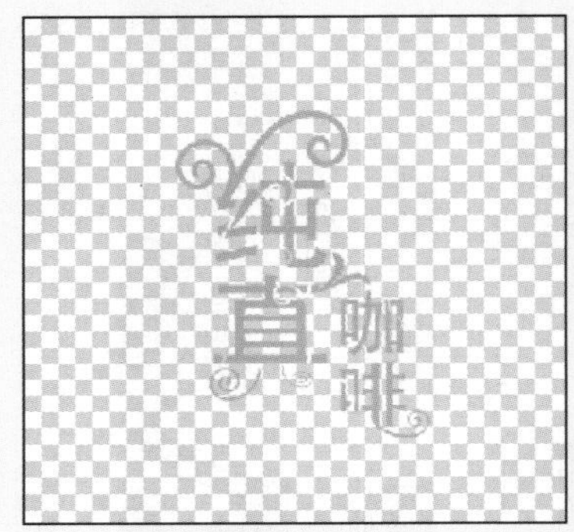

24 创建路径并填充

选择路径面板，单击"创建新路径"按钮，得到路径1，单击圆角矩形工具，在属性面板中单击"路径"按钮，并设置"半径"为0.2厘米，创建一个圆角矩形路径。新建图层11，设置前景色为朱红，单击路径面板下面的"用前景色填充路径"按钮。

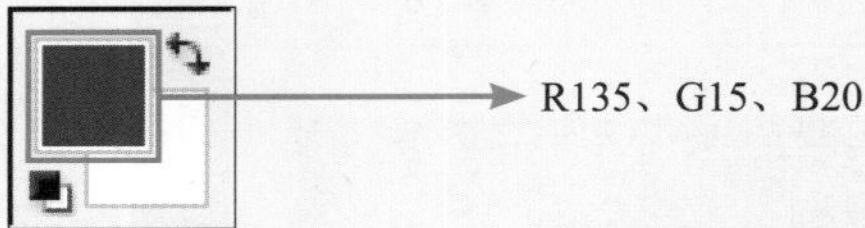

25 改变图层不透明度

选择图层11，设置该图层的“不透明度”为50%。

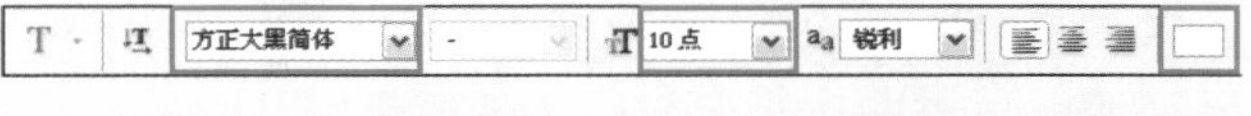

26 添加文字

单击横排文字工具T，设置颜色为白色，输入需要的文字。完成后，单击移动工具，放在适当位置。最后设置该文字图层的“不透明度”为85%。

华文新魏 8.5 点 锐利

R175
G165
B165

27 添加其他文字

单击横排文字工具T，设置颜色为咖啡色，输入需要的文字。完成后，单击移动工具，将文字放在适当位置。

28 根据需要添加文字

根据客户需要添加文字。这里笔者自己添加了一些。读者也可以根据自己的审美观进行排版。

29 拖入素材并调整

按下快捷键Ctrl+O，选择本书配套光盘中素材与源文件\Chapter2\02咖啡厅菜单内页\Media\002.png文件。将其拖入文件中，得到图层12。按下快捷键Alt+Ctrl+G，创建图层11的剪贴蒙版。

30 更改图层不透明度

选择图层12，设置该图层的“不透明度”为65%。

31 拖入素材并调整

将素材花纹拖入文件中放在适当位置，得到图层13。单击该图层的“锁定透明像素”按钮，设置前景色为咖啡色，按下快捷键Alt+Delete，进行填充。最后按下快捷键Alt+Ctrl+G，创建图层11的剪贴蒙版。本实例完成。

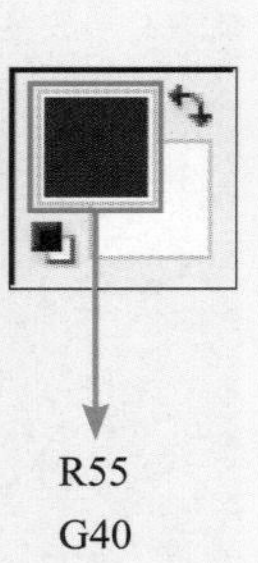

2.5 菜单设计理论与后期应用

菜单，是一份带价目表的菜肴清单。但最初菜单并不是为了向客人说明菜肴内容和价格而制作的，而是厨师为了备忘而写的单子，英文为menu。

因为菜单对餐厅的经营管理具有重要的意义和作用，所以餐厅在设计和制定菜单时不能马虎了事，而应精心设计，制作出一份精美菜单。

菜单作品欣赏

本章菜单的效果图在制作时可以选用数码真彩色印刷，封面边框可使用铝合金制作。

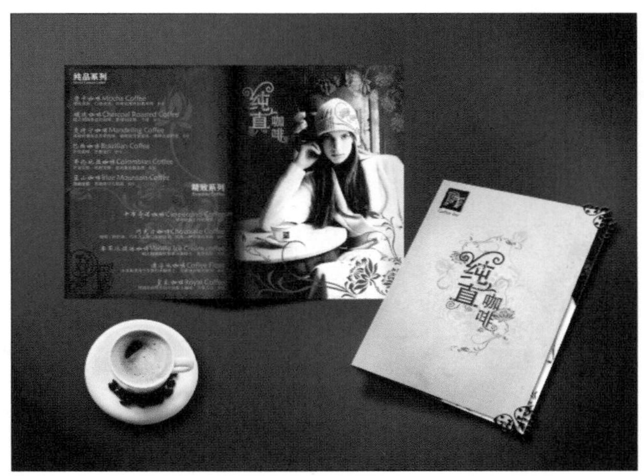

Chapter 03 蛋糕广告

3.1 产品广告分析

西点店琳琅满目的蛋糕，它的多样化、趣味感、情调感使蛋糕不仅仅只是食品的代名词，更是品味与身份的象征。而蛋糕成功销售的过程实际上是一个创造需求，满足需求的过程。通过怎么样的广告效果才能让蛋糕广告更光彩夺目，吸引更多的消费群体，体现它的更多品味与价值是广告制作前期应该思考与定位的问题。给蛋糕更高的定位，通过间接的情感诉求方式，表达蛋糕诱人的品质的同时，刺激消费者的购买欲望，是目前蛋糕广告的最终目的。

目前蛋糕广告表现手法有很多种，以下只是采用得较多的两种。

1. 直接表现质感

这是在蛋糕店最常见的一种广告。通过蛋糕本身的造型特写，表现诱人的本质，吸引消费者眼球。同时配上简单的说明文字以及合理的排版，给人和谐的视觉效果。

2. 间接表现品味

这种广告在国外出现得比较多，通过独特的创意，从侧面来表现蛋糕的独特品味与气质，更能增加情调和趣味性。这类广告更符合消费者的购买心理。

3.2 本案策划方案

本章中的第一个实例蛋糕店外POP招贴，采用情感的表现手法，通过背景烘托温暖的圣诞气氛，蛋糕的特写来表现诱人品质。强烈的色彩对比来增加视觉冲击力。

背景烘托——→色彩对比——→品质边框——→诱人招贴

本章的第二个实例蛋糕DM单，是为了配合圣诞招贴海报而出的。颜色同样使用对比度强的红色和绿色，通过黄色的过渡使整体更协调。风格为卡通情趣化，表现一种童话色彩，让人爱不释手。

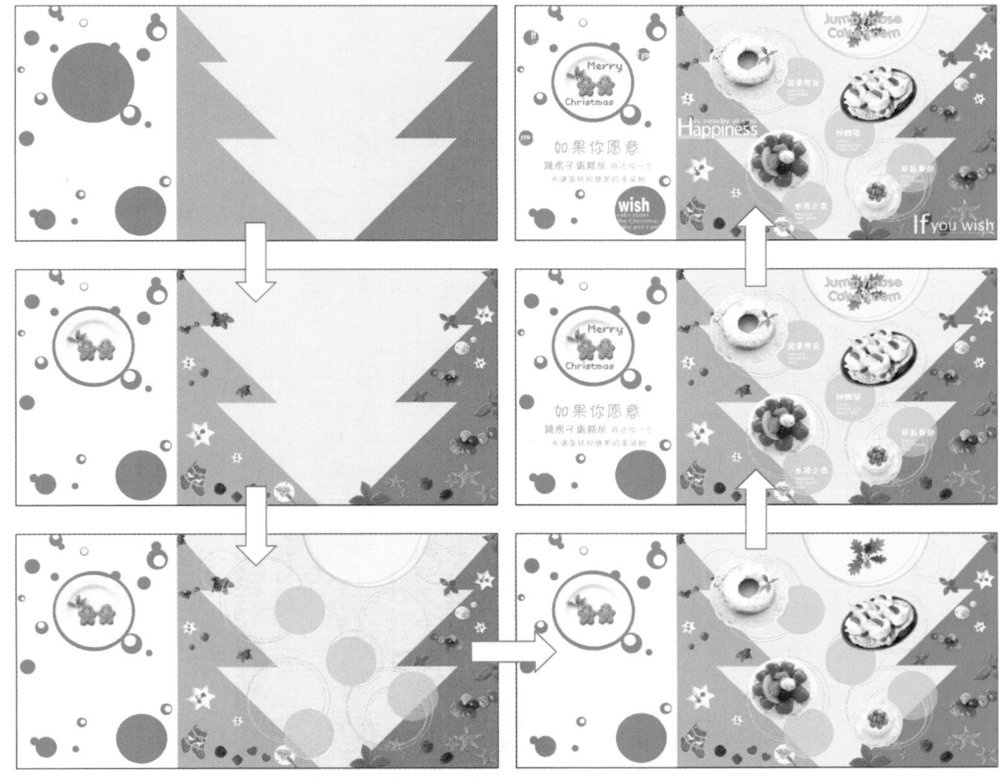

协调背景——→活泼元素——→时尚圆圈——→主体蛋糕——→主体文字——→时尚DM单

3.3 蛋糕招贴

文件路径 素材与源文件\Chapter3\01蛋糕招贴\Complete\蛋糕招贴.psd

实例说明 本实例主要运用了曲线、色阶调整、图层蒙版、描边命令等，通过色彩的强烈对比，达到圣诞招贴的理想效果。

技法表现 运用色彩对比增加了该圣诞招贴的气氛，色调和谐有冲击力。给人温暖的感觉。

难度指数 ★★★★★

01 新建文件

首先制作招贴中的标志。执行"文件>新建"命令，弹出"新建"对话框，在对话框中设置"宽度"为1000像素，"高度"为1000像素，"分辨率"为300像素/英寸，单击"确定"按钮。

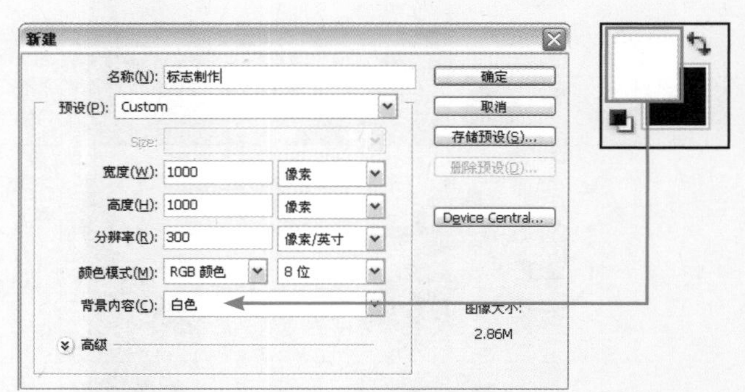

02 对背景填充黑色

设置前景色为黑色，按下快捷键Alt+Delete，将背景填充为黑色。

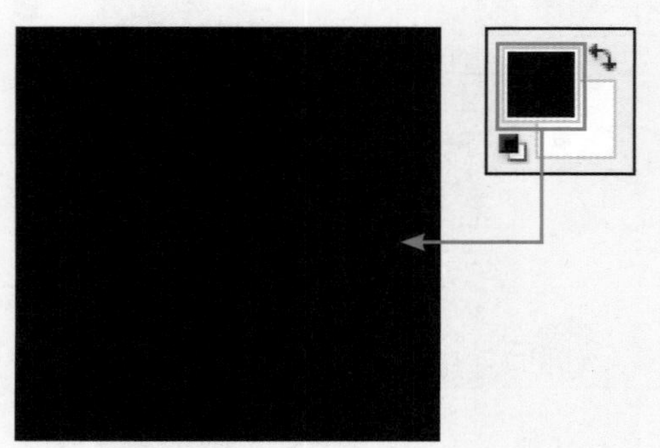

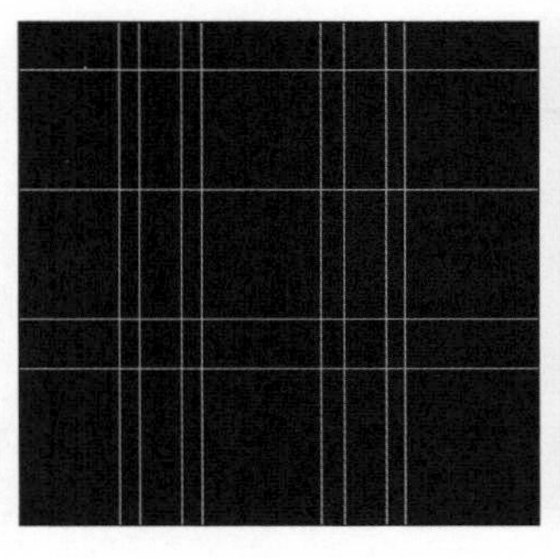

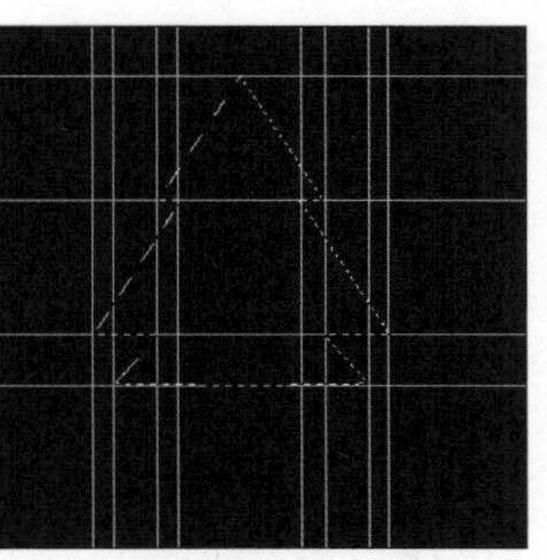

03 绘制圣诞树

新建图层1。按下快捷键Ctrl+R，显示标尺，从标尺中拖出参考线，方便绘制。单击多边形套索工具，根据参考线在图层1中进行绘制。

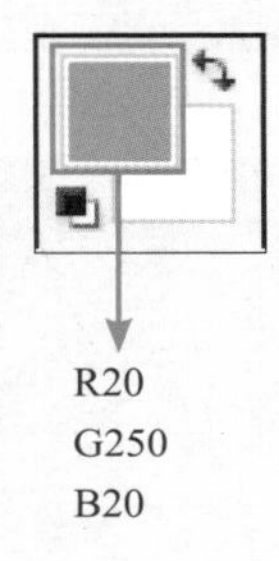

04 给圣诞树填充绿色

设置前景色为绿色，按下快捷键Alt+Delete为圣诞树填充绿色，按下快捷键Ctrl+D取消选择，并按下快捷键Ctrl+H，隐藏参考线。

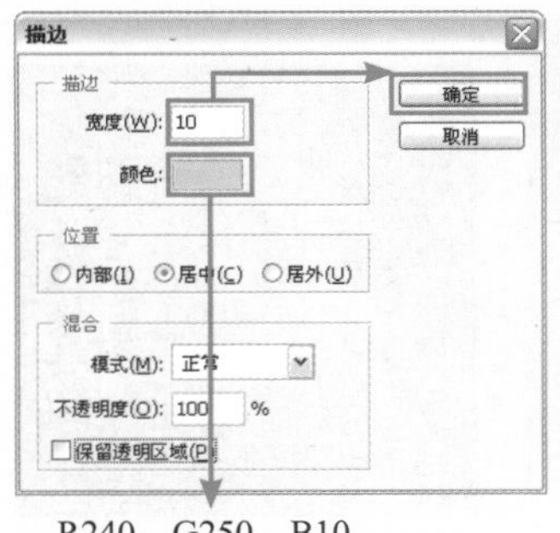

05 绘制正圆并描边

新建图层2，单击椭圆选框工具，按住Shift键，创建一个正圆选区，执行“编辑>描边”命令，设置“宽度”为10px，单击“确定”按钮。最后按下快捷键Ctrl+D，取消选择。

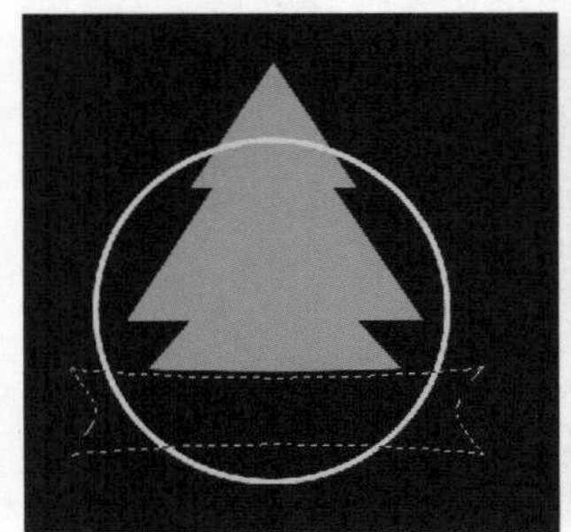

06 绘制路径并描边

单击自定义形状工具，在属性面板中，单击“路径”按钮。创建一个形状路径后，载入路径选区。新建图层3，执行“编辑>描边”命令，设置“宽度”为10px。单击“确定”按钮。并按下快捷键Ctrl+D，取消选择。

07 绘制星形状并填充

单击自定义形状工具，在属性面板中，单击“像素填充”按钮。新建图层4，并设置前景色为黄色，创建一个星形路径。得到黄色的星形图形。

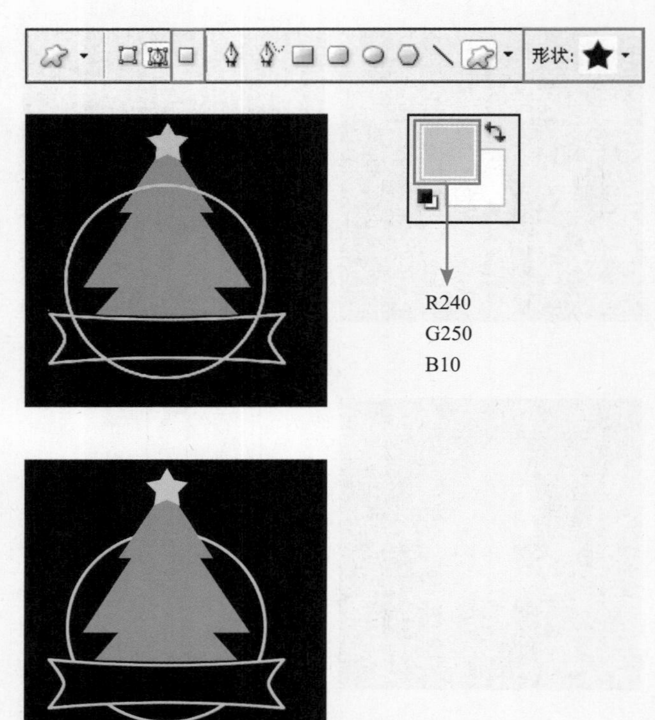

08 擦除多余部分

选择图层2，单击橡皮擦工具，将多余部分擦除。

09 绘制路径

单击钢笔工具，在路径面板中新建路径3。在圣诞树里面绘制Z字形路径。

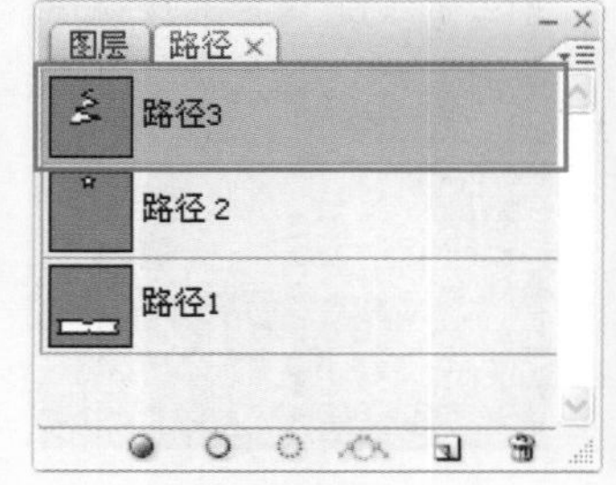

10 设置画笔描边路径

新建图层5，单击画笔工具，在属性栏中设置“钢笔压力”为65%。设置前景色为黄色，背景色为白色。按下“用画笔描边路径”按钮，按下快捷键X，交换前景色和背景色，再次按下“用画笔描边路径”按钮。得到装饰的效果。

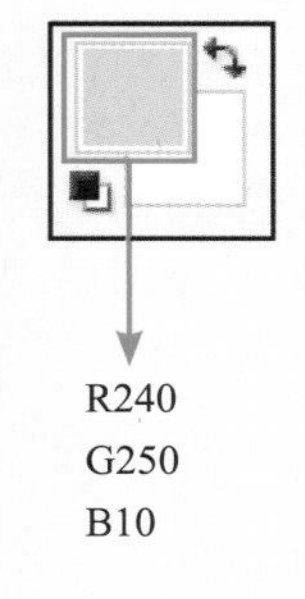

11 绘制星星图案

新建图层6，设置前景色为黄色，单击画笔工具，选择星星图案，在圣诞树周围进行绘制。

12 添加文字图层

单击横排文字工具T，设置颜色为白色，在适当位置输入文字。

13 盖印图层

单击背景图层的“指示图层可视性”按钮，按下快捷键Shift+Ctrl+Alt+E，合并可见图层，并自动生成新图层。招贴标志完成，下面来制作招贴中要用的圣诞装饰物。

14 新建文件

执行“文件>新建”命令，弹出“新建”对话框，在对话框中设置“宽度”为1000像素，“高度”为1000像素，“分辨率”为300像素/英寸，单击“确定”按钮。

15 打开素材

执行"文件>打开"命令，选择本书配套光盘中素材与源文件\Chapter3\01蛋糕招贴\Media\003.png文件，单击"打开"按钮打开素材文件。

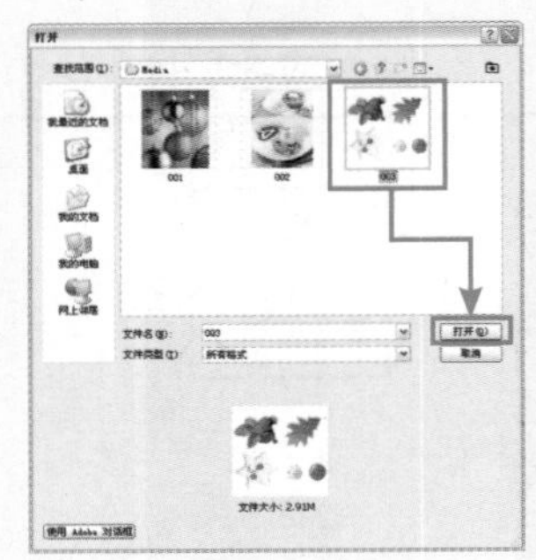

16 将素材拖入文件

单击矩形选框工具，沿着"元素叶子"边缘进行选择，单击移动工具，将图层1拖入文件中，得到图层1。

17 复制并旋转图层

适当复制图层1，按下快捷键Ctrl+T，对不同图层进行旋转和缩放大小，并放在适当位置。

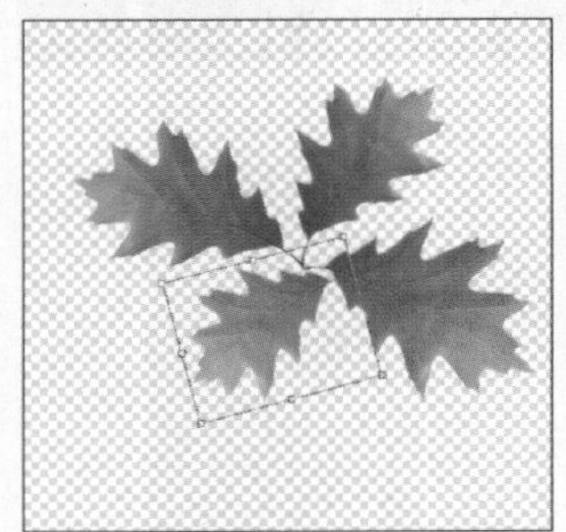

18 使用加深工具

单击加深工具，对一些图层进行适当加深处理，表现出立体层次感。

专家支招：在使用加深工具的时候，按住Alt键，可切换为减淡工具；同理，在使用减淡工具时按住Alt键可切换为加深工具。

19 拖入其他素材

再将其他元素，拖入文件中，单击移动工具，适当改变大小，放在合适位置。

20 盖印图层

单击背景图层的“指示图层可视性”按钮，按下快捷键Shift+Ctrl+Alt+E，合并可见图层，并自动生成新图层。招贴圣诞装饰物完成，下面来制作招贴。

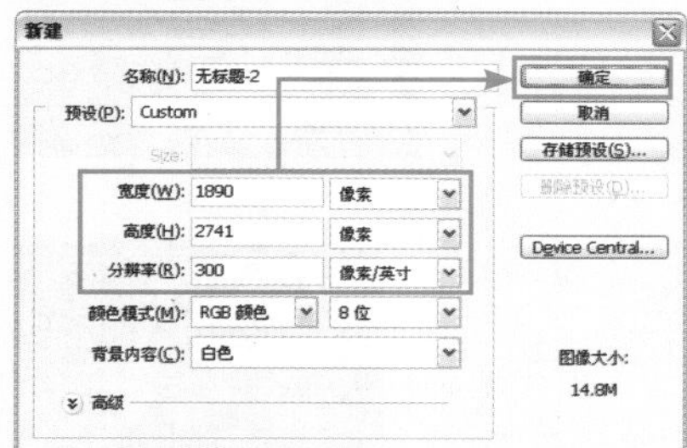

21 新建文件

按下快捷键Ctrl+N，弹出“新建”对话框，在对话框中设置“宽度”为1890像素，“高度”为2741像素，“分辨率”为300像素/英寸，单击“确定”按钮。

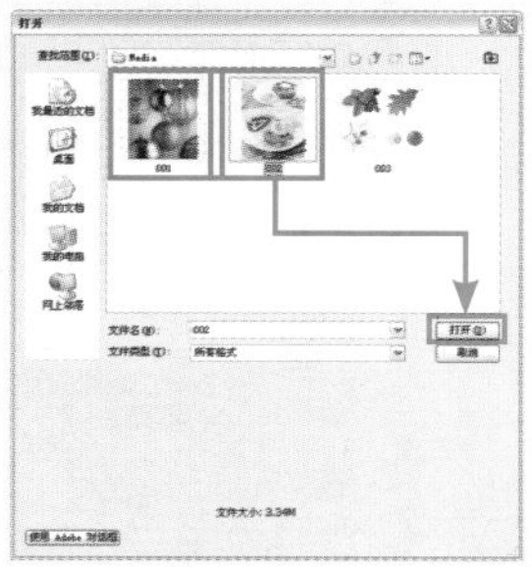

22 打开所需素材

按下快捷键Ctrl+O，选择本书配套光盘中素材与源文件\Chapter3\01蛋糕招贴\Media\001.jpg和002.jpg文件，单击“打开”按钮打开素材文件。

专家支招：按住Ctrl键可同时选择多个文件。

23 拖入素材并做调整

将素材001拖入图中，得到图层1，执行“滤镜＞模糊＞高斯模糊”命令，设置“半径”为15像素，完成后单击“确定”按钮。得到模糊的效果。

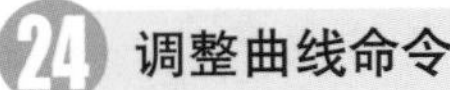

24 调整曲线命令

单击“创建新的填充或调整图层”按钮，在弹出的快捷菜单中选择“曲线”命令，设置如图所示，完成后单击“确定”按钮。

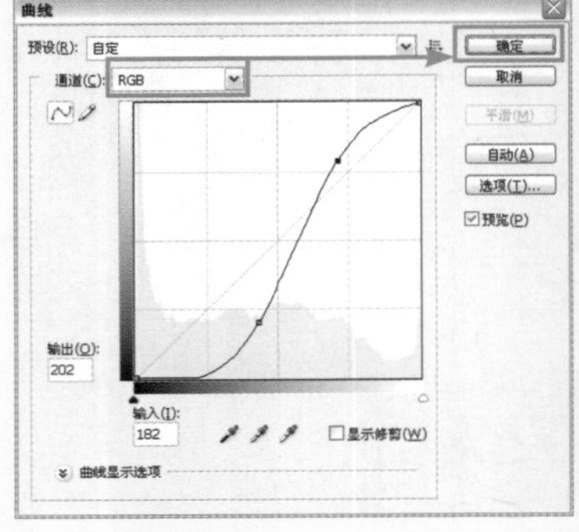

25 调整色阶命令

单击“创建新的填充或调整图层”按钮，在弹出的快捷菜单中选择“色阶”命令，设置如图所示，完成后单击“确定”按钮。

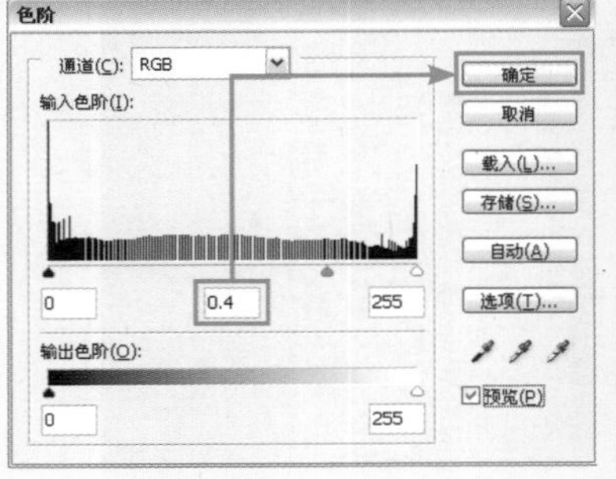

26 拖入蛋糕素材并锐化

将素材002拖入要制作的招贴文件中，得到图层2，执行“滤镜＞锐化＞USM锐化”命令，设置“数量”为200，“半径”为1.0像素。完成后单击“确定”按钮。

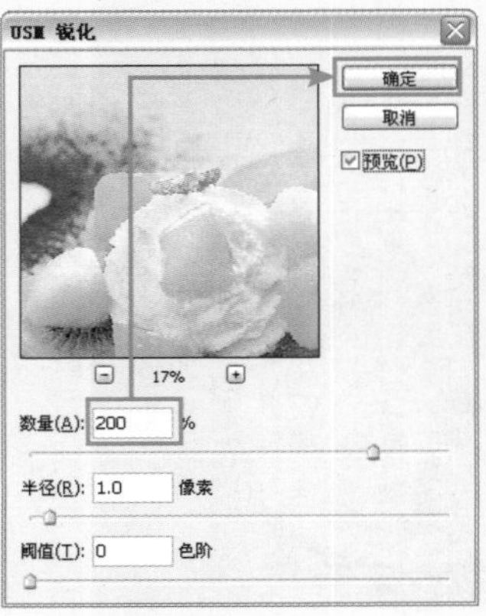

27 为图层2添加蒙版

选择图层2，在图层面板中单击“添加图层蒙版”按钮，单击画笔工具，使用默认前景色黑色涂抹不需要的部分，突出主体蛋糕。

> 专家支招：这里是使用的图层蒙版去除多余部分，也可以使用抠图来处理。

28 为图层2添加高光

选择图层2，单击减淡工具，设置如图所示。给蛋糕上面的黄色水果添加高光效果。

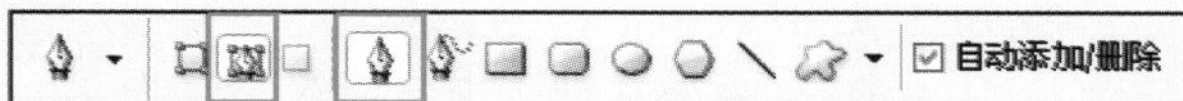

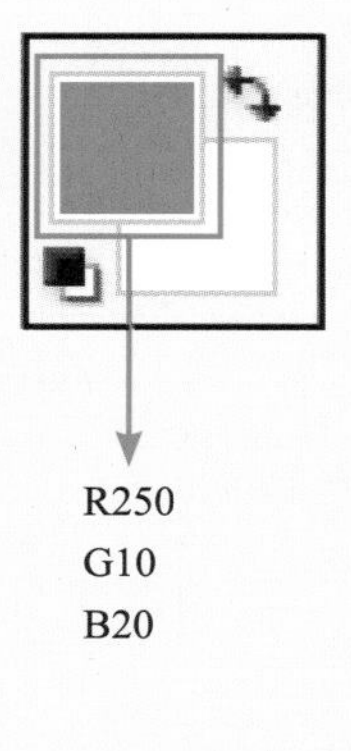

29 绘制路径并填充

单击钢笔工具，在属性面板中单击“路径”按钮，新建路径1，绘制好弧形路径后载入路径选区。新建图层3，设置前景色为红色，按下快捷键Alt+Delete，对选区进行填充。最后取消选区。

30 同理绘制路径

同理绘制下面弧形路径，新建路径2，绘制好路径后载入路径选区。新建图层4，设置前景色为绿色，按下快捷键Alt+Delete，对选区进行填充。最后取消选区。

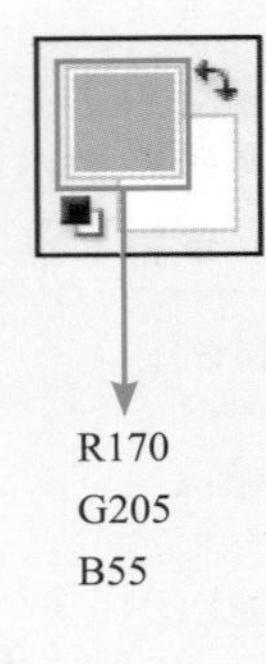

R170
G205
B55

31 拖入装饰物

将刚制作好的圣诞装饰物拖入招贴文件中，得到图层5，复制该图层，得到图层5副本，将它移动到图层5下面，并将图层5副本的“不透明度”设置为65%。

32 添加边框

新建图层6，单击矩形选框工具，创建一个矩形选区，执行“编辑>描边”命令，设置“宽度”为10px，单击“确定”按钮，并保留选区。

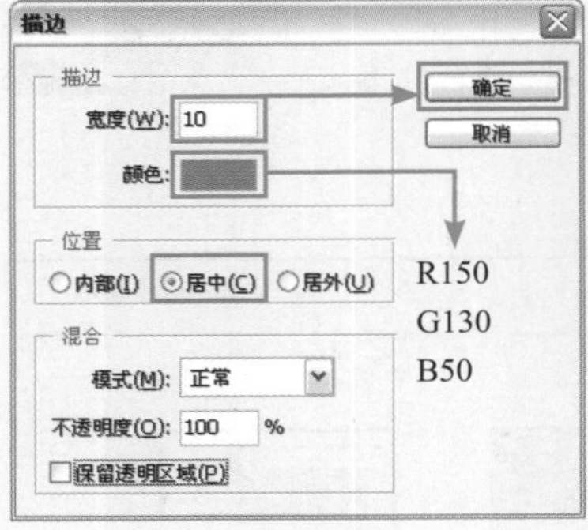

R150
G130
B50

33 收缩选区并描边

执行“选择>修改>收缩”命令，在弹出对话框中设置40像素。再执行“编辑>描边”命令，设置“宽度”为20px，颜色同上，“位置”为居外，单击“确定”按钮，然后按下快捷键Ctrl+D取消选区。

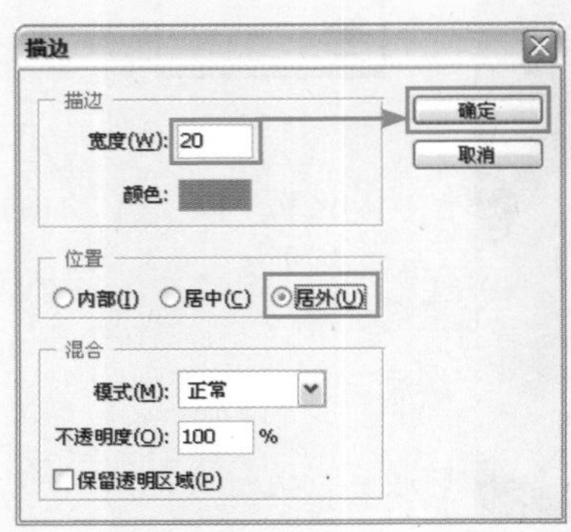

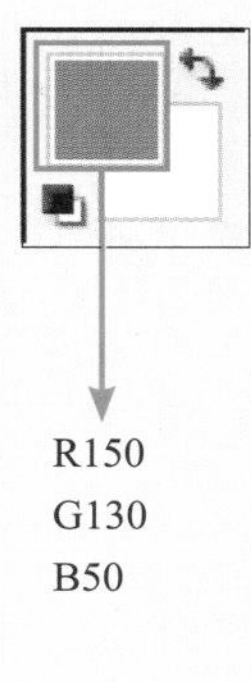

34 添加边框花纹

单击自定义形状工具，在属性面板中单击“路径”按钮，新建路径3，在边框四周创建对称的花纹。新建图层7，将路径载入选区，设置前景色为黄色，按下快捷键Alt+Delete填充。最后取消选区。

35 擦除多余边框线

选择图层6，单击橡皮擦工具，擦除多余的边框线。

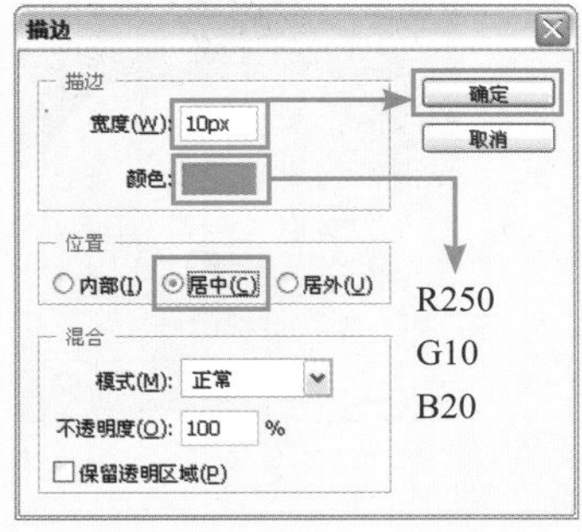

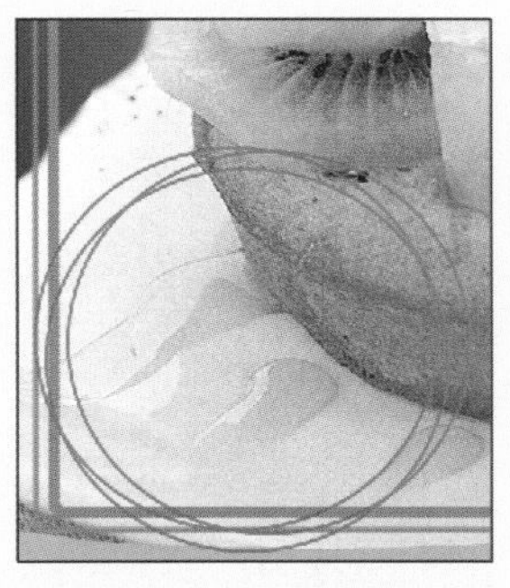

36 创建圆圈图层

新建图层8，单击椭圆选框工具，按住Shift键，创建正圆选区，执行“编辑>描边”命令，设置“宽度”为10px，单击“确定”按钮，然后按下快捷键Ctrl+D取消选区。适当复制圆圈，改变大小，然后合并圆圈图层。

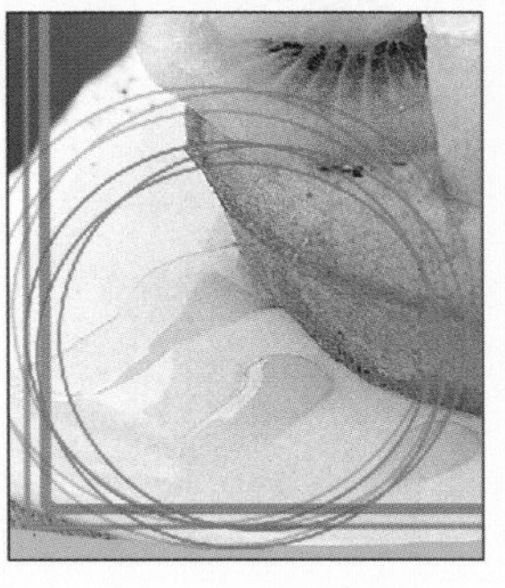

37 复制图层

复制图层8，得到图层8副本。并设置该图层的“不透明度”为35%，适当改变大小，放在合适位置。

38 创建正圆图层

新建图层9，单击椭圆选框工具◯，按住Shift键，创建正圆选区，设置前景色为红色，按下快捷键Alt+Delete填充。设置该图层的"不透明度"为55%。最后取消选区。

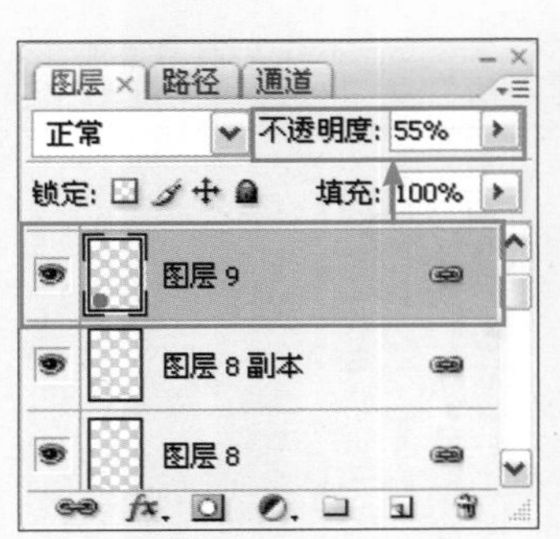

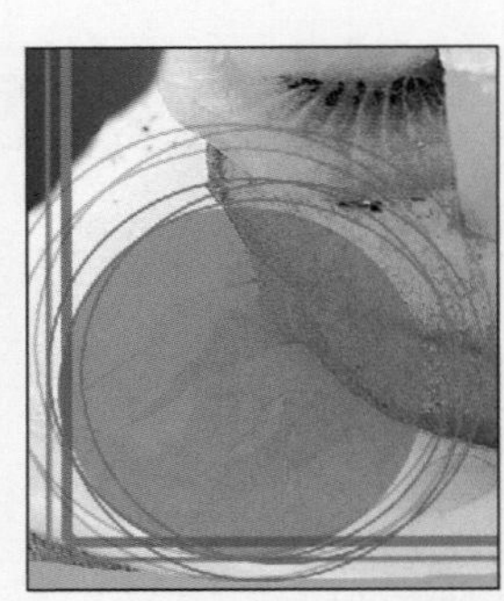

39 添加文字

单击横排文字工具T，设置颜色为土黄色，添加如图所示文字。

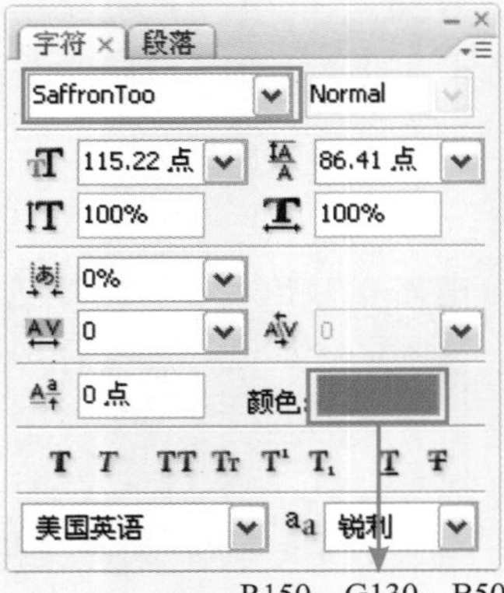

R150、G130、B50

40 添加中文文字

单击横排文字工具T，添加如图所示的中文广告文字，可根据客户要求添加文字。

R240、G250、B10

41 拖入素材完成制作

将刚才制作好的招贴标志，和素材里面的草莓拖入招贴中，调整好大小，放在适当位置。本实例完成。

3.4 蛋糕DM单

文件路径 素材与源文件\Chapter3\02蛋糕DM单\Complete\蛋糕DM单.psd

视频路径 视频文件\蛋糕DM单\01.swf~02.swf

实例说明 本实例主要运用了画笔工具、文字工具，以及图层的不同透明度等。通过合理的排版达到和谐的视觉效果。

技法表现 运用简单的圆形元素，强对比度的色彩制作出欢乐圣诞效果的精美的蛋糕DM单。

难度指数 ★★★★★

01 新建文件

执行“文件>新建”命令，弹出“新建”对话框，在对话框中设置“宽度”为24厘米，“高度”为12厘米，“分辨率”为300像素/英寸，单击“确定”按钮。

02 打开素材

执行"文件>打开"命令，选择本书配套光盘中素材与源文件\Chapter3\02蛋糕DM单\Media\001.png文件，单击"打开"按钮打开素材文件。

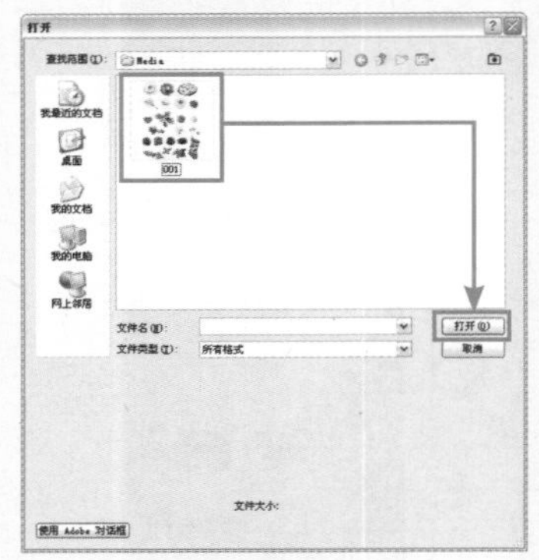

03 拖出参考线

按下快捷键Ctrl+R，显示出标尺。从左边标尺拖出两条参考线，位置分别在8厘米处和16厘米处，将文件分为3个部分。

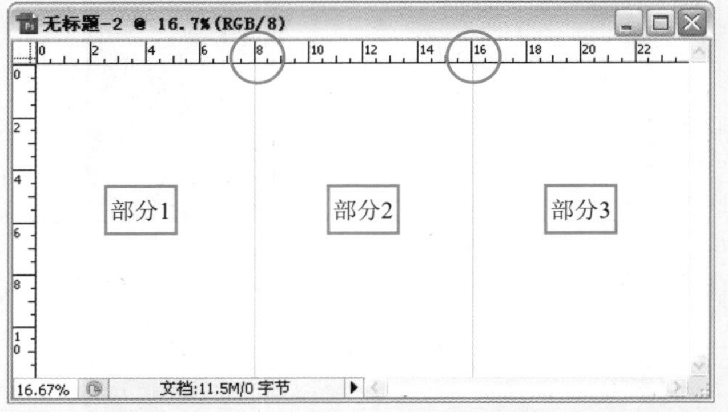

04 选择素材

回到素材文件，单击矩形选框工具，沿着"饼干盘子"元素边缘进行选择，按下快捷键Ctrl+J，得到图层1。

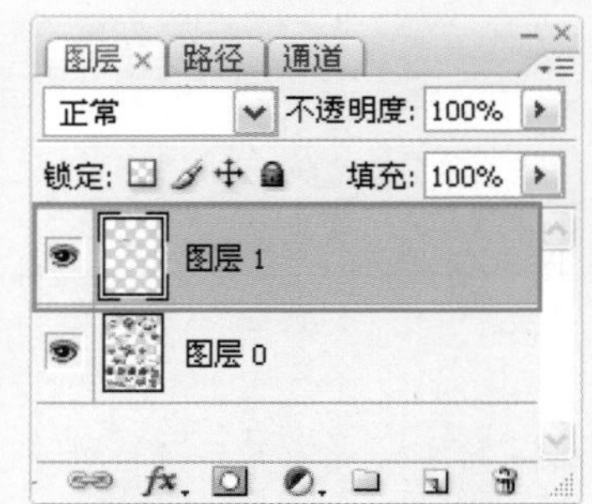

05 拖入素材并放好位置

单击移动工具，将素材拖入DM单文件中，放在如图所示部分1的位置。

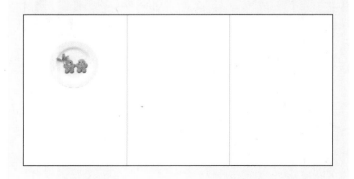

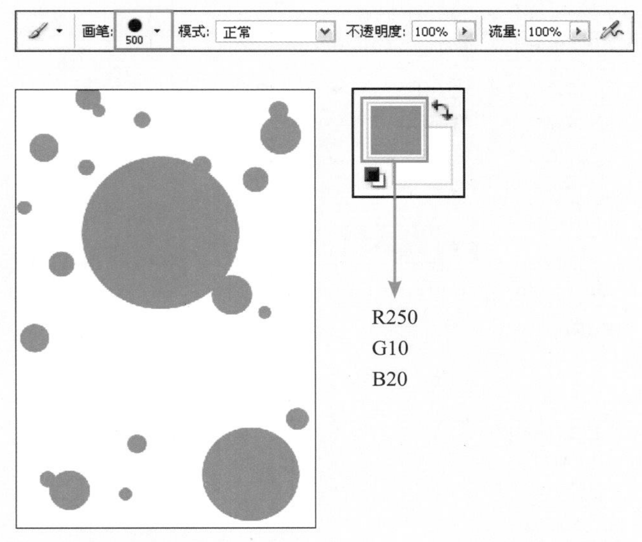

06 制作红色元素图层

新建图层2，单击画笔工具，设置前景色为红色，适当改变画笔大小，绘制圆形元素。

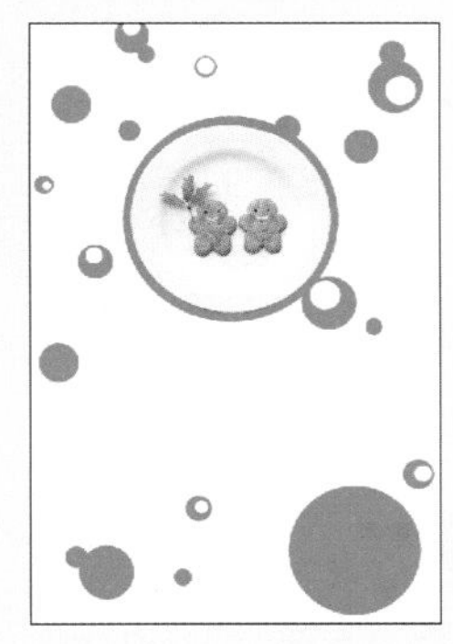

07 使用橡皮擦工具

单击橡皮擦工具，适当改变画笔大小，擦除一些部分，使图层2增加立体感。并将图层2移动到图层1下面。

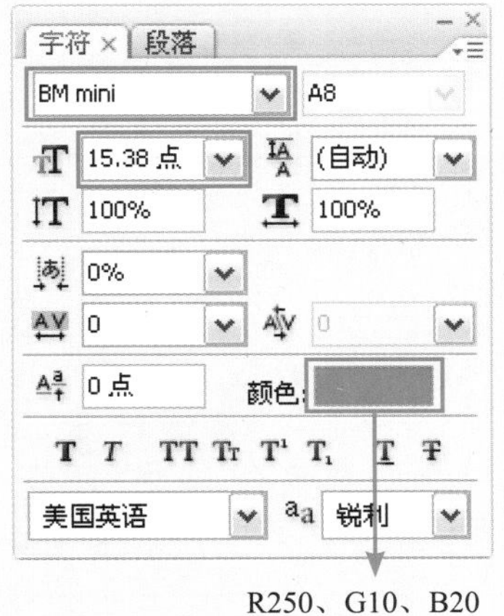

08 添加英文文字层

单击横排文字工具，设置颜色为红色。添加文字，完成后，单击移动工具，适当改变大小，放在适当位置。

专家支招：这里这里可以选择自己喜欢的字体，大小根据位置进行适当的调整，协调就好。

09 添加中文文字层

单击横排文字工具，设置如图所示。添加文字，完成后，单击移动工具，适当改变大小，放在适当位置。

R170、G205、B55

10 添加白色文字元素

输入一些英文字母，右击文字图层，在弹出的快捷菜单中选择“删格化文字”得到图层3。单击移动工具，适当复制文字图层后，适当改变文字的大小和位置，放置在其他圆点效果中，并删掉多余的文字图像。

11 完成部分1的制作

单击“创建新组”按钮，将其重命名为部分1。把刚才的所有图层拖入该组中，完成部分1的制作。

12 背景制作

新建图层，并重命名为黄色背景。单击矩形选框工具，根据参考线绘制部分2和部分3的背景选区，设置前景色为黄色，按下快捷键Alt+Delete填充。最后按下快捷键Ctrl+D取消选区。

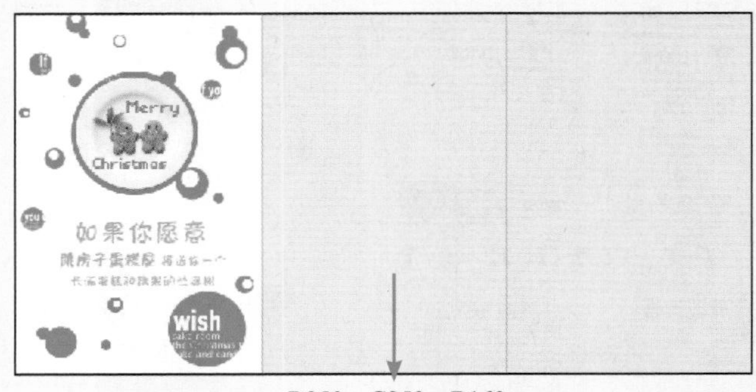

R250、G250、B160

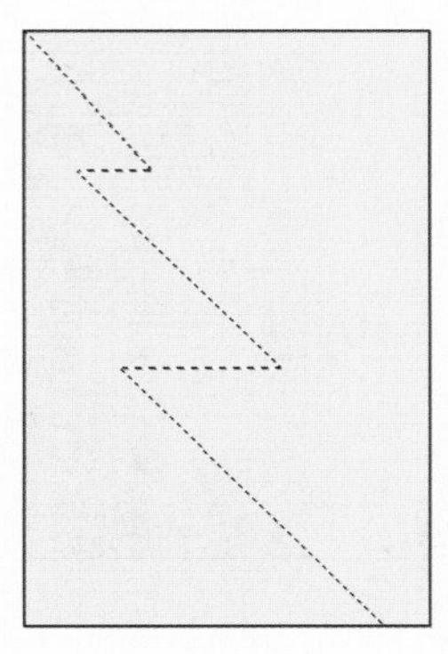

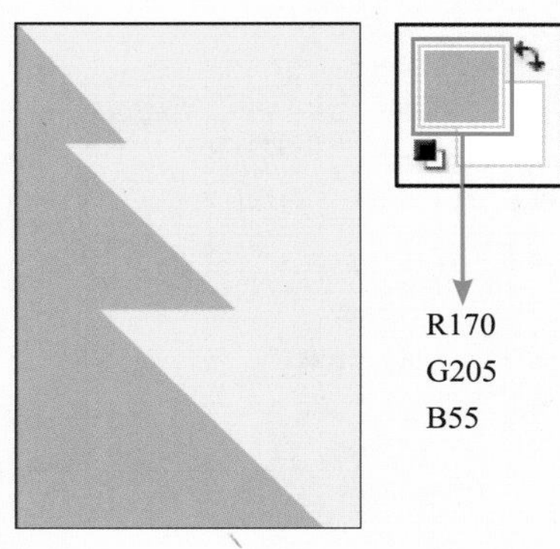

13 绘制圣诞树并填充

新建图层，并重命名为绿色圣诞树。单击多边形套索工具，创建如图选区，设置前景色为绿色，按下快捷键Alt+Delete填充。最后按下快捷键Ctrl+D取消选区。

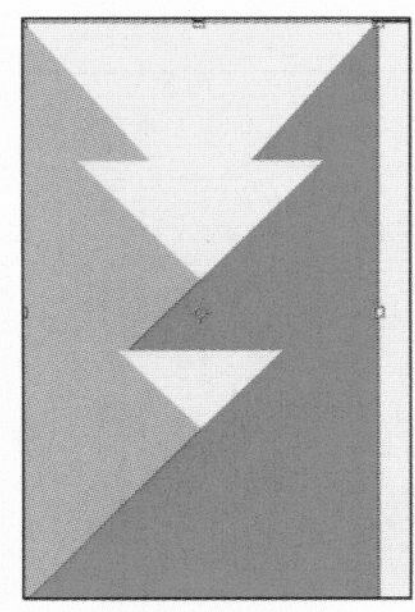

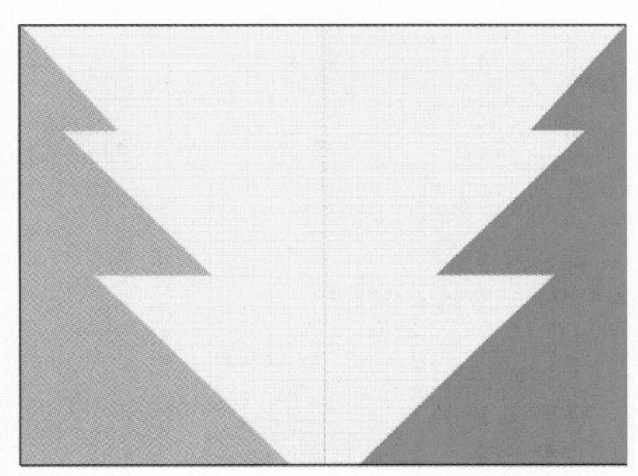

14 复制图层并填充

复制绿色圣诞树图层，并重命名为红色圣诞树图层。按下快捷键Ctrl+T，右击鼠标，在弹出的快捷菜单中选择“水平翻转”，并按住Shift键，将它移动到最右边。完成后，按回车键确定。

15 拖入元素

单击“创建新组”按钮，并重命名为元素组，用同样的方法将需要的装饰素材元素拖入该组中。单击移动工具，复制适当元素，调整大小，旋转适当角度，放在适当位置。

画笔: 300 模式: 正常 不透明度: 100% 流量: 100%

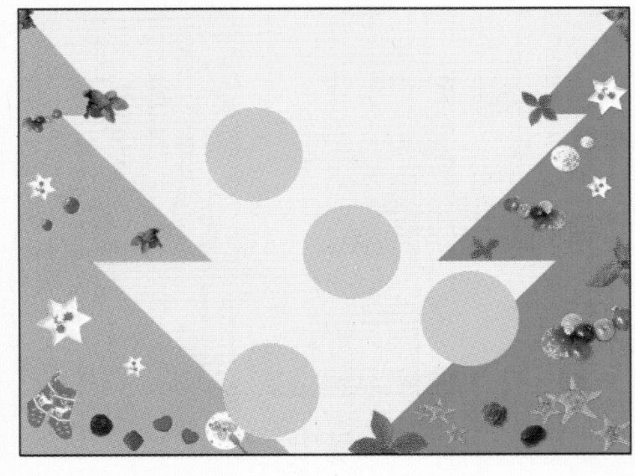

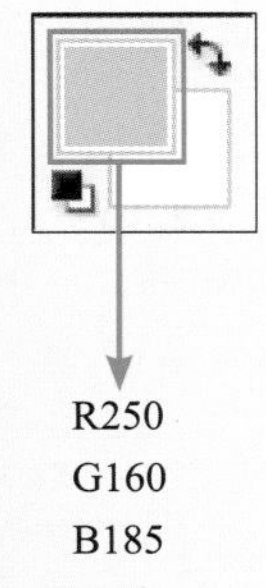

16 绘制圆形

新建图层，并重命名为圆图层。单击画笔工具，设置前景色为粉红色，在适当位置绘制4个圆形。

17 改变图层的不透明度

设置该图层的"不透明度"为80%，使整体画面更和谐。

18 创建圆圈

新建图层，并重命名为图层圈。单击椭圆选框工具，按住Shift键，创建一个正圆选区。执行"编辑>描边"命令，设置"宽度"为8px，然后单击"确定"按钮。并取消选区。

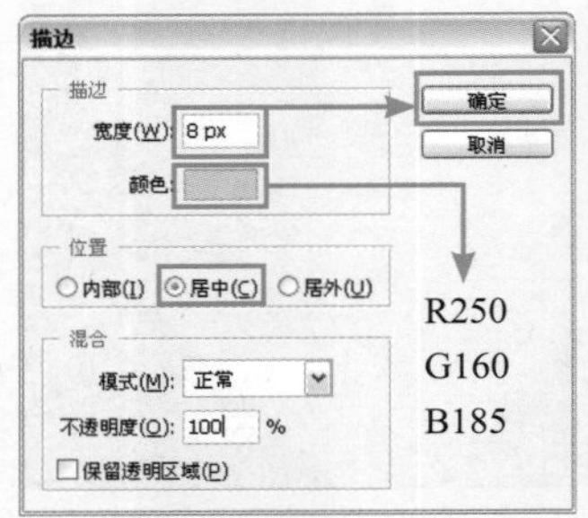

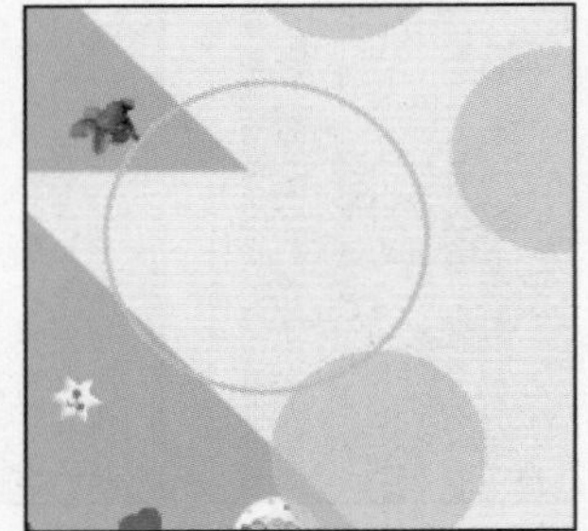

19 复制图层圈

复制该图层，单击移动工具，按下快捷键Ctrl+T，改变大小，放在适当位置。然后按下快捷键Ctrl+E，向下合并图层。

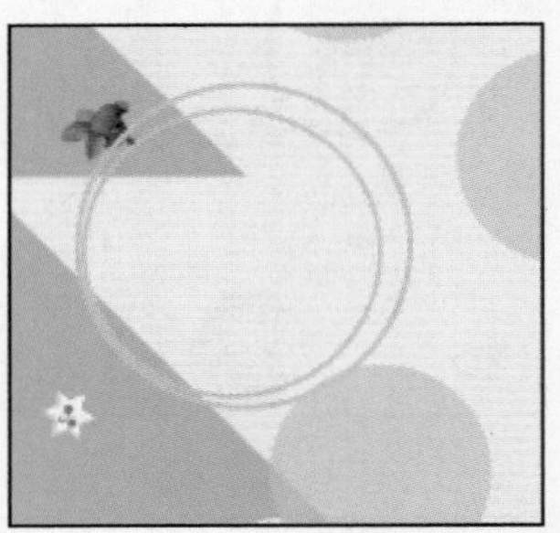

20 复制圈图层并调整

复制几个圈图层，改变适当大小放在适当位置，并适当调整图层的"不透明度"。单击"创建新组"按钮，并重命名为圈。将刚才的圈元素图层全部拖入该组中。

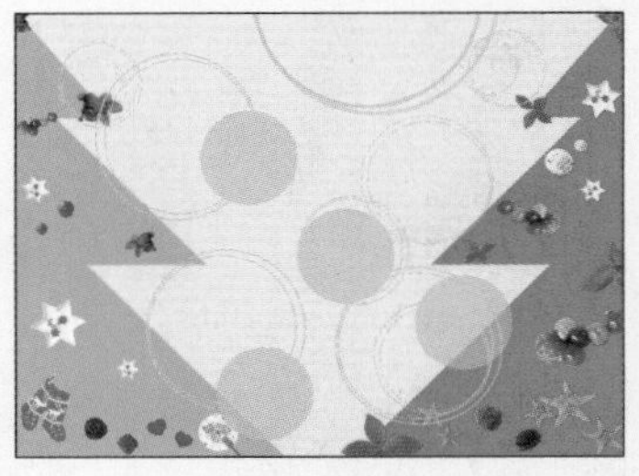

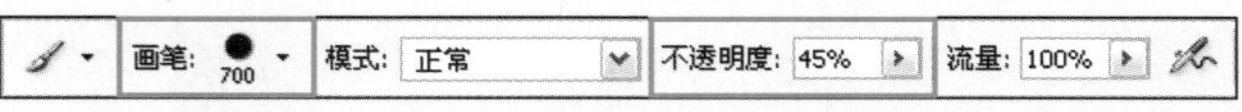

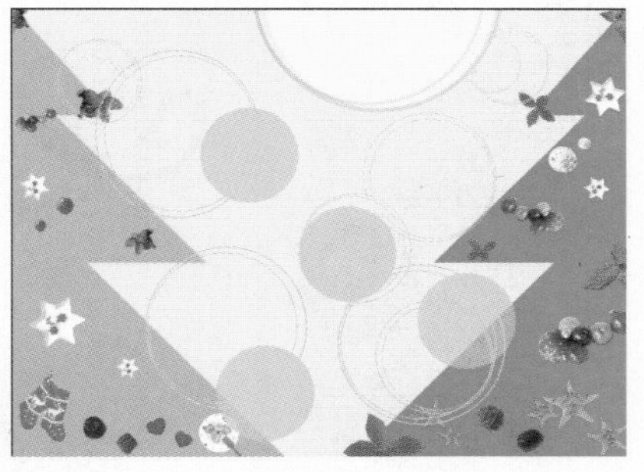

21 绘制1个白色圆

新建图层，并重命名为白色圆。单击画笔工具，设置画笔的“不透明度”为45%，前景色为白色。单击鼠标，得到1个圆形。然后单击移动工具，将其放在适当位置。

22 拖入蛋糕素材

单击移动工具，将素材图片里的蛋糕素材拖入DM单中。调整好大小，将其放在适当位置。

23 添加中文文字图层

单击横排文字工具T，设置颜色为白色，输入需要的文字。完成后，单击移动工具，将其放在适当位置。

24 添加英文文字图层

同理添加英文文字图层，设置颜色为白色。完成后，单击移动工具，将其放在适当位置。

25 为其他蛋糕添加文字

重复步骤23和步骤24，为其他蛋糕添加文字。

专家支招：这里可以根据客户要求为蛋糕添加文字。

26 添加店名字

单击横排文字工具T，设置颜色为粉红色，输入需要的文字。完成后，单击移动工具，放在适当位置。

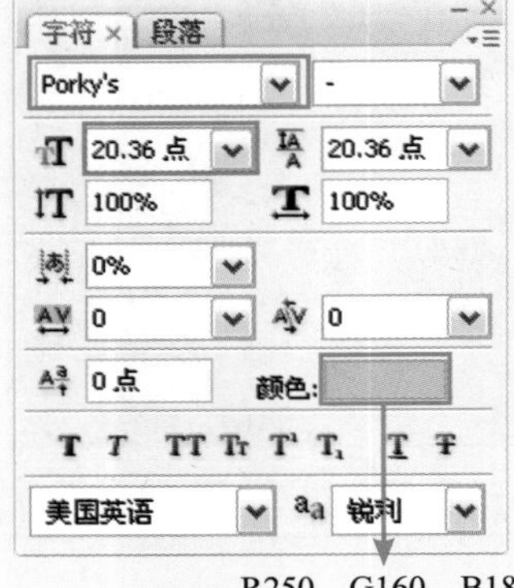

R250、G160、B185

27 添加其他文字元素

根据自己的审美观，添加一些文字元素，美化DM单。这里编者在两边的圣诞树上添加了一些文字。本实例完成。

3.5 广告理论与后期应用

3.5.1 海报相关知识

关于海报招贴的一些基础概念在第1章已经提到，这里为大家介绍大尺寸海报的常用规格：4联海报、8联海报、12联海报、16联海报、32联海报、64联海报。具体如图所示。

A：4联海报
4张基本尺寸的纸拼合在一起
（1016mm×1524mm）
B：12联海报
3张4联海报拼合在一起
（3048mm×1524mm）
C：16联海报
4张4联海报拼合在一起
（2032mm×3048mm）
D：32联海报
8张4联海报拼合在一起
（4064mm×3048mm）
E：48联海报
12张4联海报拼合在一起
（6096mm×3048mm）
F：64联海报
16张4联海报拼合在一起
（8128mm×3048mm）
G：96联海报
24张4联海报拼合在一起
（12192mm×3048mm）

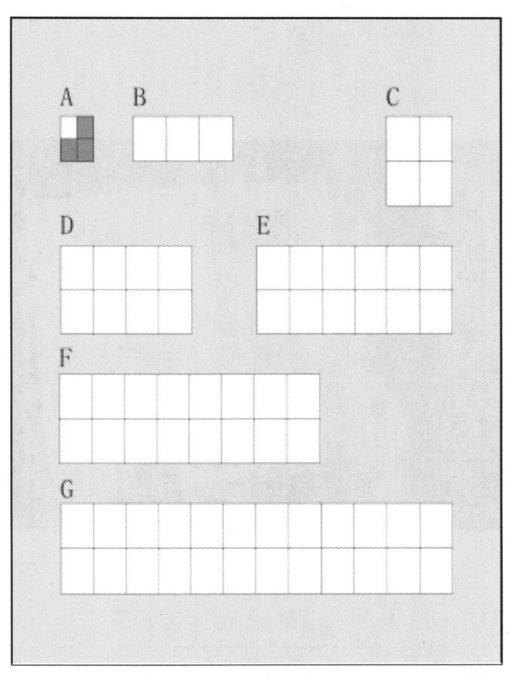

本实例海报可采用4联海报的规格进行印刷处理。

A：拼版对位标

B：裁切线

C：刀修边

3.5.2 DM概述

DM是英文Direct Mail advertising的省略表述，直译为"直接邮寄广告"，即通过邮寄、赠送等形式，将宣传品送到消费者手中、家里或公司所在地。亦有将其表述为Direct Magazine advertising（直投杂志广告）。

DM单又称广告折页，是一种比较精美的宣传品，规格一般不超过8开。能把所推销的商品内容充分向消费者叙述，是一种最直观的宣传广告。创意别致精美的DM单不仅可以更好的起到宣传作用，同时也是一件精美的艺术品。

一些市面上常见得DM单

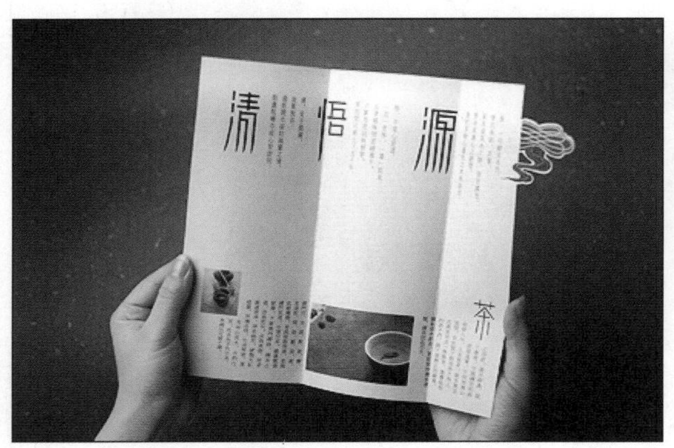

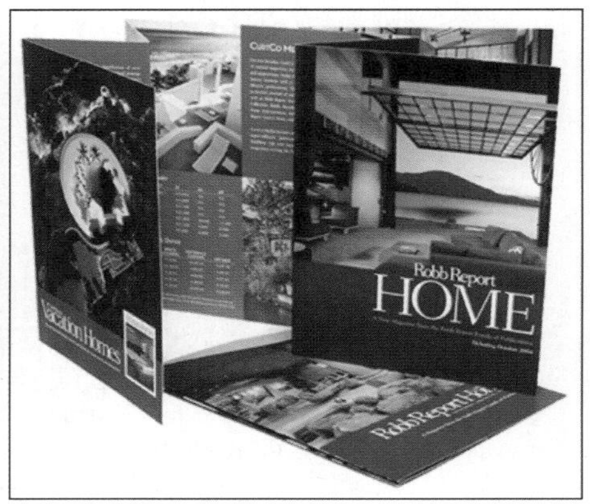

一些值得收藏得DM单

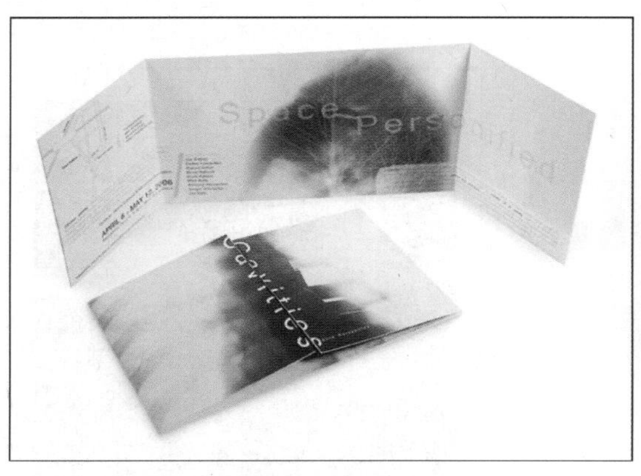

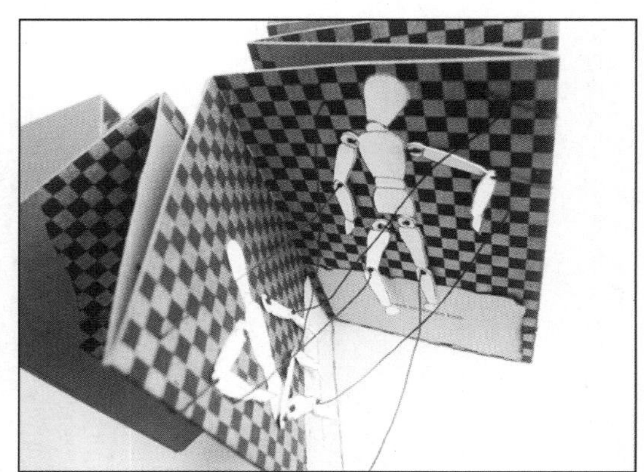

常见的几种平行的折页方式

本章实例蛋糕DM单采用六页经折法的形式

读书笔记

数码产品广告

21世纪的动感新人类，享受着数码产品带来的巨大冲击。数码产品广告也欣欣向荣，无论是候车站台、地铁通道、电脑城外、报纸以及时尚杂志，随处可见数码产品的广告。它们华丽，时尚，个性，相信总有一款是属于特别的你。

本篇主要选择了几种最受年轻人欢迎的数码产品。时尚的手机、笔记本电脑以及流行的数码相机，使用流行的制作风格，表现出产品的个性与活力。通过对杂志广告和户外广告的制作，让读者对精致的杂志广告以及庞大的户外广告不再感到恐惧，根据本章的详尽分析，读者也能制作出最完美的广告。

实现每个女人
心中的蝴蝶梦

Canon
Delighting You Always
DIGITAL
IXUS i
zoom
LoVe
700万像素
2.4倍光学变焦
http://www.canon.com.cn

Canon
Delighting You Always
DIGITAL
IXUS 700
力求完美 专业之选
http://www.canon.com.cn

真彩色
真世界
真我释放
Apple computer X3141
液晶板：TFT
Apple Computer

DELL
solution provider
畅游e时代
世界尽在掌控中
Athlon

Chapter 04 手机广告

4.1 产品广告分析

在21世纪的今天，全球手机的使用率以达到87%。时尚的外观，强大的内置功能已成为当今年轻人追捧的新目标。怎样的手机广告才能获得现代年青人的青睐，在这个多元化的数字时代，赢得一席之地，是目前手机广告值得思考的问题。

手机广告不单单只是阐述产品的功能与用途，更重要的是表现其时尚与个性，直接针对年轻人追求流行潮流的心理，到达广告目的。

下面是国际手机品牌的平面广告，以供欣赏。

诺基亚倾慕系列平面广告：复古时尚的风格，定住你的眼睛，偷走你的心。

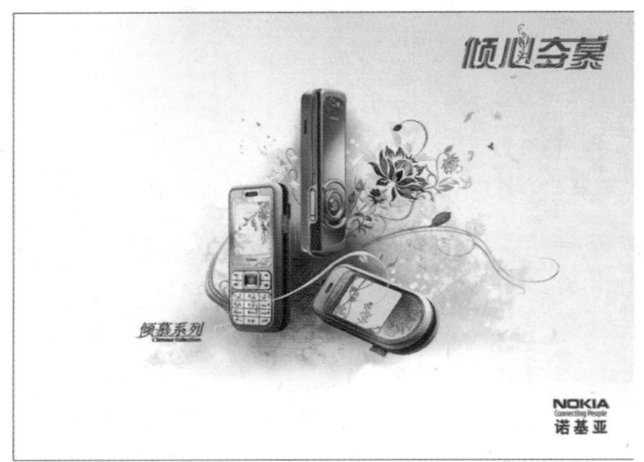

索爱W800c系列：时尚的人物，表现出音乐手机的品质，针对年轻人设计。

三星SGH系列：华丽的画面，给人眼前一亮的感觉；产品的特写，质感的直接体现。

4.2 本案策划方案

为了达到预期效果，激发年轻人的购买欲望。因此，本章的第一个实例手机杂志广告，从正面刻画了手机的品质。渲染了复古又不失时尚的背景画面，运用暗色调表现年轻人酷的一面，而暖色调的时尚元素与背景形成鲜明对比，衬托出主体手机强烈的流行时尚感。

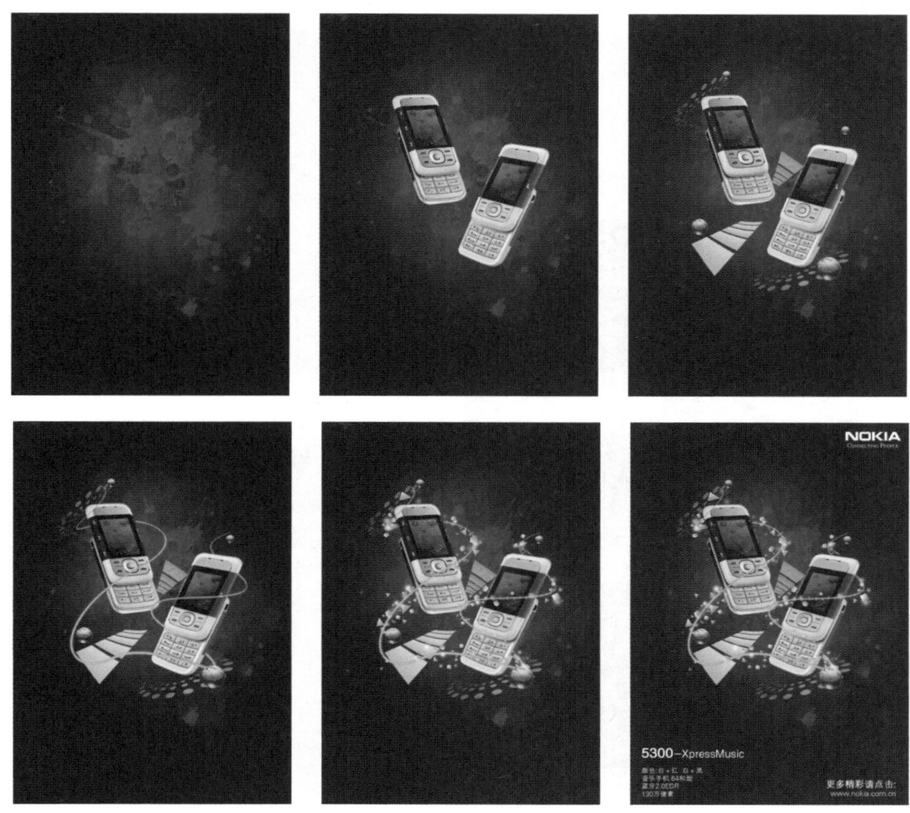

复古背景——>产品体现——>时尚元素——>动感飘带——>高光元素——>合理排版

本章第二个实例，手机户外广告延续了第一个实例暗色调的COOL风格。画面用粉红色点亮时尚动感。人物与产品呼应，使整个画面个性而时尚。通过合理的排版，使户外效果更引人入胜。

暗调背景——→时尚花纹——→人物与主体呼应——→合理排版

4.3 手机杂志广告

文件路径 素材与源文件\Chapter4\01手机杂志广告\ Complete\手机杂志广告.psd

实例说明 本实例主要运用了图层混合模式、通道选区、画笔工具，路径描边等，通过元素与主体的合理搭配，以及背景的烘托达到理想的效果。

技法表现 运用眩目的色彩搭配以及元素合理排版，表达了复古而时尚的后现代主义情结。

难度指数 ★★★★★

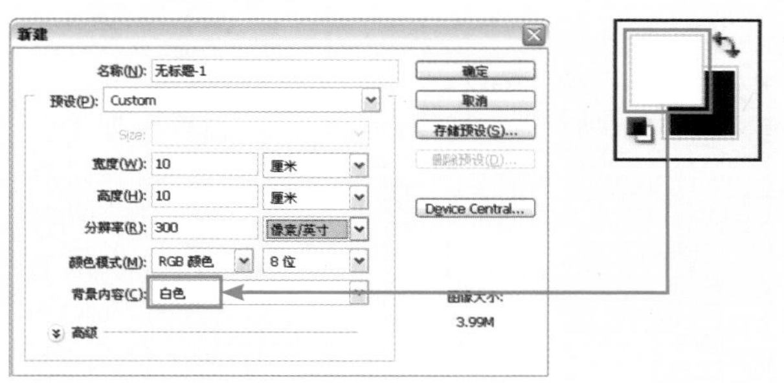

01 新建文件

首先绘制实例需要的基本元素，执行“文件>新建”命令，弹出“新建”对话框，在对话框中设置“宽度”为10厘米，“高度”为10厘米，“分辨率”为300像素/英寸。单击“确定”按钮，新建一个图像文件。

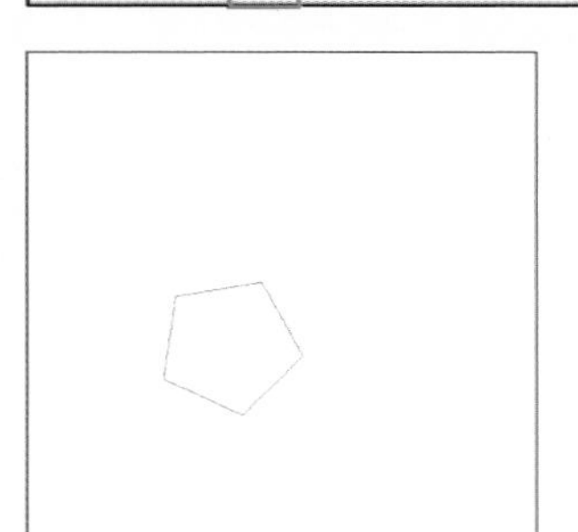

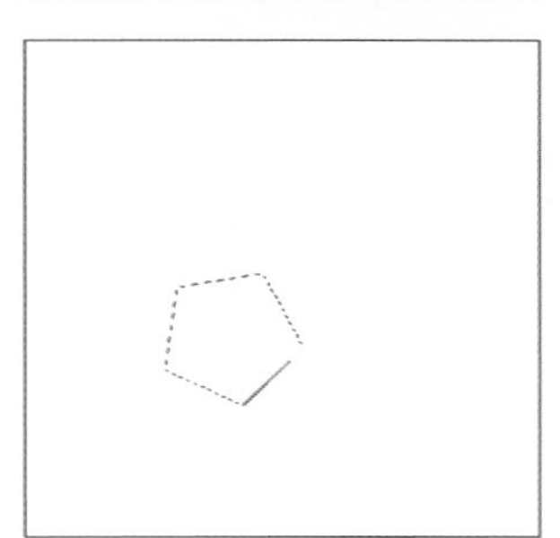

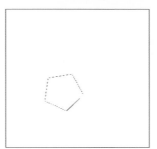

02 绘制五边形路径

单击多边形工具，在属性面板中单击“路径”按钮，并设置“边”为5，绘制一个五边形路径，然后单击“将路径作为选区载入”按钮。

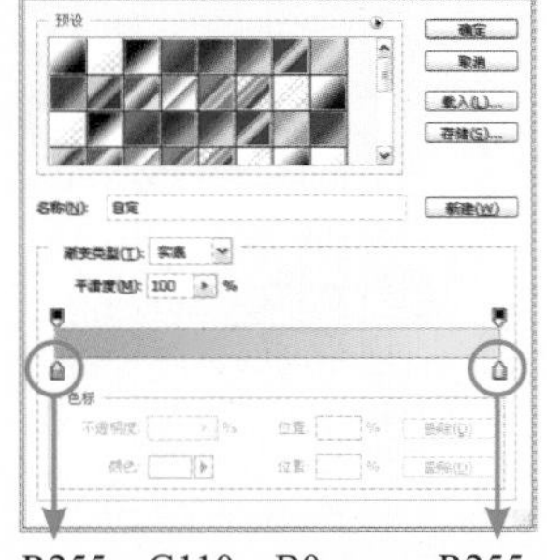

R255、G110、B0　　R255、G255、B0

03 填充渐变

新建图层1，单击渐变工具，设置好参数后，按住Shift键，从左上角到右下角拖动鼠标填充渐变。最后按下快捷键Ctrl+D，取消选区。

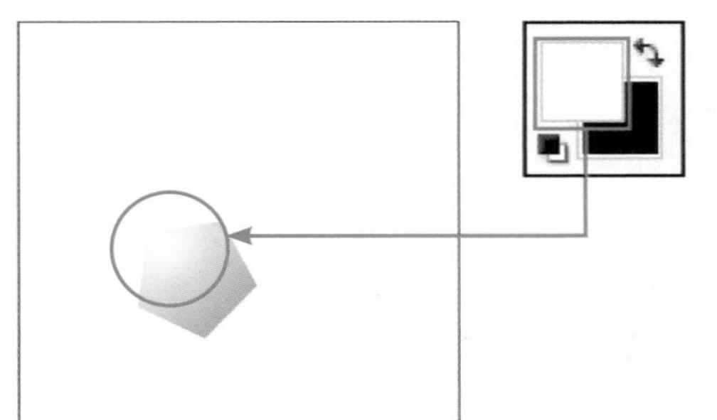

04 添加高光

新建图层2，单击画笔工具，设置前景色为白色，“不透明度”为85%，绘制一个高光圆。

05 创建剪贴蒙版

对图层2执行“图层>创建剪贴蒙版”命令。然后按下快捷键Ctrl+E，向下合并图层。

专家支招：创建剪贴蒙版的快捷键是：Alt+Ctrl+G。

06 调整形状

单击移动工具，按下快捷键Ctrl+T，并按住Ctrl键不放，选中图形节点，对形状进行调整。调整好后，按Enter键确定。

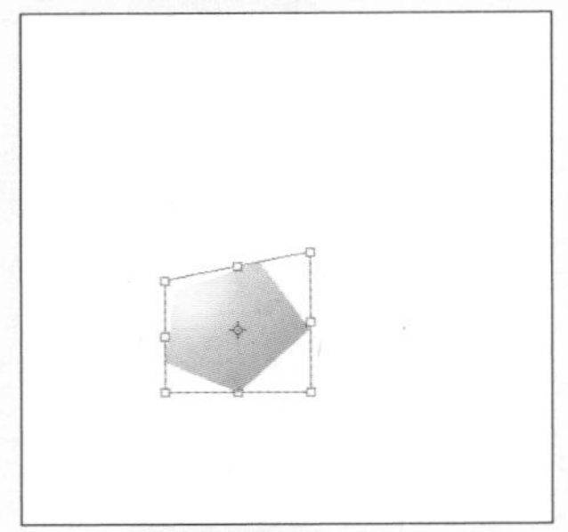

07 复制图层

单击移动工具，按住Alt键的同时，按向上方向键，得到图层1副本，重复该操作18次，得到立体感效的五边形。

08 合并图层

单击背景图层的“指示图层可视性”按钮，按快捷键Shift+Ctrl+Alt+E合并可见图层，并自动生成图层2。

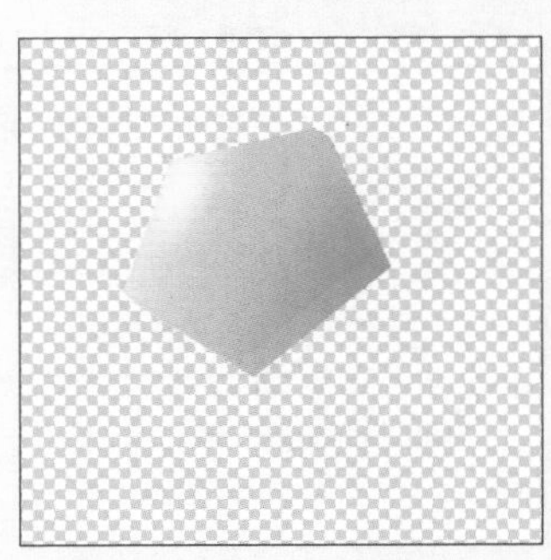

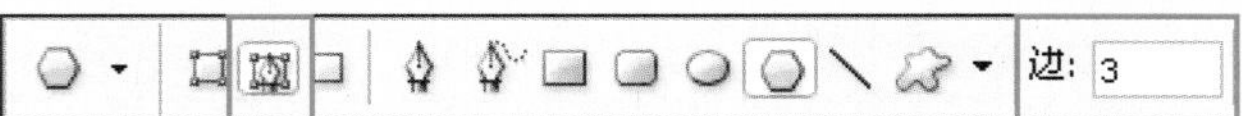

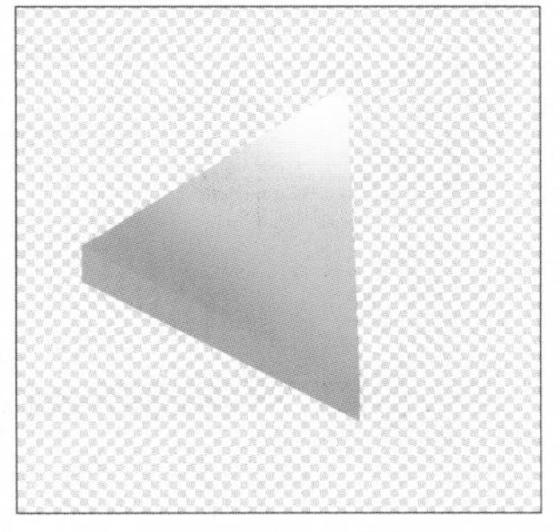

09 绘制三角形

根据上面的方法，绘制三角形。编者这里复制了43个图层，读者可以根据自己的审美观，复制适当的图层数量，立体感恰当就好。

专家支招：设置多边形边数为3。

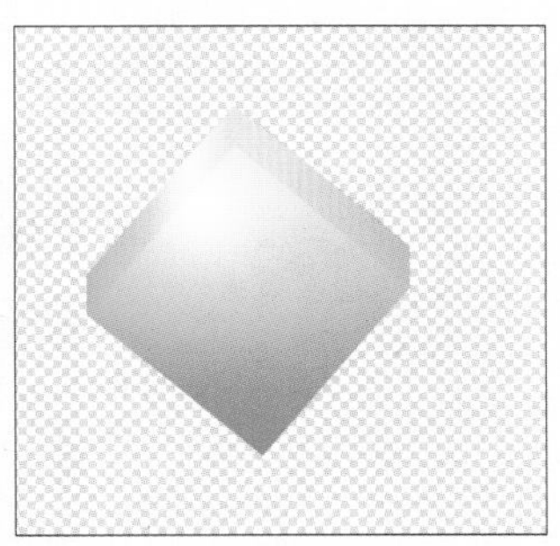

10 绘制四边形

同理根据上面的方法，绘制四角形。编者这里复制了25个图层，读者可以根据自己的审美观，复制适当的图层数量，立体感恰当就好。

专家支招：设置多边形边数为4。

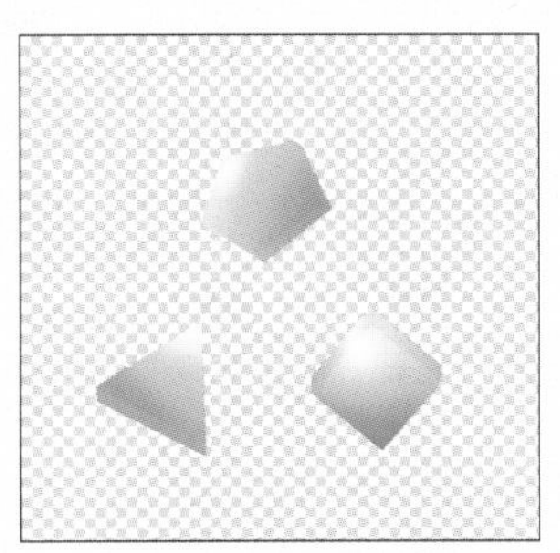

11 分组管理

单击“创建新组”按钮 ，分别3个组，并重命名为“四边形”、“三角形”、“五边形”，同时将图层拖入各自的组中，方便管理。完成基本元素制作。

12 新建文件

下面来制作杂志广告。执行“文件>新建”命令，弹出“新建”对话框，在对话框中设置“宽度”为7厘米，“高度”为10厘米，“分辨率”为300像素/英寸。单击“确定”按钮，新建一个图像文件。

13 填充渐变

单击渐变工具，设置好后，按住Shift键，从下往上拖动鼠标，对背景图层填充渐变。

专家支招：这样填充的黑色，富有质感，不僵硬，适合杂志印刷。

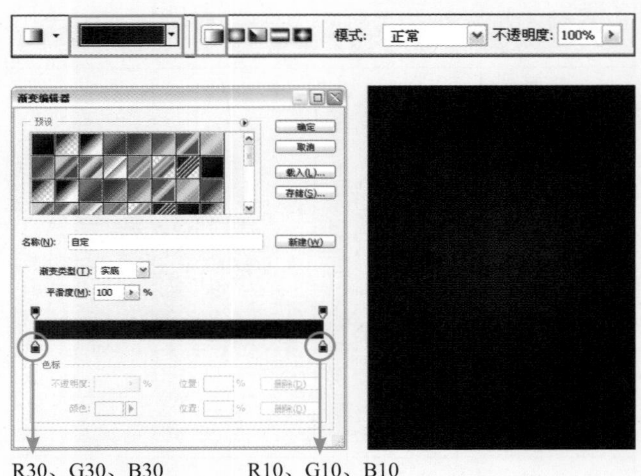

R30、G30、B30　　R10、G10、B10

14 绘制暗光

新建图层1，单击画笔工具，设置前景色为暗红色，"不透明度"为85%。在图层1上绘制暗光。

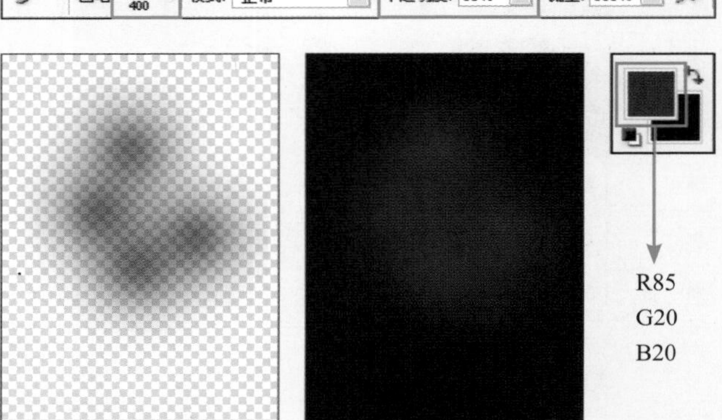

15 打开素材

执行"文件>打开"命令，选择本书配套光盘中素材与源文件\Chapter4\01手机杂志广告\Media\004.jpg文件，单击"打开"按钮打开素材文件。

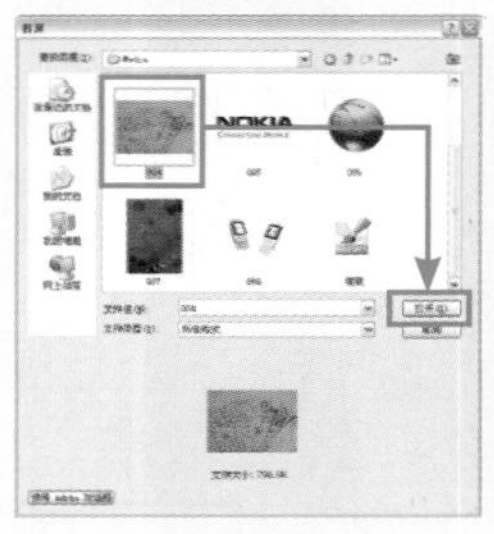

16 选择通道

选择通道面板，按住Ctrl键，单击绿色通道，得到绿色通道选区。回到图层面板中，按下快捷键Ctrl+J，快速复制选区。得到图层1。最后取消选区。

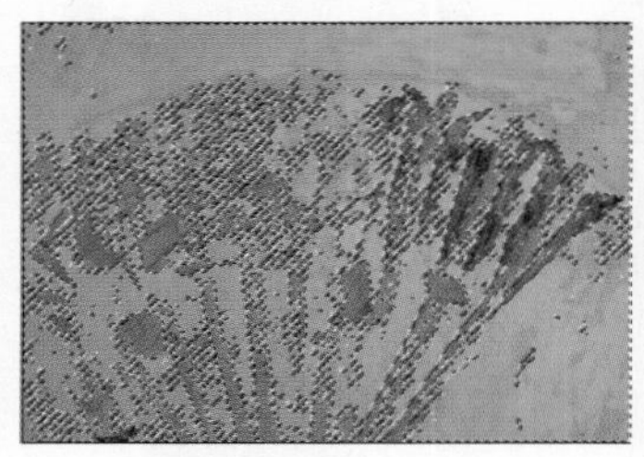

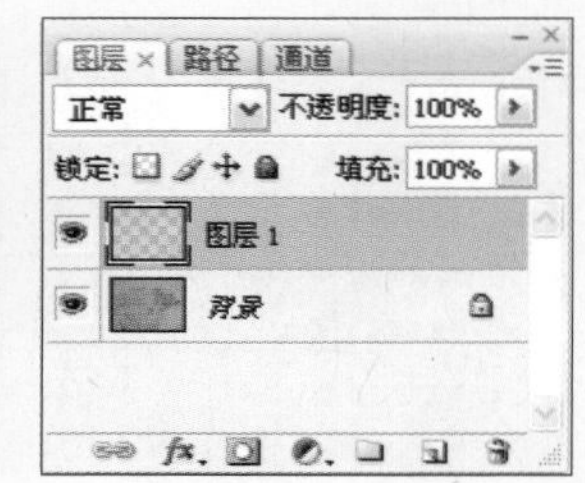

17 拖入素材并调整

将刚才得到的图层1，拖入文件后，得到图层2，并设置图层模式为“点光”，“不透明度”为85%。

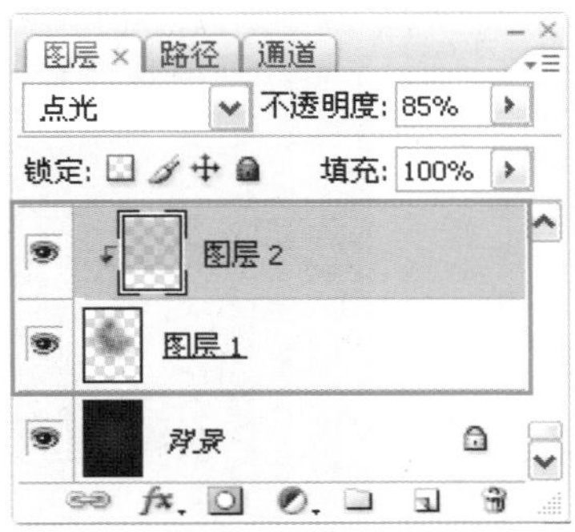

18 创建图层剪贴蒙版

按下快捷键Alt+Ctrl+G，创建图层剪贴蒙版。创建图层1的剪贴蒙版。

19 打开素材

执行“文件>打开”命令，选择本书配套光盘中素材与源文件\Chapter4\01手机杂志广告\Media\001.png，002.png和003.jpg文件，单击“打开”按钮打开素材文件。

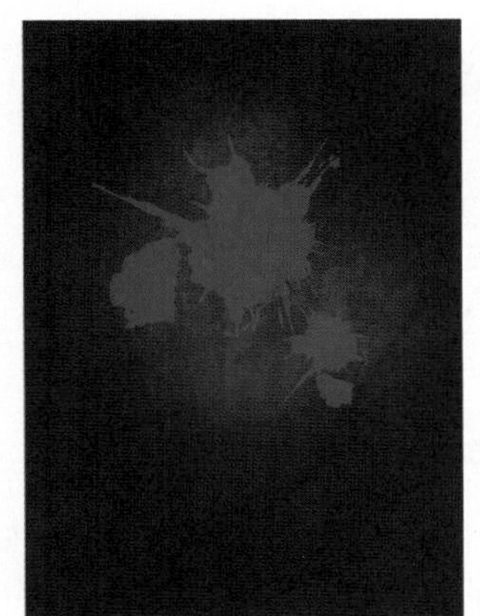

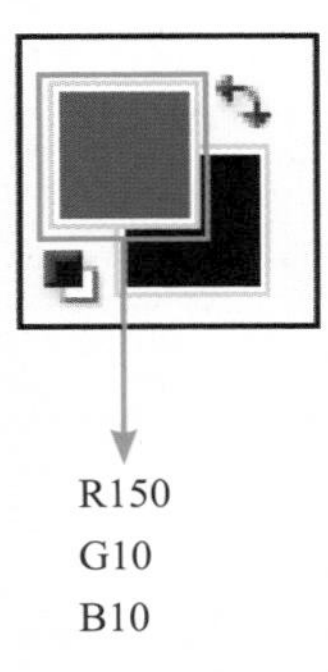

R150
G10
B10

20 拖入素材并填充颜色

单击移动工具，将素材001拖入文件中，得到图层3。设置好前景色，单击该图层的“锁定透明像素”按钮，按下快捷键Alt+Delete，填充颜色。

21 选择通道

选择刚才打开的素材003，选择通道面板，按住Ctrl键，单击绿色通道，得到绿色通道选区。回到图层面板中，按下快捷键Ctrl+J，快速复制选区，得到图层1。最后取消选区。

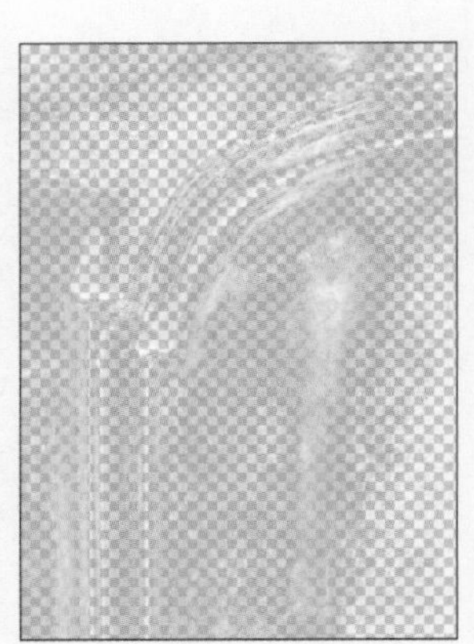

22 拖入素材并调整

将刚才得到的图层1，拖入文件中，得到图层4，并设置图层模式为“叠加”。

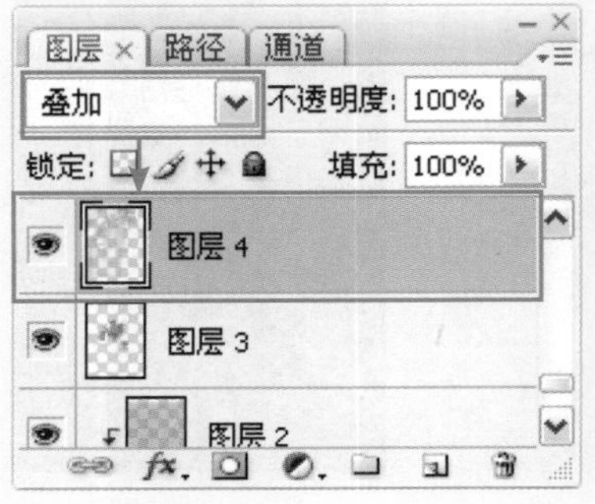

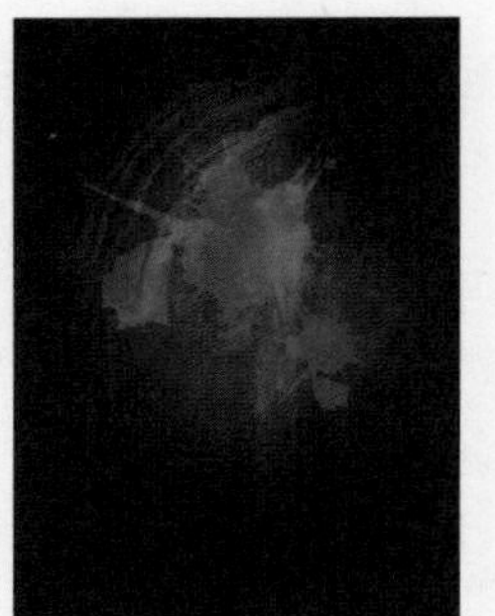

23 创建图层剪贴蒙版

按快捷键Alt+Ctrl+G创建图层剪贴蒙版。创建图层3的剪贴蒙版。

24 创建图层蒙版

选择图层3，单击图层面板下的“添加图层蒙版”按钮，单击画笔工具，设置前景色为黑色，画笔“不透明度”为85%，在图层蒙版上涂抹。并设置该图层的“不透明度”为75%。

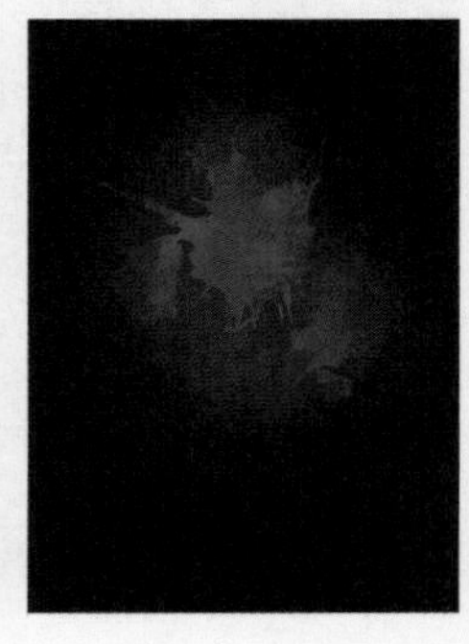

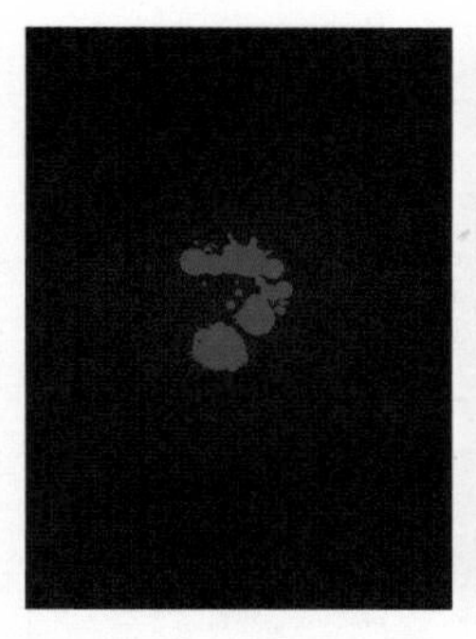

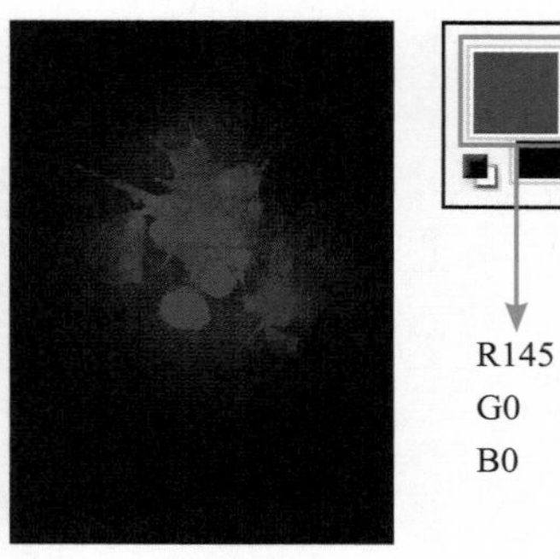

25 拖入素材并填充颜色

单击移动工具，将素材002拖入文件中，得到图层5。设置好前景色，单击该图层的“锁定透明像素”按钮，按快捷键Alt+Delete填充颜色。

26 复制图层并调整

选择图层4，按快捷键Ctrl+J，得到图层4副本，并把它移动到图层5上面，设置图层的混合模式为“正片叠底”，最后按下快捷键Alt+Ctrl+G，创建图层剪贴蒙版。

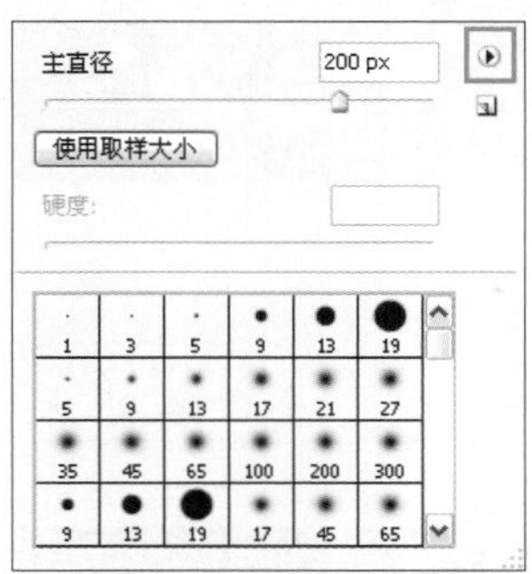

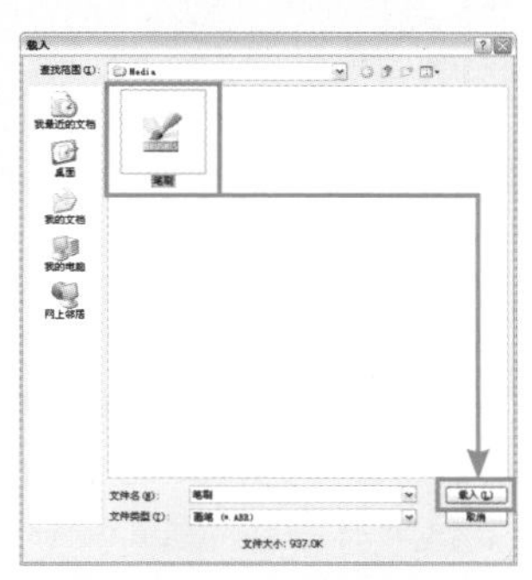

27 载入画笔

单击画笔工具，打开画笔复选框，单击右上角的小三角形，在弹出的快捷菜单中，选择“载入画笔”，选择本书配套光盘中素材与源文件\Chapter4\01手机杂志广告\Media\笔刷.abr文件，单击“载入”按钮。

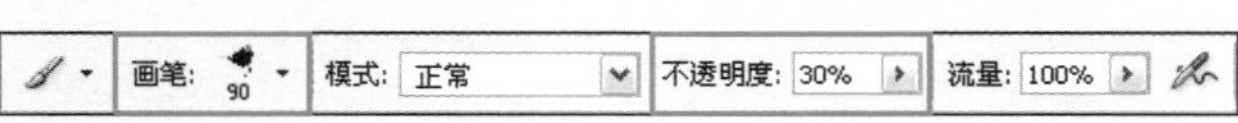

R100、G0、B0
R120、G50、B15

28 使用画笔绘制

新建图层6，选择刚才载入的新画笔，设置不同的填充色进行绘制。

专家支招：在绘制时，适当改变画笔大小和不透明度，来达到更好的效果。

29 路径描边

单击椭圆工具，按住Shift键，创建一个圆形路径。新建图层7，单击画笔工具，设置前景色为白色，画笔“间距”为185%。回到路径面板，单击“用画笔描边路径”按钮。

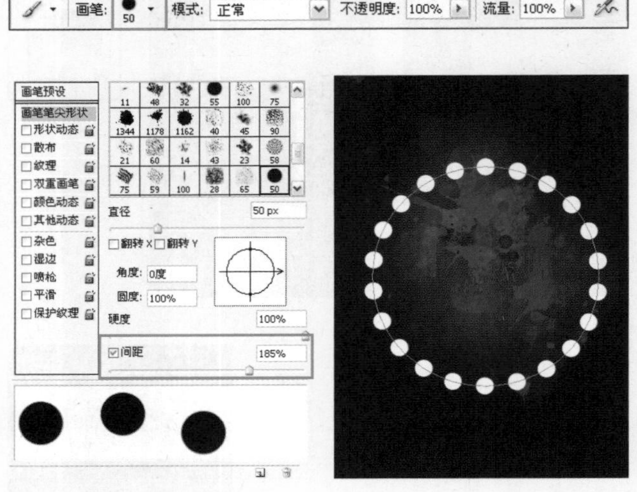

30 复制图层并调整

按下两次快捷键Ctrl+J，快速复制图层7，得到图层7副本和图层7副本2，单击移动工具，按下快捷键Ctrl+T，分别缩小到适当大小，调整好位置。

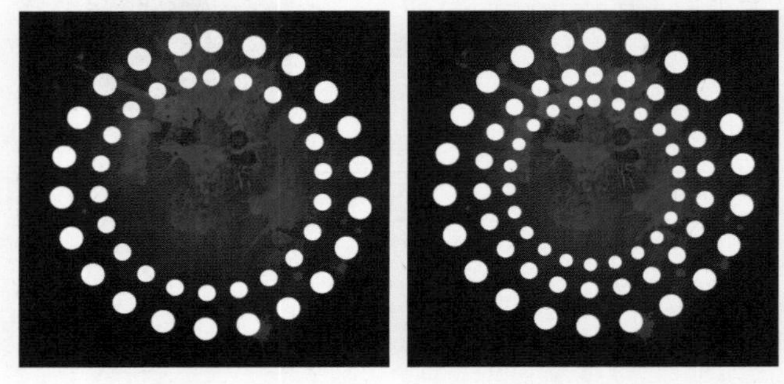

31 合并图层并填充

单击图层7和图层7的两个副本以外的图层“指示图层可视性”按钮，按下快捷键Shift+Ctrl+Alt+E，合并可见图层，并自动生成新图层8。单击渐变工具，设置好后，从中间到两边拖动鼠标，填充渐变。

专家支招：填充图层8渐变前，单击图层面板上的“锁定透明像素”按钮。

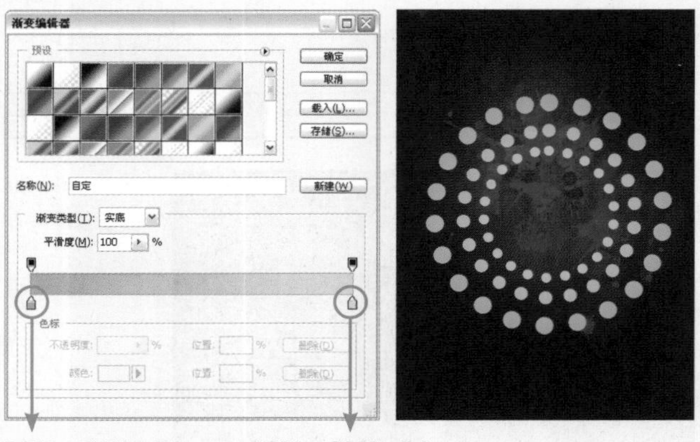

32 改变形状

选择图层8，单击移动工具，按下快捷键Ctrl+T，调整适当大小，放在适当位置。

专家支招：按住Ctrl键，可调整透视节点。

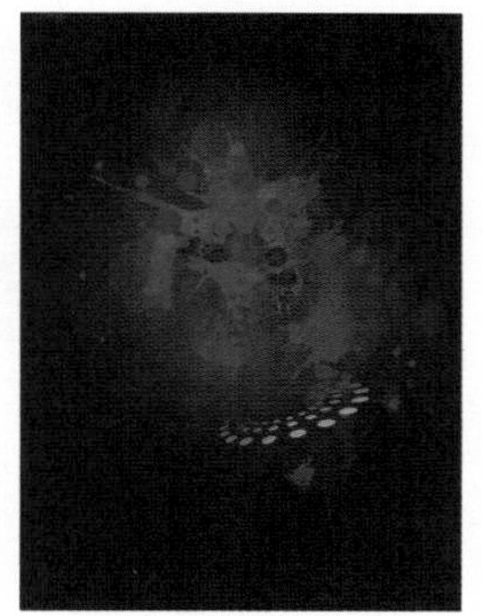

33 添加图层蒙版

选择图层8，单击图层面板下面的“添加图层蒙版”按钮，单击画笔工具，设置好后在图层蒙版上进行涂抹。

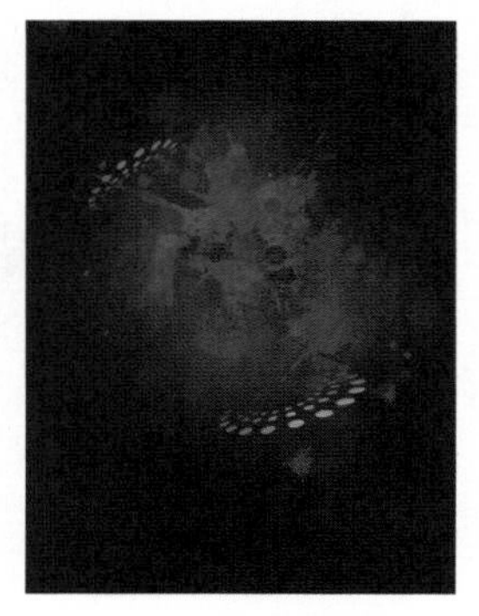

34 复制图层

按下快捷键Ctrl+J，复制图层8，得到图层8副本，单击移动工具，调整大小和位置，并设置该副本的“不透明度”为75%。

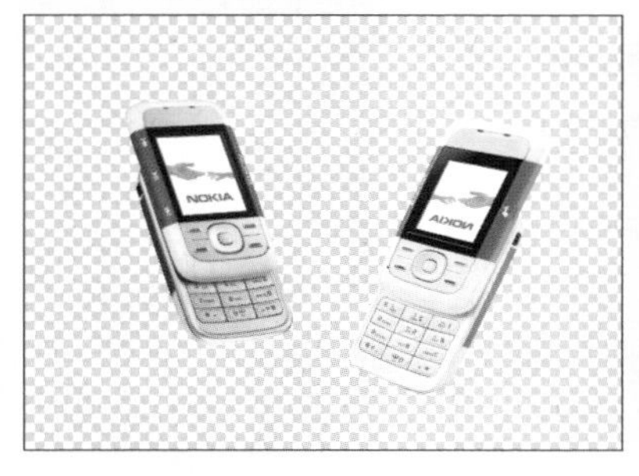

35 拖入手机素材

按下快捷键Ctrl+O，选择本书配套光盘中素材与源文件\Chapter4\01手机杂志广告\Media\008.png文件，单击“打开”按钮。分别拖入文件中，调整好大小，放在适当位置。分别得到图层9和图层10。

36 修饰手机素材

选择图层9，按下快捷键Ctrl+J，得到图层9副本，设置该图层的混合模式为“正片叠底”。

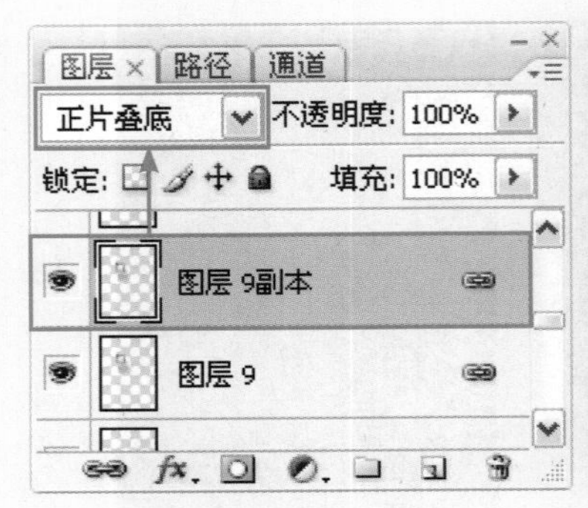

37 创建图层蒙版

选择图层9副本，单击“添加图层蒙版”按钮，然后单击画笔工具，设置画笔“不透明度”为65%，在图层蒙版上进行涂抹。

38 复制图层并调整色阶

选择图层10，按下快捷键Ctrl+J，得到图层10副本，单击图层面板下面的“创建新的填充或调整图层”按钮，在弹出的快捷菜单中选择“色阶”命令。设置好后，单击“确定”按钮。最后按下快捷键Alt+Ctrl+G，创建剪贴蒙版。

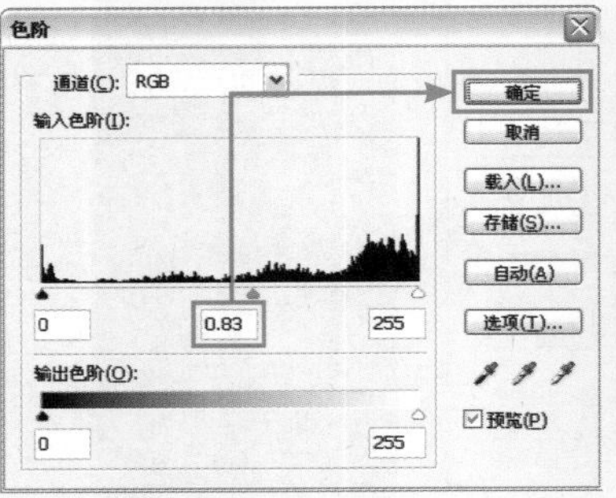

39 改变图层混合模式

选择图层10副本，设置图层混合模式为“正片叠底”。

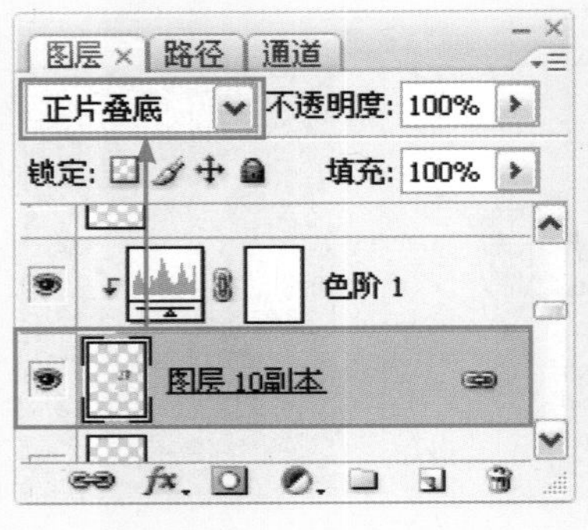

40 打开素材

执行“文件>打开”命令，选择本书配套光盘中素材与源文件\Chapter4\01手机杂志广告\Media\007.jpg文件，单击“打开”按钮打开素材文件。

41 拖入并调整素材

单击移动工具，将素材拖入文件中，得到图层11，按下快捷键Ctrl+T，调整大小和方向，放在适当位置。然后复制该图层得到图层11副本，将它放在合适位置。

42 使用加深工具

单击加深工具，分别对图层11和图层11副本，进行布局加深。在高光处按住Alt键，切换到减淡工具涂抹。

专家支招：画笔大小根据实际情况调整，以获得更好的效果。

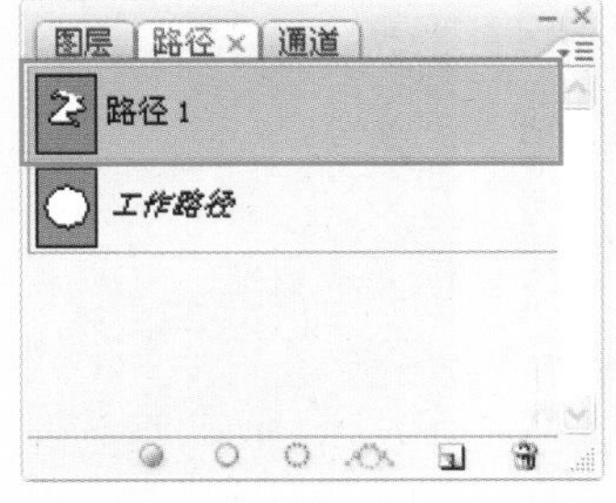

43 创建路径

单击路径面板，单击“创建新路径”按钮，得到路径1。单击钢笔工具，绘制一个曲线路径。

44 描边路径

新建图层12，单击画笔工具，在属性面板中，设置“钢笔压力”为0%。设置好前景色后，回到路径面板，单击“用画笔描边路径”按钮。

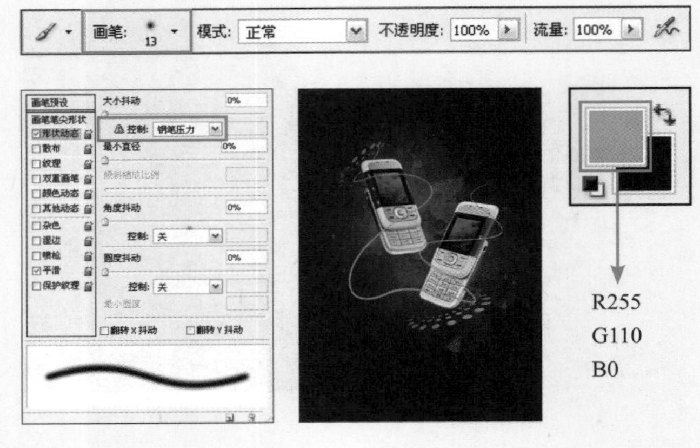

45 添加图层样式

复制图层12得到图层12副本。选择图层12，单击“添加图层样式”按钮，在弹出的快捷菜单选择“投影”，设置好参数后，单击“确定”按钮。

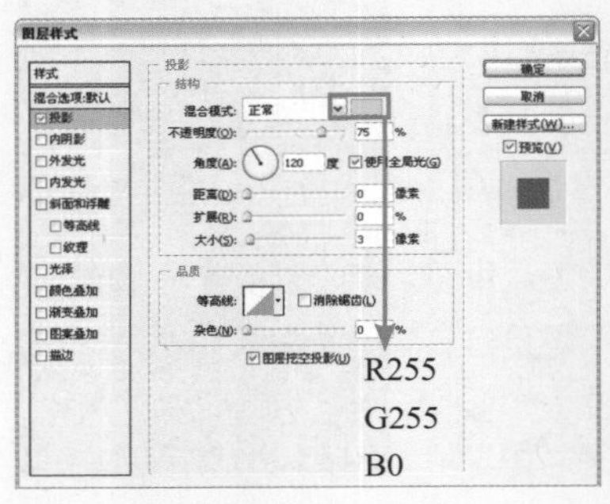

46 创建选区并填充

按住Ctrl键，单击图层12副本，创建选区。然后执行“选择>修改>收缩”命令，收缩1像素。单击“确定”按钮。再按下快捷键Ctrl+Alt+D，羽化1像素。单击“确定”按钮。新建图层13设置前景色为黄色，按下快捷键Alt+Delete进行填充。最后取消选区。

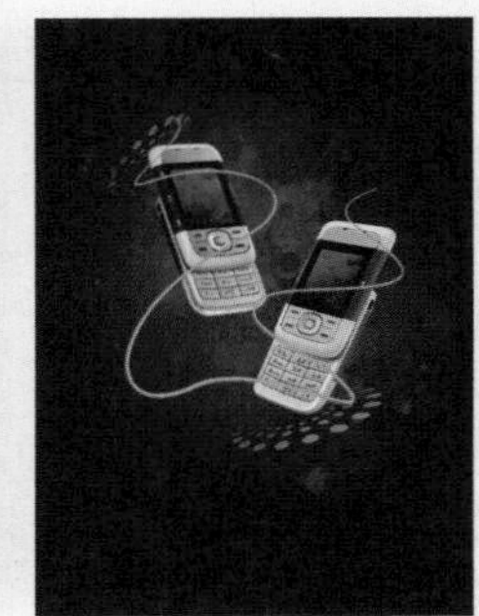

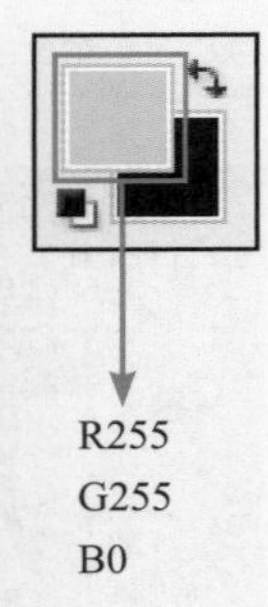

47 合并图层并创建蒙版

单击除图层12，图层12副本和图层13以外其他图层的“指示图层可视性”按钮，按下快捷键Shift+Ctrl+Alt+E，合并可见图层，并自动生成新图层14，单击“添加图层蒙版”按钮，在单击画笔工具，在图层蒙版上涂抹，遮住不需要的部分。

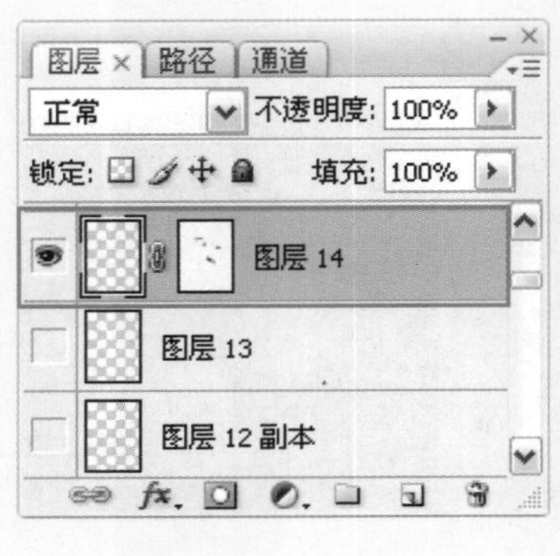

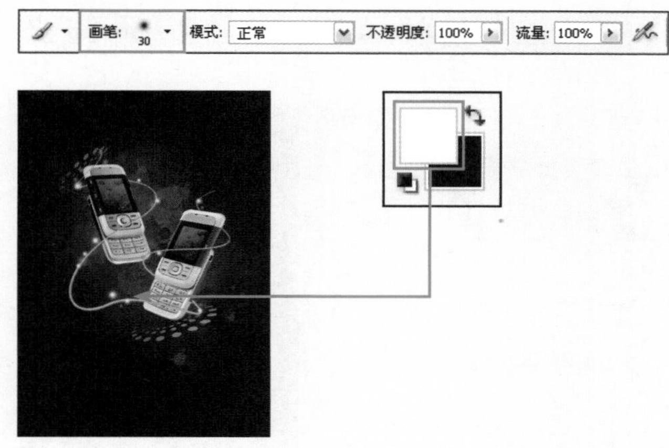

48 使用画笔工具

新建图层15，单击画笔工具，设置前景色为白色，在图层适当位置绘制圆形光点。

专家支招：在绘制时，及时调整画笔大小。

R255、G255、B255

49 同理绘制其他光点

新建图层16和图层17，单击画笔工具，设置前景色为黄色色，调整画笔适当大小，在适当位置绘制圆形光点。最后设置图层16的“不透明度”为75%。

50 添加其他元素

单击移动工具，将刚才制作好的基本元素拖入文件中，复制一定数量，调整好大小，放在适当位置。单击“创建新组”按钮，并重命名为“元素”组，将元素图层拖入该组中方便管理。

51 添加球元素

打开本书配套光盘中素材与源文件\Chapter4\01手机杂志广告\Media\006.png文件，单击“打开”按钮打开素材文件。将它拖如文件中，得到新图层，将它重命名为“球”，将该图层放在图层15下面。复制一定数量，调整其大小，然后放在适当位置。

52 制作条形元素

新建图层18，单击矩形选框工具，创建一个矩形选区。单击渐变工具，设置好参数后填充渐变。取消选区后，将该图层移动到图层14下面。

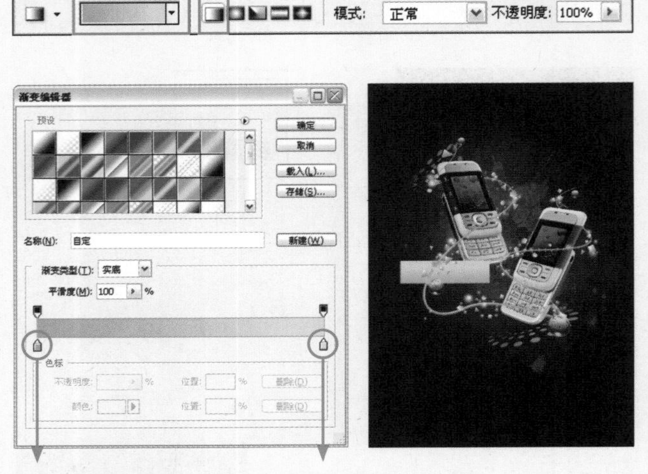

53 复制图层并合并

按下4次快捷键Ctrl+J，得到图层18的4个副本，单击移动工具，分别调整图层，放在适当位置。最后选中这5个图层，按下快捷键Ctrl+E，合并选中图层，得到图层18。按下快捷键Ctrl+T，并按住Ctrl键，调整图形，然后将其放在适当位置。

54 复制图层并调整

复制图层18，得到图层18副本。单击移动工具，调整好大小，放在适当位置，并设置该副本的“不透明度”为65%。

55 添加文字

单击横排文字工具T，在属性栏中单击“显示/隐藏字符和段落调板”按钮，在弹出的“字符和段落”面板中设置好参数，在图像窗口中输入文字。并选中字母Xpress Music，设置其大小为8点。

56 添加其他文字

单击横排文字工具T，添加其他文字。这里根据客户要求添加即可。

57 拖入素材标志

打开本书配套光盘中素材与源文件\Chapter4\01手机杂志广告\Media\005.png文件，单击“打开”按钮打开素材文件。将它拖入文件中，得到图层19，单击移动工具，适当改变大小，放在适当位置。至此，本实例完成。

4.4 手机户外广告

文件路径　素材与源文件\Chapter4\02手机户外广告\Complete\手机户外广告.psd

实例说明　本实例主要运用了图层模式、路径工具等，通过合理排版使时尚效果更抢眼。

技法表现　延续杂志广告的风格，加入粉色使画面更生动，充满时尚感。

难度指数　★★★★★

01 新建文件

执行"文件>新建"命令，弹出"新建"对话框，在对话框中设置"宽度"为18.67厘米，"高度"为8厘米，"分辨率"为300像素/英寸，单击"确定"按钮。

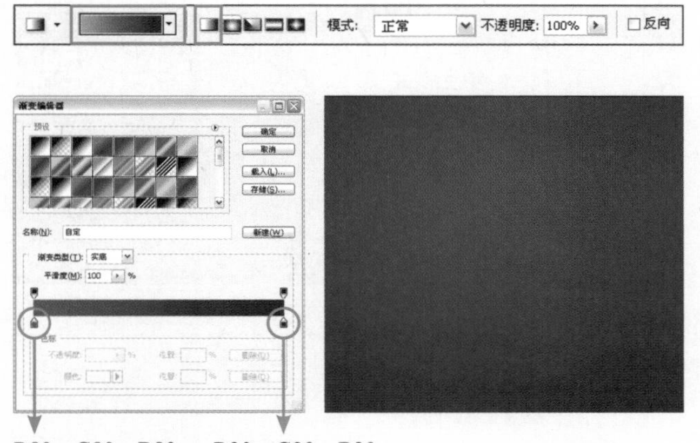

02 填充渐变背景

单击渐变工具，取消“反向”复选框。设置好参数后，在背景图层从中间到两边拖动鼠标，填充渐变。

03 打开素材

执行“文件>打开”命令，打开本书配套光盘中素材与源文件\Chapter04\02手机户外广告\Media\003.jpg文件。单击“打开”按钮，打开素材。

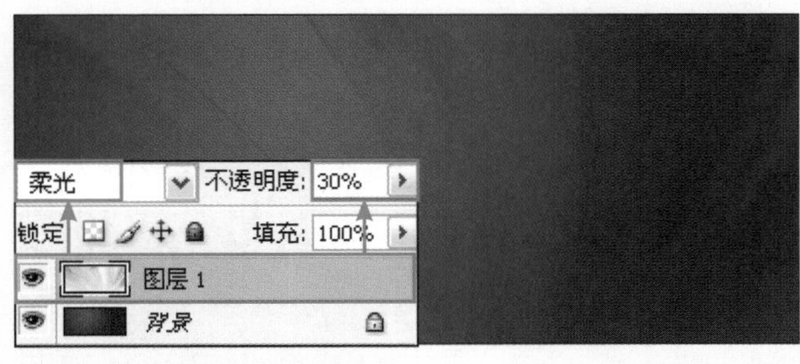

04 拖入素材并调整

单击移动工具，将素材拖入我们的文件中，得到图层1。按下快捷键Ctrl+T调整适当大小。并设置该图层的混合模式为“柔光”，“不透明度”为30%。

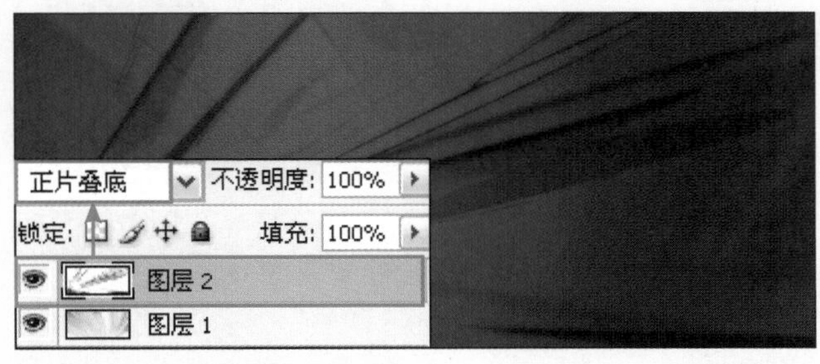

05 打开素材拖入文件

按下快捷键Ctrl+O，打开本书配套光盘中素材与源文件\Chapter4\02手机户外广告\Media\002.jpg文件。将其拖入文件中，得到图层2。适当调整大小后，设置该图层的混合模式为“正片叠底”。

06 改变图层混合模式

同理，打开本书配套光盘中素材与源文件\Chapter4\02手机户外广告\Media\001.jpg文件。将其拖入文件中，得到图层3，适当调整大小后，设置该图层的混合模式为“叠加”，“不透明度”为35%。

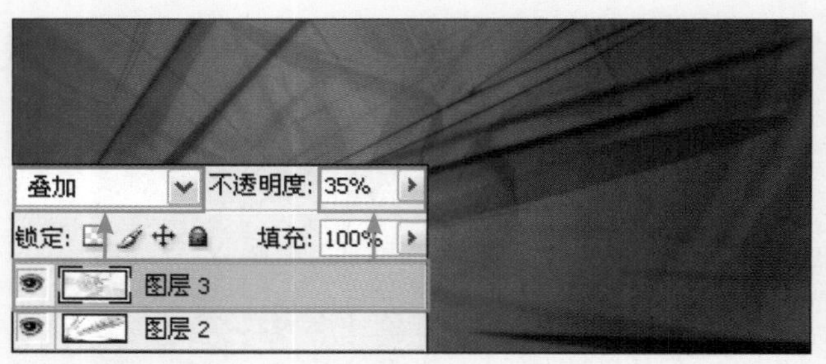

07 调整色阶

单击图层面板下面的“创建新的填充或调整图层”按钮，在弹出的快捷菜单中选择“色阶”，设置好参数后，单击“确定”按钮。

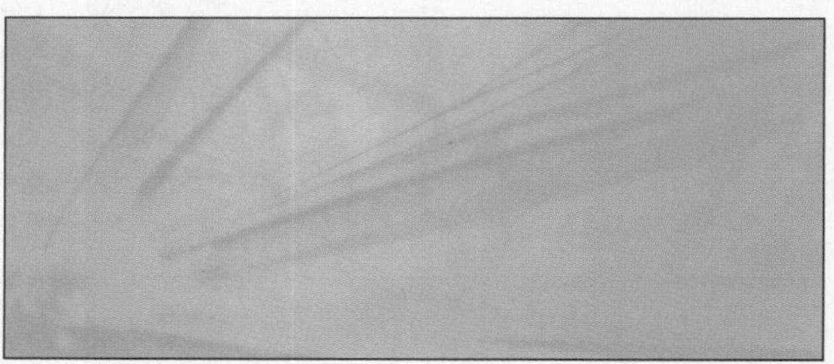

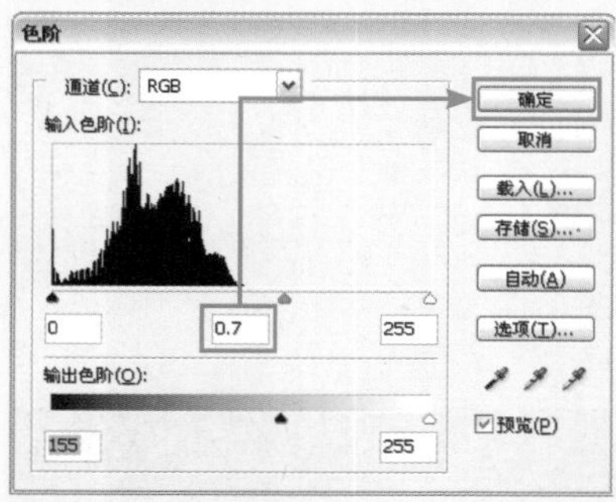

08 创建图层剪贴蒙版

执行“图层>创建剪贴蒙版”命令，得到图层3的剪贴蒙版。

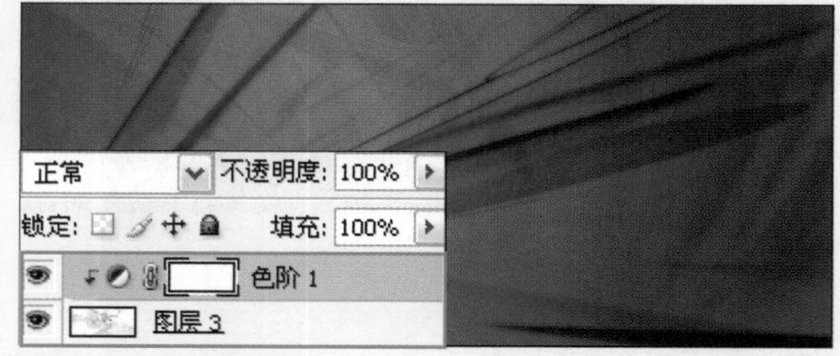

09 拖入素材

按下快捷键Ctrl+O，打开本书配套光盘中素材与源文件\Chapter4\02手机户外广告\Media\006.png文件。将其拖入文件中，得到图层4。单击移动工具，放在适当位置。

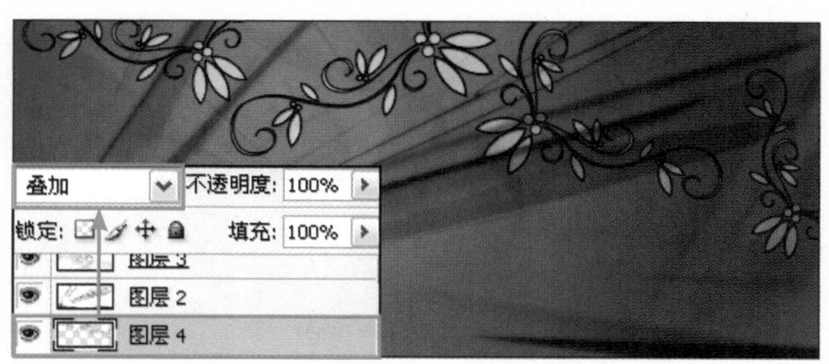

10 调整图层顺序和模式

选择图层4，将它移动到2下面。并设置该图层混合模式为"叠加"。

11 创建图层蒙版

选择图层4，单击图层面板下面的"添加图层蒙版"按钮。然后单击渐变工具，渐变颜色为默认的"黑色到白色"。按住Shift键在图层蒙版中从左下角到右上角拖动鼠标，填充渐变。

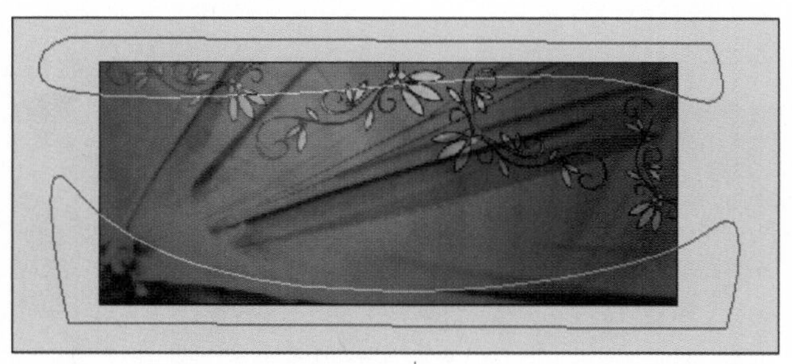

12 绘制弧形路径

选择路径面板，单击"创建新路径"按钮，得到路径1。单击钢笔工具，绘制两条弧形路径。

13 填充路径

新建图层5，设置前景色为灰色。回到路径面板，单击"用前景色填充路径"按钮，填充路径。

14 拖入素材人物

按下快捷键Ctrl+O，打开本书配套光盘中素材与源文件\Chapter4\02手机户外广告\Media\004.png文件。将其拖入文件中，得到图层6。单击移动工具，适当改变大小后将其放在适当位置，并移动到图层5下面。

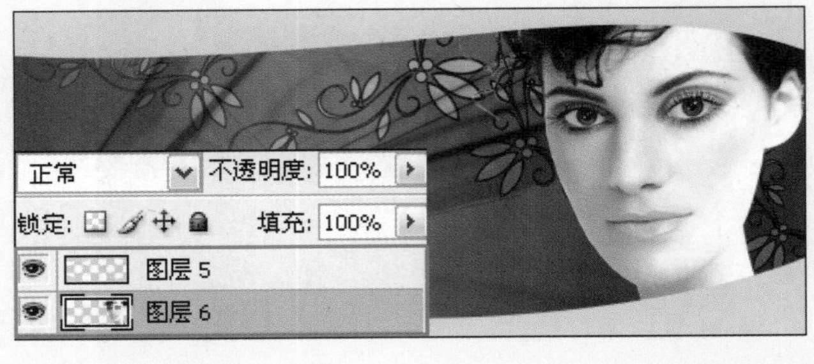

15 复制图层并去色

按下快捷键Ctrl+J，复制图层6得到图层6副本。执行"图像>调整>去色"命令。得到黑白效果。

16 使用橡皮擦工具

选择图层6副本，单击橡皮擦工具，擦除眼睛和嘴巴部分，得到彩色的效果。

专家支招：在擦除时，根据具体情况适当调整画笔大小。

17 拖入素材

按下快捷键Ctrl+O，打开本书配套光盘中素材与源文件\Chapter4\02手机户外广告\Media\007.png文件。将其拖入文件中，得到图层7。单击移动工具，适当改变其大小后放在适当位置。

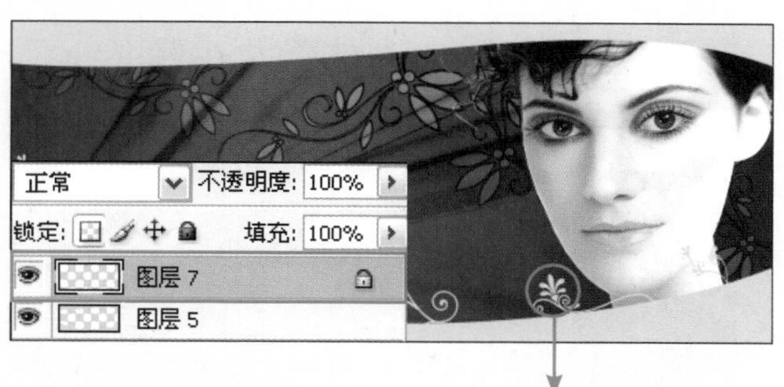

18 填充颜色

选择图层7，单击"锁定透明像素"按钮，设置前景色为灰色，按下快捷键Alt+Delete，填充颜色。

19 拖入素材

按下快捷键Ctrl+O，打开本书配套光盘中素材与源文件\Chapter4\02手机户外广告\Media\005.png文件。将其拖入文件中，得到图层8。单击移动工具，适当改变其大小后放在适当位置。

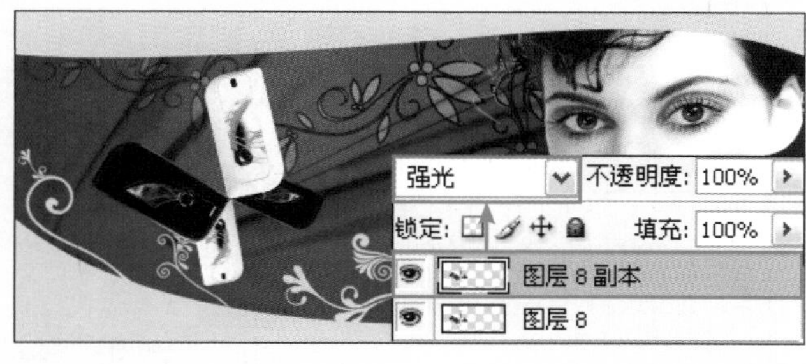

20 复制图层并调整模式

选择图层8，单击快捷键Ctrl+J，得到图层8副本。设置该图层模式为"强光"。

21 绘制路径

选择路径面板，新建路径2。单击钢笔工具，绘制1条弧形路径。单击路径选择工具，选择该路径，并复制若干，旋转其角度，调整到适当大小。

22 画笔描边

新建图层9，设置前景色为黑色，单击画笔工具，设置好参数后，单击路径面板下面的“用画笔描边路径”按钮，得到黑色的线条。

23 复制图层并改变颜色

选择图层9，按下3次快捷键Ctrl+J，得到图层9的3个副本。单击移动工具，分别调整好图层，放在适当位置。最后单击副本和副本3图层的“指示图层可视性”按钮，按下快捷键Ctrl+Delete，分别填充白色。

24 绘制蝴蝶路径

选择图层6，载入选区。选择路径面板，单击“从选区生成工作路径”按钮，得到蝴蝶的路径，单击直接选择工具，适当调整节点。

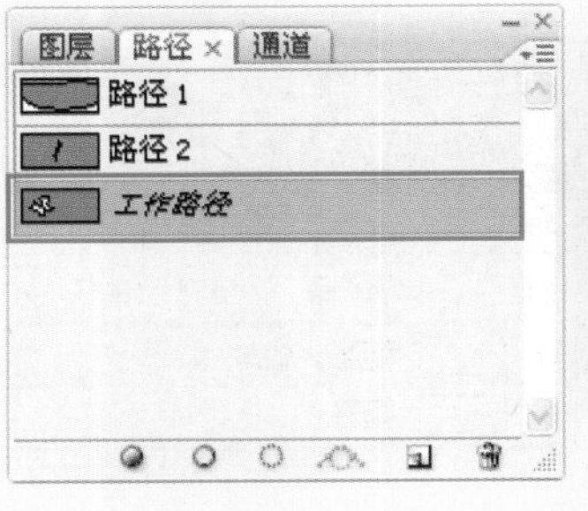

25 填充路径

新建图层10，设置好前景色，回到路径面板，单击“用前景色填充路径”按钮，填充路径。

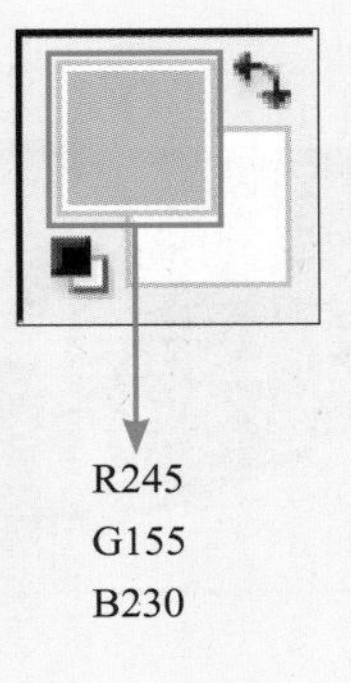

26 更改不透明度

将图层10移动到图层8下面，并设置图层10的“不透明度”为75%。

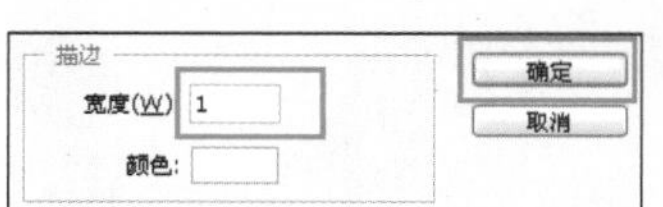

27 扩展选区并描边

选择图层10载入选区。执行“选择>修改>扩展”命令，设置“扩展量”为5像素，单击“确定”按钮。新建图层11，设置前景色为白色。执行“编辑>描边”命令，设置“宽度”为1，单击“确定”按钮。重复该操作2次，得到3条白色的蝴蝶边框线。最后取消选区。

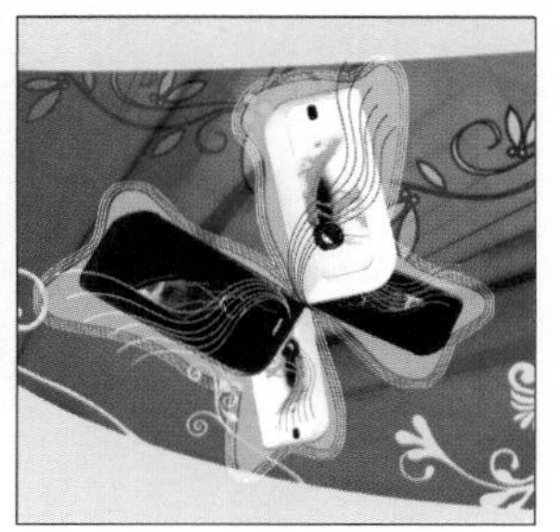

28 复制图层

选择图层11，按下两次快捷键Ctrl+J，得到两个图层11的副本，并获得线条颜色加强的效果。

29 拖入手机素材

将刚才打开的手机素材，拖入文件中，得到图层12。单击移动工具，适当改变其大小，放在适当位置。

30 拖入素材标志

按下快捷键Ctrl+O，打开本书配套光盘中素材与源文件\Chapter4\02手机户外广告\Media\008.png文件。分别将素材拖入文件中，单击移动工具，调整好大小，放在适当位置。

31 添加文字

单击横排文字工具T，设置颜色为白色，输入如图所示文字。然后单击移动工具，放置到适当位置。

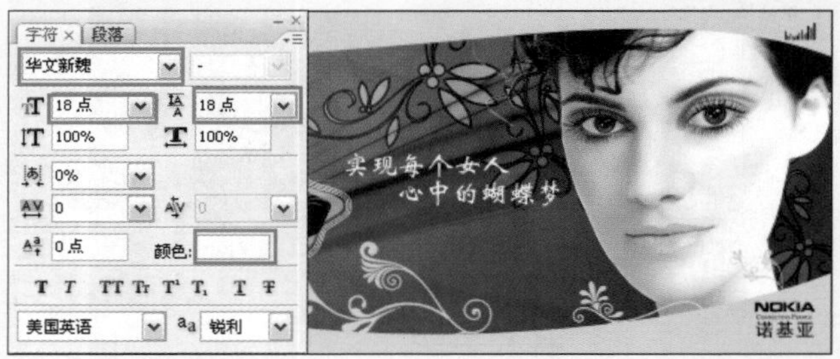

32 添加其他文字

单击横排文字工具T，设置颜色为黑色，输入如图所示其他文字。然后单击移动工具，放置到适当位置。

33 制作边框

新建图层16，按下快捷键Ctrl+A，全选。执行“选择>修改>收缩”命令，设置“收缩量”为20像素。按下快捷键Ctrl+Shift+I，反选。设置前景色为黑色。按下快捷键Alt+Delete，填充选区。本实例完成。

4.5 广告理论与后期应用

4.5.1 杂志广告——概括介绍

根据字面意思，杂志广告就是通过杂志媒体传播的平面广告。它的主要特点是：

（1）覆盖范围广 发行面广、可信度强，一般杂志往往是全国发行的，有的甚至是全球发行的，其广告传播也是全球性的。

（2）针对性强 不同的产品根据其性质可选用不同的杂志进行广告发布。也可以根据消费者对象选用年龄、性别较强的杂志，针对不同人群做广告。

（3）印刷精美，有效时间长 杂志一般都采用铜板纸四色印刷，图片精美，排版设计讲究，艺术性强，印刷精美，信息量大且传达的信息比较专业、前卫。可以像图书一样进行收藏，多人传阅，反复阅读，广告的时效性长。

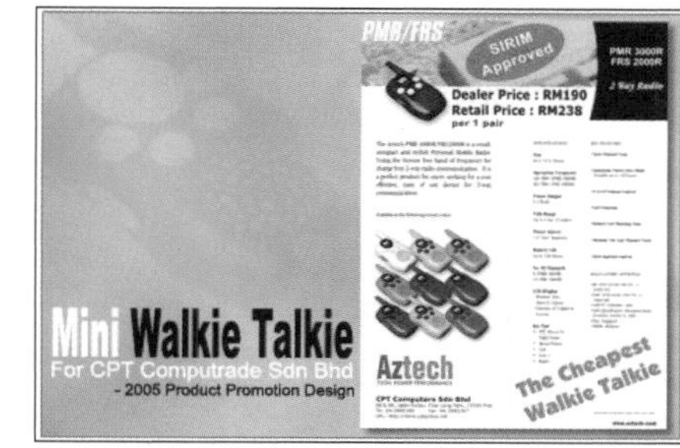

精美的印刷色彩表现到最好　独特的排版，吸引读者

不同的产品，通过投放在不同的杂志，传达给不同的消费人群

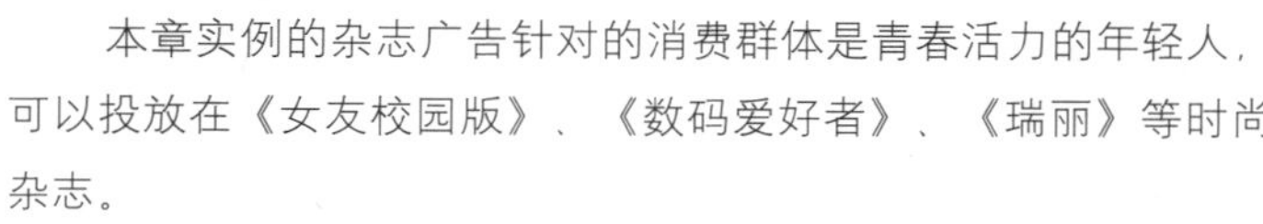

本章实例的杂志广告针对的消费群体是青春活力的年轻人，可以投放在《女友校园版》、《数码爱好者》、《瑞丽》等时尚杂志。

采用CMYK四色印刷，达到理想效果。由于画面主体为黑色部分，在制作时使用的是丰富的非黑色代替纯黑色。因为纯黑色在印刷后，会显得单薄。采用丰富的非纯黑色可以弥补单薄的效果，使整体和谐生动。

4.5.2 户外广告——网点运用

通过前面章节的学习，读者对户外广告已经有所了解。本节主要具体介绍车站牌户外广告印刷方面的一些问题。

这种大型户外广告的印刷都是采用网点印刷的方式。在印刷过程中，连续调和半色调图像都是由网点的疏密来进行调整表现的。而通过将CMYK四色的网点混合，则可以表现出无穷多的颜色。

目前在印刷工艺中使用的网点主要有两种不同的类型：调幅网点（AM）和调频网点（FM）。

调幅网点是目前使用的最为广泛的一种网点。它的网点密度是固定的，通过调整网点的大小来表现色彩的深浅，从而实现了色调的过渡。在印刷中，调幅网点的使用主要需要考虑网点大小、网点形状、网点角度、网线精度等因素。

网点大小是通过网点的覆盖率决定的，也称着墨率。一般习惯上喜欢用“成”作为衡量单位，比如10%覆盖率的网点就称为“一成网点”、覆盖率20%的网点称为“二成网点”。另外，覆盖率0%的网点称为“绝网”，覆盖率100%的网点称为“实地”。

印刷品的阶调一般划分为三个层次：亮调、中间调、暗调。亮调部分的网点覆盖率为10%～30%左右；中间调部分的网点覆盖率为40%～60%左右；暗调部分则为70%～90%。绝网和实地部分是另外划分的。

网点大小

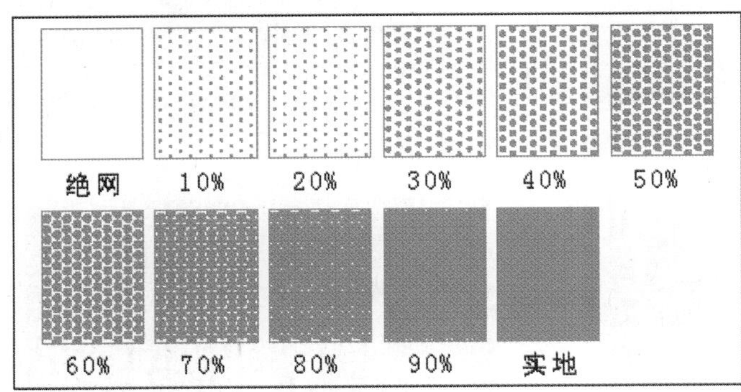

本章户外广告可用于候车站，个性醒目的颜色，给消费者留下深刻的印象。

数码相机广告

5.1 产品广告分析

目前，国内数码相机种类繁多，竞争激烈。随着人们生活水平的提高，数码相机的市场需求将不断扩大，在未来的市场上，数码相机具有较大潜力。做好数码相机的广告是提高销售量的关键。数码产品的时尚化、个性化带来的趋势，也给数码相机广告带来了更高的挑战。在体现产品的同时，也要表现出时尚感和潮流感。这样的广告才能抓住消费者的心，刺激消费者的购买欲望。

柯达数码相机最新的创意广告，获得国际平面广告创意大奖。

佳能时尚系列的平面广告：表现个性真我的时尚风格。

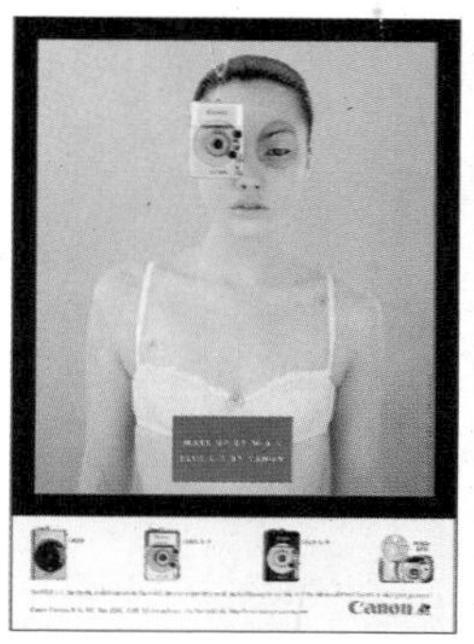

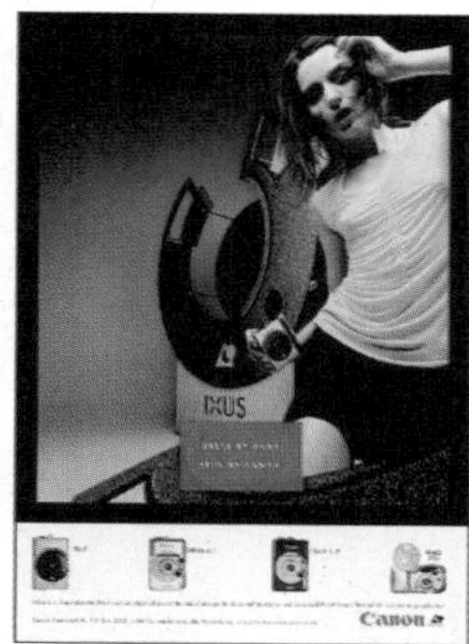

松下新款数码相机广告，反正有型，通过双关语表现出相机的个性时尚。

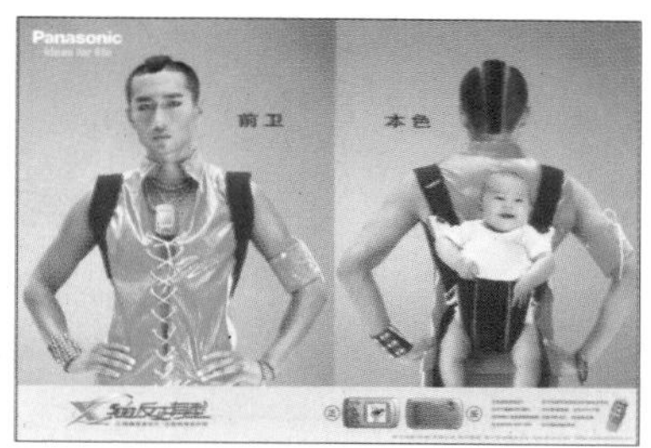

5.2 本案策划方案

本章第一个实例数码相机杂志广告，打破了明星效益，使用平凡的生活照片，加入流动的光效元素，使整个画面动感时尚，表现出相机的本质，活泼时尚而不失本色。

单色背景——→和谐照片——→流动光的衬托——→合理的排版——→时尚而负有动感的杂志广告

本章的第二个实例数码相机户外广告，使用明亮的色彩，合理的排版，从空间的角度表现了相机的时尚出众，光彩夺目，更适合户外广告，吸引人们的眼球，给人们强烈的视觉冲击力。激发人们的购买欲望。

简单背景——→光晕效果——→梦幻背景——→空间层次感——→突出主题——→醒目的户外广告

5.3 数码相机杂志广告

文件路径 素材与源文件\Chapter5\01数码相机杂志广告\Complete\数码相机杂志广告.psd

实例说明 本实例主要运用了动感模糊、旋转扭曲、图层渐变、混合模式等，通过图片的和谐处理以及合理的排版，达到动感时尚的杂志广告效果。

技法表现 简单的图片处理，使照片生动，主体突出，鲜艳的光元素，在单色背景衬托下，表现出强烈的视觉冲击力。

难度指数 ★★★★★

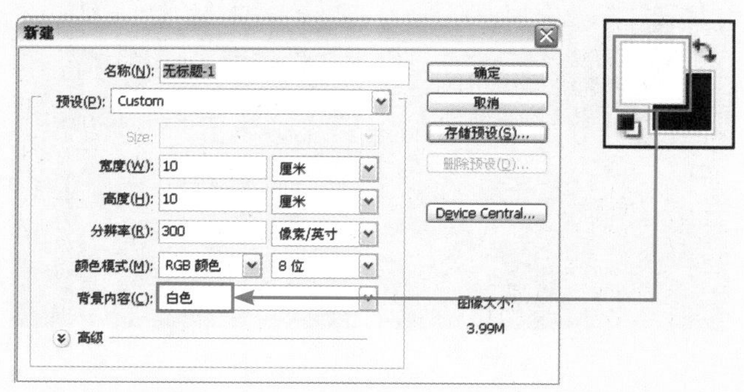

01 新建文件

首先制作光效果。执行“文件>新建”命令，弹出“新建”对话框，在对话框中设置“宽度”为10厘米，“高度”为10厘米，“分辨率”为300像素/英寸，单击“确定”按钮。

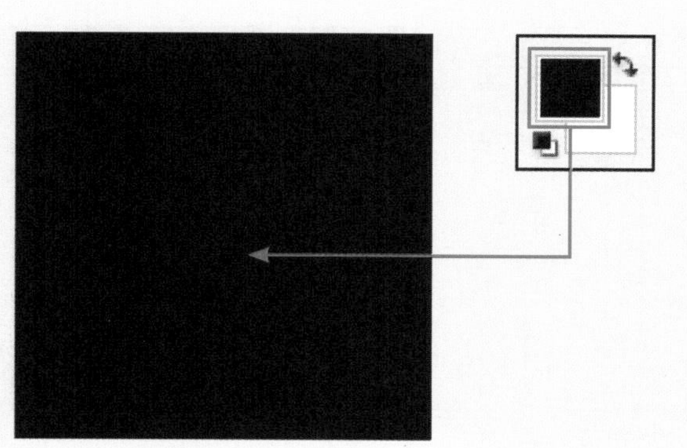

02 填充黑色背景

设置前景色为黑色，按下快捷键Alt+Delete，将背景色填充为黑色。

03 绘制曲线路径

选择路径面板，单击“创建新路径”按钮，得到路径1。单击钢笔工具，绘制一条曲线路径。

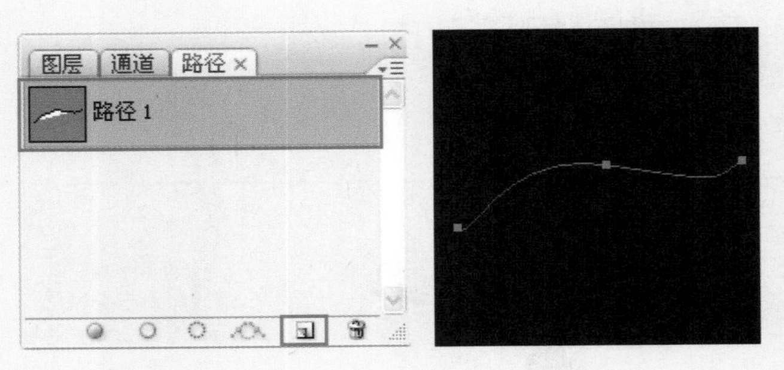

04 使用画笔描边路径

新建图层1，设置前景色为粉色。单击画笔工具，在画笔面板里设置好。回到路径面板，选择路径1，单击“用画笔描边路径”按钮。

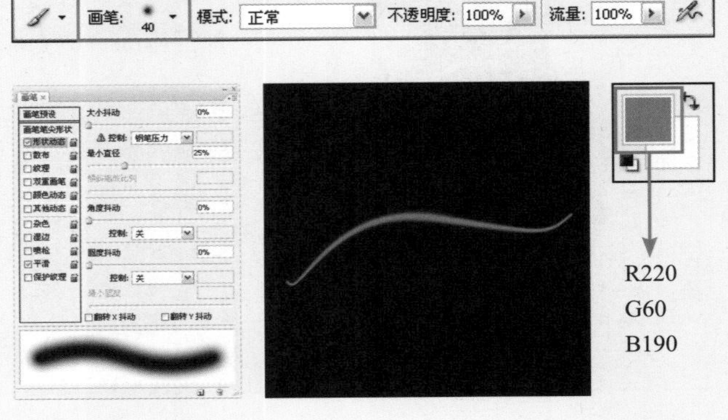

05 复制图层并合并

选择图层1，按下快捷键Ctrl+J，3次，得到3个图层1的副本。单击移动工具，按下快捷键Ctrl+T，分别调整各个部分的大小和位置。最后选中这4个图层，按下快捷键Ctrl+E，合并图层，得到图层1。

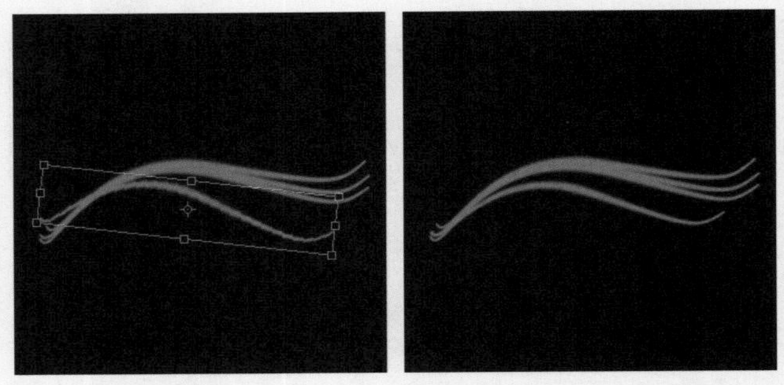

06 动感模糊

选择图层1，执行“滤镜>模糊>高斯模糊”命令，设置“角度”为0度，“距离”为45像素。最后单击“确定”按钮。

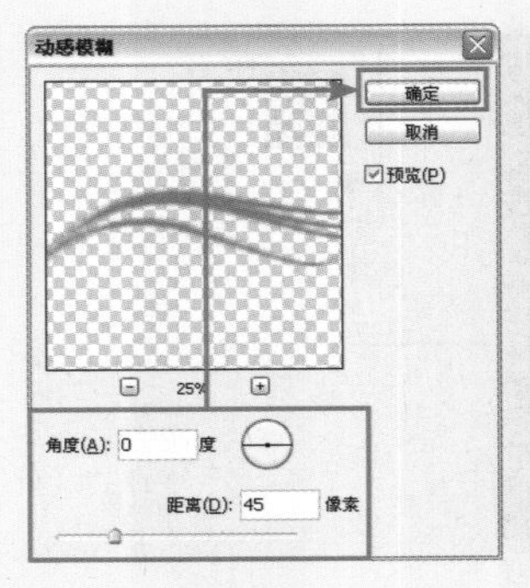

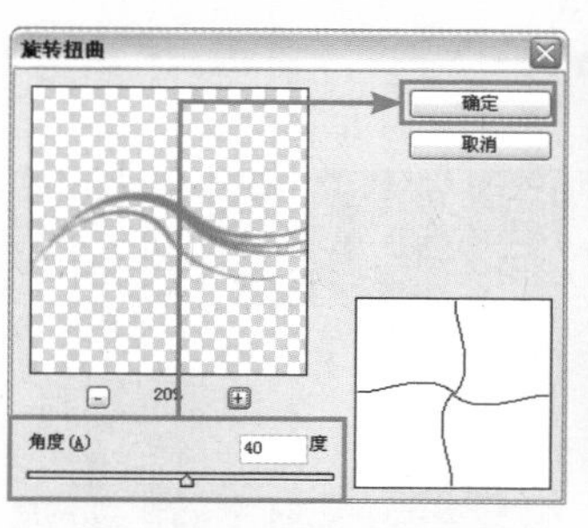
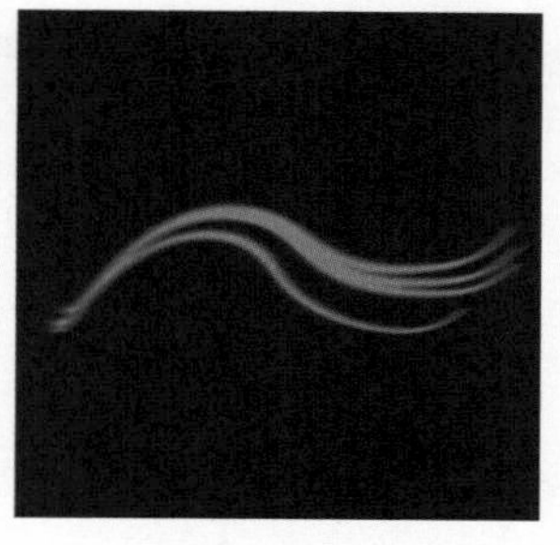

07 旋转扭曲

选择图层1，执行“滤镜>扭曲>旋转扭曲”命令，设置“角度”为40度，最后单击“确定”按钮。

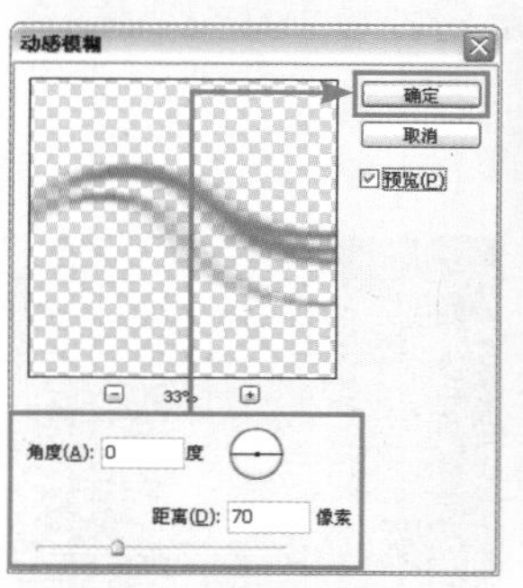
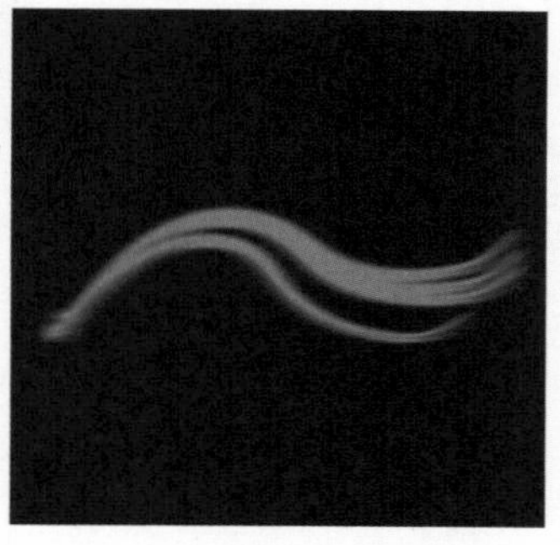

08 动感模糊

复制图层1，得到图层1副本。选择图层1，执行“滤镜>模糊>高斯模糊”命令，设置“角度”为0度，“距离”为70像素。最后单击“确定”按钮。

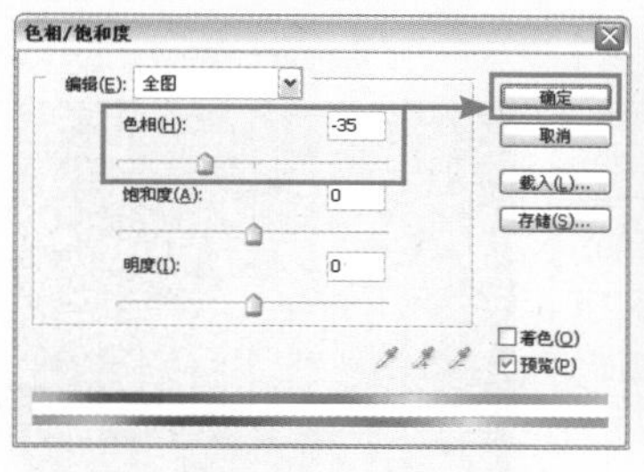
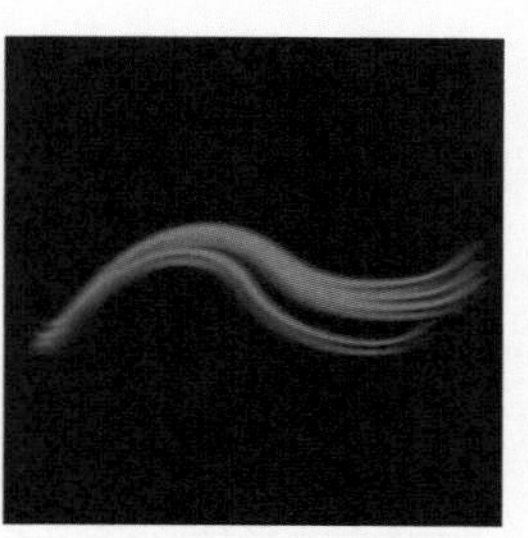

09 调整图层

选择图层1，单击“创建新的填充或调整图层”按钮，在弹出的快捷对话框中选择“色相/饱和度”命令，设置“色相”为-35，然后单击“确定”按钮。

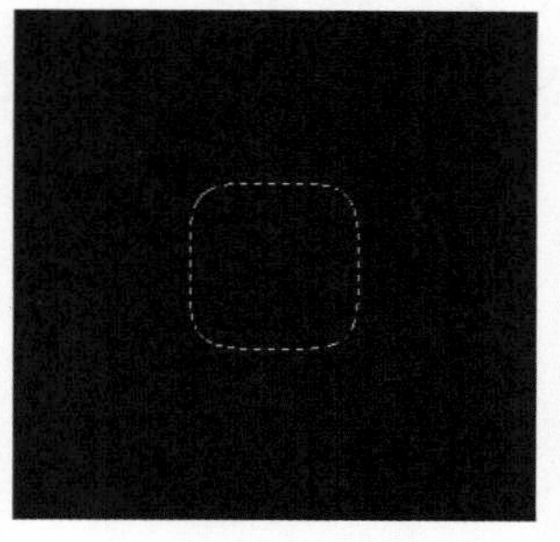

10 创建选区

新建图层2，单击矩形选框工具，设置“羽化”为50px。单击除图层2和背景图层以外图层的“指示图层可视性”按钮，隐藏其他图层。按住Shift键，创建一个羽化的选区。

11 填充渐变

单击渐变工具，设置好参数后，在选区里从上到下拖动鼠标，填充渐变。最后按下快捷键Ctrl+D，取消选区。

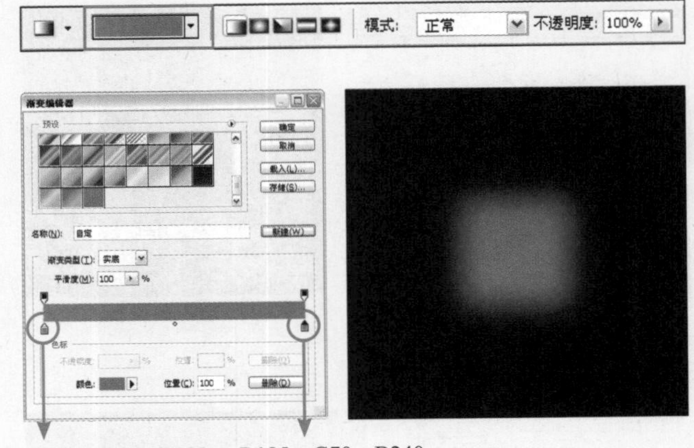

12 径向模糊

选择图层2，执行“滤镜>模糊>径向模糊”命令，在弹出的对话框中设置“数量”为100，然后单击“确定”按钮。

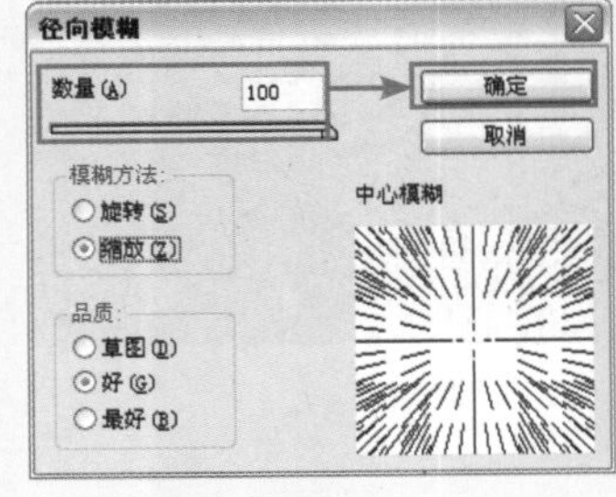

13 旋转扭曲

选择图层2，执行“滤镜>扭曲>旋转扭曲”命令，设置“角度”为420度。最后单击“确定”按钮。

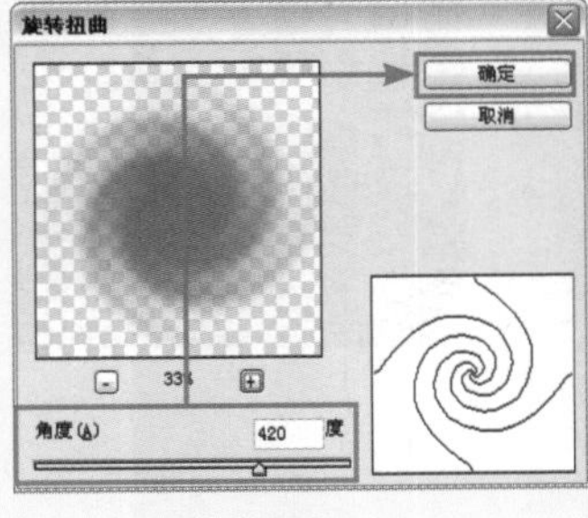

14 制作多个光球

根据前面的方法，设置不同的羽化像素以及不同的旋转扭曲角度，创建几个不同的光球。

专家支招：这里创建了4个，读者可以根据自己的审美关进行设置。达到效果就好。

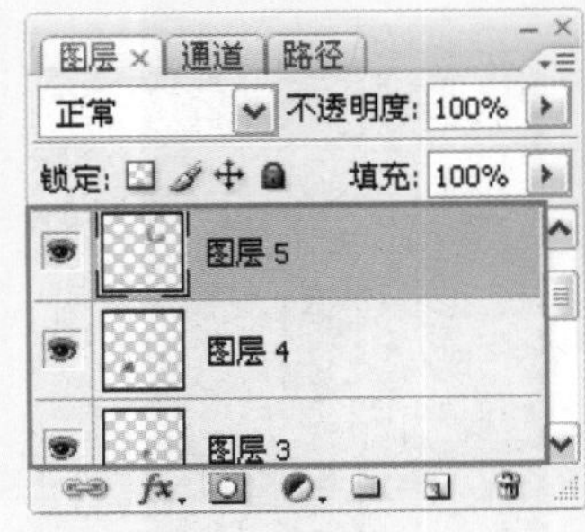

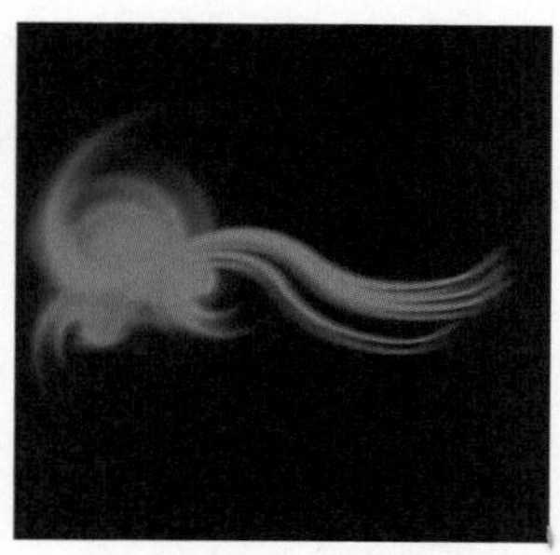

15 调整位置并合并

显示所有图层。单击移动工具，分别调整各个图层的大小以及位置关系，达到和谐的效果。最后选中除背景以外的图层，按下快捷键Ctrl+Alt+E，合并选中的图层，并自动生成新图层，完成光效果的制作。

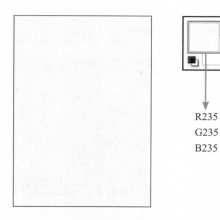

16 新建文件

下面制作杂志广告。执行“文件>新建”命令，弹出“新建”对话框，在对话框中设置“宽度”为7厘米，“高度”为10厘米，“分辨率”为300像素/英寸，单击“确定”按钮。

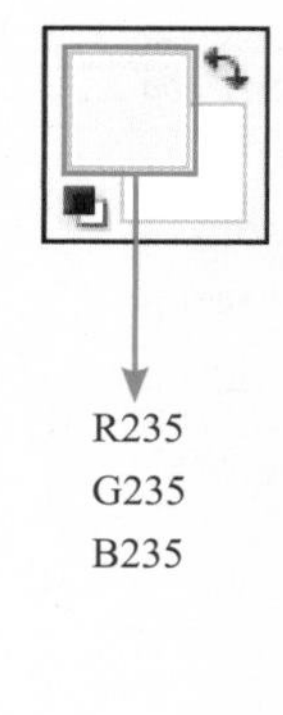

R235
G235
B235

17 填充背景

设置前景色为灰色，按下快捷键Alt+Delete，将背景色填充为灰色。

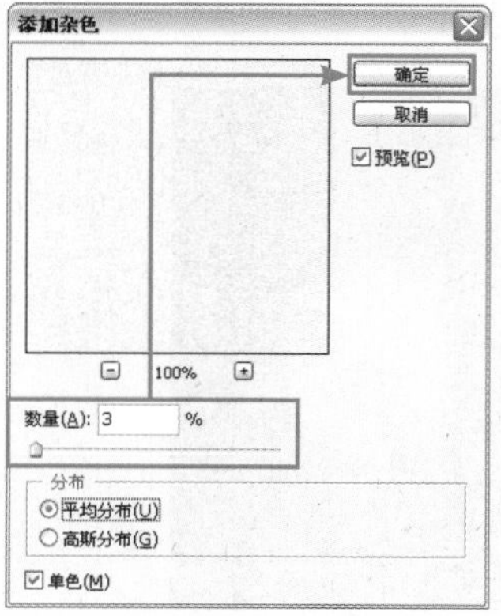

18 添加杂色

执行“滤镜>杂色>添加杂色”命令，设置“数量”为3，勾选“单色”复选框。最后单击“确定”按钮，为背景添加杂色，增加质感。

19 打开文件

按下快捷键Ctrl+O，选择本书配套光盘中素材与源文件\Chapter5\01数码相机杂志广告\Media\001.jpg文件，单击“打开”按钮打开素材文件。

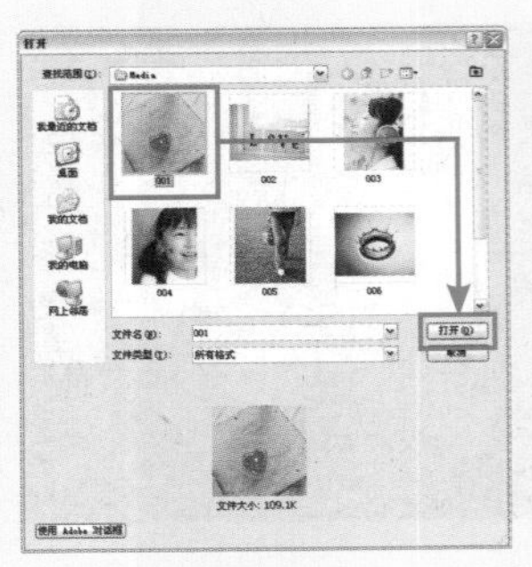

20 拖入文件并复制调整

单击移动工具，将该素材拖入杂志广告中得到图层1，按下快捷键Ctrl+J，复制图层，得到图层1副本。执行“图像>调整>去色”命令，得到黑白的图像效果。

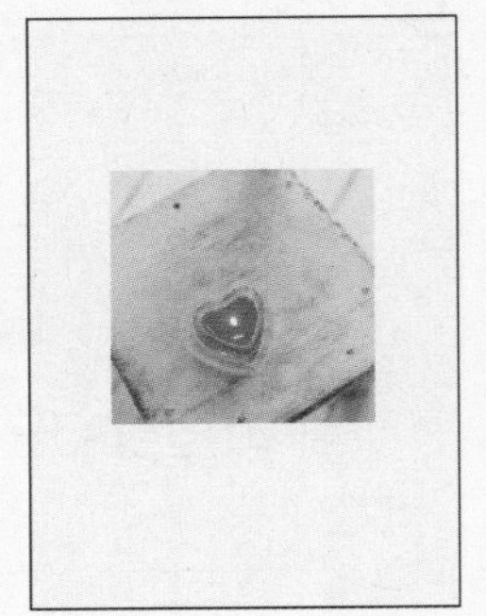

21 添加图层蒙版

选择图层1副本，单击“添加图层蒙版”按钮。然后单击画笔工具，设置前景色为黑色。在图层面板上涂抹，露出心型部分。

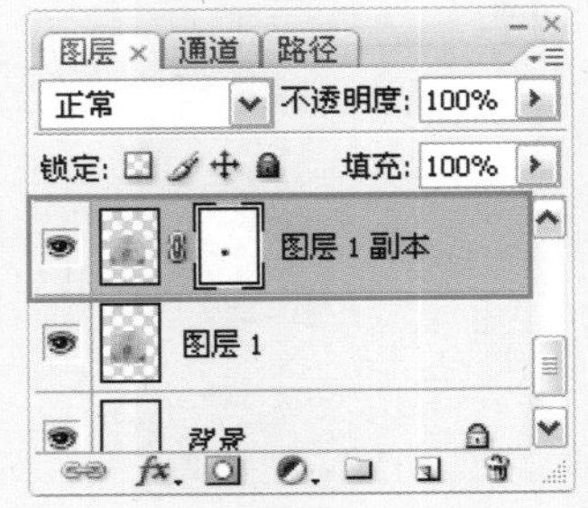

22 创建选区并填充

新建图层2，单击椭圆选框工具，设置“羽化”为30px，按住Shift键，创建一个正圆选区。按下快捷键Shift+Ctrl+I，反选。设置前景色为黑色，按下快捷键Alt+Delete，为选区填充黑色。最后取消选区。

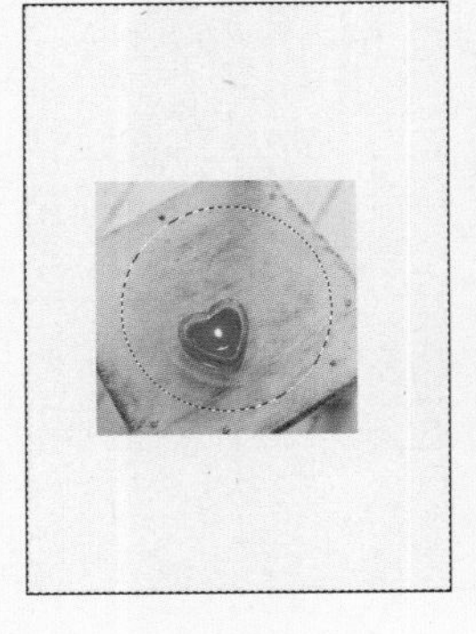
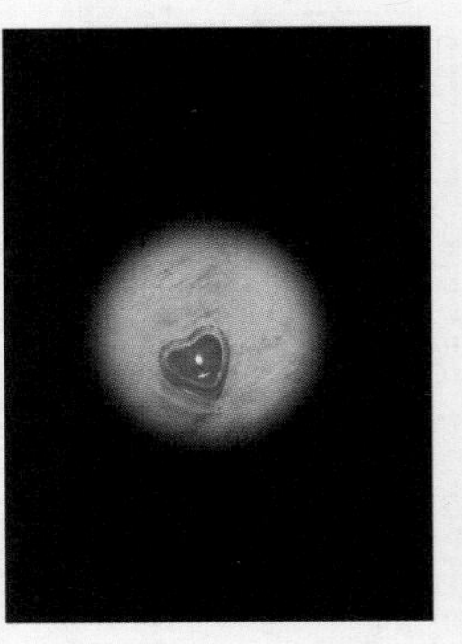

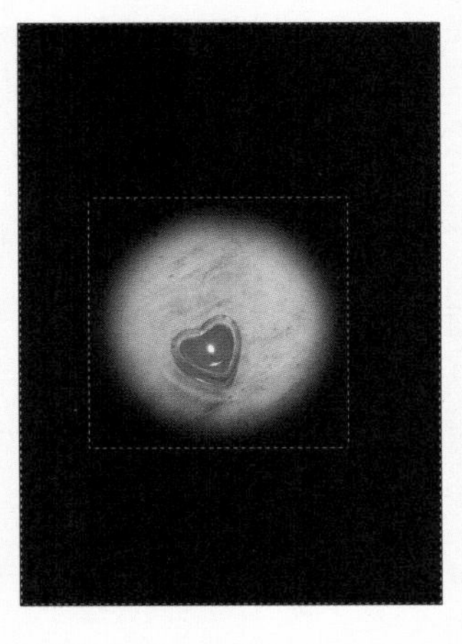

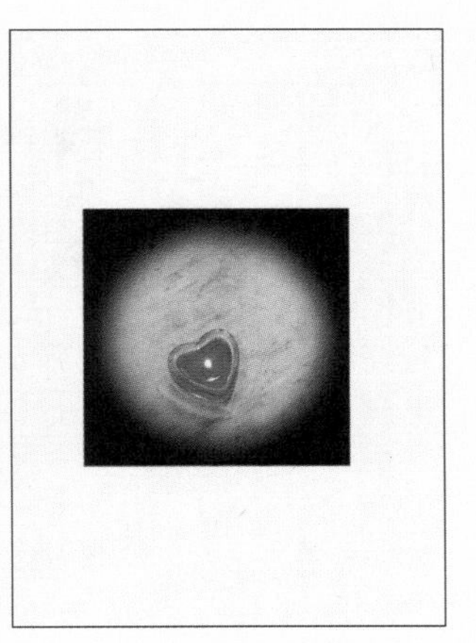

23 创建边缘暗部

按住Ctrl键，单击图层1，载入图层1选区。按下快捷键Shift+Ctrl+I，反选。然后按下Delete键删除图层2的多余部分。最后取消选区。

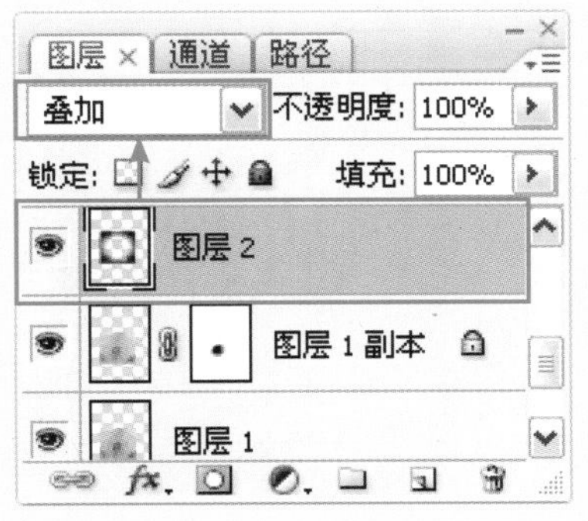

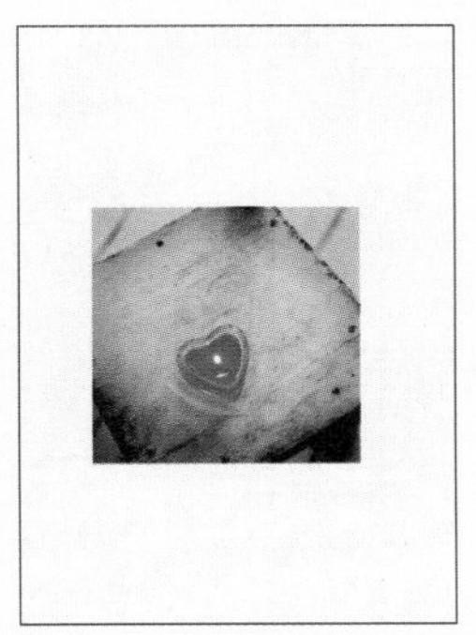

24 更改图层混合模式

选择图层2，设置该图层的混合模式“叠加”。得到边缘加深的效果。

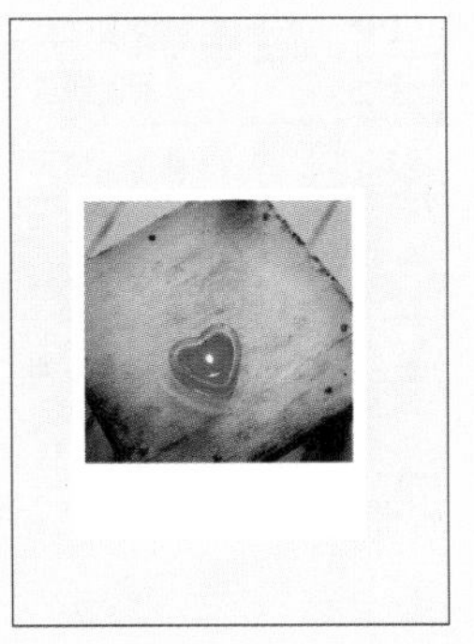

25 创建相片框

新建图层3，单击矩形选框工具，创建一个矩形选区。设置前景色为白色，按下快捷键Alt+Delete，进行填充。并将图层3移动到图层1下面。

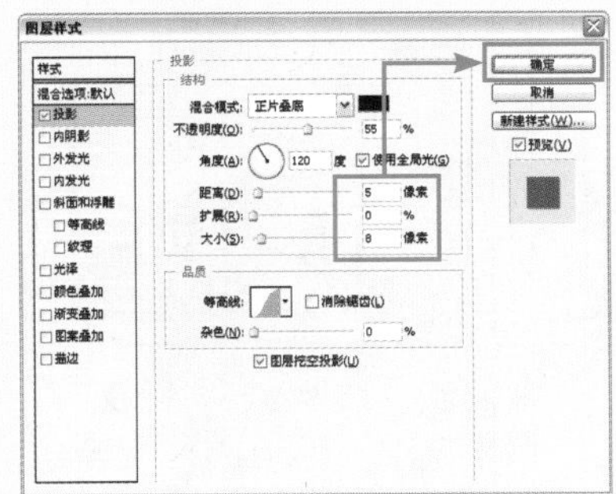

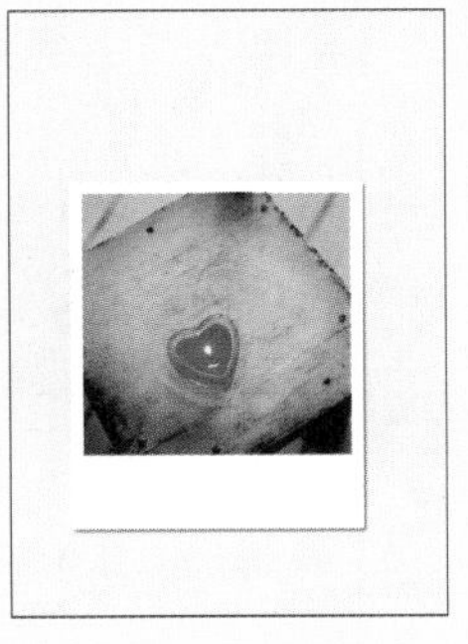

26 创建阴影效果

选择图层3，单击图层面板下面的“添加图层样式”按钮，在弹出的快捷菜单中选择“投影”，设置好参数后，单击“确定”按钮。得到图层3的阴影效果，增加相框立体感。

27 打开其他素材图片

按下快捷键Ctrl+O，选择本书配套光盘中素材与源文件\Chapter5\01数码相机杂志广告\Media\002.jpg、003.jpg、004.jpg、005.jpg、006.jpg和007.jpg文件，单击“打开”按钮打开素材文件。选择002素材，将其拖入杂志广告中，得到图层4。

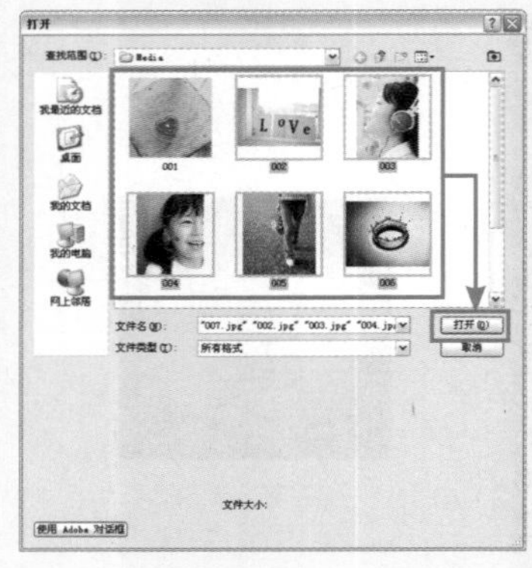

28 调整色阶

选择图层4，单击“创建新的填充或调整图层”按钮，在弹出的快捷菜单中选择“曲线”命令。设置好参数后单击“确定”按钮。最后按下快捷键Alt+Ctrl+G，创建图层4的剪贴蒙版。

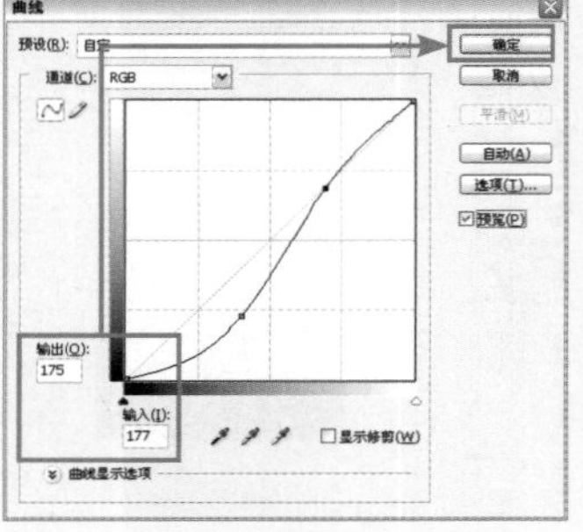

29 创建边缘暗部

新建图层5，根据上面同样的方法，创建图片的边缘暗部。

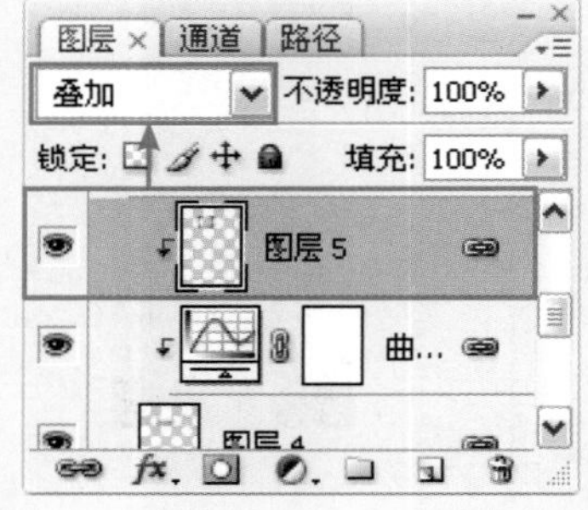

30 创建相框

新建图层6，根据上面的方法创建相框。然后右击图层3的效果，在弹出的快捷菜单中选择“拷贝图层样式”命令，选择图层6，右击鼠标，在弹出的快捷菜单中选择“粘贴图层样式”命令。最后将图层6移动到图层4下面。

31 拖入素材并调整

将素材003，拖入文件中得到图层7。复制该图层，得到图层7副本。设置该副本的图层混合模式为“正片叠底”。

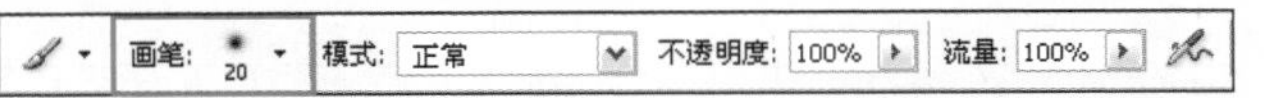

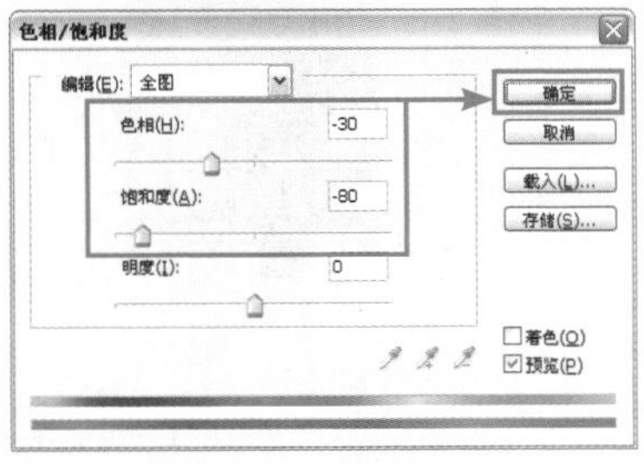

32 调整图层

选择图层7副本，单击图层面板下面的“创建新的填充或调整图层”按钮，在弹出的快捷菜单中选择“色相/饱和度”命令。设置“色相”为−30，“饱和度”为−80，最后单击“确定”按钮。并使用画笔工具在蒙版上涂抹出脸部份。最后按下快捷键Alt+Ctrl+G创建剪贴蒙版。

33 改变图层混合模式

复制图层7，得到图层7副本2。将该副本移动到“色相/饱和度”调整图层的上面，并设置该图层的混合模式为“柔光”，得到加亮的效果。

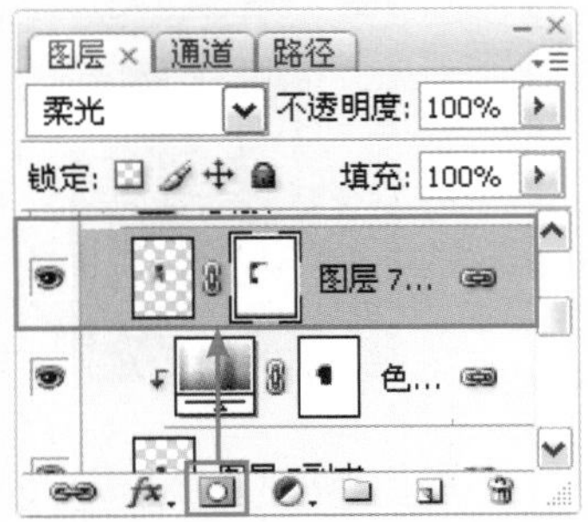

34 添加图层蒙版

选择图层7副本2，单击“添加图层蒙版”按钮，设置前景色为黑色，然后单击画笔工具，在图层蒙版中进行绘制。涂抹除人物脸部以外的背景部分。

35 制作相框

新建图层8，根据上面的方法，制作相框。最后将图层8移动到图层7下面。

36 拖入素材并调整色阶

将素材004，拖入杂志广告中，得到图层9。单击“创建新的填充或调整图层”按钮，在弹出的快捷菜单击“色阶”命令。设置好参数后，单击“确定”按钮。最后按下快捷键Alt+Ctrl+G，创建图层9的剪贴蒙版。

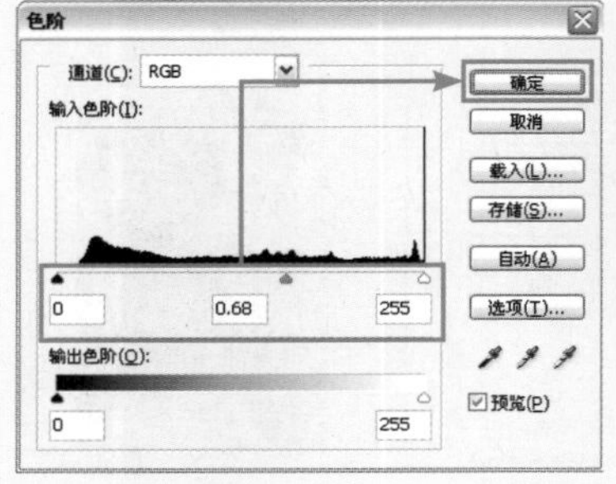

37 创建相框

新建图层10，根据前面的方法，创建相框。最后将图层10移动到图层9下面。

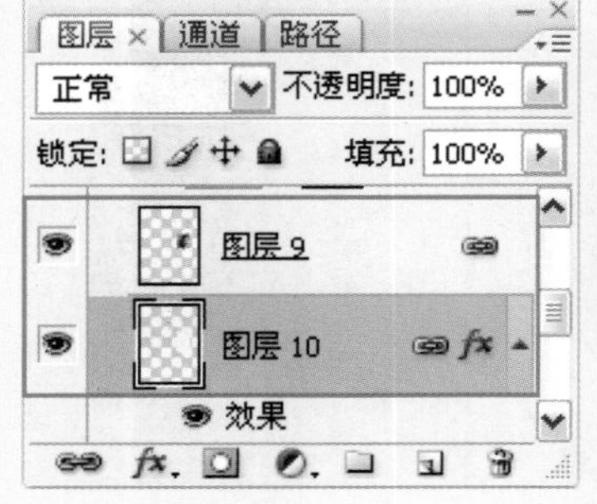

38 拖入素材并调整

将素材005拖入杂志广告中，得到图层11。复制该图层得到图层11副本，按下快捷键Ctrl+Shift+U去色，得到图层11副本的黑白效果。

39 添加图层蒙版

选择图层11副本，单击“将选区储存为通道”按钮，然后单击画笔工具，设置前景色为黑色。在图层蒙版上进行绘制，露出红色的花篮。

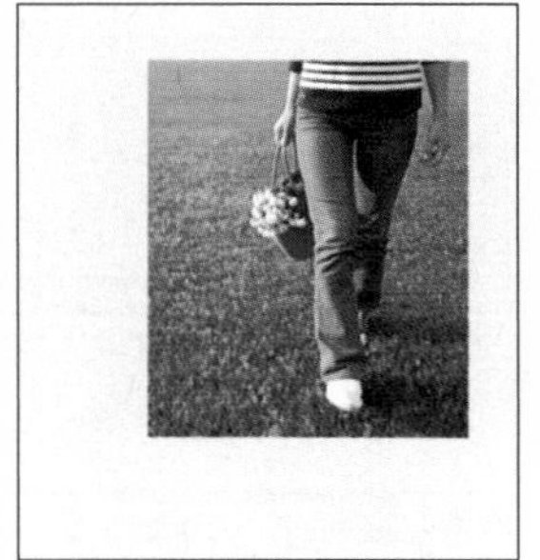

40 改变图层混合模式

选择图层11副本，设置该图层混合模式为“变暗”。

41 复制图层并调整

复制图层11副本，得到图层11副本2。设置该图层的混合模式为“正片叠底”，“不透明度”为70%。

42 创建窗框

新建图层12，根据前面的方法，创建相框，最后将该图层移动到图层11下面。

43 拖入素材并调整

将素材007拖入杂志广告中，得到图层13。单击“创建新的填充或调整图层”按钮，在弹出的快捷菜单中选择“色相/饱和度”命令，勾选“着色”复选框，设置“色相”为140，单击“确定”按钮。

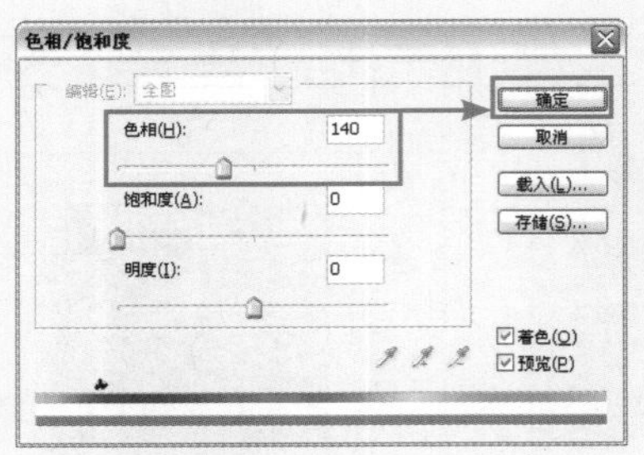

44 使用画笔工具

选择调整图层的蒙版，单击画笔工具，在蒙版上涂抹，露出花朵部分。最后按下快捷键Alt+Ctrl+G，创建图层13的剪贴蒙版。

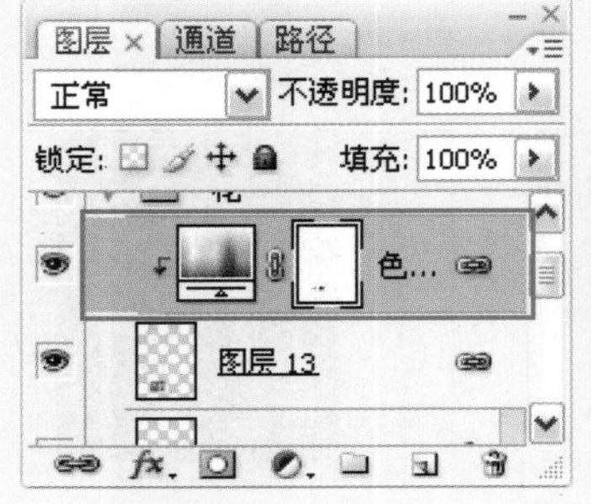

45 创建相框

新建图层14，根据前面的方法，创建相框。最后将该图层移动到图层13下面。

46 拖入素材并调整

将素材007拖入杂志广告中，得到图层15。复制图层15，得到图层15副本。按下快捷键Ctrl+Shift+U，得到黑白效果。

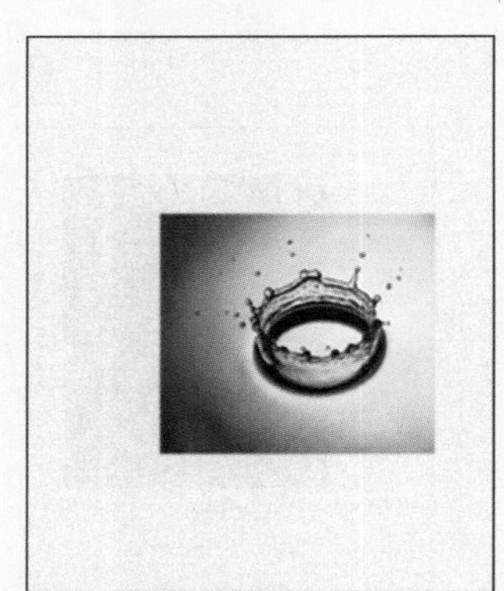

47 创建图层蒙版

选择图层15副本，单击"添加图层蒙版"按钮。设置前景色为黑色，单击画笔工具，在图层蒙版上进行涂抹，露出水圈部分。

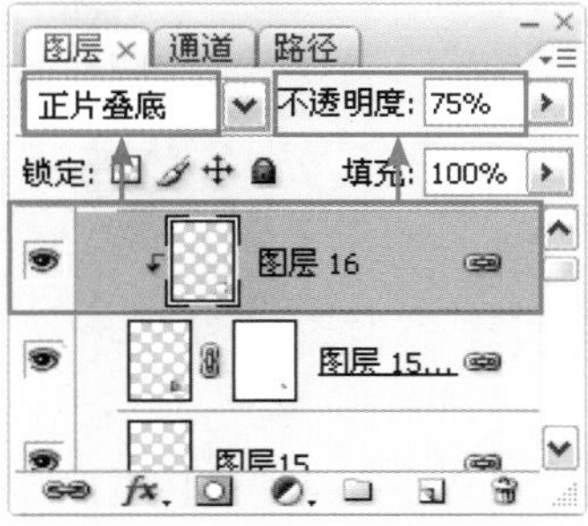

48 创建边缘暗部

新建图层16，根据前面的方法创建边缘暗部。设置图层的混合模式为"正片叠底"，"不透明度"为75%。最后按下快捷键Alt+Ctrl+G，创建剪贴蒙版。

49 排版并整理图层

单击图层面板下面的"创建新组"按钮，分别重命名好名字，将图层分类拖入组中，方便管理。最后单击移动工具，将各组放在适当位置。

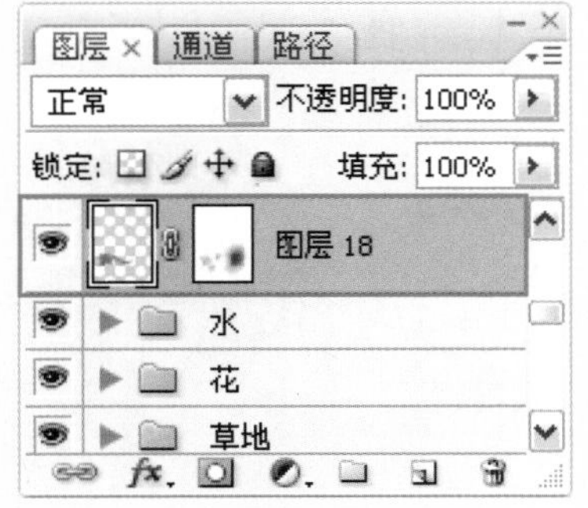

50 拖入素材光并调整

将刚才制作的素材光效果拖入杂志广告中，得到图层18。单击"添加图层蒙版"按钮，设置前景色为黑色，单击画笔工具，设置"不透明度"为35%。在蒙版上涂抹，使效果更和谐。

51 复制并添加图层样式

复制图层18，得到图层18副本。单击“添加图层样式”按钮 ，在弹出的快捷菜单中选择“渐变叠加”。设置好参数后，单击“确定”按钮。单击移动工具 ，适当调整大小，放在合适位置。

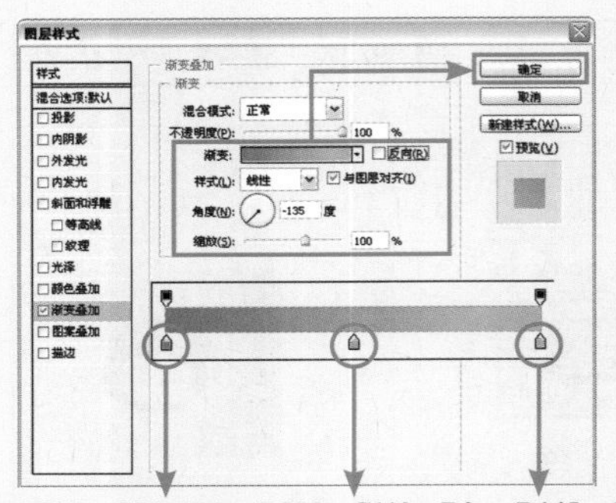

R230、G20、B0　R255、G110、B0　R145、G250、B0

52 复制并添加图层样式

再次复制图层18，得到图层18副本2。单击“添加图层样式”按钮 ，在弹出的快捷菜单中选择“渐变叠加”。设置好参数后，单击“确定”按钮。单击移动工具 ，适当调整大小，放在合适位置。

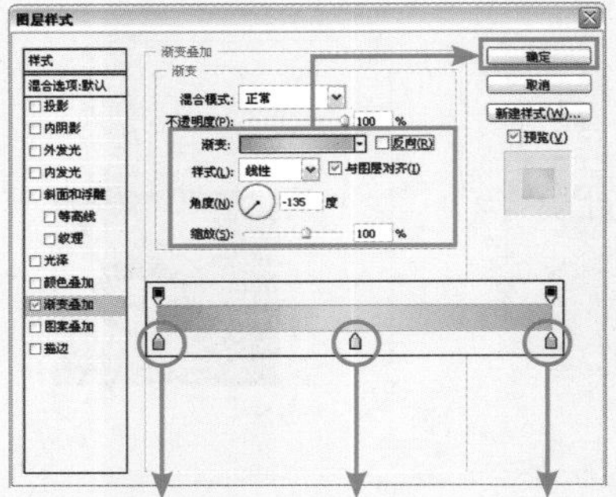

R255、G110、B0　R255、G255、B0　R145、G250、B0

53 添加背景光

再次复制图层18，得到图层18副本3。执行“滤镜>模糊>动感模糊”命令，设置“角度”为0度，“距离”为150像素，最后单击“确定”命令。并将该图层移动到最下面，调整好大小放在合适位置。

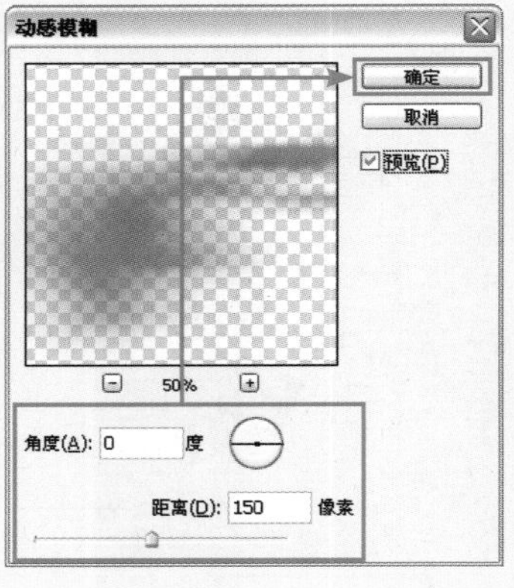

54 调整图层

选择图层18副本3，单击图层面板下面的“创建新的填充或调整图层”按钮 ，在弹出的快捷菜单中选择“色相/饱和度”命令，设置“色相”为−85，单击“确定”按钮。最后按下快捷键Alt+Ctrl+G，创建剪贴蒙版。

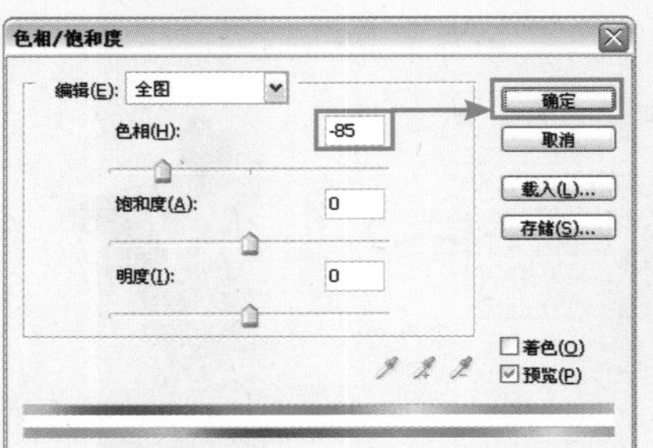

55 复制并调整图层

复制图层18副本3，得到图层18副本4，将该图层移动到调整图层上面。单击移动工具，适当调整大小和角度，放在合适位置。

56 拖入标志素材

按下快捷键Ctrl+O，选择本书配套光盘中素材与源文件\Chapter5\01数码相机杂志广告\Media\008.png文件，单击“打开”按钮打开素材文件。单击移动工具，将标志拖入杂志广告中得到图层19。

57 拖入素材相机

按下快捷键Ctrl+O，选择本书配套光盘中素材与源文件\Chapter5\01数码相机杂志广告\Media\009.png文件，单击“打开”按钮打开素材文件。将其拖入杂志广告中，得到图层20。

R200、G5、B5

58 添加文字

单击横排文字工具，设置颜色为红色，输入英文网站。完成后，单击移动工具，放在适当位置。

59 再次添加文字

单击横排文字工具T，设置颜色为红色，输入中文文字。完成后，单击移动工具，放在适当位置。

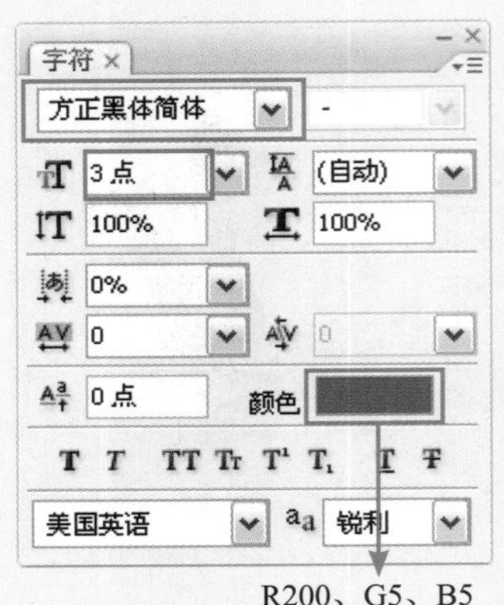

R200、G5、B5

60 根据需要添加文字

单击横排文字工具T，设置颜色为红色，根据具体情况输入文字。完成后，单击移动工具，适当改变大小，旋转适当角度，放在适当位置。

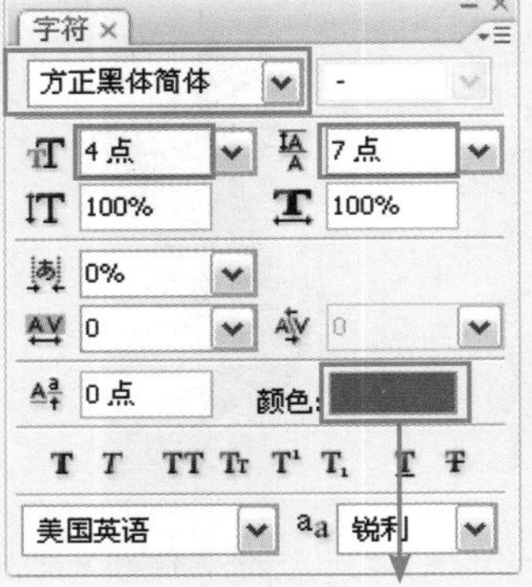

R200、G5、B5

61 添加小元素

新建图层21，单击多边形套索工具，创建一个三角形选区。设置前景色为黑色，按下快捷键Alt+Delete，填充选区。最后取消选区。

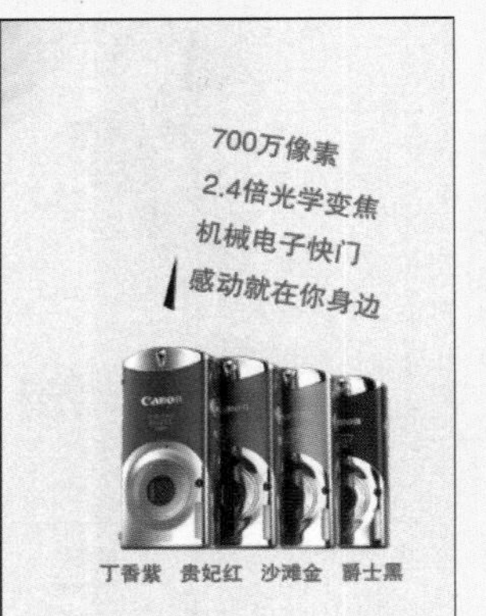

62 复制图层并调整

复制图层21，得到图层21副本。单击移动工具，适当调整大小和方向，放在合适位置。

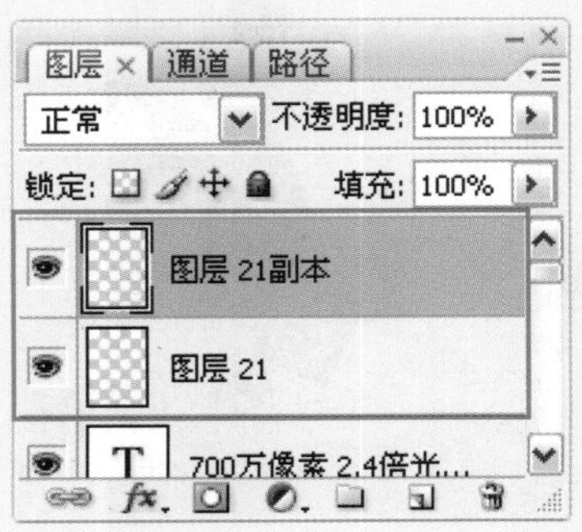

63 合并图层并调整

选中图层21和图层21副本，按下快捷键Ctrl+Alt+E，合并选中图层，并自动生成新图层。单击移动工具，按下快捷键Ctrl+T，适当调整大小和方向，放在合适位置。本实例完成。

5.4 数码相机户外广告

文件路径 素材与源文件\Chapter5\02数码相机户外广告\Complete\数码相机户外广告.psd

实例说明 本实例主要运用了渐变工具，图层的不透明度，形状变形等。通过色彩搭配以及空间运用，达到时尚梦幻的户外广告效果。

技法表现 运用层层递进的方法，体现空间的立体感。图层的不同透明度，表现了空间的和谐感。

难度指数 ★★★★★

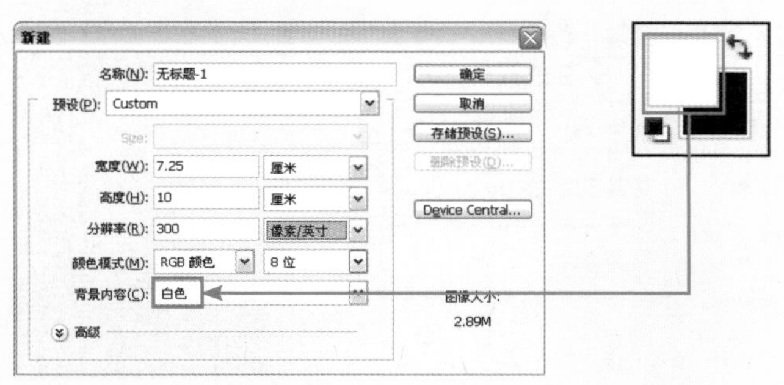

01 新建文件

执行"文件>新建"命令，弹出"新建"对话框，在对话框中设置"宽度"为7.25厘米，"高度"为10厘米，"分辨率"为300像素/英寸，单击"确定"按钮。

02 填充渐变

选择渐变工具，在属性栏中单击“径向渐变”按钮，再单击“点按可编辑渐变”按钮，在弹出的“渐变编辑器”对话框中设置渐变颜色后，在背景图层中从中间到两边拖动鼠标，填充渐变。

03 添加镜头光晕效果

按下快捷键Ctrl+J复制背景图层，得到背景图层副本。执行“滤镜>渲染>镜头光晕”命令，设置“亮度”为100%，然后单击“确定”命令。得到仿真镜头的光晕效果。

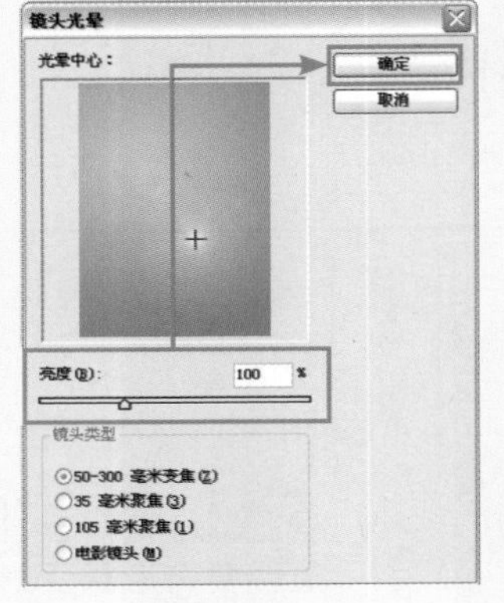

04 改变图层混合模式

选择背景副本，设置该图层的混合模式为“正片叠底”，得到变暗的效果。

05 复制图层并调整

快捷键Ctrl+J复制背景副本，得到背景副本2。设置该图层的混合模式为“强光”，得到自然的加亮效果。

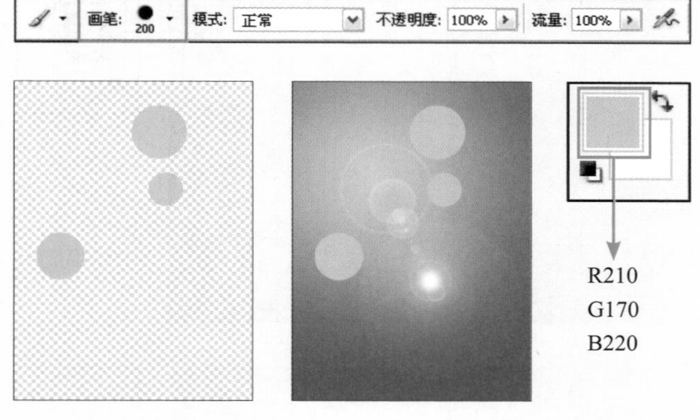

06 使用画笔工具

单击画笔工具，设置前景色为粉色，新建图层1，在该图层适当位置单击鼠标，创建几个圆形。

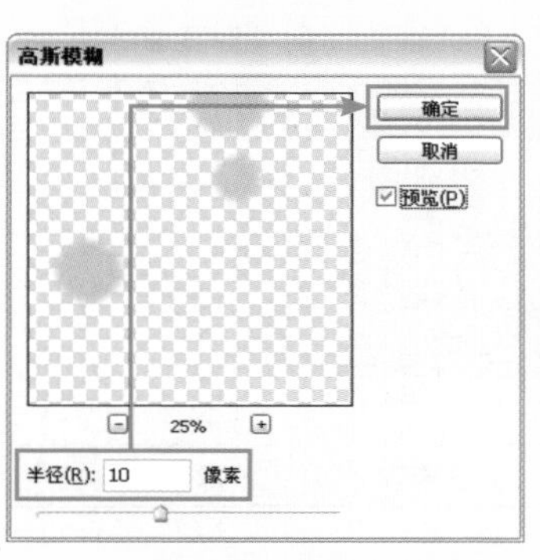

07 高斯模糊

选择图层1，执行“滤镜>模糊>高斯模糊”命令，设置“半径”为10像素。最后单击“确定”按钮。

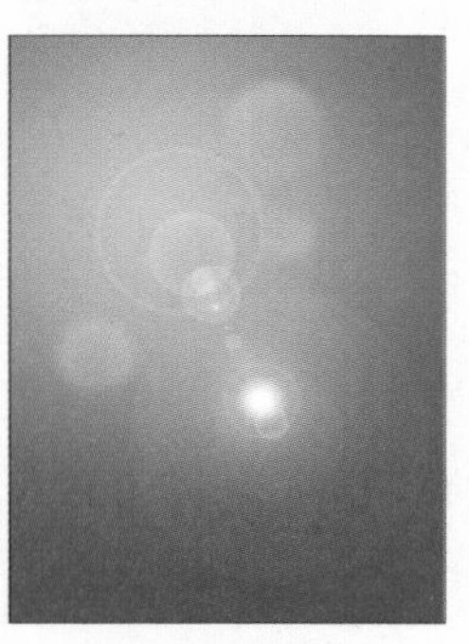

08 创建图层蒙版

选择图层1，单击“添加图层蒙版”按钮。设置前景色为黑色，然后单击画笔工具，设置画笔“不透明度”为45%。在图层蒙版进行涂抹。

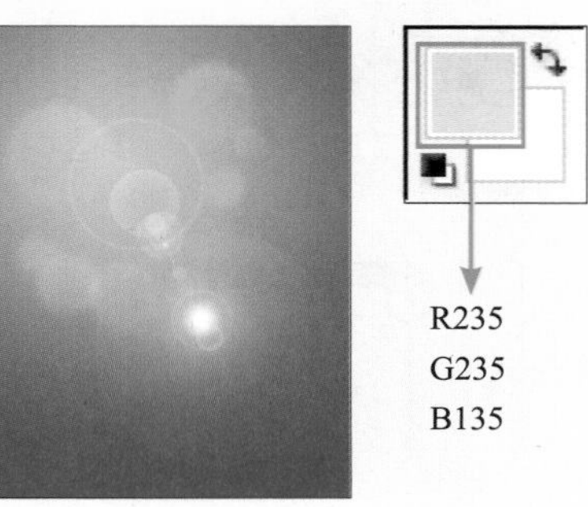

09 创建黄色光圈效果

根据前面的方法，新建图层2。设置前景色为黄色，使用画笔工具创建几个圆形。高斯模糊10像素，创建图层蒙版。得到黄色光圈效果。

10 创建紫色光圈效果

根据前面的方法，新建图层3。设置前景色为紫色，使用画笔工具创建几个圆形。高斯模糊20像素，创建图层蒙版。得到紫色光圈效果。

11 创建蓝色光圈效果

根据前面的方法，新建图层4。设置前景色为蓝色，使用画笔工具创建几个圆形。高斯模糊20像素，创建图层蒙版。得到蓝色光圈效果。

12 创建高光图层

新建图层5，设置前景色为白色。单击画笔工具，设置画笔的“不透明度”为35%。在图层5上创建几个高光圆。得到梦幻的背景效果。

13 创建选区并填充渐变

新建图层6，单击矩形选框工具，创建一个矩形选区。然后单击渐变工具，设置好参数后，在选区里，从上到下拖动鼠标，填充渐变。最后按下快捷键Ctrl+D，取消选区。

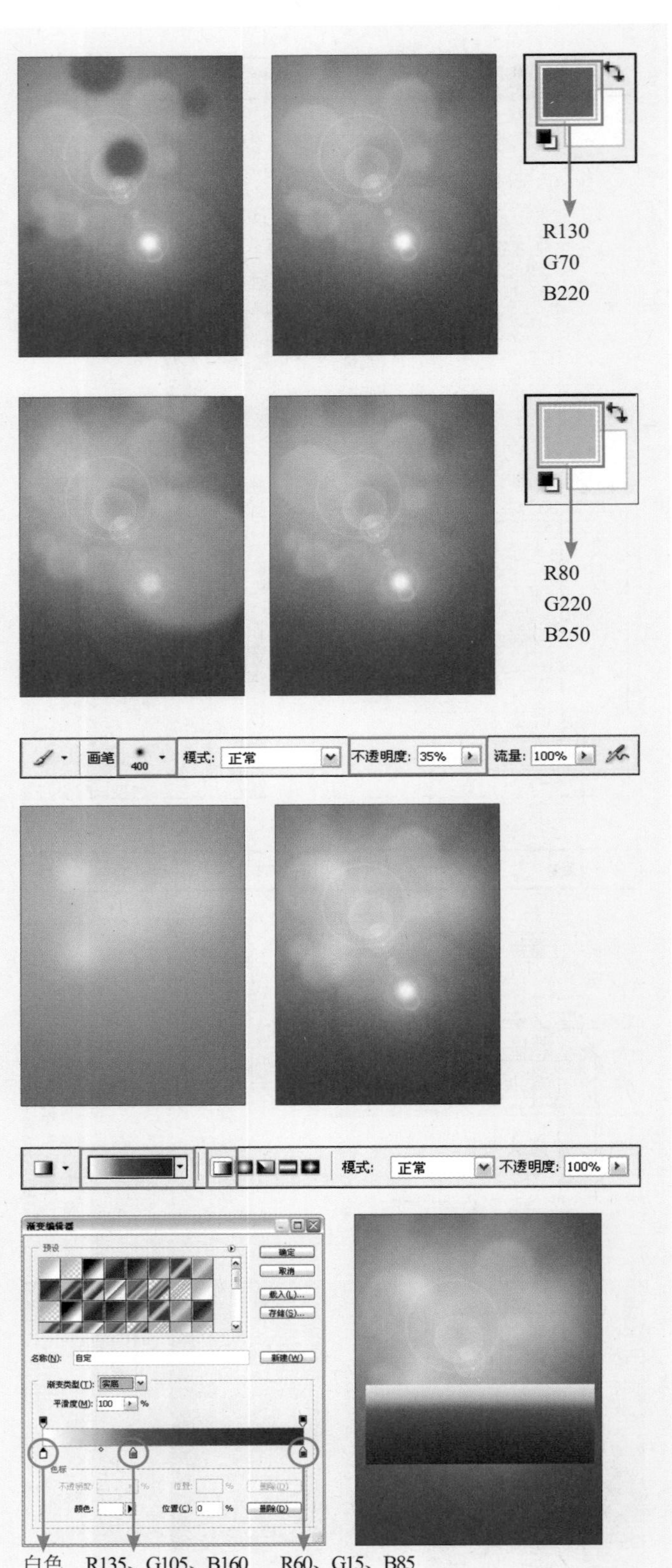

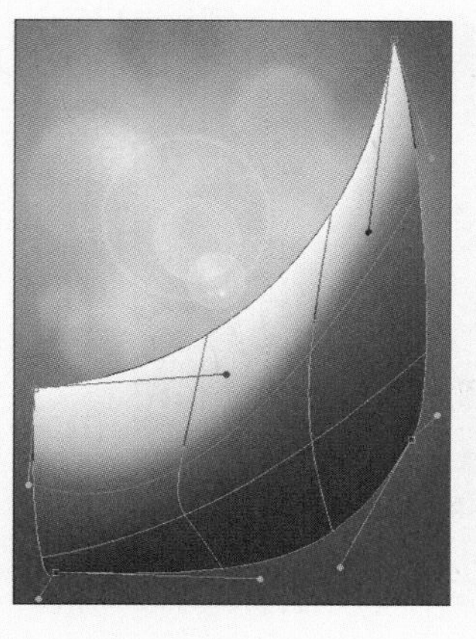

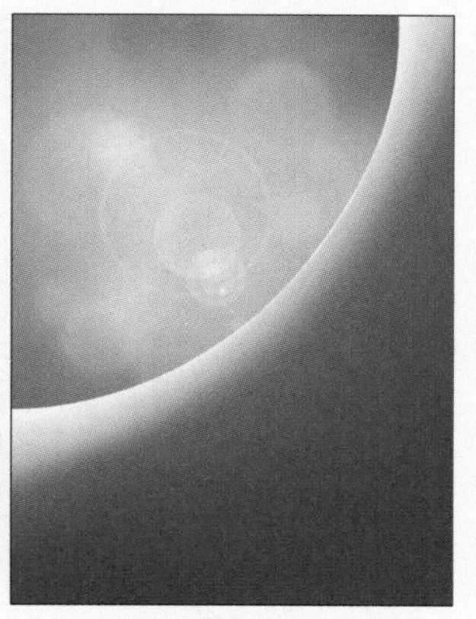

14 变形图像

选择图层6，执行“编辑＞变换＞变形”命令，拖动节点，调整好曲线，最后按下Enter键来确定。单击移动工具，放在适当位置。

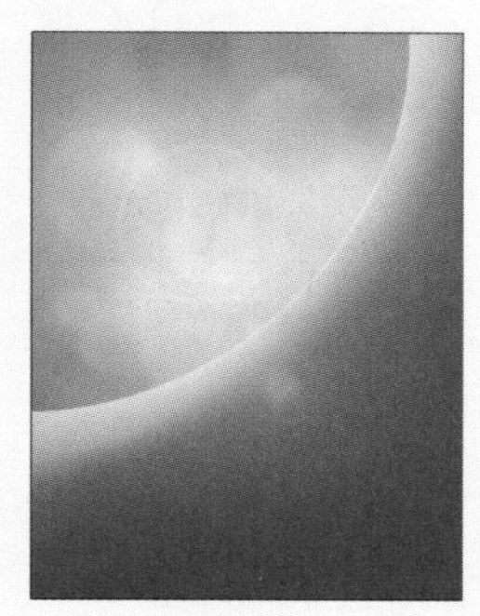

15 改变图层不透明度

选择图层6，设置该图层的“不透明度”为65%。

16 复制图层并调整

复制图层6，得到图层6副本。单击移动工具，按下快捷键Ctrl+T，适当调整大小和方向后，将其放在合适位置。并设置该图层的“不透明度”为70%。

17 复制图层并调整

再复制4个副本，调整好大小，放在适当位置。并分别设置副本2的“不透明度”为75%，副本3的“不透明度”为80%，副本4的“不透明度”为85%，副本5的“不透明度”为90%。

18 复制图层并调整

复制图层6，得到图层6副本6。按下快捷键Ctrl+T，适当改变大小，旋转一定角度，放在合适位置，最后按下Enter键来确定。

19 改变图层不透明度

选择图层6副本6，设置该图层的“不透明度”为40%。

20 复制图层并调整

再复制3个副本，调整好大小，放在适当位置。并分别设置副本7的“不透明度”为50%，副本8的“不透明度”为60%，副本9的“不透明度”为70%。

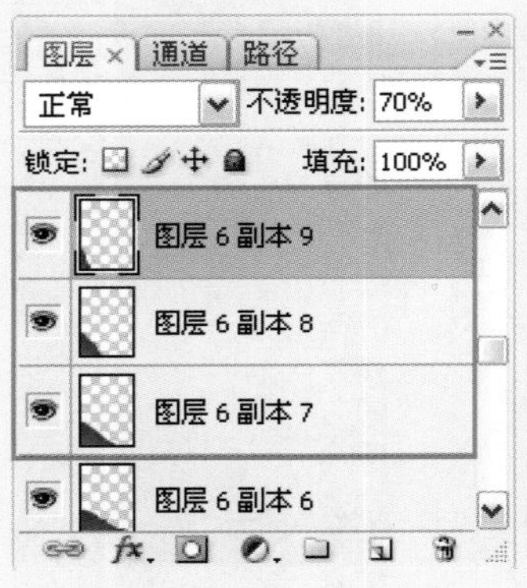

21 使用画笔工具

新建图层7，单击画笔工具，在该图层上进行涂抹。

专家支招：根据实际情况，适当改变画笔大小，得到更完美的效果。

画笔 125 模式: 正常 不透明度: 100% 流量: 100%

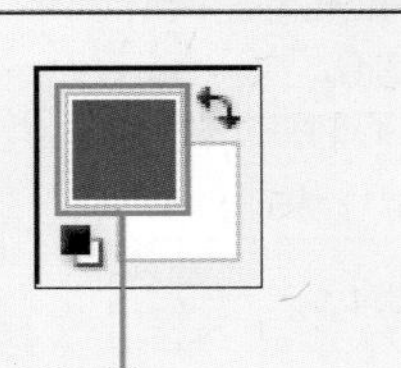

R115
G65
B135

22 改变图层混合模式

将图层7移动到图层6副本5的上面，并设置图层7的混合模式为"柔光"，得到加亮的效果。

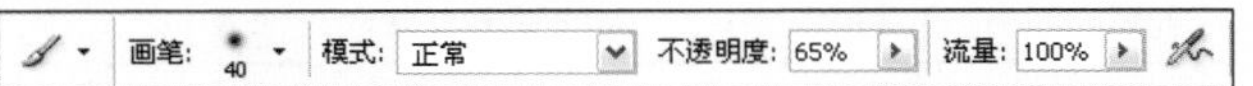

23 创建光点

新建图层8，单击画笔工具，设置"不透明度"为65%，前景色为白色，在图层上创建几个光点。然后单击"添加图层蒙版"按钮，再单击渐变工具，选择默认的黑色到白色渐变，在图层蒙版里，从右下角到中间拖动鼠标。得到渐隐的光点效果。

画笔: 80 模式: 正常 不透明度: 100% 流量: 100%

24 创建八角光点

根据前面的方法，新建图层9。使用画笔工具在该图层上创建几个光点，然后创建图层蒙版，最后使用渐变工具，在图层蒙版上拖出渐变，得到渐隐的效果。

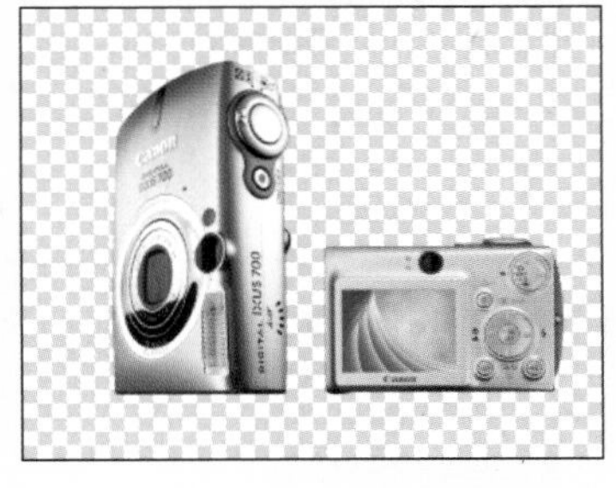

25 打开素材

按下快捷键Ctrl+O，选择本书配套光盘中素材与源文件\Chapter5\02数码相机户外广告\Media\001.png文件，单击"打开"按钮打开素材文件。

26 拖入素材并调整

将需要的素材拖入文件中，得到图层10，复制该图层，得到图层10副本，按下快捷键Ctrl+T，单击鼠标右键，在弹出的快捷菜单中选择“水平翻转”命令，最后按Enter键确定。适当调整好大小，放在合适位置。

27 创建选区并填充

新建图层11，单击椭圆选框工具，设置“羽化”为30px，创建一个椭圆选区。设置前景色为黑色，按下快捷键Alt+Delete，将选区填充为黑色。最后取消选区。

28 移动图层

将图层11移动到图层6副本6的下面，得到相机的阴影部分。

29 创建相机的光效

新建图层12，单击画笔工具，设置前景色为白色。在合适的位置创建几个相机的光效。

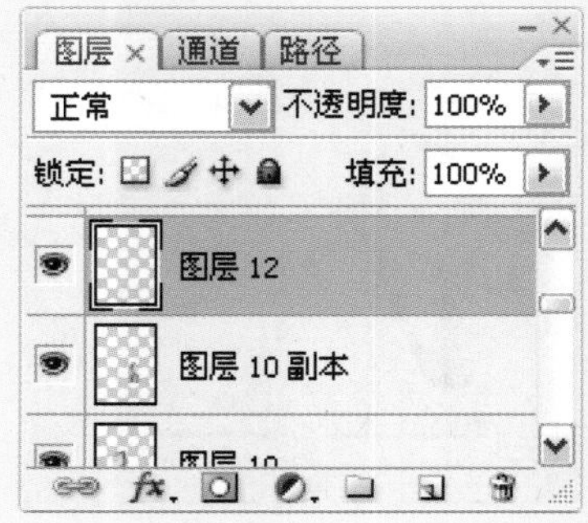

30 打开素材并拖入

按下快捷键Ctrl+O，选择本书配套光盘中素材与源文件\Chapter5\02数码相机户外广告\Media\002.png文件，单击“打开”按钮打开素材文件。选择需要的素材标志拖入户外广告中得到图层13。设置前景为白色，“锁定透明像素”按钮，按下快捷键Alt+Delete填充白色。

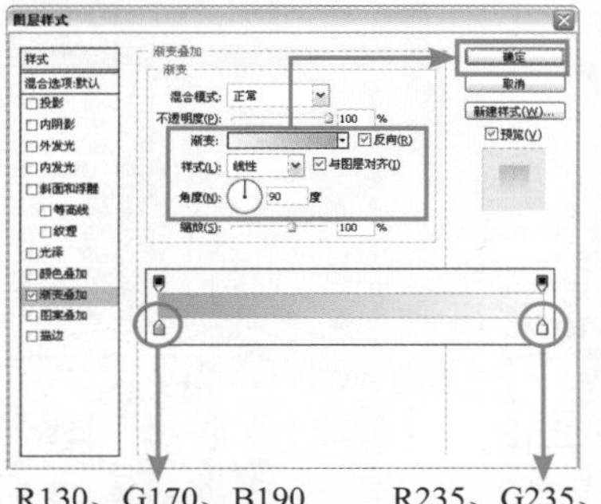

31 拖入素材并调整

拖入素材标志得到图层14，单击“添加图层样式”按钮，在弹出的快捷菜单中选择“渐变叠加”，设置好参数后，单击“确定”按钮。得到渐变的叠加效果。

32 创建倒影

复制图层14，得到图层14副本。按下快捷键Ctrl+T，右击鼠标，在弹出的快捷菜单中选择“垂直翻转”，按下Enter键来确定，放在适当位置。单击图层面板下面的“添加图层蒙版”按钮，然后单击渐变工具，使用默认黑色到白色，在图层蒙版中，从下到上拖动鼠标，得到渐隐的倒影效果。

羽化: 30 px　☑消除锯齿　样式: 正常

33 创建阴影部分

新建图层15，单击椭圆选框工具，设置“羽化”为30px。创建一个椭圆选区，填充黑色后，取消选区。最后将该图层移动到图层14的下面。得到文字的阴影部分。

34 填充渐变

新建图层16，单击矩形选框工具[⬚]，创建一个矩形选区。然后单击渐变工具[▣]，设置好参数后，在选区内从左到右拖动鼠标，填充渐变。

35 改变图层不透明度

选择图层16，设置该图层的“不透明度”为55%。

36 拖入相机素材

将需要的相机素材拖入户外广告中，放在适当位置。得到图层17。

37 拖入标志素材

将需要的标志素材拖入户外广告中，放在适当位置。得到图层18。单击“锁定透明像素”按钮[⊠]，设置前景色为白色，按下快捷键Alt+Delete，填充白色。

DIGITAL
IXUS 700

38 添加中文文字

单击横排文字工具T，设置颜色为白色，输入中文文字。完成后，单击移动工具，适当改变大小，放在适当位置。

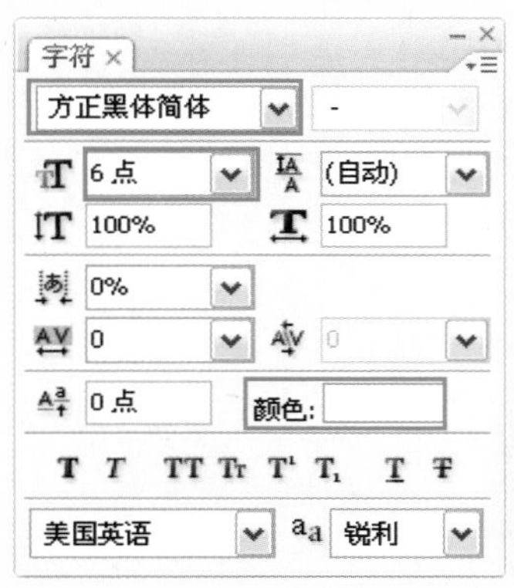

39 添加英文文字

单击横排文字工具T，设置颜色为白色，输入英文文字。完成后，单击移动工具，适当改变大小，放在合适位置。本实例完成。

5.5 广告理论与后期应用

5.5.1 杂志广告——纸张尺寸介绍

纸张基本尺寸：（未扣除印刷机咬口及加工裁切纸边的原厂尺寸）

（1）787mm×1092mm 俗称小规格，商业上又叫正度，适合各种印刷品的印刷。

（2）850mm×1168mm 俗称大规格，适合各种印刷品的印刷。

（3）880mm×1230mm 俗称特规格，适合各类包装纸袋、纸盒的印刷。

（4）889mm×1194mm 俗称超规格，商业上又叫大度，适合各类文本事务用品的印刷使用，常用于书刊。

印刷纸张开数：是指将纸张基本尺寸扣除印刷机咬口和裁切边，所剩的版面大小。例如：

将全张尺寸为787mm×1092mm，通过印刷机咬口得到781mm×1086mm。

常用标准开数分割尺寸如下图所示。

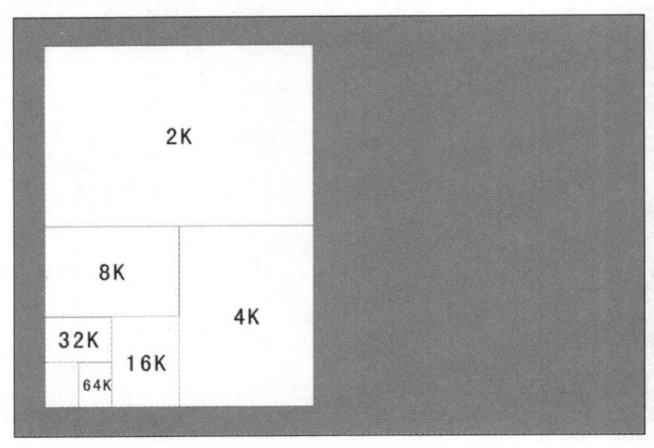

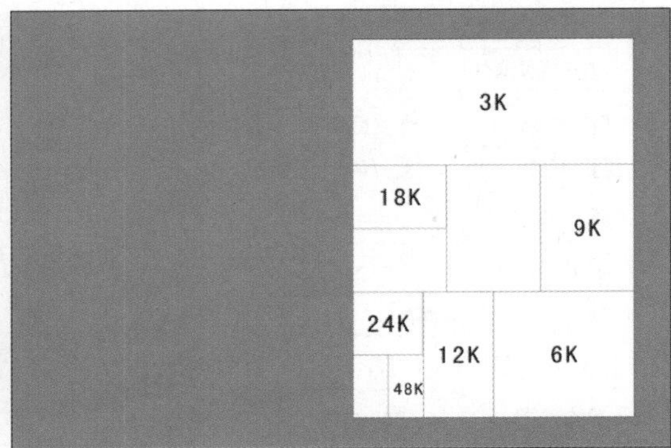

本章实例的杂志广告针对的消费群体是数码产品爱好者，可以投放在《游戏机》、《男人装》、《生活周刊》等时尚生活杂志。

5.5.2 户外广告后期创意

“只要能将户外广告的创意做好，你就已经能作好其他所有媒体的广告了。”全球户外广告大奖———奥比奖评委大卫·勃恩斯坦。

户外广告的幽默创意可以让消费者很快地记住广告内容，以轻松愉悦的形式让消费者接受并认同。

幽默是生活和艺术的一种喜剧因素，广告用幽默滑稽的格调使其显得活泼轻松，让受众在愉悦的心情中接受广告传达的内容。幽默含蓄的广告逐渐地引起了观众的兴趣和关注，因为幽默广告是以巧妙的方式提出了人性弱点的智慧。幽默广告能有效地吸引到观众的注意力，能透彻地点明事物的本质和核心，并且还会给观众留下悠长的回味余地。

下面是一些具有有趣创意的户外广告，利用后期施工，使广告锦上添花，幽默诙谐，让人记忆犹新，强化了产品在消费者心目中的地位。

本章户外广告可应用在电脑城外，城市中心广场，必给消费者带来强烈的视觉冲击力，刺激购买欲望。

Chapter 06 电脑广告

6.1 产品广告分析

随着技术发展，全球台式PC销量上升，平均零售价趋于下降，从而导致PC产业平均利润迅速下滑，许多厂商开始选择了多元化的发展战略。在广告创意上也是创意无限，好戏连台。在广告的卖点上，谁能与众不同就能脱颖而出，引起更强的关注，获到更多的消费者，从而赢得市场。国内电脑品牌广告里，联想电脑在创意上独树一帜，通过多方面媒体的宣传，使产品销售量大大领先其他品牌，品牌价值得到大大提升。

苹果电脑的创意广告，曾获得国际平面广告创意大奖。

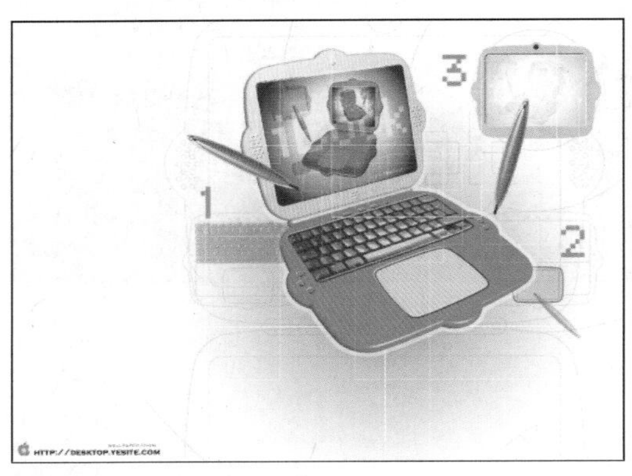

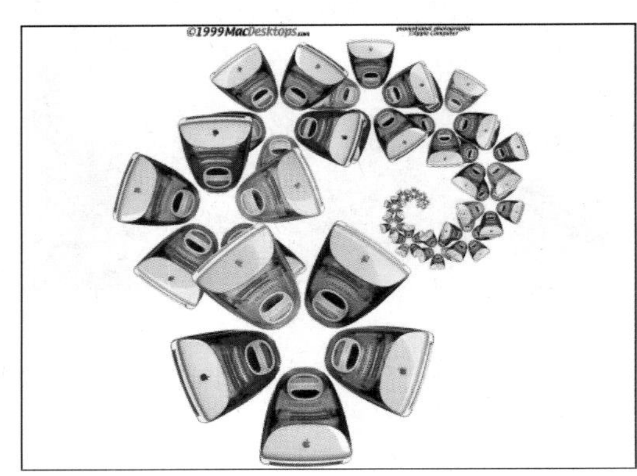

惠普电脑系列的平面广告：由加号引发的联想世界，简单，深刻，有趣。

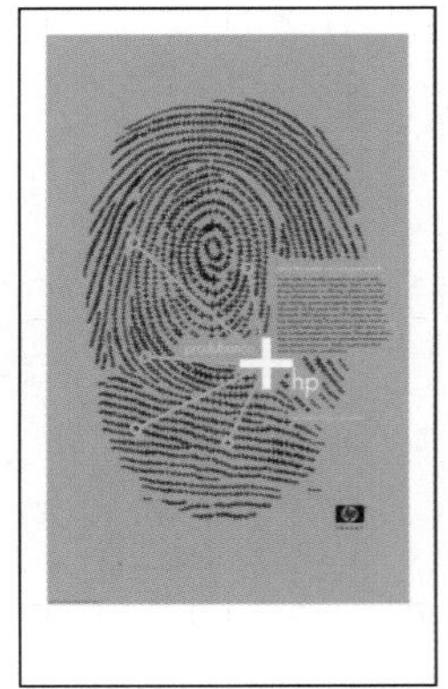

Prestigio显示器的平面广告：运用夸张的手法来表现产品的出色品质。

6.2 本案策划方案

本章第一个实例电脑杂志广告，使用光暴效果，打造出视觉冲击力强的特效背景。精美的水晶球，表现出电脑的每一个细节都完美出色，通过合理的排版使画面更生动美观。强烈的色彩对比适合用于杂志广告印刷，最大限度地体现了产品本质。

普通背景——→特效背景——→精致的水晶球——→富有质感的时尚杂志广告

本章的第二个实例电脑户外广告，使用醒目的色彩，时尚的元素，营造出一个数码动感的科技空间。炫目的光圈，使主体更突出，通过夸张的手法，间接体现出产品强大的性能。合理的排版，使该户外广告更能引人入胜，过目不忘。

动感的背景——时尚的元素——突出的主体——炫目的流动光圈——合理的排版——醒目的户外广告

6.3 电脑杂志广告

文件路径 素材与源文件\Chapter5\01电脑杂志广告\Complete\电脑杂志广告.psd

实例说明 本实例主要运用了径向模糊、图层混合模式等，通过图片的和谐处理以及合理的排版，达到动感时尚的杂志广告效果。

技法表现 简单的图片处理，使照片生动，主体突出，鲜艳的光元素，在单色背景衬托下，表现强烈的视觉冲击力。

难度指数 ★★★★★

01 新建文件

首先创建水晶球素材。执行“文件>新建”命令，弹出“新建”对话框，在对话框中设置“宽度”为5厘米，“高度”为5厘米，“分辨率”为300像素/英寸，单击“确定”按钮。

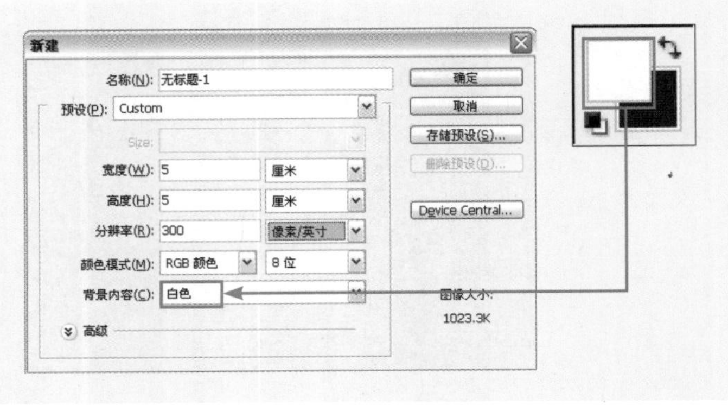

02 创建选区并填充渐变

新建图层1，单击椭圆选框工具◯，按住Shift键创建一个正圆选区。然后单击渐变工具▣，在属性栏中单击“线性渐变”按钮▣，设置好参数后，在图层1选区内从左上角到右下角拖动鼠标，填充渐变。保留选区。

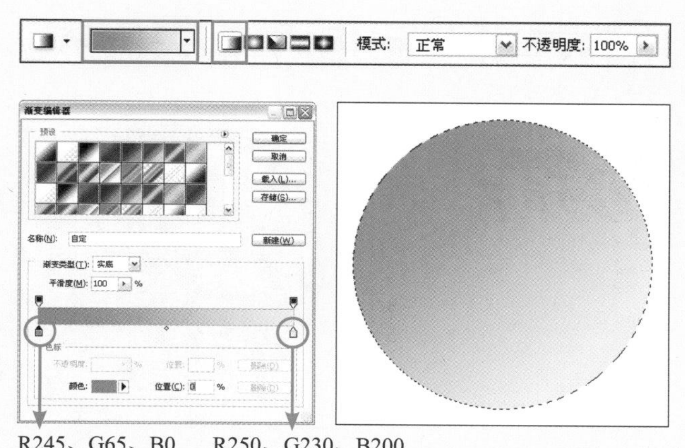

03 填充径向渐变

新建图层2，单击渐变工具▣，在属性栏中单击“径向渐变”按钮▣，设置好参数后，颜色同上。在图层2选区内从中间到两边拖动鼠标，填充渐变。最后按下快捷键Ctrl+D，取消选区。

04 改变图层混合模式

选择图层2，设置该图层的混合模式为“柔光”。

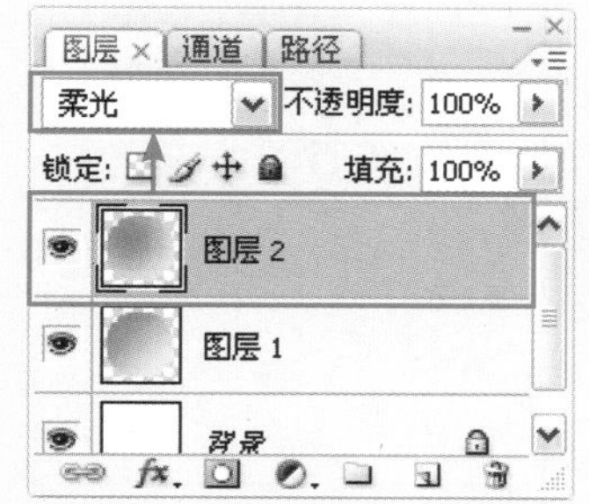

05 绘制路径

选择路径面板。单击“创建新路径”按钮▣，得到路径1。单击钢笔工具✎，绘制一个弧形路径。

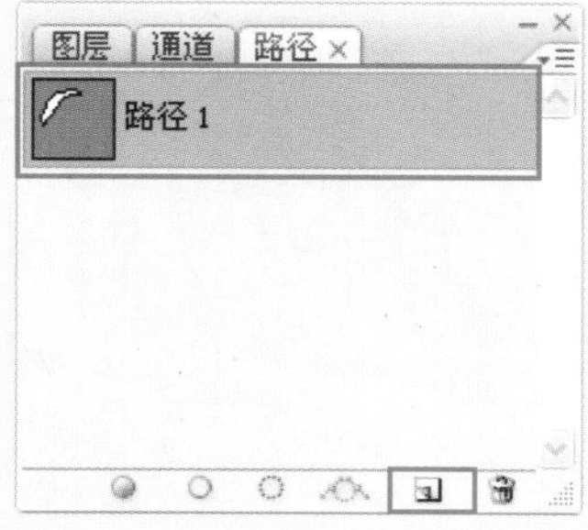

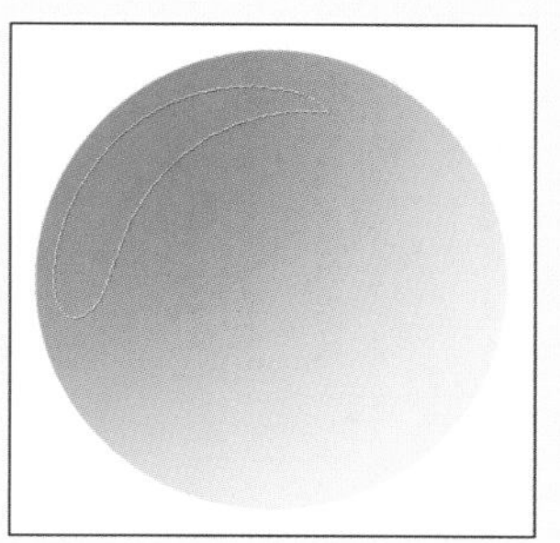

06 填充渐变

单击“将路径作为选区载入”按钮，并新建图层3，然后单击渐变工具，设置好参数后，在图层3的选区内从左下角到右上角拖动鼠标，填充渐变。最后按下快捷键Ctrl+D，取消选区。

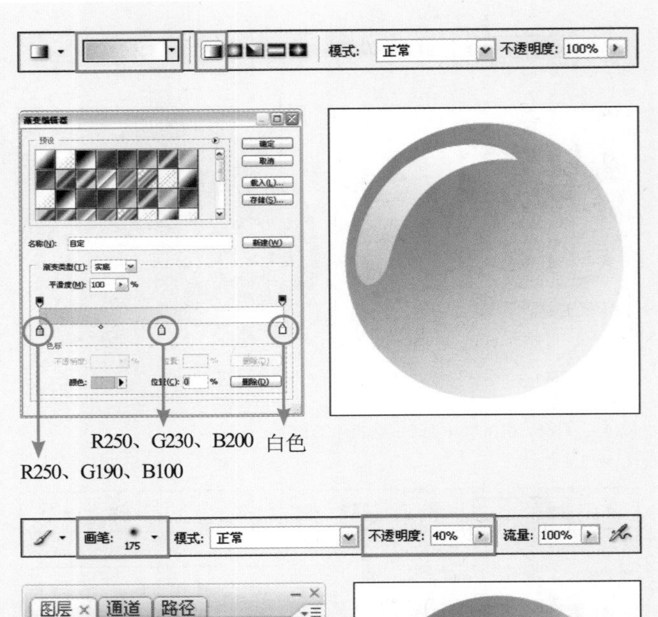

07 创建图层蒙版

选择图层3，单击图层面板下面的“添加图层蒙版”按钮，得到图层3的蒙版，然后单击画笔工具，设置画笔的“不透明度”为40%，在该图层蒙版上涂抹，达到渐隐的效果。

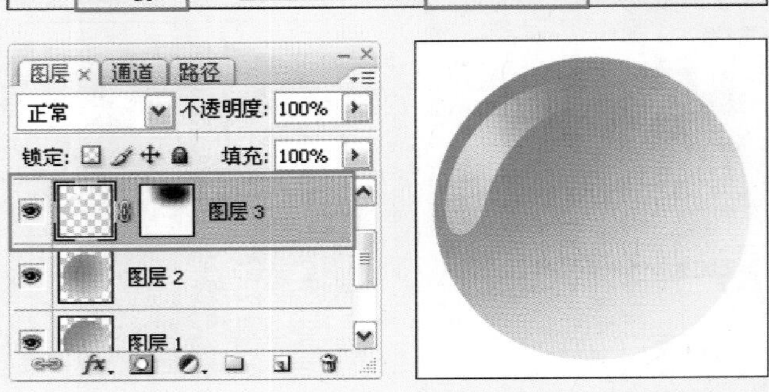

08 创建选区并填充

新建图层4，单击椭圆选框工具，创建椭圆选区。设置前景色为白色，按下快捷键Alt+Delete，填充白色。最后取消选区。

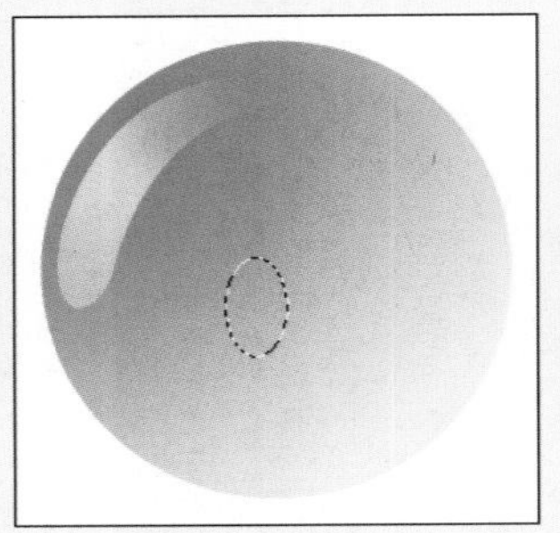

09 旋转并移动图像

选择图层4，单击移动工具，按下快捷键Ctrl+T，适当改变大小，旋转角度，放在适当的位置，最后按下Enter键来确定。

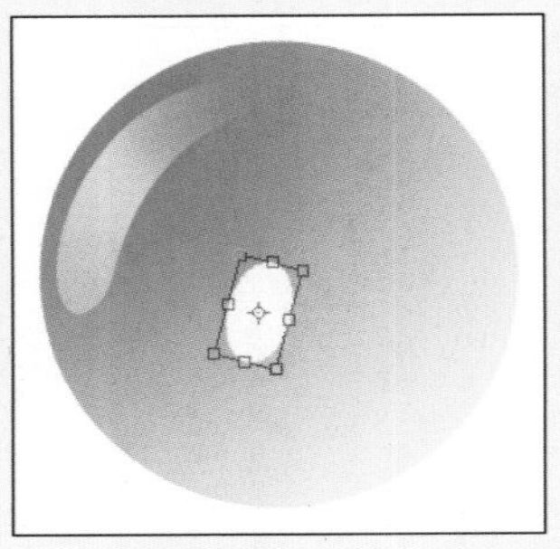

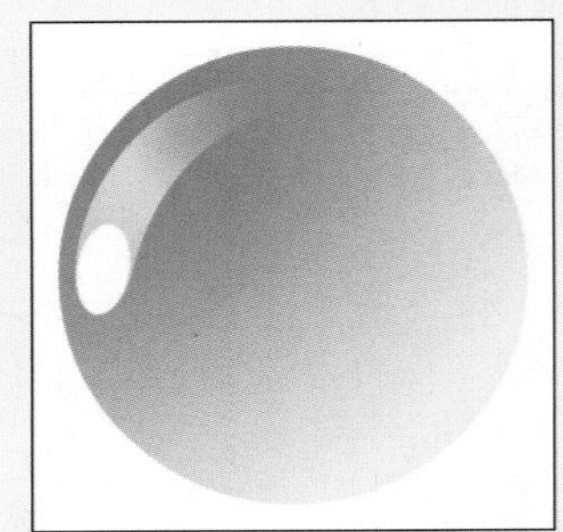

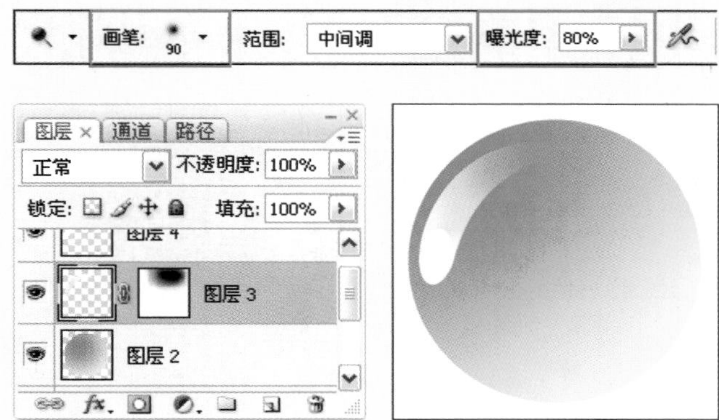

10 使用减淡工具

选择图层3，单击减淡工具，设置“曝光度”为80%，在白色高光周围涂抹，完成高光的效果。

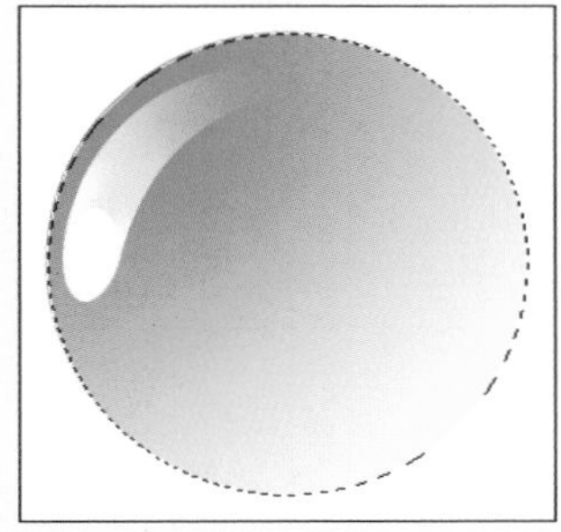

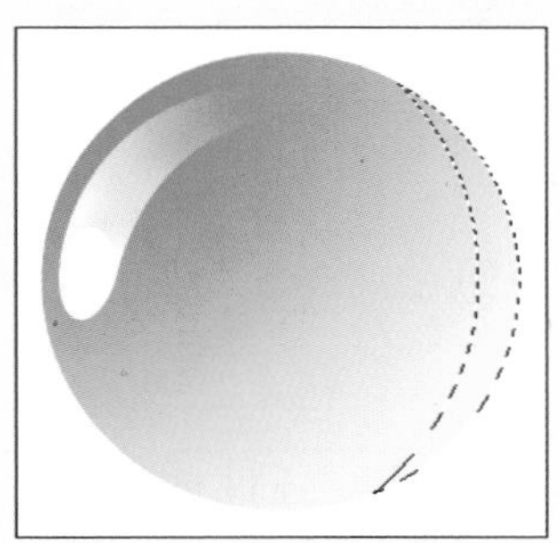

11 创建选区

按住Ctrl键，单击图层2，得到圆形选区。然后单击椭圆选框工具，在属性面板中单击“从选区减去”按钮，创建一个椭圆选区，最后得到减去的那部分选区。

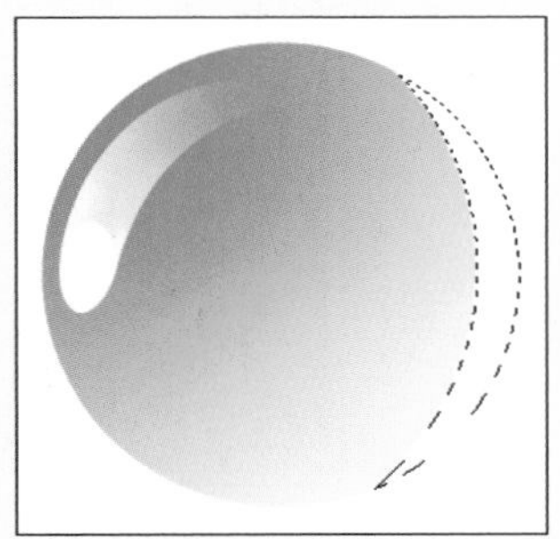

12 填充选区并调整

新建图层5，设置前景色为白色，按下快捷键Alt+Delete，填充选区。取消选区后，单击移动工具，按下快捷键Ctrl+T，适当调整大小，然后放在合适位置，最后按下Enter键来确定。

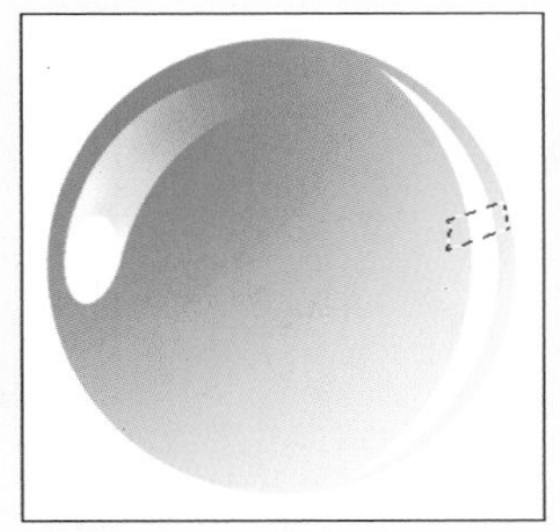

13 删除部分选区

选择图层5，单击多边形套索工具，创建一个四边形选区，按下Delete键，删除该部分选区。

14 创建图层蒙版

选择图层5，单击图层面板下面的"添加图层蒙版"按钮，然后单击画笔工具，设置画笔的"不透明度"为30%，在该图层蒙版上涂抹，得到渐隐的效果。

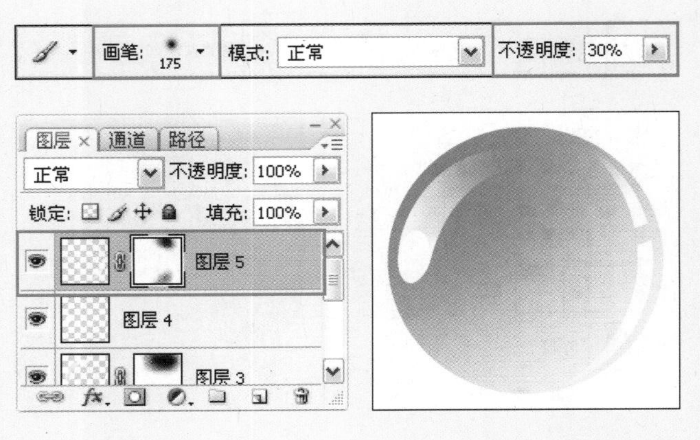

15 绘制路径

选择路径面板，单击"创建新路径"按钮，得到路径2。然后单击钢笔工具，绘制一个弧形路径。

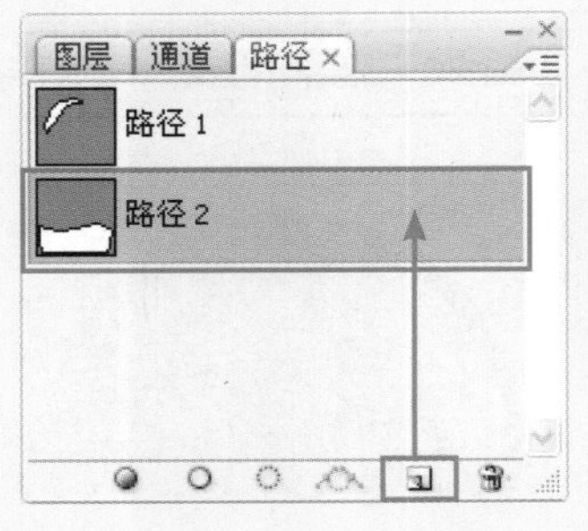

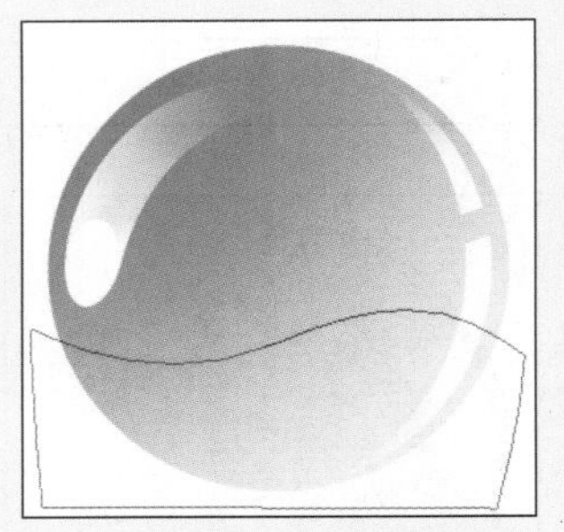

16 填充渐变

单击"将路径作为选区载入"按钮，并新建图层6，然后单击渐变工具，设置好参数后，在图层6的选区内从下到上拖动鼠标，填充渐变。最后按下快捷键Ctrl+D，取消选区。

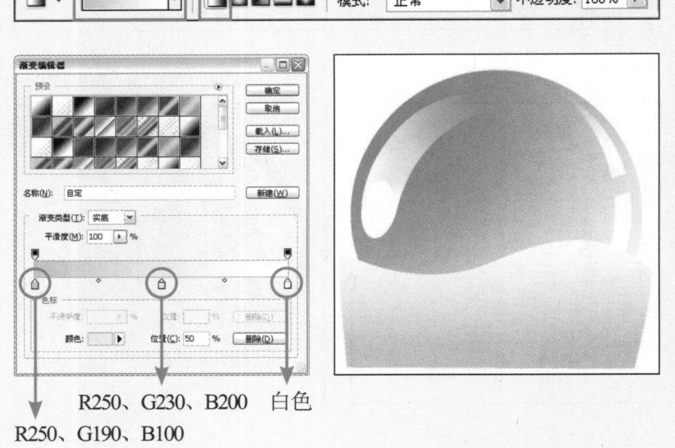

17 创建图层剪贴蒙版

将图层6移动到图层3下面。并执行"图层>创建剪贴蒙版"命令，创建图层2的剪贴蒙版。

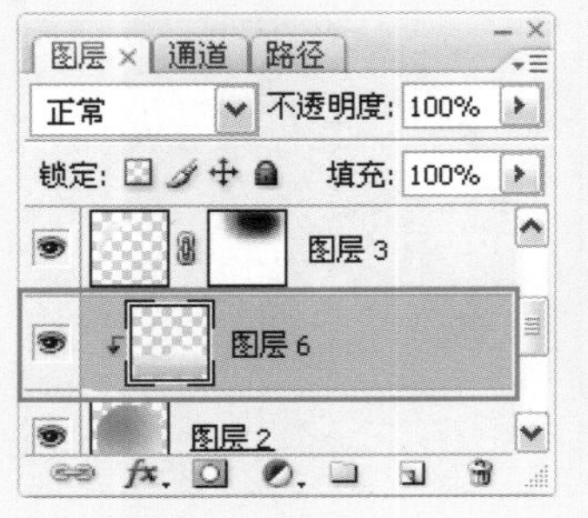

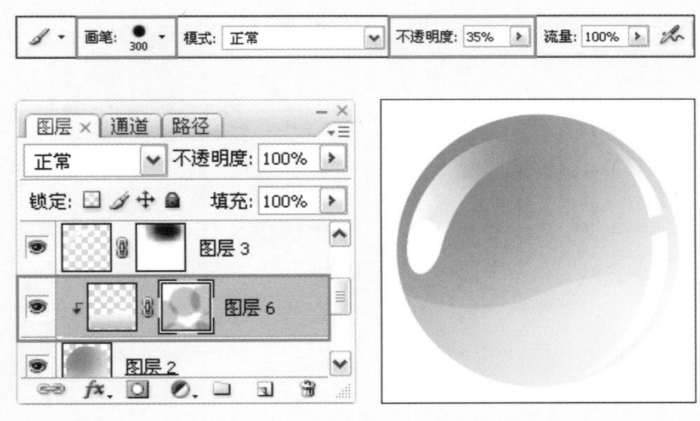

18 创建图层蒙版

选择图层6，单击图层面板下面的“添加图层蒙版”按钮，然后单击画笔工具，设置画笔的“不透明度”为35%，在该图层蒙版上涂抹，使效果过渡更自然。

19 使用加深工具

选择图层6，单击加深工具，设置“曝光度”为50%，对图层进行局部加深。使球底部更和谐。

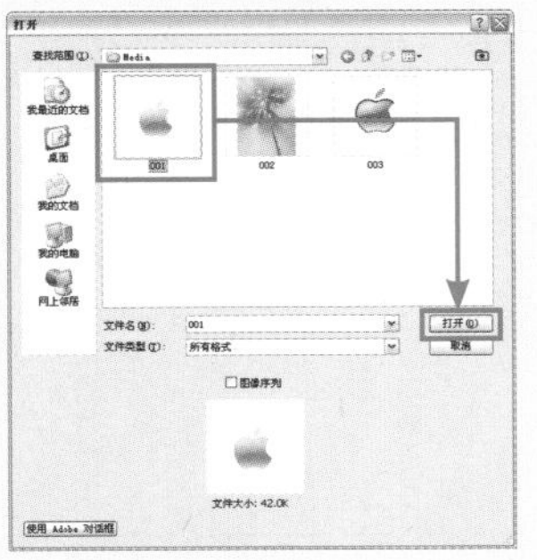

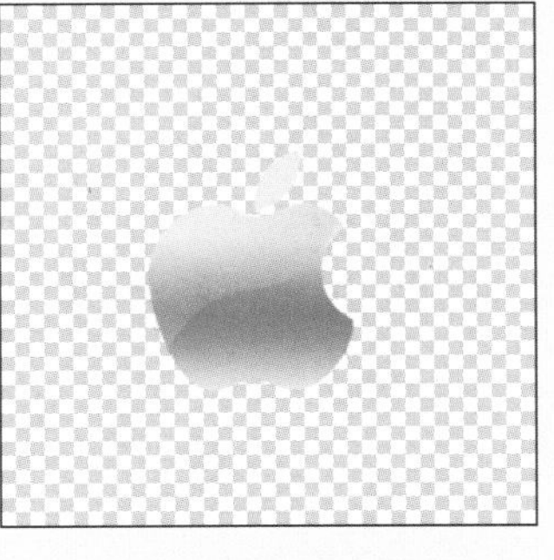

20 打开素材

执行“文件>打开”命令，在弹出的对话框中，选择本书配套光盘中素材与源文件\Chapter6\01电脑杂志广告\Media\001.png文件，单击“打开”按钮打开素材文件。

21 拖入素材并调整

单击移动工具，将该素材拖入文件中，得到图层7，并将图层7移动到图层1的上面。

22 选区描边

按住Ctrl键，单击图层7，得到图层7选区。新建图层8，设置前景色为白色，然后执行“编辑>描边”命令，设置“宽度”为10px，最后单击“确定”按钮。

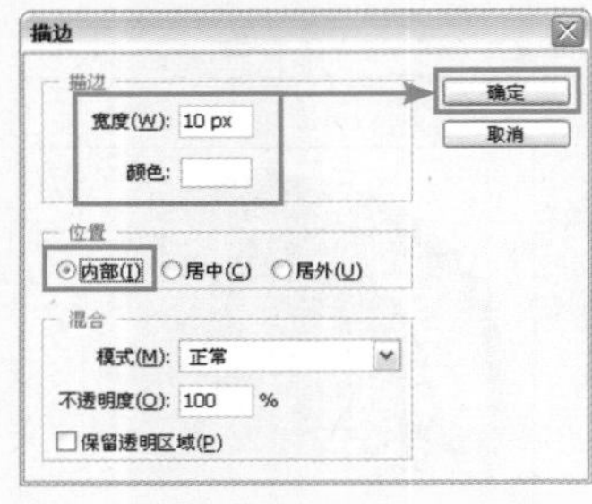

23 改变图层的不透明度

选择图层8，设置该图层的“不透明度”为60%。使效果更自然和谐。

24 合并可见图层

单击背景图层前面的“指示图层可视性”按钮，然后按下快捷键Shift+Ctrl+Alt+E，合并可见图层，并自动生成新图层9。

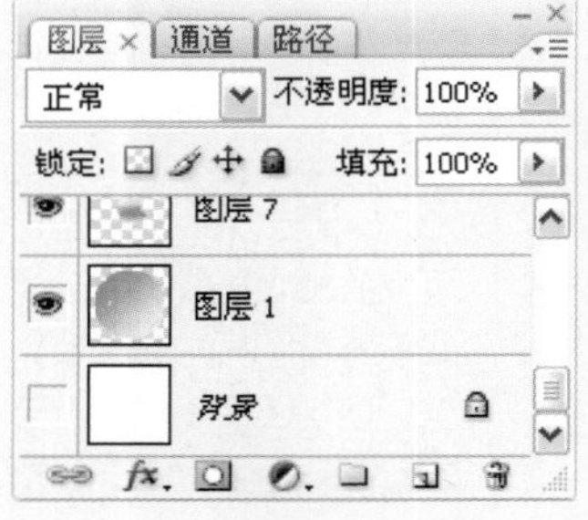

25 再次合并图层

单击背景图层以及图层7、图层8、图层9的前面的“指示图层可视性”按钮，然后按下快捷键Shift+Ctrl+Alt+E，合并可见图层，并自动生成新图层10。完成水晶球素材的制作。

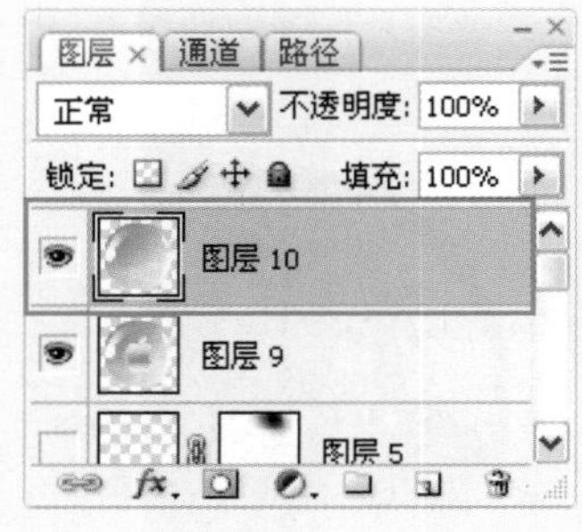

26 新建文件

下面来制作特效光。执行“文件>新建”命令，弹出“新建”对话框，在对话框中设置“宽度”为5厘米，“高度”为5厘米，“分辨率”为300像素/英寸，单击“确定”按钮。

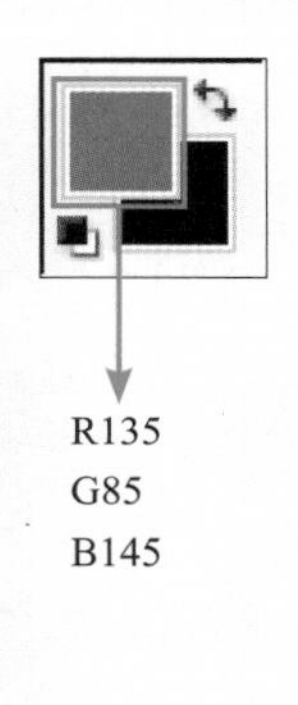

27 使用云彩滤镜

新建图层1，设置前景色为紫色，背景色为黑色。执行“滤镜>渲染>云彩”命令，得到云彩的渲染效果。按下快捷键Ctrl+F，3～4次使用该滤镜，使效果更和谐。

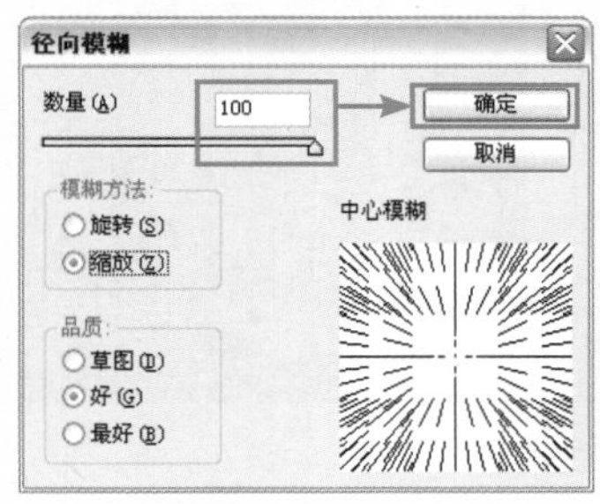

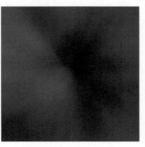

28 径向模糊

选择图层1，执行“滤镜>模糊>径向模糊”命令，设置“数量”为100，然后单击“确定”按钮。按下快捷键Ctrl+F，3～4次使用该滤镜，使效果更明显。

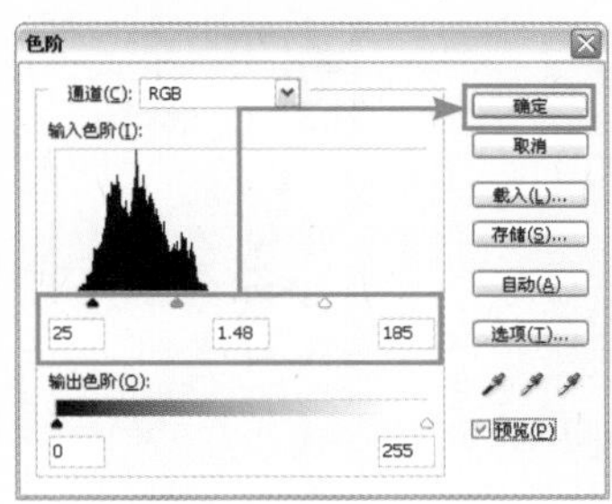

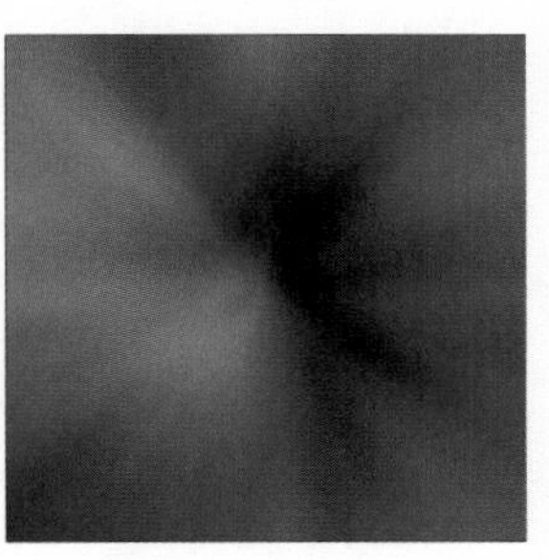

29 调整色阶

选择图层1，执行“图像>调整>色阶”命令，设置好参数后，单击“确定”命令，使效果明亮一些。

30 使用云彩滤镜

新建图层2。设置前景色为蓝色，背景色为黑色。执行“滤镜>渲染>云彩”命令，得到云彩的渲染效果。按下快捷键Ctrl+F，3～4次使用该滤镜，使效果更和谐。

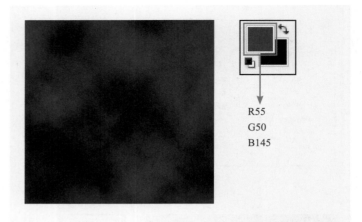

31 径向模糊

选择图层2，执行“滤镜>模糊>径向模糊”命令，设置“数量”为100，然后单击“确定”按钮。重复按下3～4次快捷键Ctrl+F，使用该滤镜，使效果更明显。

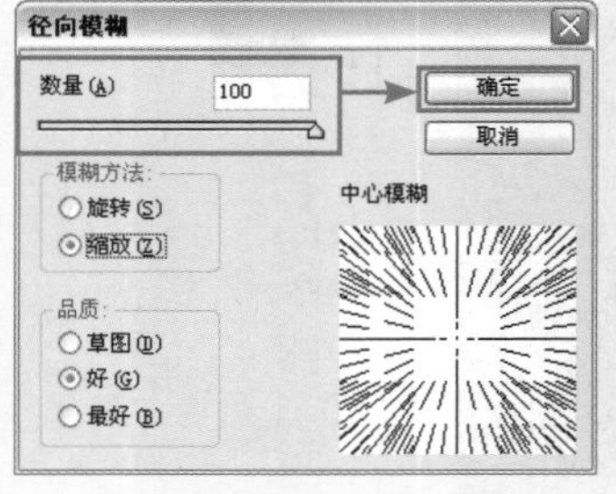

32 改变图层混合模式

选择图层2，设置该图层的混合模式为“滤色”，得到加亮的效果。

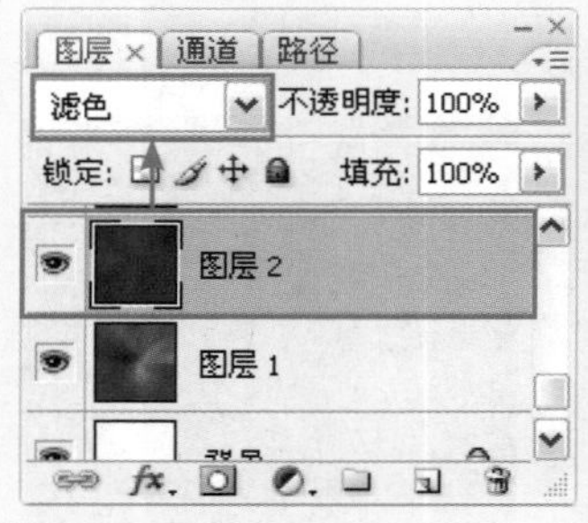

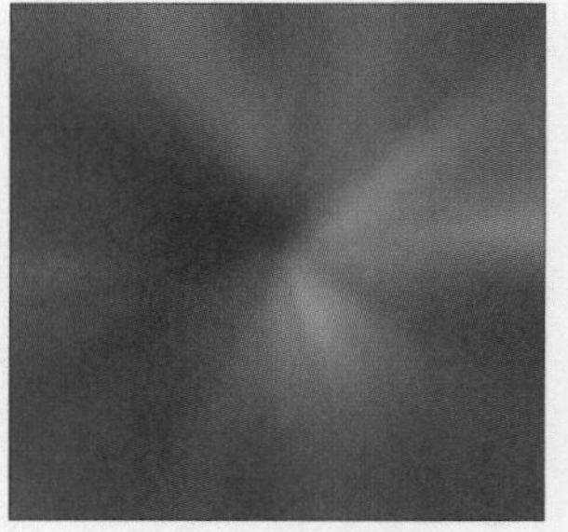

33 使用云彩滤镜

新建图层3。设置前景色为粉红色，背景色为黑色。执行“滤镜>渲染>云彩”命令，得到云彩的渲染效果。重复按下3～4次快捷键Ctrl+F，使用该滤镜，使效果更和谐。

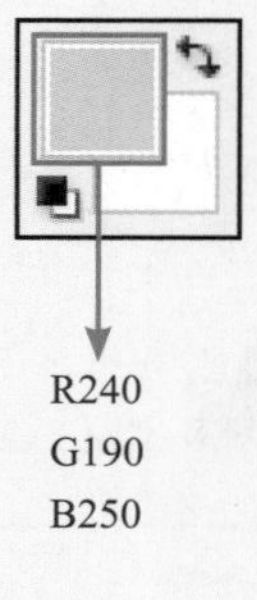

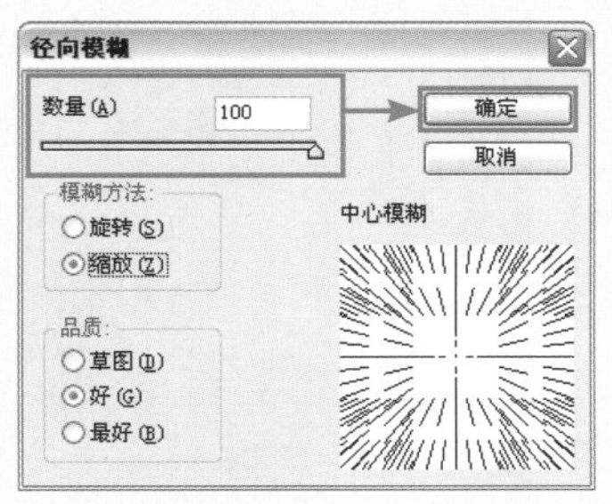

34 径向模糊

选择图层3，执行“滤镜>模糊>径向模糊”命令，设置“数量”为100，然后单击“确定”按钮。重复按下3～4次快捷键Ctrl+F，使用该滤镜，使效果更明显。

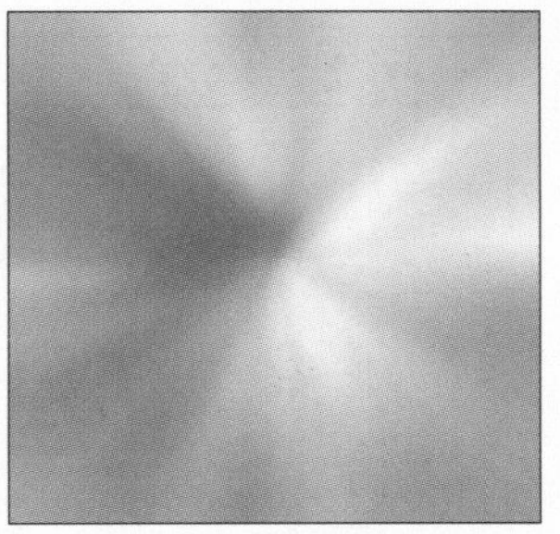

35 改变图层混合模式

选择图层3，设置该图层的混合模式为“叠加”，得到明亮的效果。

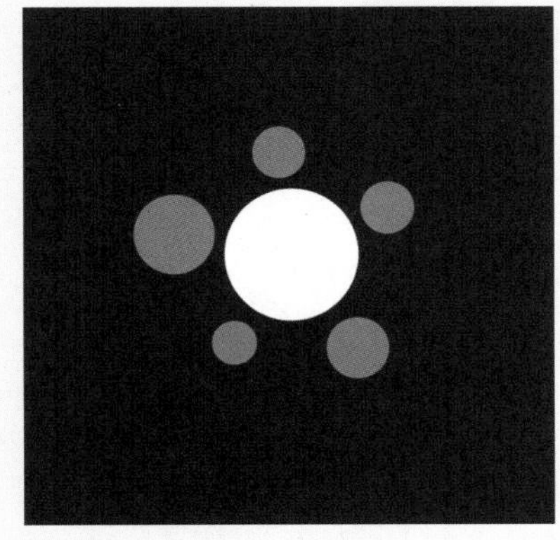

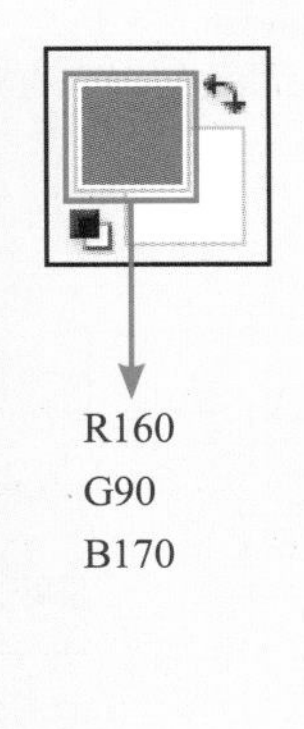

36 使用画笔工具

新建图层4，设置前景色为黑色，按下快捷键Alt+Delete，填充黑色。然后单击画笔工具，设置前景色为紫色，在适当的位置单击鼠标，创建5个圆点。然后使用白色在中间创建一个圆点。

专家支招：在创建圆点的时候，适当改变画笔大小，使效果更和谐。

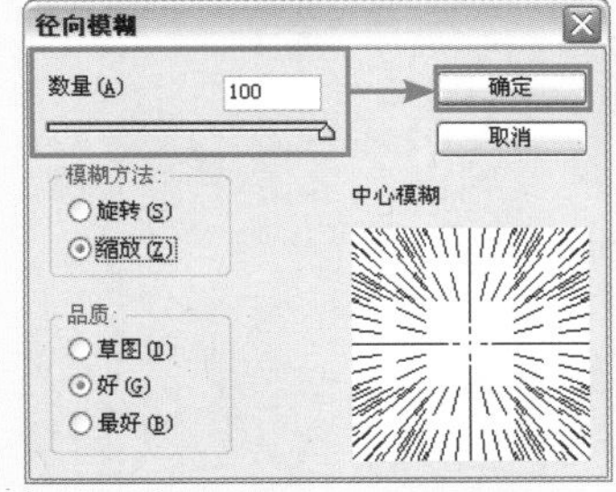

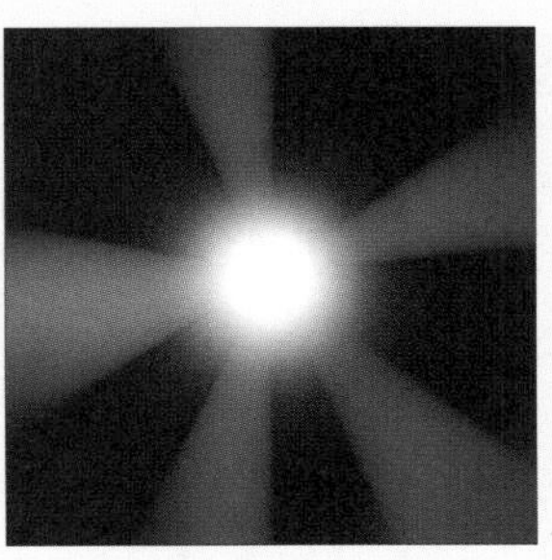

37 径向模糊

选择图层4，执行“滤镜>模糊>径向模糊”命令，设置“数量”为100，然后单击“确定”按钮。重复按下7～8次快捷键Ctrl+F，使用该滤镜，使效果更明显。

38 改变图层混合模式

选择图层4，设置该图层的混合模式为“柔光”，得到明亮的效果。

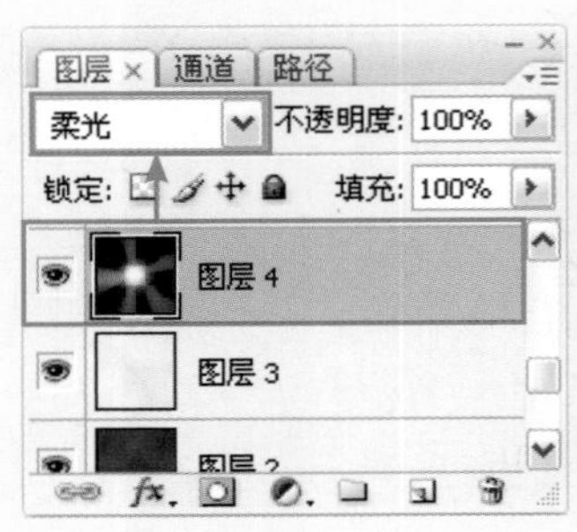

39 使用画笔工具

新建图层5，设置前景色为粉红色，按下快捷键Alt+Delete，填充粉红色。然后单击画笔工具，设置前景色为黑色，在适当的位置单击鼠标，创建5个圆点。然后使用白色在中间创建一个圆点。

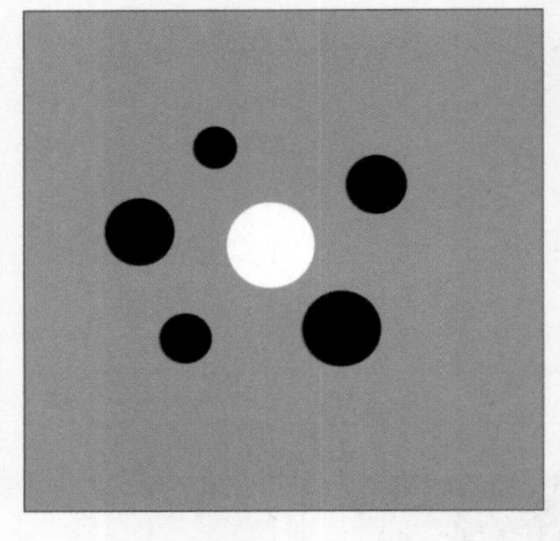

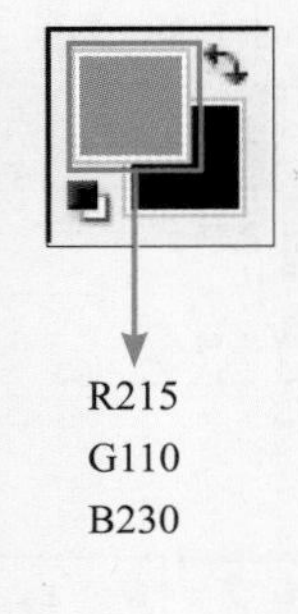

R215
G110
B230

40 改变图层混合模式

选择图层5，执行“滤镜>模糊>径向模糊”命令，设置“数量”为100，然后单击“确定”按钮。重复按下4～5次快捷键Ctrl+F，使用该滤镜，使效果更明显。

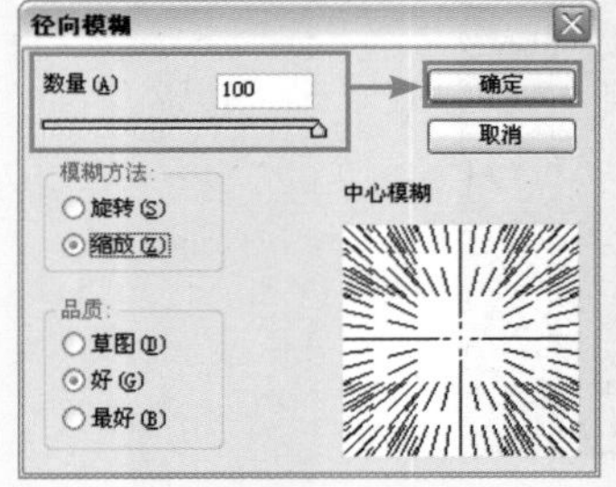

41 改变图层混合模式

选择图层5，设置该图层的混合模式为“正片叠底”，并设置该图层的“不透明度”为70%，使效果更和谐。

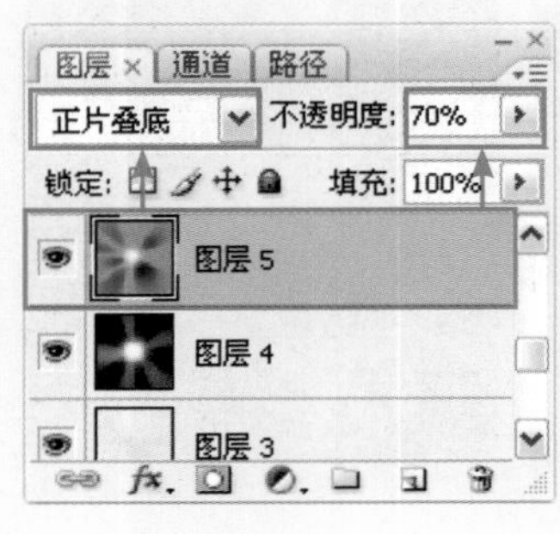

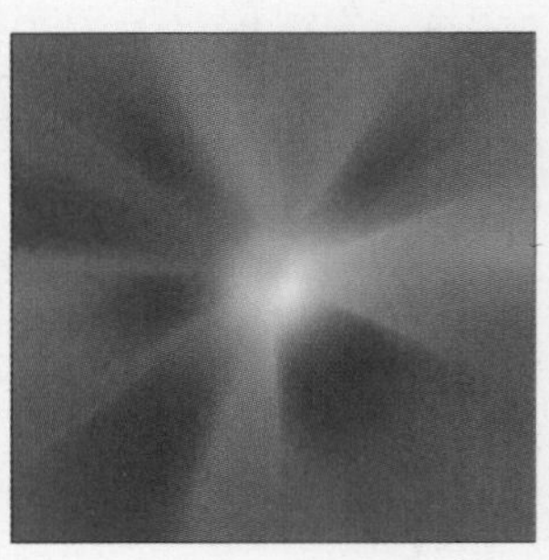

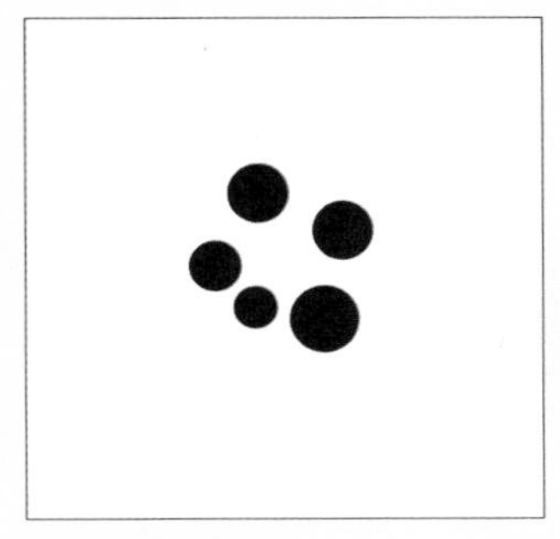

42 创建黑色放射光

新建图层6，根据前面的方法，设置前景色为黑色，使用画笔工具创建几个圆点。然后使用径向模糊滤镜，重复5次，得到黑色放射光效果。

43 改变图层混合模式

选择图层6，设置该图层混合模式为“强光”，并设置该图层的“不透明度”为65%，使效果更和谐。

44 创建粉红色放射光

新建图层7，根据前面的方法，设置前景色为粉红色，使用画笔工具创建几个圆点。然后使用径向模糊滤镜，重复4次，得到粉红色放射光效果。

45 创建白色放射光

新建图层8，根据前面的方法，设置前景色为白色，使用画笔工具创建几个圆点。然后使用径向模糊滤镜，重复3次，得到白色放射光效果。

46 创建紫色放射光

新建图层9，根据前面的方法，设置前景色为紫色，使用画笔工具创建几个圆点。然后使用径向模糊滤镜，重复两次，得到紫色放射光效果。

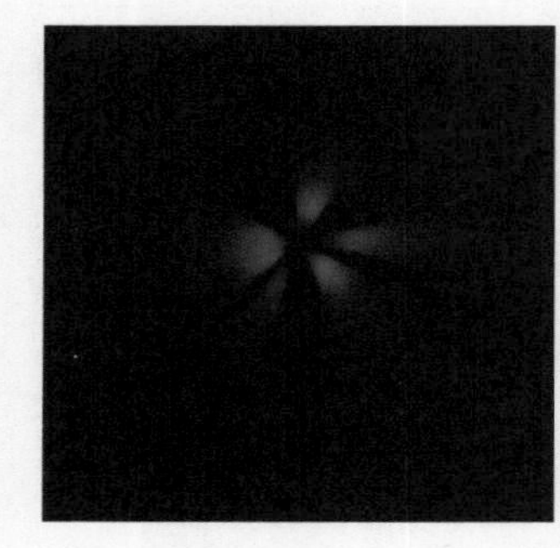

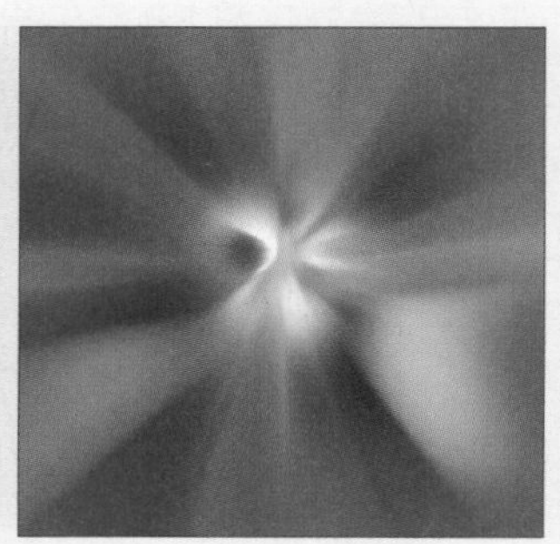

47 创建白色放射光

新建图层10，根据前面的方法，设置前景色为白色，使用画笔工具创建几个圆点。然后使用径向模糊滤镜，重复两次，得到白色放射光效果。

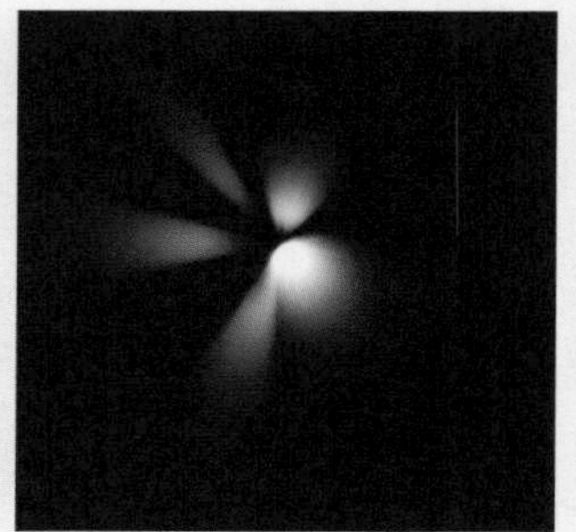

48 合并图层

单击背景图层前面的“指示图层可视性”按钮，按下快捷键Shift+Ctrl+Alt+E，合并可见图层，并自动生成新图层11。完成光效素材的制作。

49 新建文件

下面制作杂志广告。执行“文件>新建”命令，弹出“新建”对话框，在对话框中设置“宽度”为7厘米，“高度”为10厘米，“分辨率”为300像素/英寸，单击“确定”按钮。

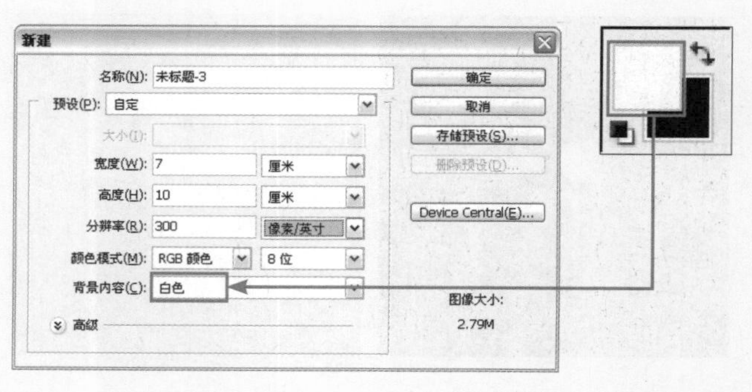

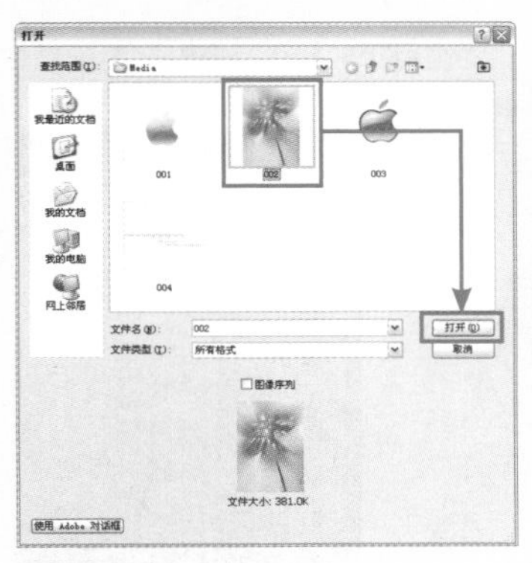

50 打开素材

执行“文件>打开”命令，在弹出的对话框中，选择本书配套光盘中素材与源文件\Chapter6\01电脑杂志广告\Media\002.jpg文件，单击“打开”按钮打开素材文件。

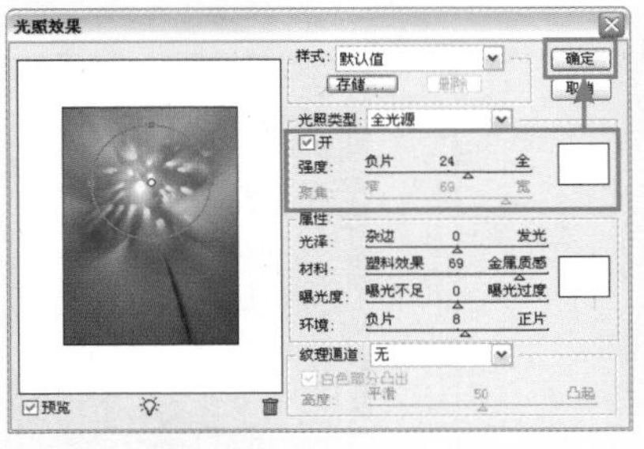

51 使用光照滤镜

将素材拖入文件中，得到图层1，执行“滤镜>渲染>光照效果”命令，设置“强度”为24，然后单击“确定”按钮。得到光照的效果。

52 新建图层并调整

新建图层2，设置前景色为黑色。按下快捷键Alt+Delete，将该图层填充为黑色。然后设置该图层的混合模式为“叠加”，得到加暗的效果。

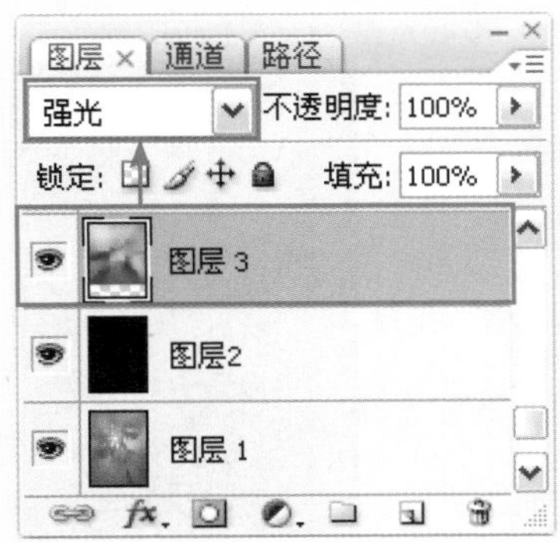

53 拖入素材并调整

将刚才制作好的光效素材拖入文件中，得到图层3。并设置该图层的混合模式为“强光”，得到加亮的效果。

54 添加图层模板

选择图层3，单击图层面板下面的“添加图层蒙版”按钮，然后单击画笔工具，设置前景色为黑色，并设置画笔的“不透明度”为80%。在图层模板中涂抹边缘部分。

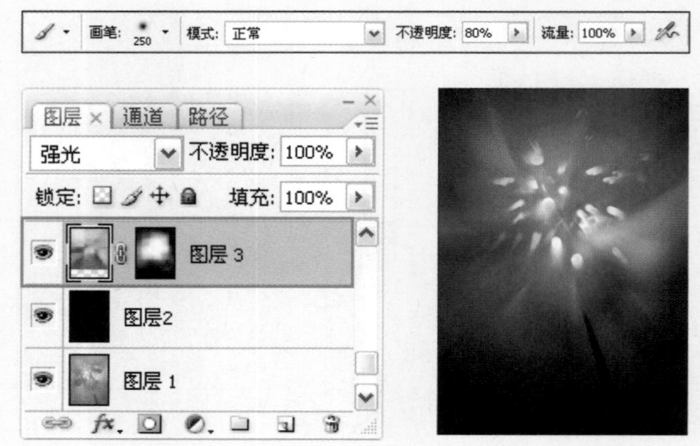

55 拖入素材

执行“文件>打开”命令，在弹出的对话框中，选择本书配套光盘中素材与源文件\Chapter6\01电脑杂志广告\Media\005.png文件，单击“打开”按钮打开素材文件。拖入文件中，得到图层4。

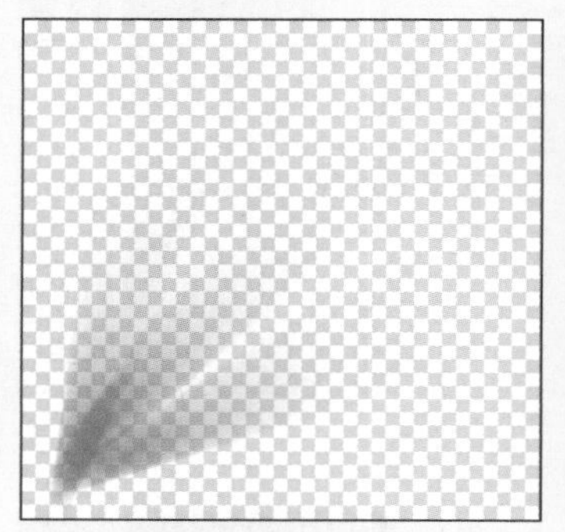

56 改变图层的不透明度

选择图层4，设置该图层的“不透明度”为50%，使效果更和谐。

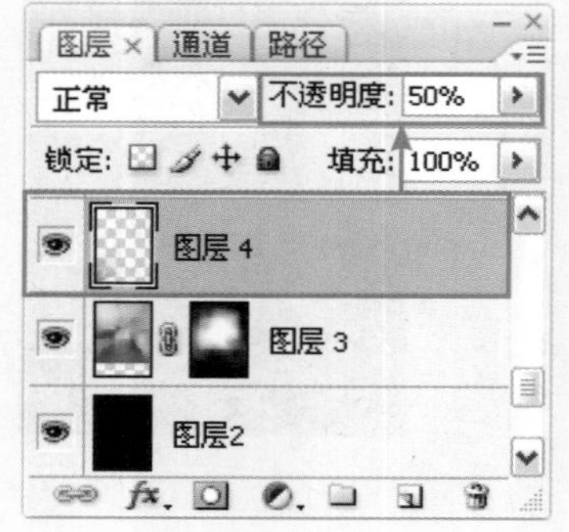

57 拖入素材

单击图层面板下面的“创建新组”按钮，并重命名为“素材”。将刚才制作好的水晶球拖入文件中，分别得到图层5和图层6。

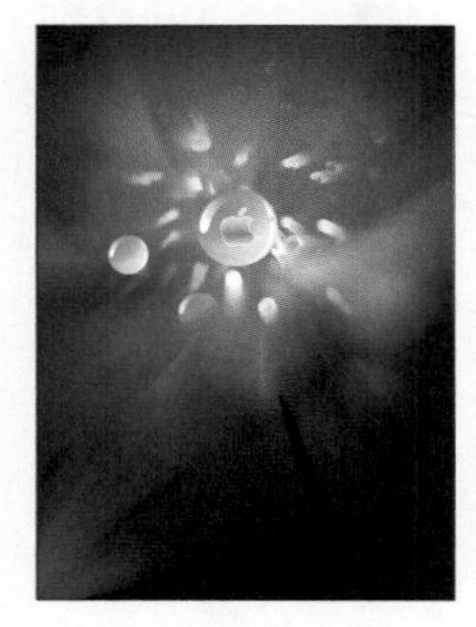

58 添加图层蒙版

适当复制图层6，得到图层6副本2。单击“添加图层蒙版”按钮，设置前景色为黑色，然后单击画笔工具，并设置画笔的“不透明度”为75%，在图层蒙版上涂抹，得到渐隐的效果。

59 复制图层

适当复制图层6，然后单击移动工具，按下快捷键Ctrl+T，适当调整大小，放在合适的位置。

60 复制图层并调整

适当复制图层6，然后设置一些图层的“不透明度”为35%。使背景效果更和谐。

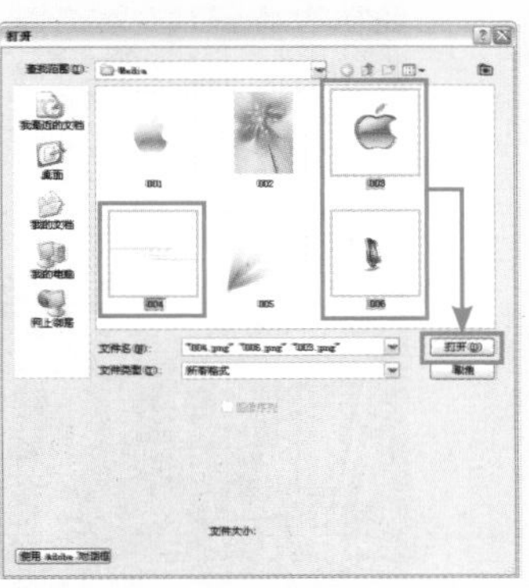

61 拖入素材

按快捷键Ctrl+O，按住Ctrl键，选择本书配套光盘中素材与源文件\Chapter6\01电脑杂志广告\Media\003.png、004.png、006.png文件，单击“打开”按钮打开素材文件。并拖入文件中，分别得到图层7、图层8和图层9。

62 添加图层蒙版

选择图层9，单击"添加图层蒙版"按钮，设置前景色为灰色，单击矩形选框工具，分别在图层蒙版里创建矩形选区。然后按下快捷键Alt+Delete，填充，得到渐隐的和谐效果。

63 添加文字

单击横排文字工具，设置颜色为白色，输入中文文字。完成后，单击移动工具，适当改变大小，放在合适位置。

64 添加中文文字

单击横排文字工具，设置颜色为白色，输入中文文字。完成后，单击移动工具，适当改变大小，放在合适位置。

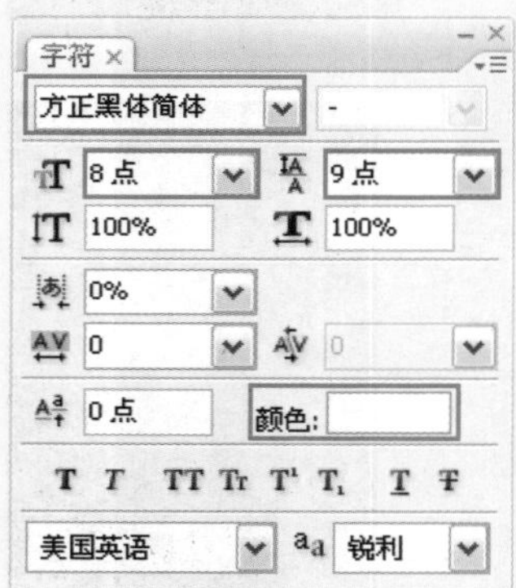

65 添加中文文字

单击横排文字工具，设置颜色为白色，可以根据具体情况，添加其他文字。

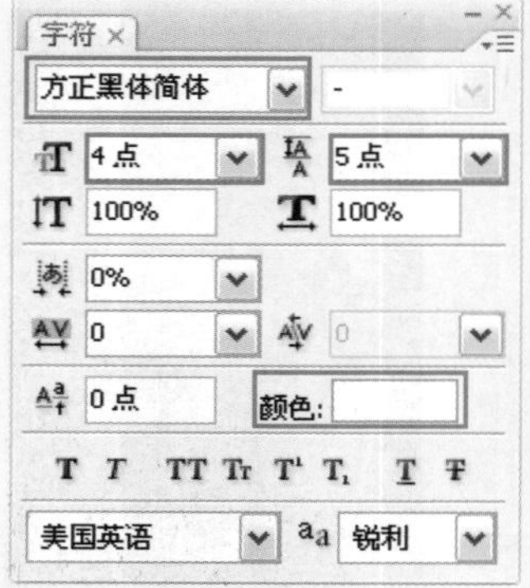

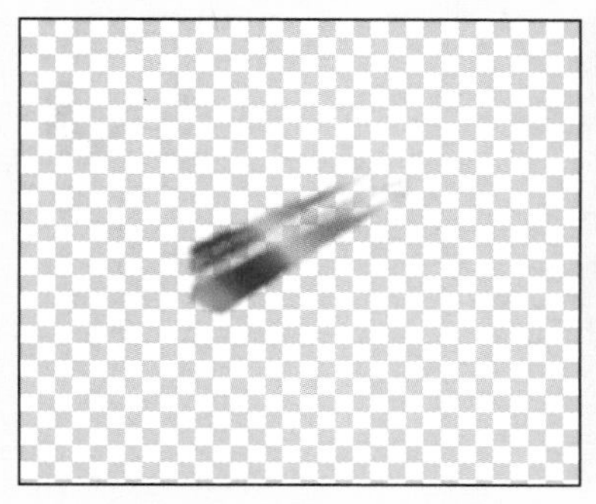

66 拖入素材

执行“文件>打开”命令，在弹出的对话框中，选择本书配套光盘中素材与源文件\Chapter6\01电脑杂志广告\Media\007.png文件，单击“打开”按钮打开素材文件。拖入文件中，得到图层10。

67 创建小元素完成制作

新建图层11，设置前景色为白色。单击矩形选框工具，创建一个小矩形选区。按下快捷键Alt+Delete，填充白色，然后按下快捷键Ctrl+T，适当改变大小，放在合适位置。本实例完成。

6.4 电脑户外广告

文件路径 素材与源文件\Chapter6\02电脑户外广告\Complete\电脑户外广告.psd

实例说明 本实例主要运用了滤镜工具，图层的不透明度，路径工具等。通过色彩的合理搭配以及空间的合理运用，达到时尚梦幻的户外广告效果。

技法表现 运用层层递进的方法，体现空间的立体感。图层的不同透明度，表现了空间的和谐感。

难度指数 ★★★★★

01 新建文件

执行"文件>新建"命令，弹出"新建"对话框，在对话框中设置"宽度"为7.25厘米，"高度"为10厘米，"分辨率"为300像素/英寸，单击"确定"按钮。

02 填充背景颜色

设置前景为紫色，然后按下快捷键Alt+Delete，填充颜色。

03 使用云彩滤镜

新建图层1。设置前景色为粉红色，背景色为白色。单击矩形选框工具，创建一个矩形选区。然后执行"滤镜>渲染>云彩"命令，得到云彩的渲染效果。重复按下2～3次快捷键Ctrl+F，使用该滤镜，使效果更和谐。最后保留选区。

04 使用纤维滤镜

选择图层1。执行"滤镜>渲染>纤维"命令，设置"差异"为20，"强度"为10，然后单击"确定"按钮，得到纤维的效果。最后按下快捷键Ctrl+D，取消选区。

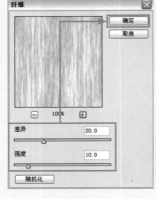

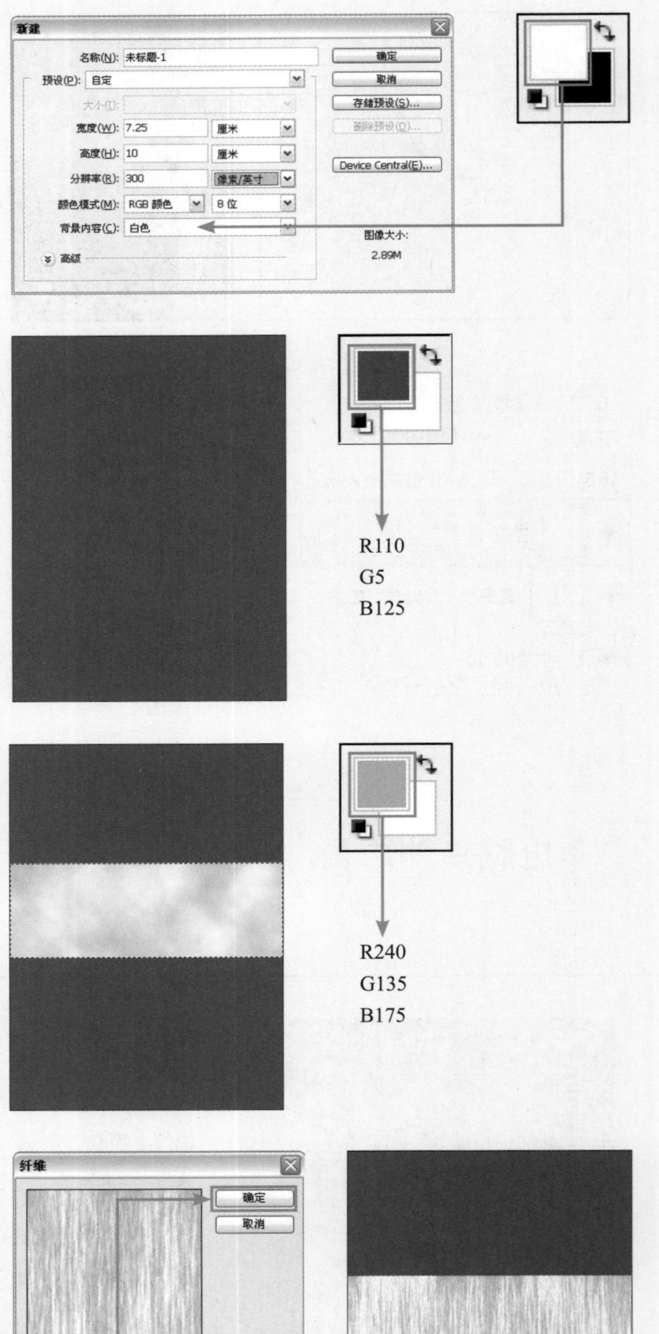

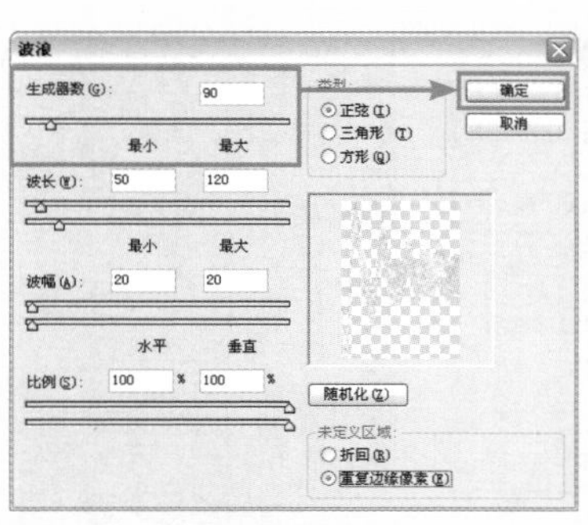
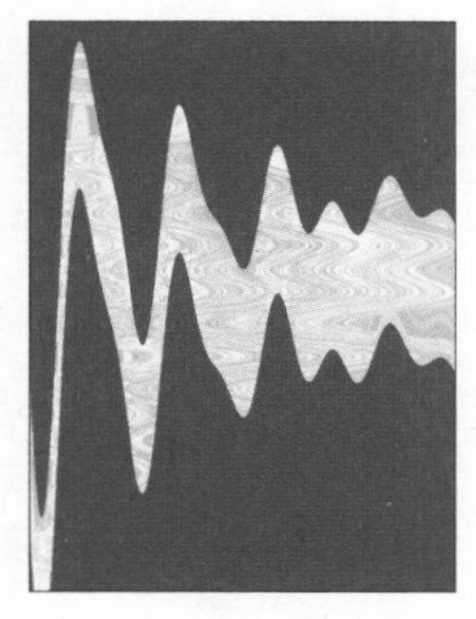

05 使用波浪滤镜

选择图层1。执行"滤镜>扭曲>波浪"命令，设置好参数后，单击"确定"按钮。得到波浪的效果。

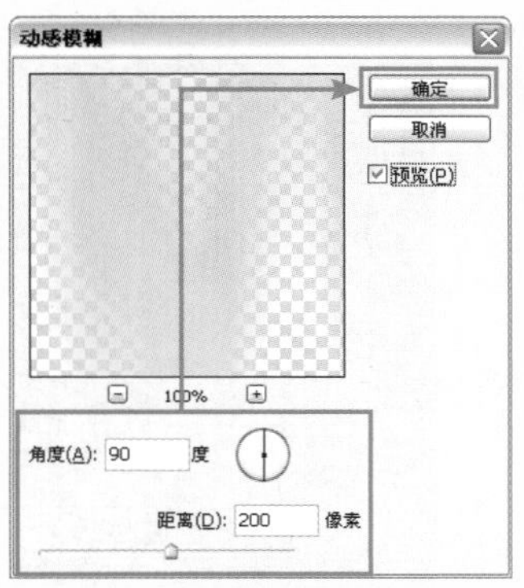

06 动感模糊

选择图层1。执行"滤镜>模糊>动感模糊"命令，设置"角度"为90度，"距离"为200像素，单击"确定"按钮。重复按下3～4次快捷键Ctrl+F，使用该滤镜，使效果更和谐。

07 调整图层

选择图层1，单击移动工具，按下快捷键Ctrl+T，适当调整图层大小，放在适当位置，按下Enter键来确定。最后设置该图层的"不透明度"为65%，使效果更和谐。

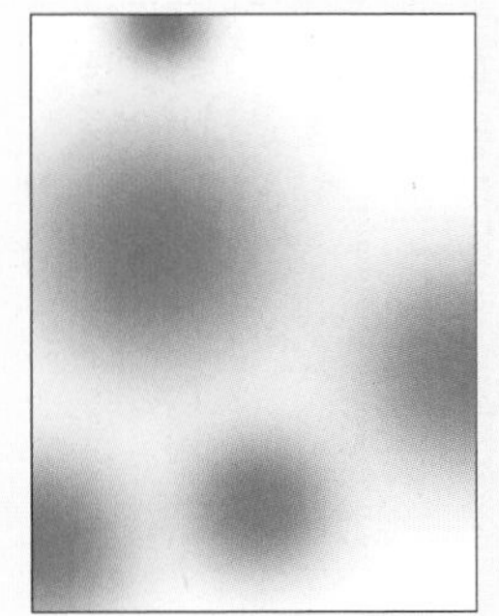
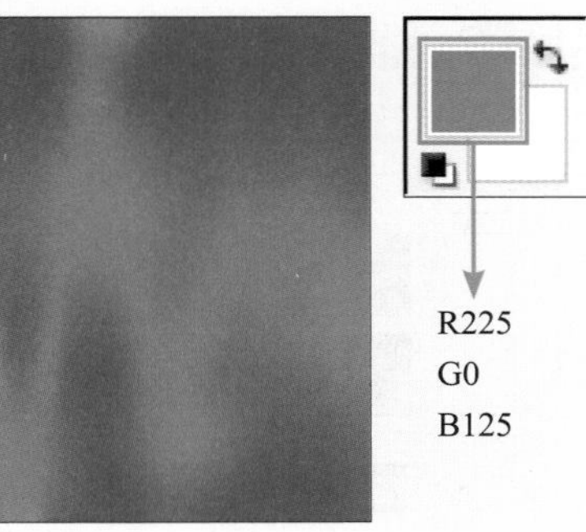

R225
G0
B125

08 使用画笔工具

新建图层2。设置前景色为红色。然后单击画笔工具，设置好参数后，在图层2上单击鼠标，创建几个圆。

专家支招：在创建圆时，注意改变画笔大小，使画面更协调。

09 改变图层混合模式

选择图层2，设置该图层的混合模式为“柔光”，得到更自然的加亮效果。

10 打开素材并拖入文件

执行“文件>打开”命令，弹出对话框，按住Ctrl键选择本书配套光盘中素材与源文件\Chapter6\02电脑户外广告\Media\001.png、002.png、003.png、004.png、005.png文件，单击“打开”按钮打开素材文件。将素材001拖入文件中，得到图层3。

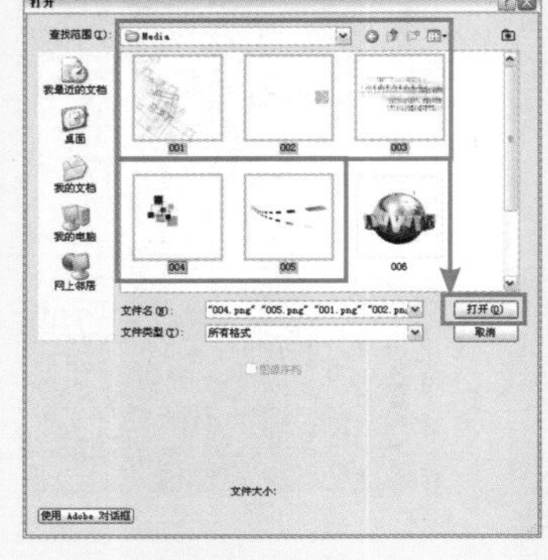

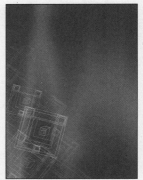

11 添加图层蒙版

选择图层3，单击“添加图层蒙版”按钮，然后单击渐变工具，使用默认的黑色到白色渐变，在图层蒙版中，从左下角到右上角拖动鼠标，得到渐隐的效果。

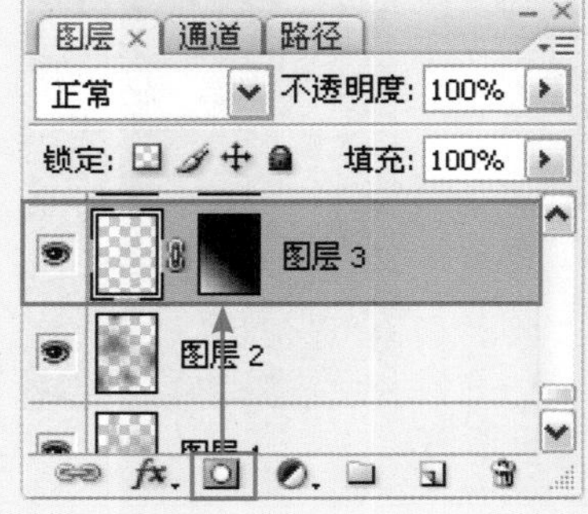

12 复制图层并调整

选择图层3，按下快捷键Ctrl+J，复制图层3，得到图层3副本。然后单击移动工具，适当调整大小，放在合适位置。

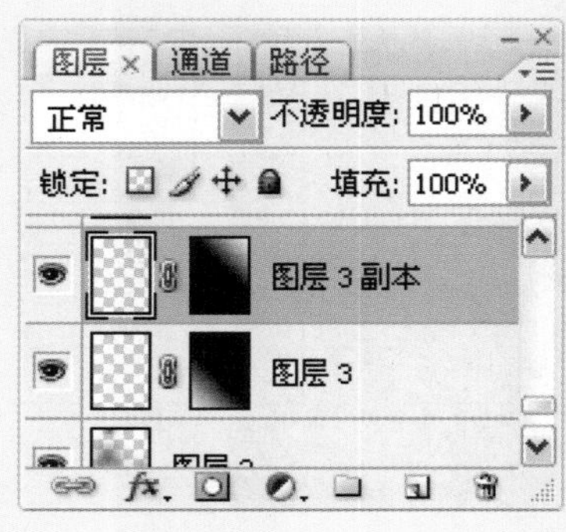

13 分别拖入素材并调整

将素材002.png、003.png、004.png拖入文件中，分别得到图层4，图层5以及图层6，适当复制图层，放在合适位置。并选择一些副本适当调整不透明度，得到更协调的空间效果。

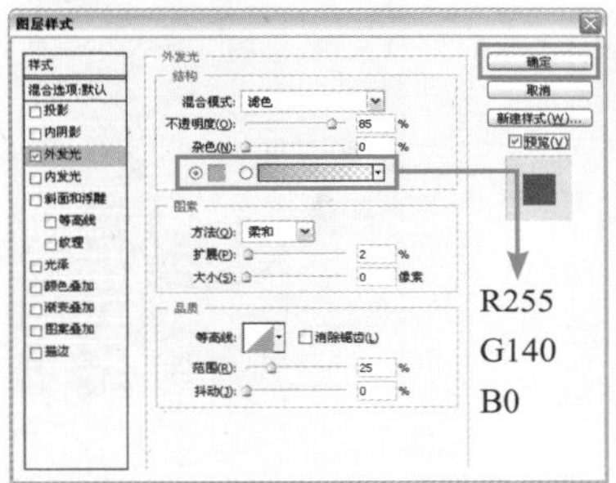

14 拖入素材并调整

将素材005.png拖入文件中，放在适当位置，得到图层7，然后单击图层面板下面的“添加图层样式”按钮，在弹出的快捷菜单中选择“外发光”。然后，单击“确定”按钮。得到外发光效果。

15 复制图层并调整

按下快捷键Ctrl+J，复制图层7，得到图层7副本。然后单击移动工具，按下快捷键Ctrl+T，适当调整大小，放在合适位置。最后按下Enter键来确定。

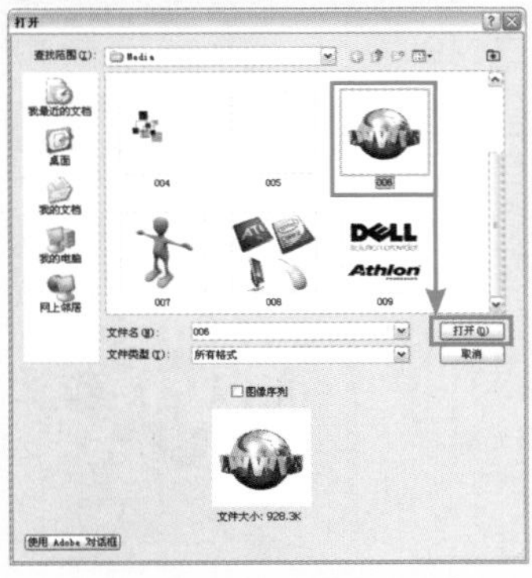

16 打开素材并拖入文件

执行“文件>打开”命令，在弹出的对话框中，选择本书配套光盘中素材与源文件\Chapter6\02电脑户外广告\Media\006.png文件，单击“打开”按钮打开素材文件。将该素材拖入文件中，得到图层8。

17 调整色相饱和度

选择图层8，“创建新的填充或调整图层”按钮，在弹出的快捷菜单中选择“色相/饱和度”命令。设置“色相”为–180，“饱和度”为–100，然后单击“确定”按钮。最后按下快捷键Alt+Ctrl+G，创建图层剪贴蒙版。

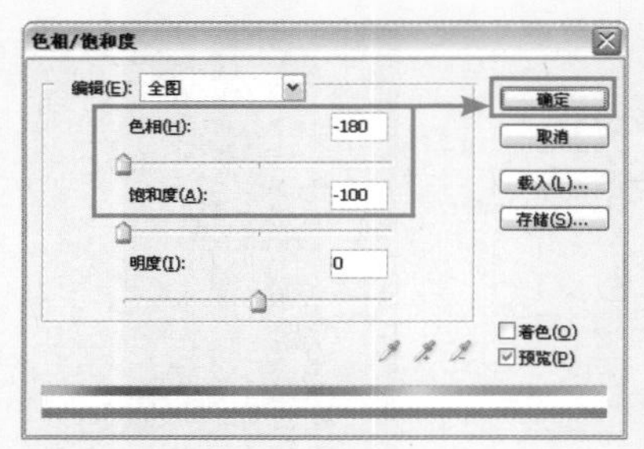

18 调整曲线

选择图层8，“创建新的填充或调整图层”按钮，在弹出的对话框中选择“曲线”命令。设置好参数后，单击“确定”按钮，使整个画面明亮起来。

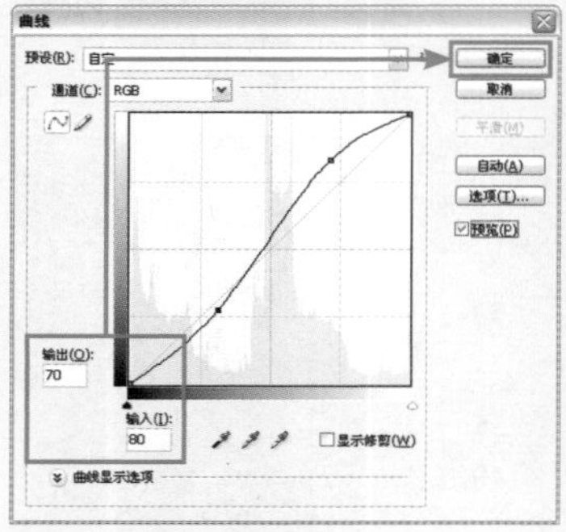

19 创建路径并填充

选择路径面板，单击“创建新路径”按钮，得到路径1，然后单击椭圆工具，在属性面板中单击“路径”按钮和“从路径区域减去”按钮，创建两个椭圆路径，新建图层9，并设置前景色为白色，然后单击“用前景色填充路径”按钮，得到白色的圆圈。

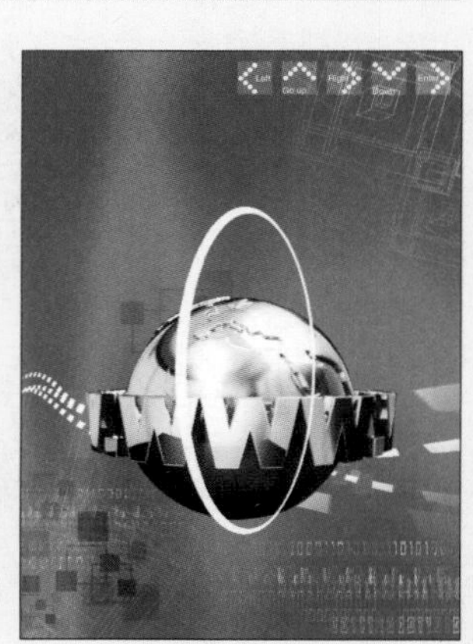

20 添加图层样式

选择图层9，单击“添加图层样式”按钮，在弹出的快捷菜单中选择“外发光”命令。设置好参数后，单击“确定”按钮。得到外发光的效果。

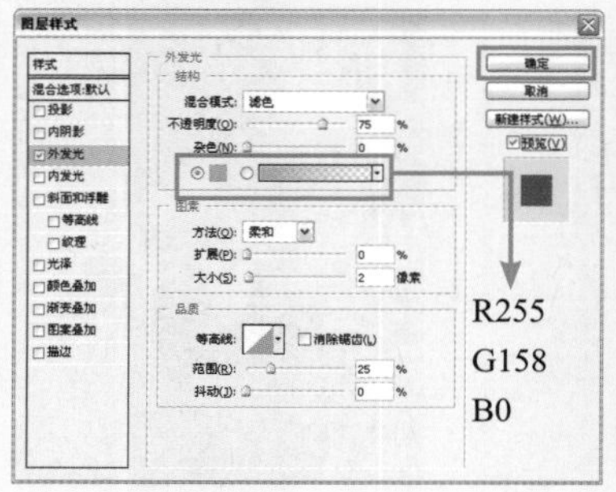

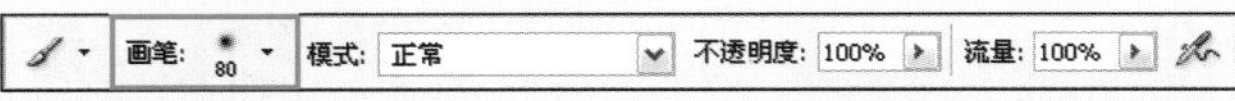

21 添加图层蒙版

选择图层9，单击图层面板下面的“添加图层蒙版”按钮，然后单击画笔工具，根据实际情况在图层蒙版里涂抹，得到渐隐的效果。最后按下快捷键Ctrl+T，适当改变大小和方向，放在合适位置。

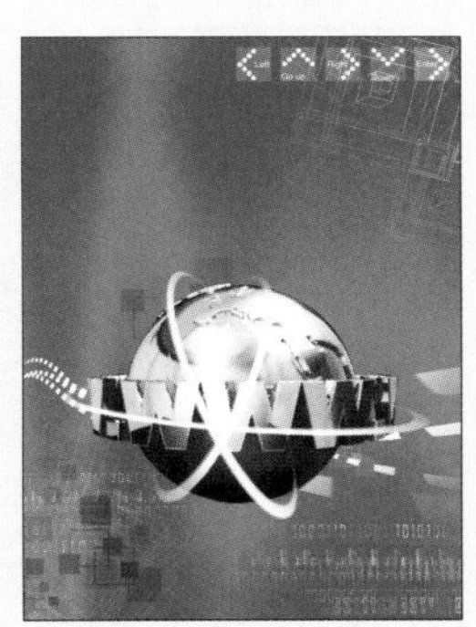

22 复制图层并调整

复制一定数量图层9，单击移动工具，适当改变大小和方向，放在合适位置。这里编者复制了两个副本。读者朋友可以根据具体情况进行复制调整。

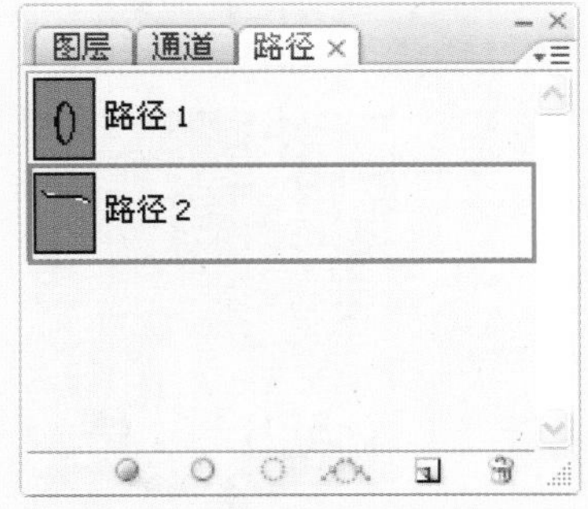

23 创建曲线路径

选择路径面板，单击“创建新路径”按钮，得到路径2。然后单击钢笔工具，绘制一条曲线路径。

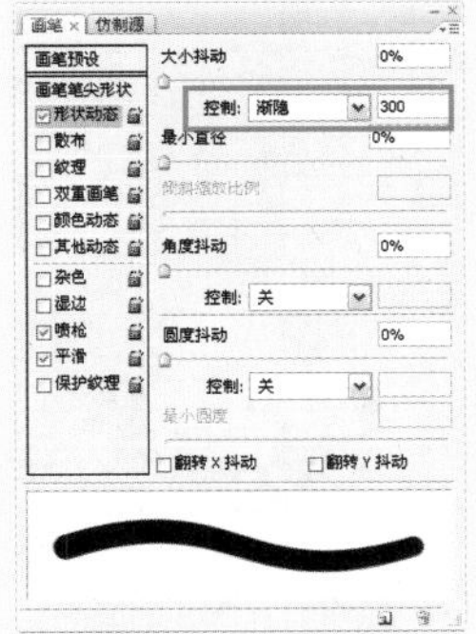

24 画笔描边路径

新建图层10，设置前景色为白色。单击画笔工具，设置好参数后，选择路径面板，单击下面的“用画笔描边路径”按钮，得到白色的曲线。

25 复制图层样式并调整

选择图层9，右击鼠标，在弹出的快捷对话框中选择“拷贝图层样式”，然后选择图层10，右击鼠标，在弹出的快捷对话框中选择“粘贴图层样式”，得到外发光效果。最后添加图层蒙版，使用画笔工具涂抹，使效果更自然。

26 创建发光点效果

新建图层11，设置前景色为白色，单击画笔工具，设置好参数后，在图层11上单击鼠标，创建一个圆，然后复制图层9的图层样式，得到外发光的效果。完成发光点的制作。

27 复制图层并调整

适当复制图层11，然后单击移动工具，按下快捷键Ctrl+T，适当调整大小，放在适当位置。读者可以根据具体情况进行调整，画面效果和谐就好。

28 改变图层不透明度

选择一些发光点所在的图层，适当调整图层“不透明度”，使整体效果更和谐美观。

29 拖入素材并调整

按下快捷键Ctrl+O，选择本书配套光盘中素材与源文件\Chapter6\02电脑户外广告\Media\007.png文件，单击“打开”按钮打开素材文件。将该素材拖入文件中，放在适当位置，得到图层12。

R255、G158、B10

30 调整素材颜色

新建图层13，设置前景色为橙色，按下快捷键Alt+Delete填充前景色，然后按下快捷键Alt+Ctrl+G，创建图层12的剪贴蒙版。最后设置该图层的混合模式为“颜色”模式。

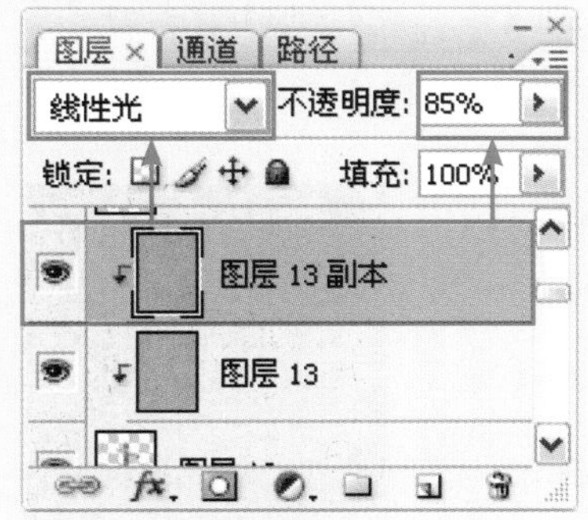

31 调整素材亮度

按下快捷键Ctrl+J，得到图层13副本。同理再按下快捷键Alt+Ctrl+G，创建图层12的剪贴蒙版。最后设置该图层的混合模式为“线性光”，“不透明度”为85%，得到自然的加亮效果。

32 创建阴影

新建图层14，设置前景色为黑色，单击椭圆选框工具，设置“羽化”为30px，创建一个椭圆选区。然后按下快捷键Alt+Delete，将选区填充为黑色，最后取消选区。

33 复制并调整图层

将图层14移动到图层11副本7的上面。单击移动工具，适当调整大小，放在合适位置。并设置图层的“不透明度”为85%。最后复制该图层，得到图层14副本，放在合适位置，得到人物的阴影。

34 创建圆形路径

选择路径面板，新建路径3，单击椭圆工具，在属性面板中单击“路径”按钮，创建4个圆形路径。

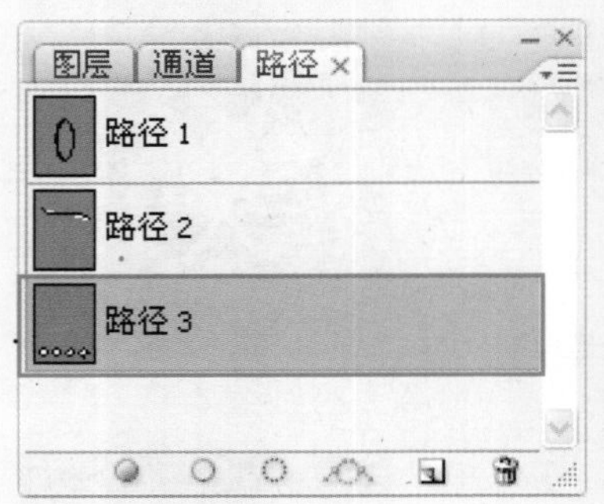

35 新建通道并填充

选择通道面板，单击“创建新通道”按钮，得到Alpha1。设置前景色为白色。然后回到路径面板，选择路径3，单击“用前景色填充路径”按钮。

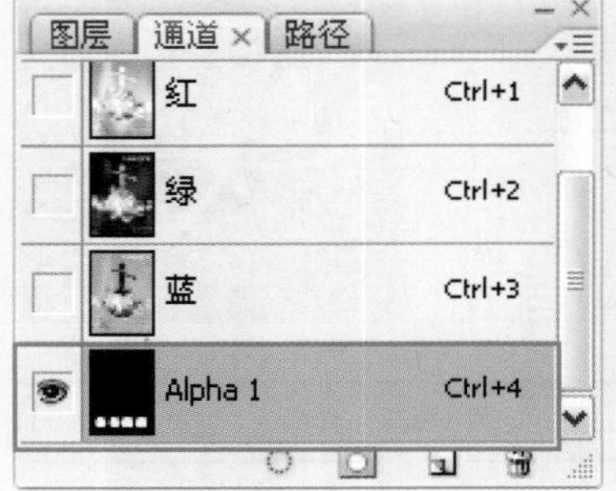

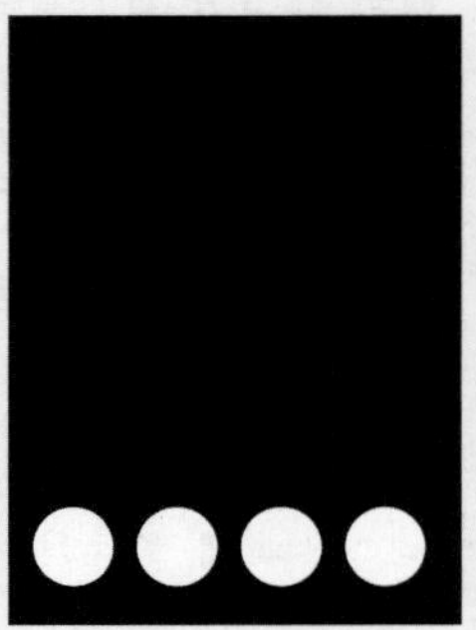

36 使用彩色半调滤镜

选择Alpha1，执行“滤镜>像素化>彩色半调”命令，设置“最大半径”为10像素，然后单击“确定”按钮。

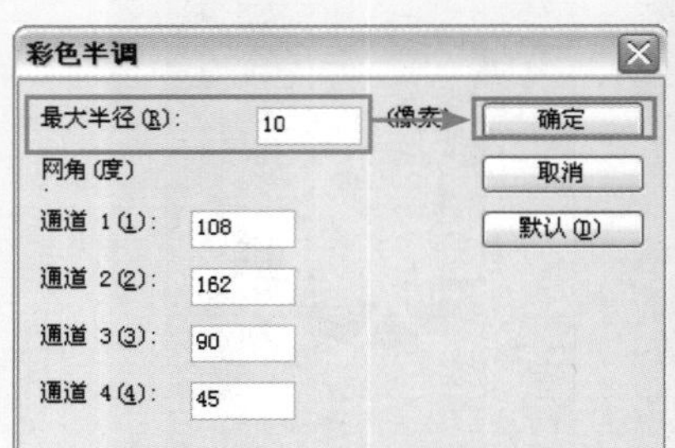

37 载入选区并填充

单击通道面板中的“将通道作为选区载入”按钮 ，得到Alpha1的选区。然后回到图层面板，新建图层15，设置好前景色，按下快捷键Alt+Delete，填充选区。取消选区后，按下快捷键Ctrl+T，适当调整大小，放在合适位置。

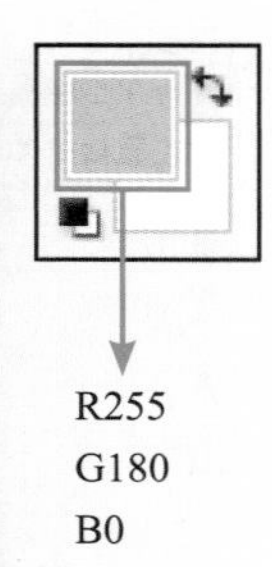

38 打开素材并拖入文件

按下快捷键Ctrl+O，选择本书配套光盘中素材与源文件\Chapter6\02电脑户外广告\Media\008.png和009.png文件，单击“打开”按钮打开素材文件。将该素材008的元素分别拖入文件中，放在适当位置，得到图层16、图层17、图层18和图层19。

39 拖入素材并调整

将素材009的标志分别拖入文件中，得到图层20和图层21。设置前景色为白色，单击“锁定透明像素”按钮 ，按下快捷键Alt+Delete，分别填充为白色。

40 添加文字

单击横排文字工具 ，在属性栏中单击“显示/隐藏字符和段落调板”按钮 ，设置好参数后，输入如图所示文字，并单独选中“e时代”设置“字体大小”为10点。最后单独选中字母“e”设置颜色为橙色。

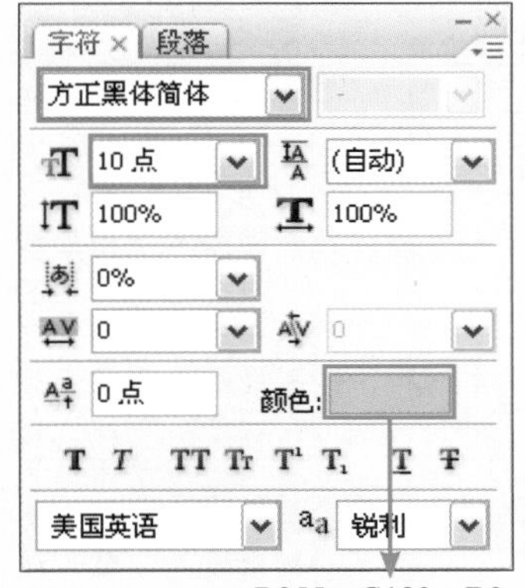

41 继续添加文字

单击横排文字工具T，在属性栏中单击“显示/隐藏字符和段落调板”按钮，设置好参数后，输入以下文字，并分别单独选中“尽在”和“中”字设置“字体大小”为8点，颜色为白色。本实例完成。

6.5 广告理论与后期运用

6.5.1 纸张的选用

纸作为印刷的主要原材料，它的性能决定印刷墨色的质量。只有性能好的纸张，才能获得较好的印品呈色效果。所以，正确认识纸张性能与印品呈色的关系，根据印刷产品、工艺条件特点，合理选择纸张进行印刷，对提高产品质量具有重要的现实意义。

新闻纸：新闻纸主要用于报纸及一些凸版书刊的印刷，纸质松软，富有弹塑性，吸墨能力较强，有一定的机械强度，能适合各种不同的高速轮转机印刷。这种纸张多以木浆为制造原料，含有较多的木质素及杂质，纸张容易发黄发脆，抗水性极差，故不易长期保存。

凸版印刷纸：这是应用于凸版印刷的专用纸张，纸的性质同新闻纸差不多，抗水性、色质纯度、纸张表面的平滑度较新闻纸略好，吸墨性较为均匀，但吸墨能力比新闻纸要差。

胶版印刷纸：胶版印刷纸是用于胶版（平版）印刷的一种纸张，又分单面胶版纸和双面胶版纸两种，单面胶版纸主要用于印制宣传画单、包装盒等；双面胶版纸主要用于印制画册、图片等。胶版纸质地紧密，伸缩性较小，抗水能力强，可以有效地防止多色套印时的纸张变形、错位、拉毛、脱粉等毛病，能给印刷品保持较好的色质纯度。

胶版涂层纸：又称为铜版纸，是在纸面上涂有一层无机涂料再经超级压光制成的一种高档纸张，纸的表面平整光滑，色纯度较高，印刷时能够得到较为细致的光洁网点，可以较好地再现原稿的层次感，广泛地应用于艺术图片、画册、商业宣传单等。

凹版印刷纸：凹版印刷纸洁白坚挺，具有良好的平滑度和耐水性，主要用于印刷钞票、邮票等质量要求高而又不易仿制的印刷品。

白板纸：白板纸是一种纤维组织较为均匀、面层具有填料和胶料成分且表面涂有一层涂料，经多辊压光制造出来的一种纸张，纸面色质纯度较高，具有较为均匀的吸墨性，有较好的耐折度，主要用于商品包装盒、商品表衬、画片挂图等。

合成纸：合成纸是利用化学原料如烯烃类再加入一些添加剂制作而成，具有质地柔软、抗拉力强、抗水性高、耐光耐冷热、并能抵抗化学物质的腐蚀又无环境污染、透气性好，广泛地用于高级艺术品、地图、画册和高档书刊等的印刷。

常用纸张效果欣赏

本章杂志广告可投放于《电脑爱好者》、《硬件DIY》、《游戏机》等数码杂志。可采用合成纸印刷。

6.5.2 数码打样与传统打样

数码打样技术是近年来印前领域热门技术之一。所谓数码打样，就是把彩色桌面系统制作的页面（或印张）数据，不经过任何形式的模拟手段，直接经彩色打印机（喷墨、激光或其他方式）输出样张，以检查印前工序的图像页面质量，为印刷工序提供参照样张，并为用户提供可以签字付印的依据。

数码打样系统能否在印前领域推广应用，除了色彩、层次、清晰度甚至网点增大率等印刷过程的特点能否再现外，主要还取决于系统的稳定性、一致性、输出速度、输出幅面大小、系统投资、耗材成本等诸多因素，人们正是据此来比较数码打样和传统打样的。

数码打印真彩色效果欣赏

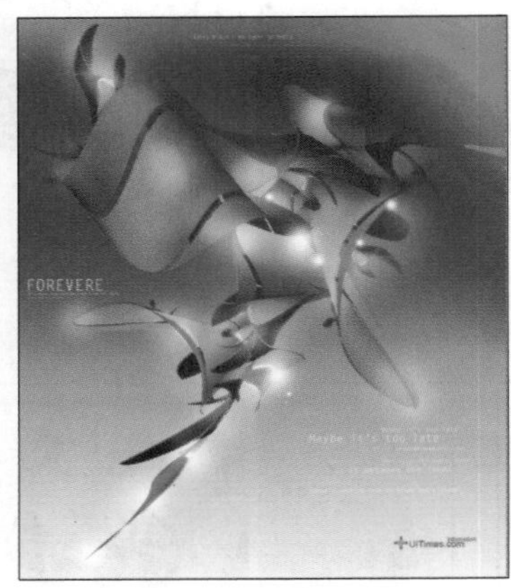

本章户外广告可应用于电脑城外、会展中心以及科技交流会，可以使用RGB喷色打样。

读 书 笔 记

时尚广告

在人们不断地享受生活的同时，也不断地寻找精神之旅。时尚、上网、旅游、运动等活动成为当今的一大热门。而时尚广告也比比皆是，不仅仅只局限于流行杂志上，街上也随处可见华丽的户外时尚广告。通过强烈的视觉冲击力，表现产品的品质和质感，给人眼官和感官的双重享受，激发人们的购买欲望。

本篇主要选择了几种目前人们狂热追求的高级女士香水、活力运动鞋以及奢华的瑞士手表，通过强烈的视觉表现力，充分表现出产品的特征。同时加入基本的策划文案、实例的详细操作步骤和后期工艺，给读者全面详尽地讲解了时尚广告的特征和制作要领。

Cartier
Overtimes
时空之外

JUST DO IT

奢华 LUXURY
MODERN REPORT
全球最奢华的礼物
LERARIO
Cristal

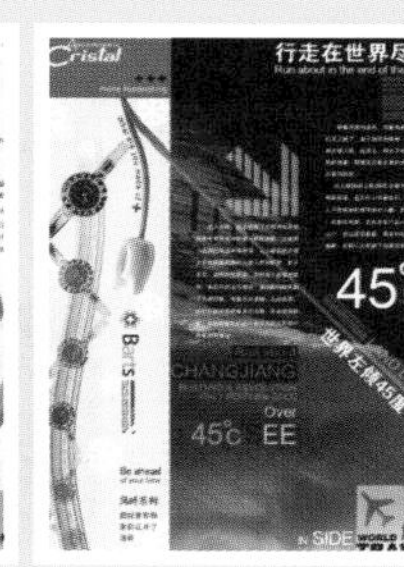
行走在世界尽头
45°c
CHANGJIANG
Cristal

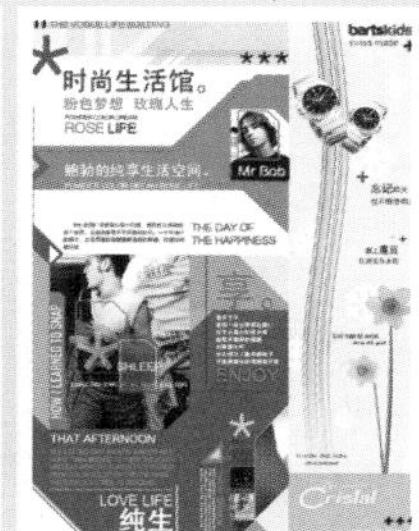
时尚生活馆。
ROSE LIFE
THE DAY OF THE HAPPINESS
THAT AFTERNOON
LOVE LIFE
纯生
Cristal

别克汽车销售服务店火热加盟中！详情请登陆别克官方网站
别克GLX3.0
BUICK
智我风尚
用速度超越未来
GLX 3.0

VW
New
Beetle
07
conversation
starter
07
大众新款甲壳虫
The New Beetle
New Beetle
new beetle
CUDA

Chapter 07 香水广告

7.1 产品广告分析

一说到香水，大家首先想到的是“浪漫”，它的美妙及奢华，它的活泼及多变，无不在诉说着“浪漫”。香水广告无疑是最能充分表现和反映香水气质、内涵的，它们往往精美绝伦，不仅仅注重本质形象、包装和广告的和谐统一，同时又散发着浓浓的浪漫情调。

目前市面的广告大多是用著名的模特和影星作为香水的代言人，往往可以提高香水的档次，同时又能在香水氛围中衬托绝色美女，给人以视觉上的强烈冲击，产生购买此款香水的强烈愿望。

下面是国际著名香水的平面广告，以供欣赏。

KENZO香水简单的画面表达最真实的感受。

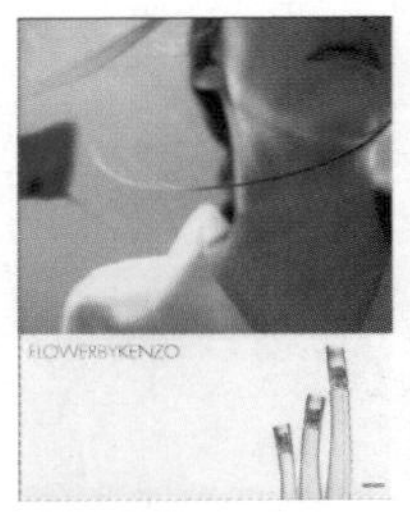

Dior香水华丽的外表体现高贵本质。

BOSS男士香水充分体现运动和香水的和谐关系。

Cacharel香水表现女性温柔一面。

7.2 本案策划方案

香水广告是一种说服的艺术，是一种说服消费者，以求改变其消费观念、习惯及行为的活动，每则广告基本上都是劝说消费者去获得某种好处或欲望的满足。

——法国广告人汤姆·福克斯《香水广告的艺术》

为了达到广告的本质，更具有说服力。因此，本章的第一个实例香水杂志广告，从正面刻画了香水的品质，渲染了华丽高贵的气氛，运用暖色调表现女人温柔的特质。整个画面烘托出一种贵族气质。

暖色调背景——►突出主体——►衬托主体——►协调关系——►醒目文字——►合理排版

本章第二个实例，香水日历的制作延续了第一个实例暖色调的风格，渲染了一个金色阳光的夏日感觉。同时强烈的时尚感也与第一个实例杂志广告形成鲜明对比。

真实背景——➤绚丽背景——➤主体对比——➤光韵渲染——➤文字添加——➤合理排版

7.3 香水杂志广告

文件路径 素材与源文件\Chapter7\01香水杂志广告\Complete\香水杂志广告.psd

实例说明 本实例主要运用了钢笔工具、渐变工具、画笔工具，加深减淡工具等，通过香水瓶的质感体现，以及背景的协调配合达到理想的效果。

技法表现 运用简单直观的手法表现高贵的效果。

难度指数 ★★★★★

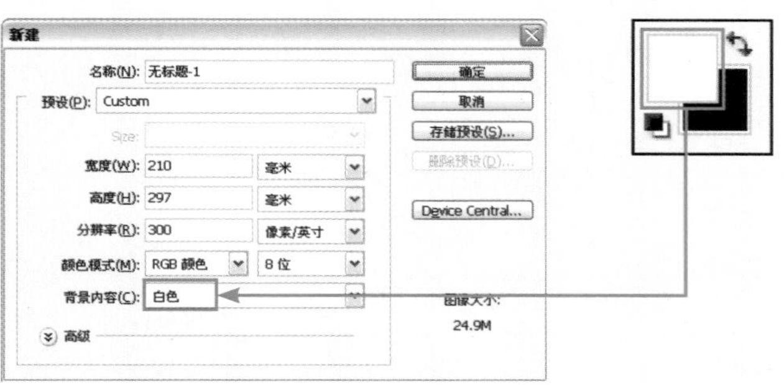

01 新建文件

首先绘制香水瓶，执行“文件>新建”命令，弹出“新建”对话框，在对话框中设置“宽度”为210毫米，“高度”为297毫米，“分辨率”为300像素/英寸。单击“确定”按钮，新建一个图像文件。

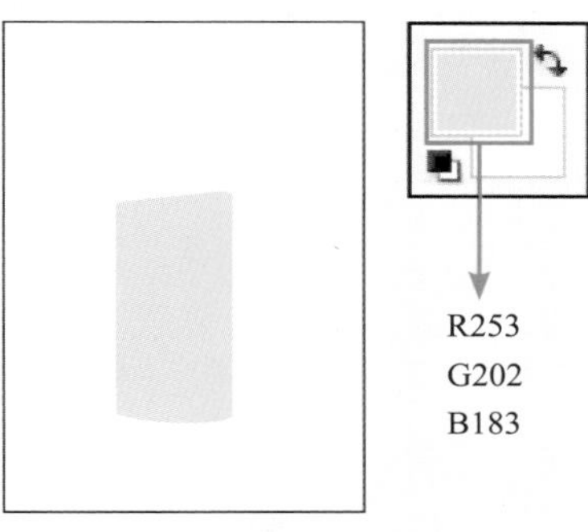

02 绘制路径并填充

单击钢笔工具，绘制一个路径。新建图层1，设置好前景色，单击“用前景色填充路径”按钮，对路径进行填充。

03 加深减淡效果

单击加深工具，设置“曝光度”为50%，适当对局部进行加深处理，增加立体感。

专家支招：按住Alt键可以在加深工具和减淡工具之间切换。

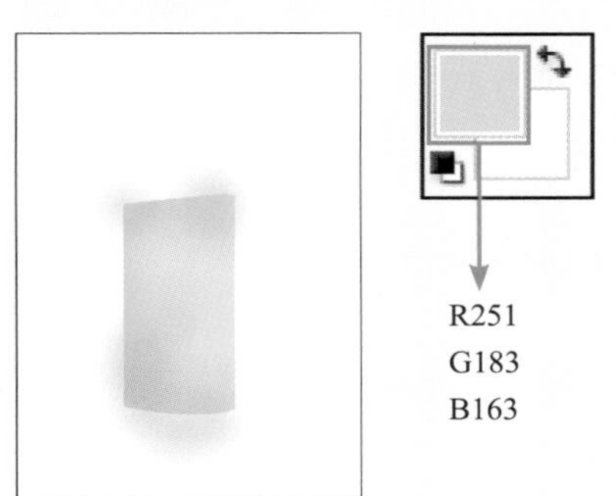

04 添加局部高光

新建图层2，单击画笔工具，设置好前景色，进行绘制。画笔大小可做适当调整。

05 创建剪贴蒙版

对图层2，执行"图层>创建剪贴蒙版"命令。

专家支招：创建剪贴蒙版的快捷键是Alt+Ctrl+G。

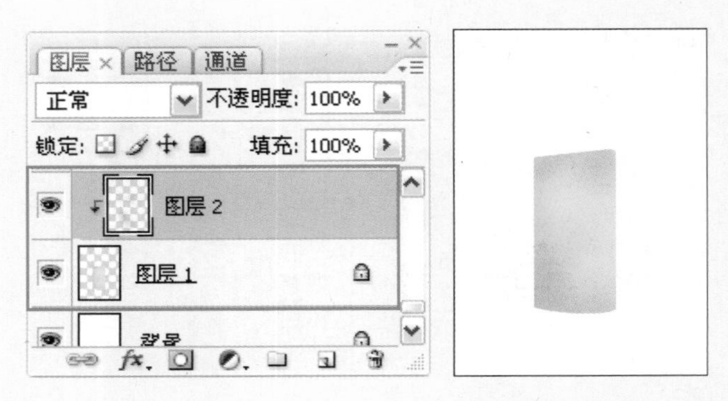

06 对选区填充渐变

单击矩形选框工具，设置"羽化"为40px，绘制一个矩形选区。然后单击渐变工具，按住Shift键，从右到左对选区进行渐变填充，填充完后取消选区。最后按住快捷键Alt+Ctrl+G，创建剪贴蒙版。

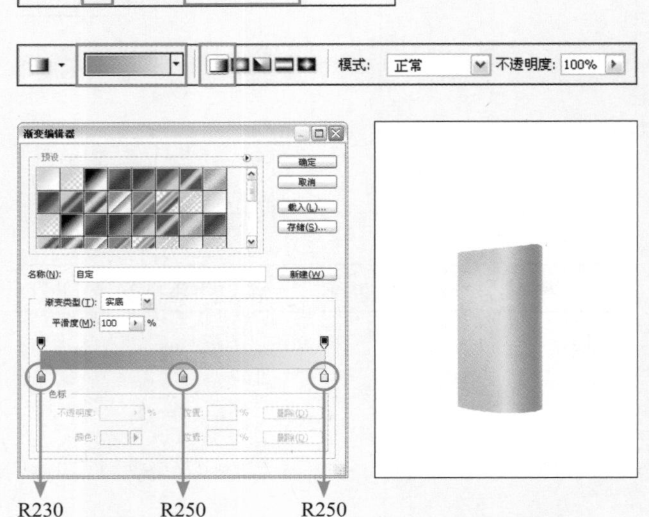

07 创建图层蒙版

选择图层3，在图层面板中，单击"添加图层蒙版"按钮，然后单击画笔工具，设置前景色为黑色，"不透明度"为75%，在图层蒙版中进行绘制。使图层3与图层1过渡自然。

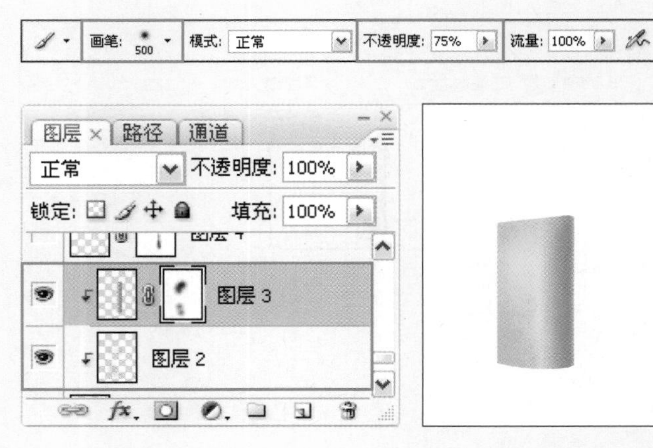

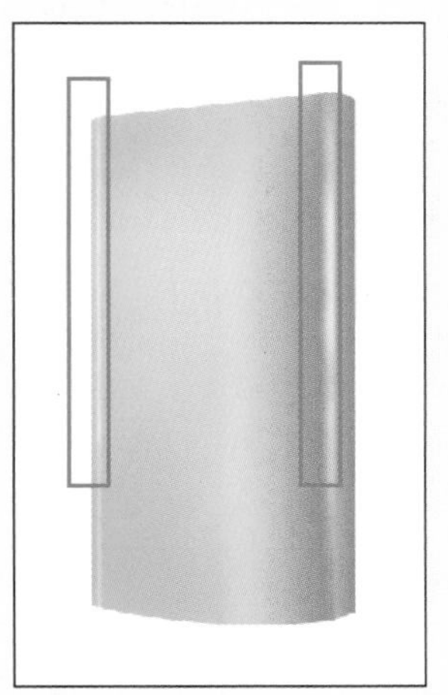

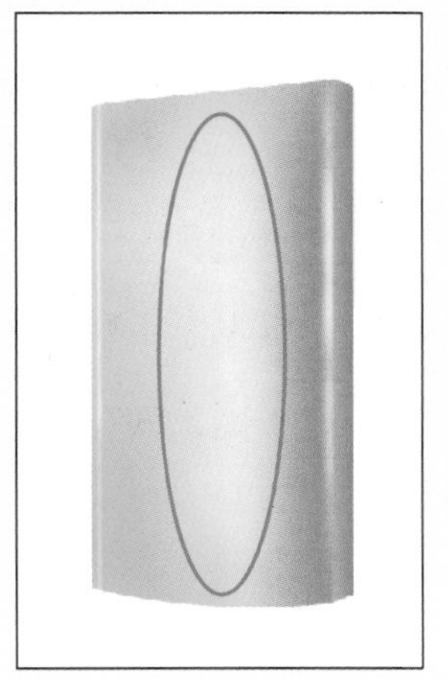

08 绘制高光部分

根据步骤6和步骤7的方法，将前景色设置为白色。绘制边缘高光和中间高光部分。分别得到图层4、图层5和图层6。

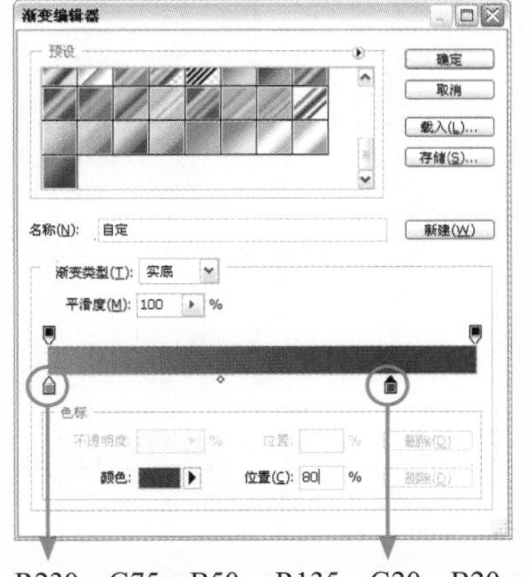

R230、G75、B50　R135、G20、B20

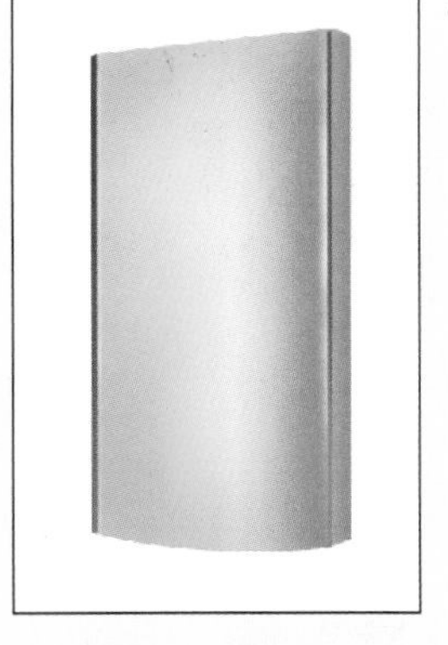

09 绘制暗部

根据上面的方法，绘制边缘暗部。这里填充暗色的渐变。分别得到图层7、图层8和图层9。

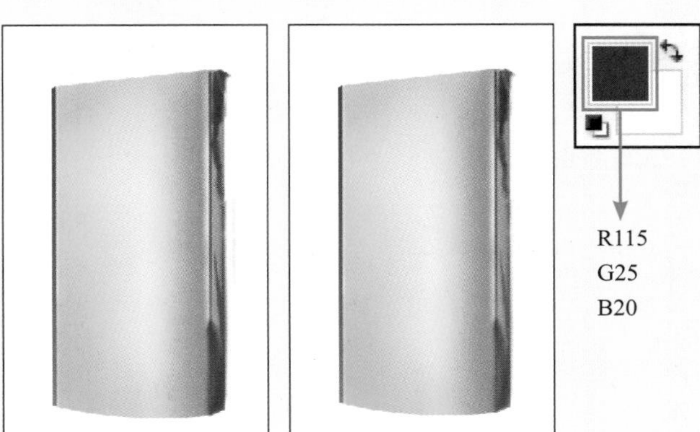

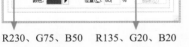

R115
G25
B20

10 绘制侧面暗部

新建图层10，单击画笔工具，设置好前景色，在侧面部分进行绘制，画笔大小根据实际情况适当改变。然后使用涂抹工具，产生自然的动感效果。最后使用加深减淡工具进行涂抹，使其产生立体感。

11 创建图层蒙版

单击钢笔工具，绘制侧面路径，然后载入选区。选择图层10，在图层面板中，单击“添加图层蒙版”按钮，得到图层10蒙版。给图层9创建同样的图层蒙版。

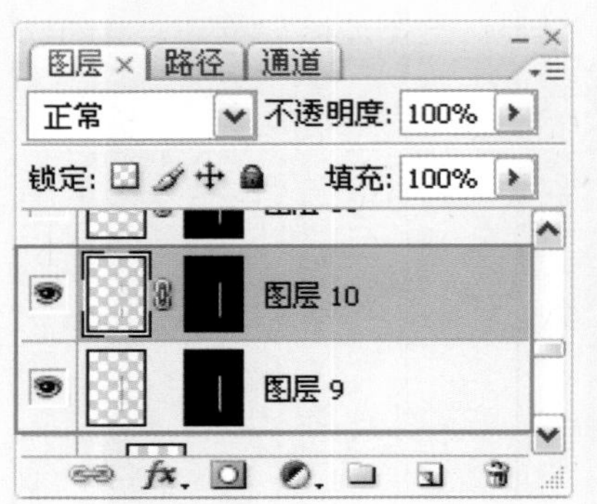

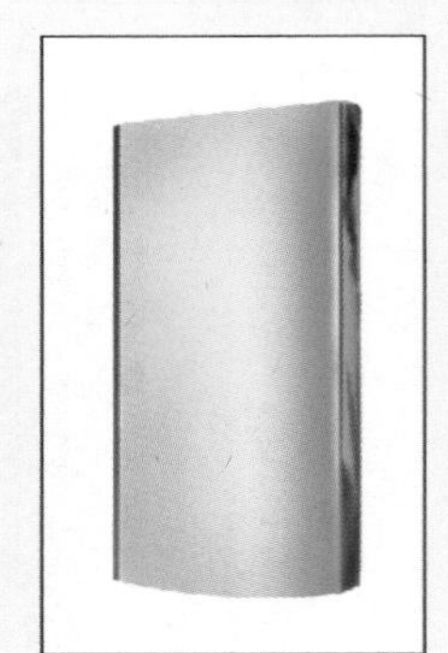

12 创建边缘高光部分

根据步骤10和步骤11的方法，将前景色设置为白色，新建图层11，创建边缘的高光部分，使立体效果更明显。

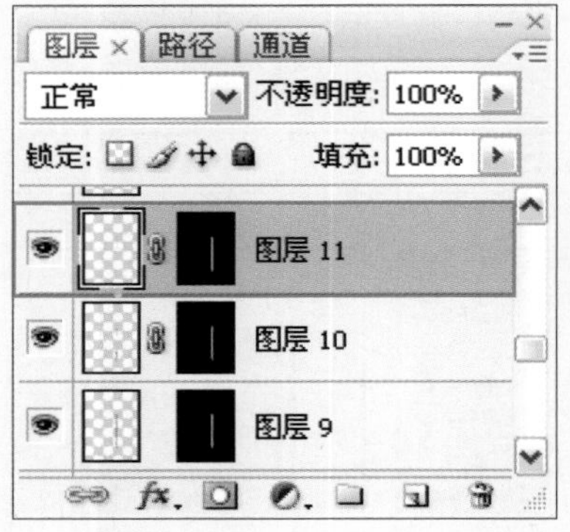

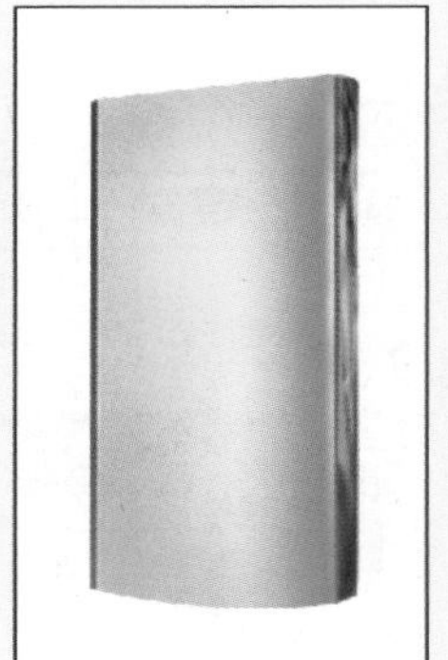

13 绘制瓶盖

根据绘制瓶身的方法，绘制瓶盖。同样先用钢笔工具勾出轮廓，新建图层12，载入选区。填充渐变。最后取消选区。

专家支招：填充渐变时按住Shift键，从右下角到左上角方向进行填充。

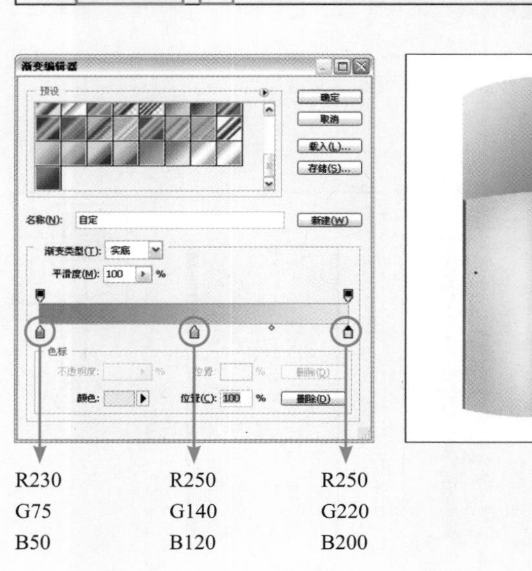

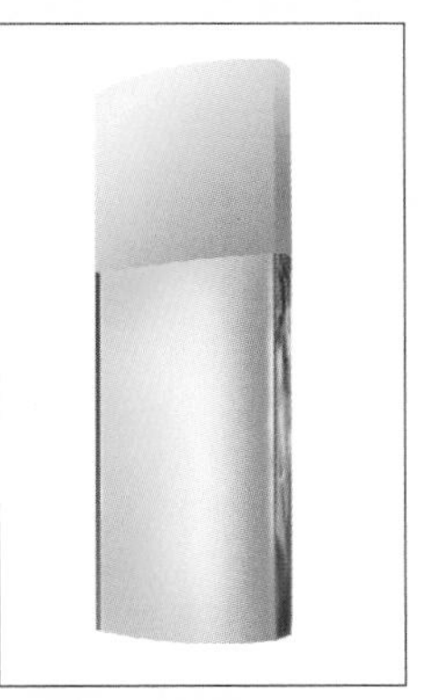

14 绘制瓶盖侧面

同理，新建图层13，绘制瓶盖侧面。在填充渐变时，按住Shift键，从下到上填充。

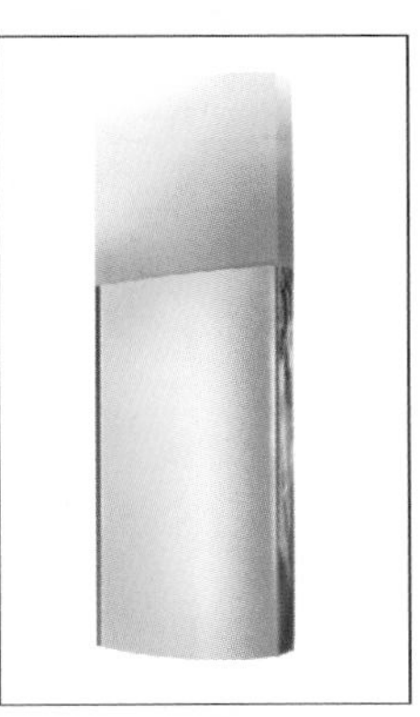

15 使用加深减淡工具

单击加深工具，对瓶盖暗部做加深处理，对高光部做减淡处理，增强瓶盖立体感。

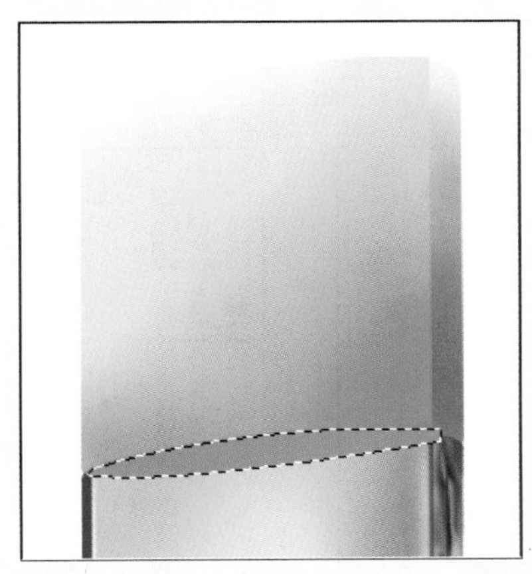
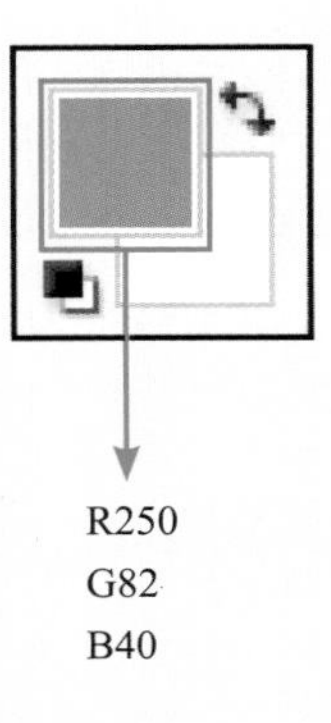
R250
G82
B40

16 填充选区

单击钢笔工具，绘制一个路径，然后单击"将路径作为选区载入"按钮，载入选区，新建图层14，设置好前景色，填充选区，并保留选区。

17 绘制暗部

新建图层15，单击画笔工具，设置好前景色，在选区内绘制暗部。"画笔大小"和"不透明度"，根据情况作适当改变。最后取消选区。

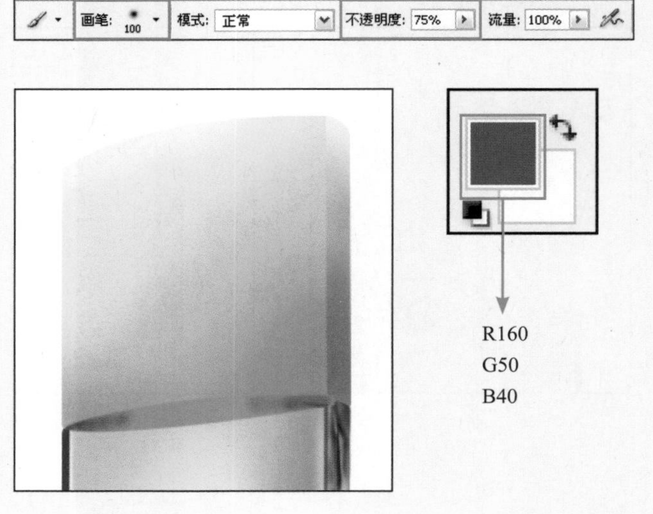

18 绘制高光部分

新建图层16单击钢笔工具，绘制曲线路径。单击画笔工具，在属性栏中设置"钢笔压力"为25%。设置前景色为白色。在路径面板中，单击"用画笔描边路径"按钮，进行描边路径绘制。

19 绘制暗部线条

根据步骤18的方法。新建图层17，设置好前景色，绘制瓶盖下方的暗部线条。

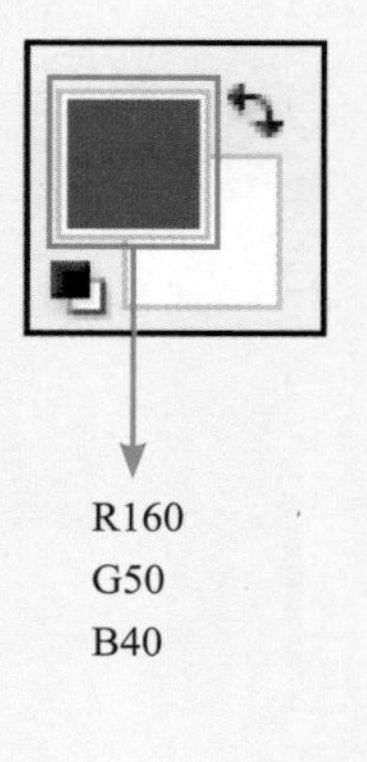

20 添加图层蒙版

选择图层16，单击"添加图层蒙版"按钮，再单击画笔工具，设置前景色为黑色，对蒙版中需要遮住多余的部分进行涂抹。"画笔大小"和"不透明度"，根据情况作适当改变。同理也在图层17添加图层蒙版。让高光和单调部分更协调。

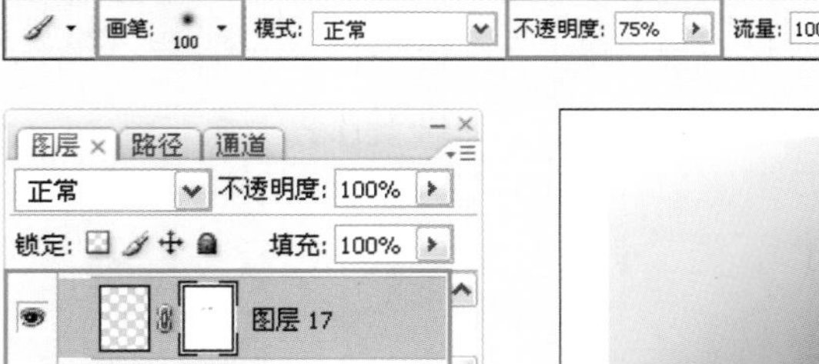

21 创建瓶底立体感

根据前面的方法，创建瓶底的立体感。这里不作强行限制。读者可根据具体情况自由发挥。

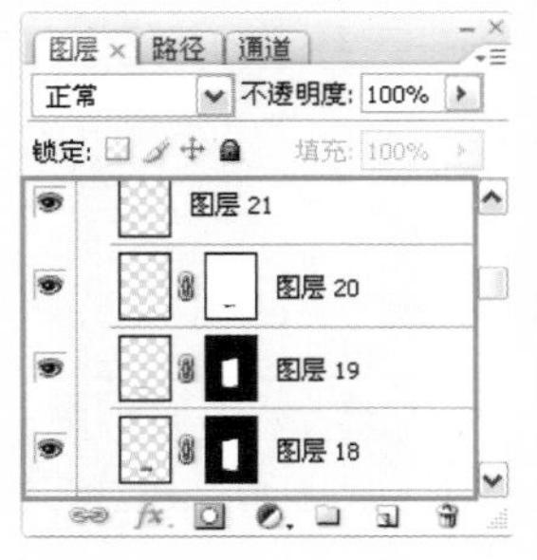

22 创建叶子

单击自定义形状工具，在属性栏中单击"路径"按钮，创建一个自定义形状路径。单击路径选择工具，适当旋转方向，放在适当位置后，载入选区，新建图层22。单击渐变工具，按住Shift键，从左上角到右下角为形状填充渐变。最后取消选区。

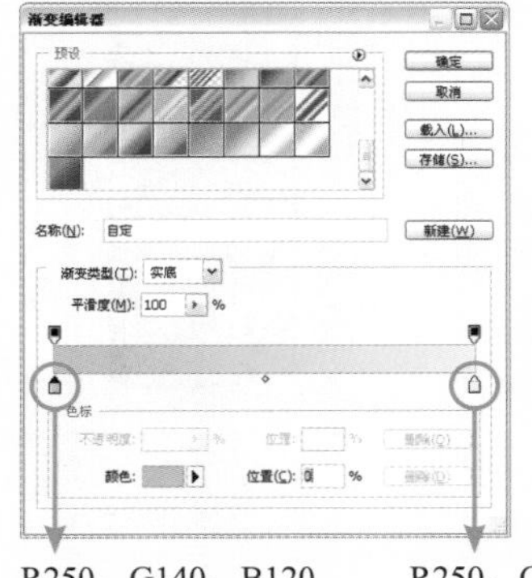

R250、G140、B120　　R250、G220、B200

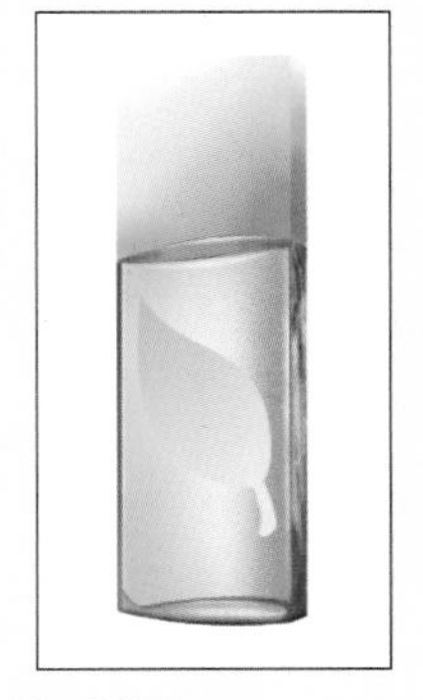

23 完善图形叶子

单击钢笔工具，绘制叶子纹路的路径，然后载入选区，选择图层22，按下Delete键，删除选区内容，并取消选区。然后单击加深工具，对局部进行加深减淡处理，增加叶子质感。

24 添加上面部分文字

单击横排文字工具T，在属性栏中单击“显示/隐藏字符和段落调板”按钮，在弹出的“字符和段落”面板中设置各项参数。设置好后在图像窗口中输入文字。

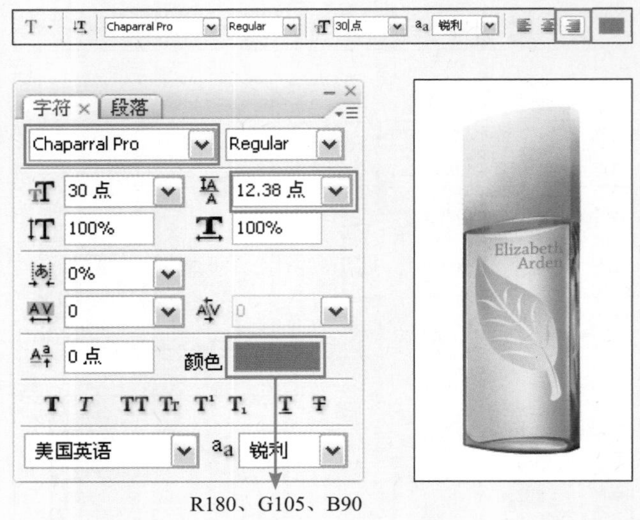

25 添加下面部分文字

单击横排文字工具T，设置好各项参数，在下面部分适当位置输入英文文字。

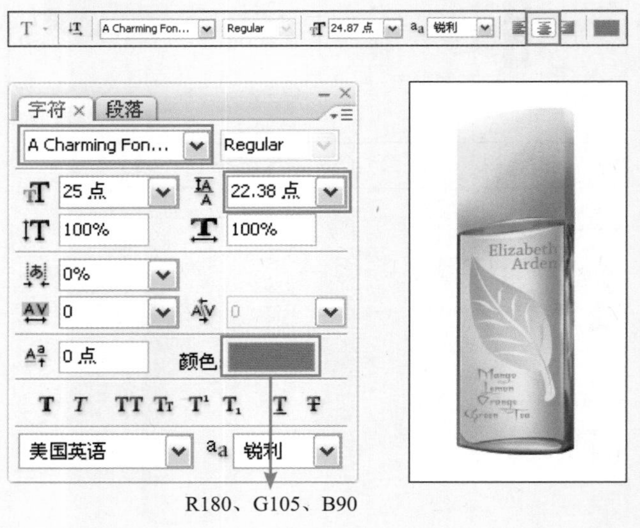

26 图层整理

单击“创建新组”按钮，重命名为“下面部分”。将属于下面部分的图层拖入该组中。用同样的方法整理好图层组“上面部分”和“底部分”。这样方便图层管理。

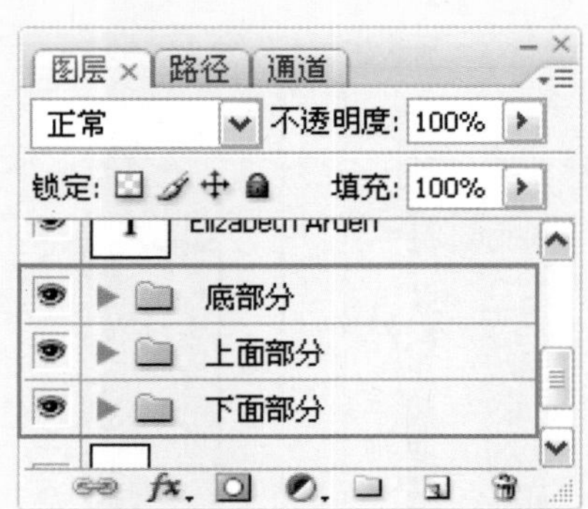

27 印章图层

单击背景图层前面的“指示图层可视性”按钮，选择最上面的文字图层，按住快捷键Shift+Ctrl+Alt+E，合并可见图层，并自动生成新图层23。完成本实例的香水瓶制作。

28 新建文件

下面来制作杂志广告，按下快捷键Ctrl+N，弹出“新建”对话框，在对话框中设置“宽度”为210毫米，“高度”为297毫米，“分辨率”为300像素/英寸，单击“确定”按钮，新建一个图像文件。

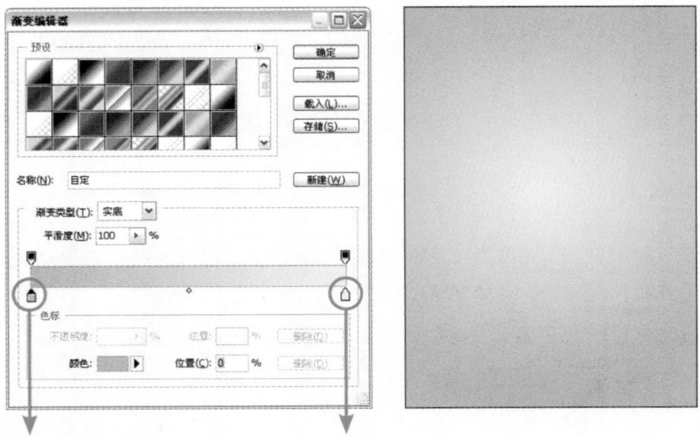

R250、G140、B120 R250、G220、B200

29 填充渐变

新建图层1，单击渐变工具，在属性栏中单击“径向渐变”按钮，设置好参数后，按住Shift键，从中间往两边进行填充。

30 局部加深

单击加深工具，适当调整画笔大小和曝光度，对图层1四周作一些加深处理，增加质感。

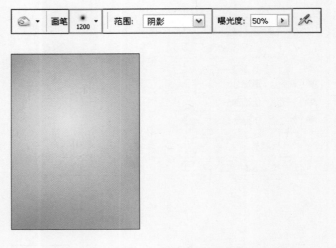

31 添加局部高光

新建图层2，单击画笔工具，设置好前景色，在中部绘制一些圆，让渐变的背景更生动。

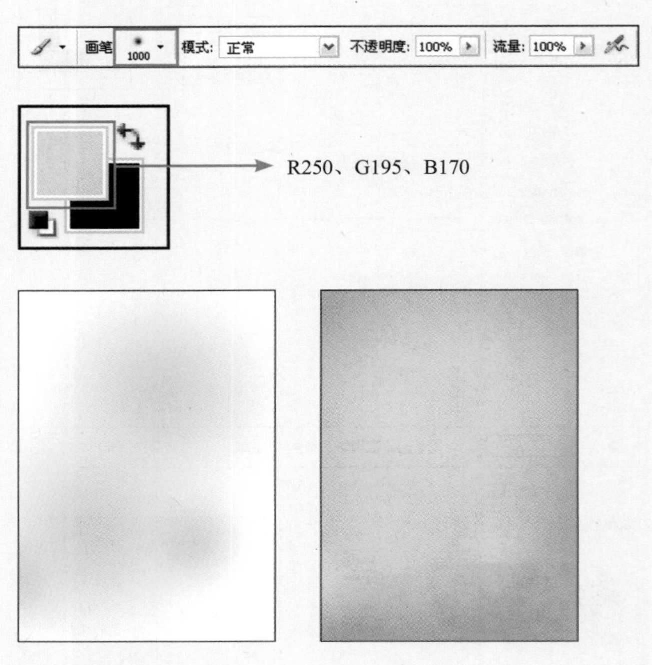

32 更改图层混合模式

选择图层2，设置其混合模式为"强光"，让高光部分更明显。

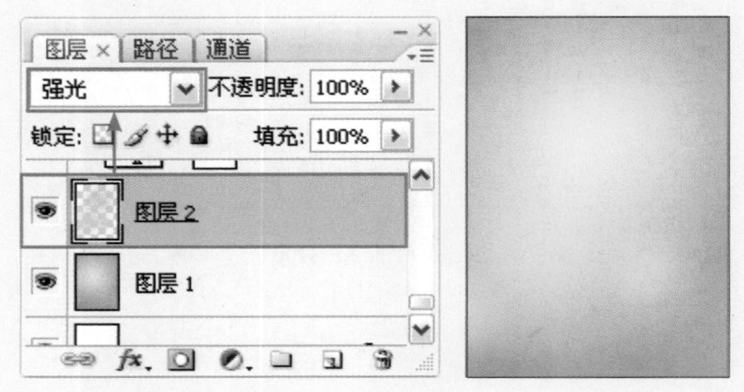

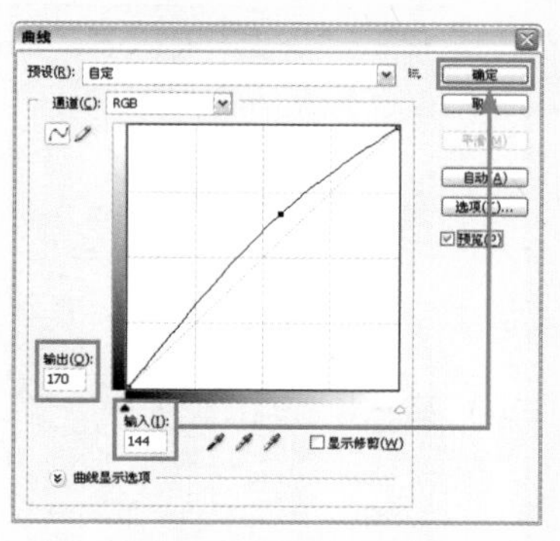

33 曲线调整

选择图层2，单击图层面板下面的"创建新的填充或调整图层"按钮，在弹出的快捷菜单中选择"曲线"，设置"输出"为170，"输入"为144，单击"确定"按钮。按下快捷键Alt+Ctrl+G，创建图层剪贴蒙版。得到高光加强的效果。

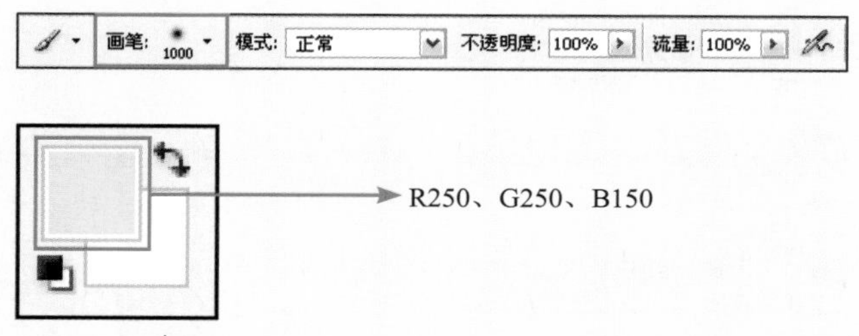

34 添加黄色高光

新建图层3，单击画笔工具，设置好前景色，在中间亮部绘制黄色高光。

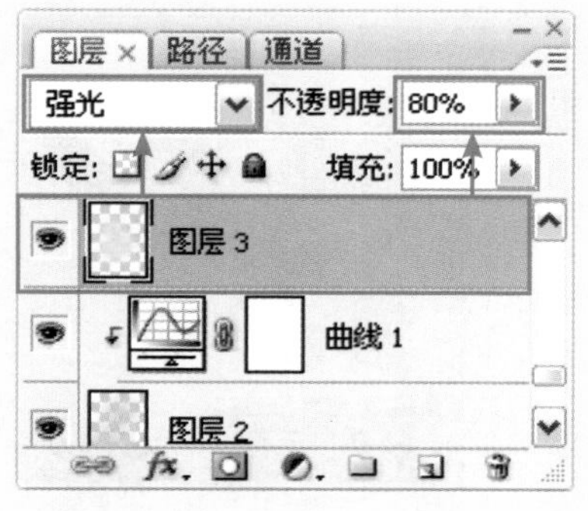

35 调整亮光部分

选择图层3，将图层的混合模式改为"强光"，并将"不透明度"设置为80%。使黄色亮光部分和背景更协调。

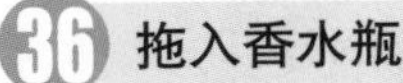

36 拖入香水瓶

单击移动工具，将刚才制作好的香水瓶拖入现在制作的文件中，放在中间位置，得到图层4。

37 创建香水瓶倒影

复制图层4，得到图层4副本，按下快捷键Ctrl+T，右击鼠标，在弹出的快捷对话框中选择“垂直翻转”，按下Enter键来确定，将它放在适当的位置，并将改图层移动到图层4的下面。

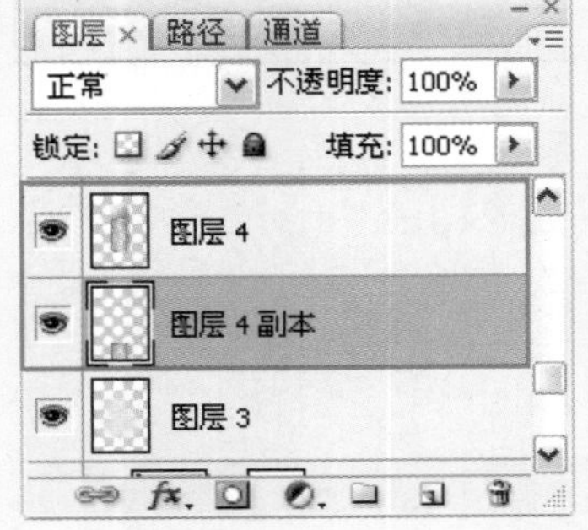

38 创建图层蒙版

选择图层4副本，单击图层面板下面的“添加图层蒙版”按钮，单击渐变工具，选择默认的黑色到白色，按住Shift键，在图层蒙版中，从下到上进行绘制。

39 打开素材

执行“文件>打开”命令，选择本书配套光盘中素材与源文件\Chapter7\01香水广告\Media\001.png文件，单击“打开”按钮打开素材文件。

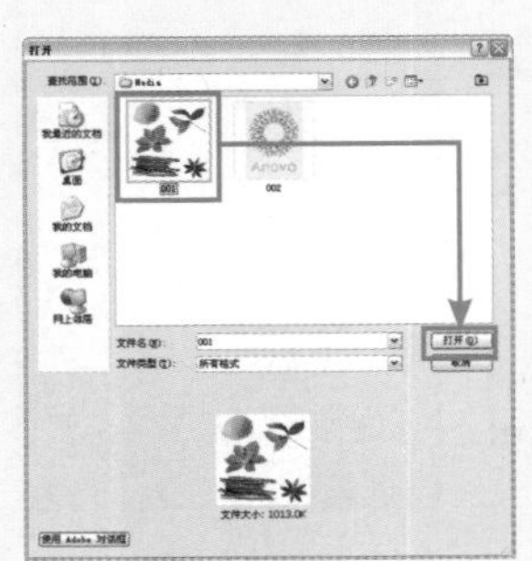

40 选择素材并拖入文件

单击多边形套索工具，沿着所需的素材边缘创建选区，然后单击移动工具，将它拖入文件中，并适当改变大小和方向，放在合适位置，得到图层5。

41 拖入其他素材

同理将其他素材拖入文件中，适当改变大小和方向，放在合适位置。得到图层6、图层7、图层8、图层9以及图层9副本。

42 创建素材倒影

单击非素材图层前面的"指示图层可视性"按钮，按下快捷键Shift+Ctrl+Alt+E，合并可见图层，并自动生成新图层10，将它放在图层5的下面，根据前面的方法创建素材的倒影。

43 输入文字

单击横排文字工具，在属性栏中单击"显示/隐藏字符和段落调板"按钮，在弹出的"字符和段落"面板中设置各项参数，颜色为白色。在图像窗口中输入文字，放置到适当位置。

44 输入其他文字

改变好字体面板设置后，再次输入文字。然后，单击移动工具，适当调整文字，放在合适位置。

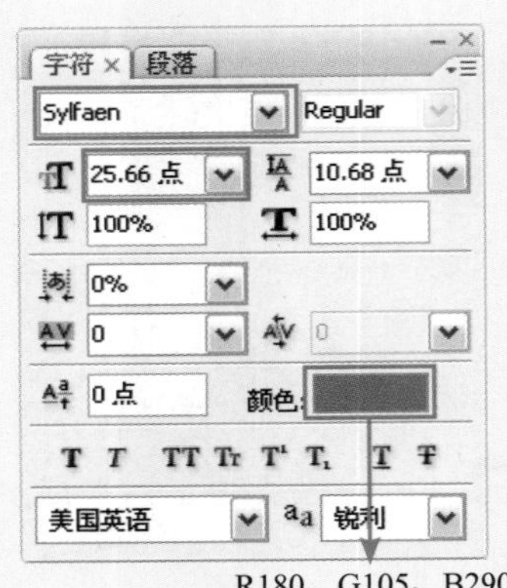

R180、G105、B290

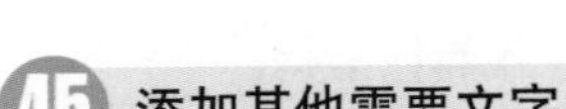

45 添加其他需要文字

这里可以根据具体情况，添加其他文字信息。

46 打开标志并拖入文件

执行"文件>打开"命令，选择本书配套光盘中素材与源文件\素材与源文件\Chapter7\01香水广告\Media\002.jpg文件，单击"打开"按钮打开素材文件。单击移动工具，将该素材标志拖入文件中，得到图层11，适当调整大小，放在合适位置。本实例完成。

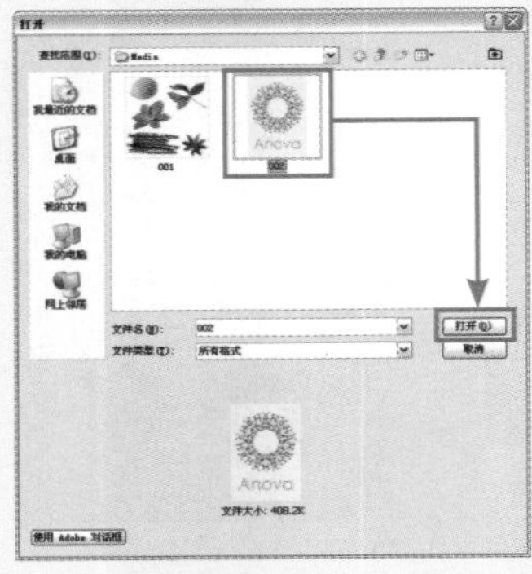

7.4 香水日历

文件路径 素材与源文件\Chapter7\02香水日历\Complete\香水台卡.psd

实例说明 本实例主要运用了画笔工具、文字工具等，通过通道对人物调整使整体更协调。

技法表现 延续前面华丽风格，使台卡也绚丽生动。

难度指数 ★★★★★

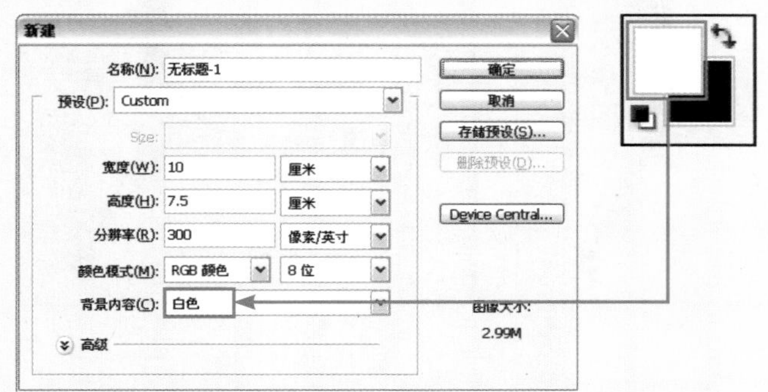

01 新建文件

执行“文件>新建”命令，弹出“新建”对话框，在对话框中设置“宽度”为10厘米，“高度”为7.5厘米，“分辨率”为300像素/英寸，单击“确定”按钮。

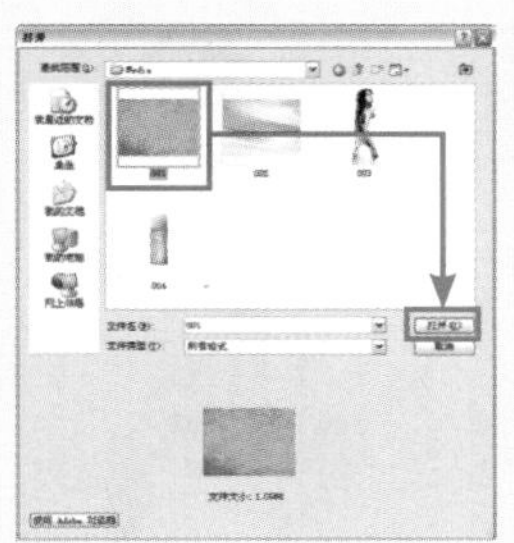

02 打开素材并拖入文件

执行“文件>打开”命令，选择本书配套光盘中素材与源文件\Chapter7\02香水日历\Media\001.jpg文件，单击“打开”按钮打开素材文件。将其拖入文件中，得到图层1。

03 拖入其他背景素材

打开本书配套光盘中素材与源文件\Chapter7\02香水日历\Media\002.jpg文件，将其拖入文件中，得到图层2。并将该图层的“不透明度”设置为70%。

04 创建调整图层

选择图层2，单击图层面板下面的“创建新的填充或调整图层”按钮，在弹出的快捷菜单中选择“黑白”命令，在弹出的对话框中进行设置后，单击“确定”按钮。

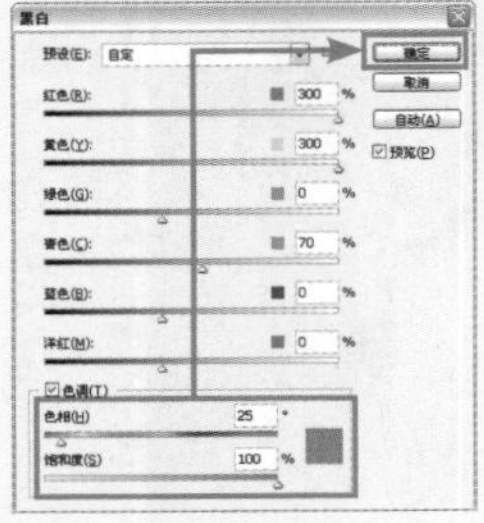

05 拖入人物素材

打开本书配套光盘中素材与源文件\Chapter7\02香水日历\Media\003.png文件。将其拖入香水日历中，单击移动工具，适当调整大小，放在适当位置，得到图层3。

06 去色处理

对人物进行处理。单击图层1和图层2前面的“指示图层可视性”按钮。复制图层3，得到图层3副本。执行“图像>调整>去色”命令，得到黑白色的人物效果。

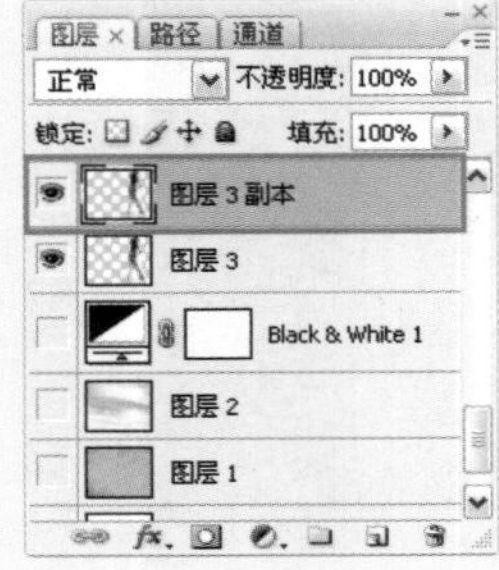

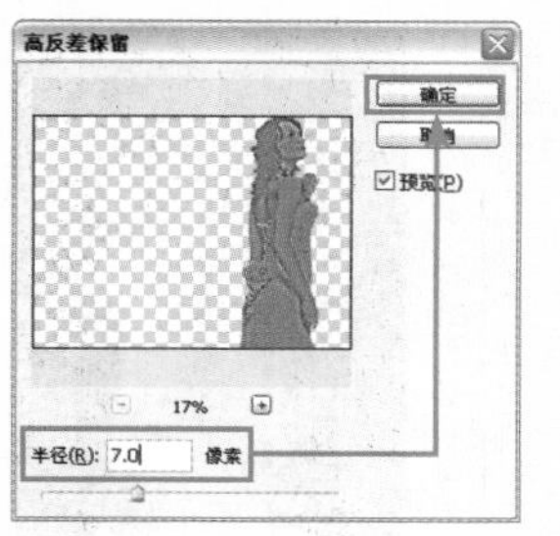

07 高反差保留滤镜处理

选择图层3副本，执行"滤镜>其他>高反差保留"命令，设置"半径"为7像素，然后单击"确定"按钮。

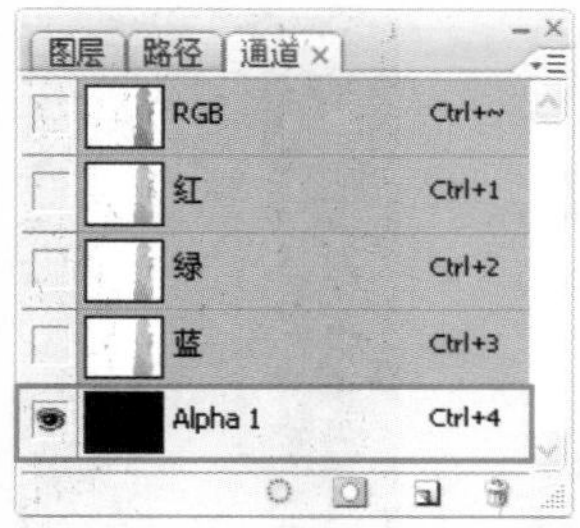

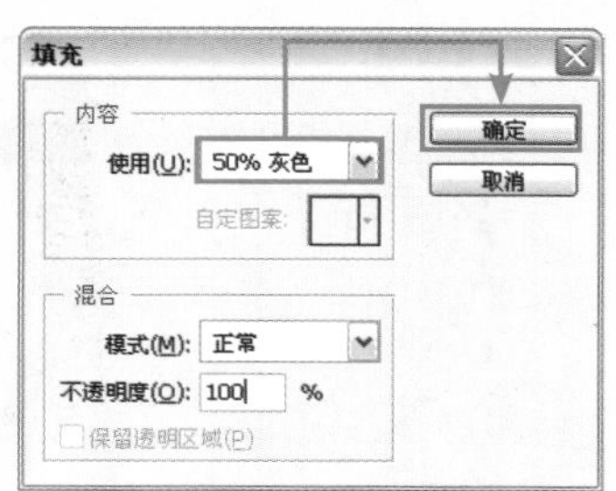

08 新建通道并填充

选择通道面板，单击"创建新通道"按钮，得到Alpha1。执行"编辑>填充"命令，使用50%的灰色，然后单击"确定"按钮。

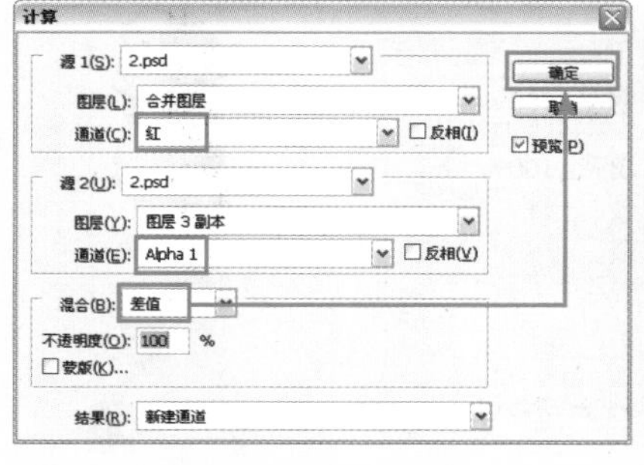

09 使用计算命令

执行"图像>计算"命令，在对话框中设置"源1"为"红"通道，"源2"为Alpha1通道，混合模式为"差值"，然后单击"确定"按钮，得到新通道Alph2。

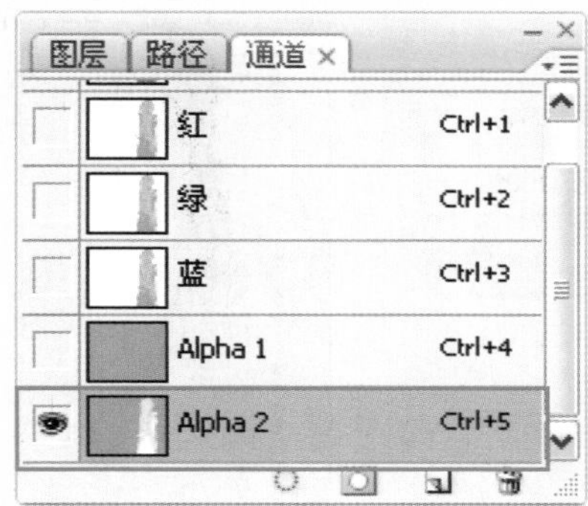

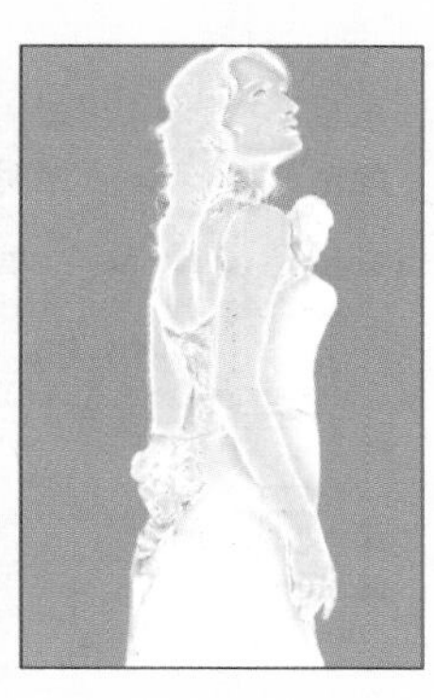

10 执行反相命令

为了方便后面的色阶调整。对通道Alpha2，执行"图像>调整>反相"命令。

11 色阶调整

对通道Alpha2，执行“图像>调整>色阶”命令。设置好后，单击“确定”按钮。

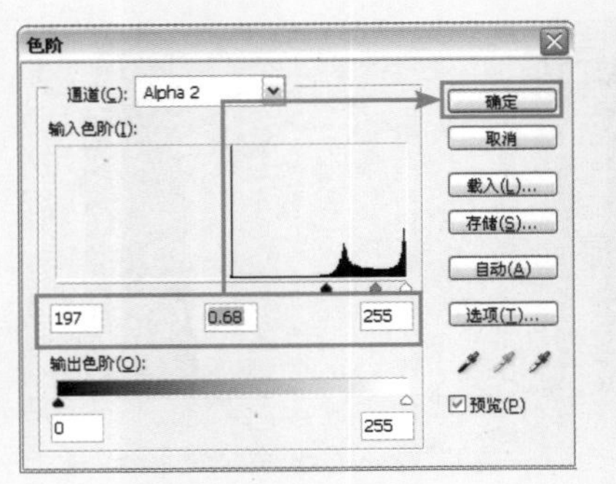

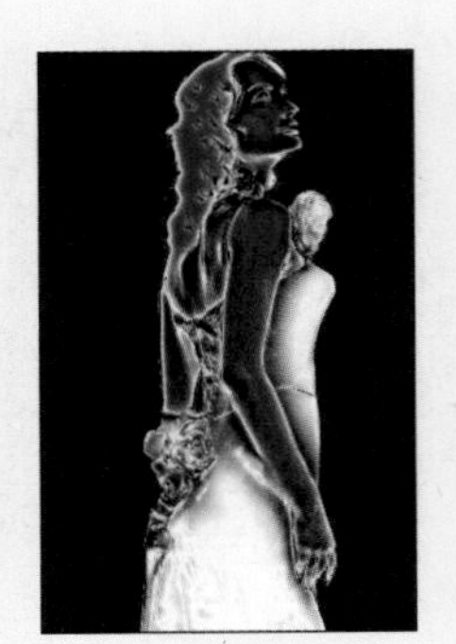

12 载入选区

按住Ctrl键，单击通道Alpha2，载入选区。回到图层面板，选择图层3，按下快捷键Ctrl+J，得到图层4。最后取消选区。

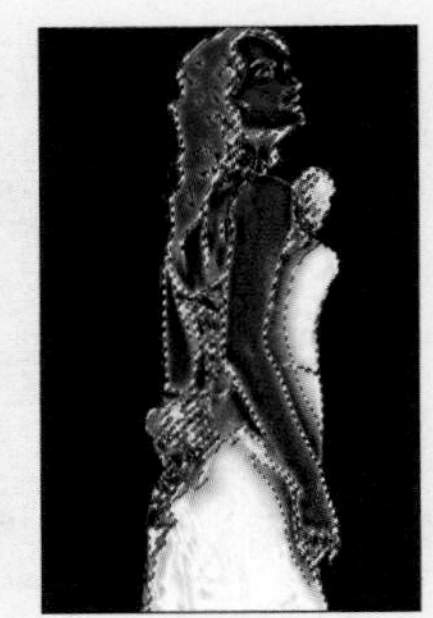

13 改变图层混合模式

选择图层4，将图层的混合模式改为“柔光”。

14 给人物添加白色高光

复制图层4，得到图层4副本，单击“锁定透明像素”按钮，设置前景色为白色，按下快捷键Alt+Delete填充，并将图层的“不透明度”设置为85%，显示出需要的图层，得到饱和的人物效果。

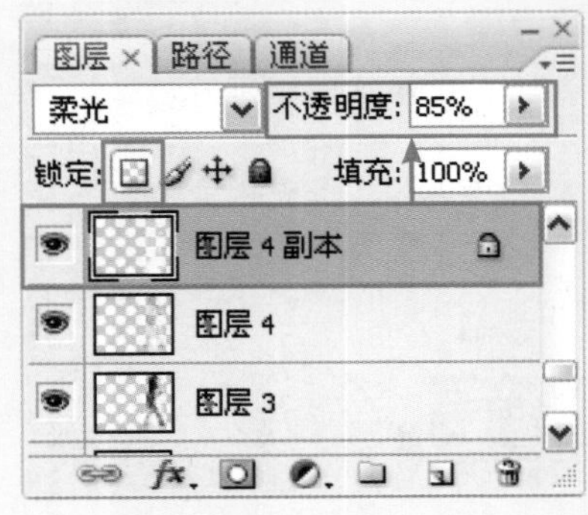

15 拖入香水瓶并调整

打开本书配套光盘Chapter7\02香水日历\Media\004.png文件。将其拖入香水日历中，单击移动工具，适当调整大小，放在合适位置，得到图层5。

图层 × 路径 通道
叠加 不透明度: 100%
锁定: 填充: 100%
图层 5 副本
图层 5
图层 3 副本
图层 4 副本

16 调整瓶子亮度

复制图层5，得到图层5副本，将该副本的图层混合模式改为“叠加”，得到瓶子光亮的效果。

17 添加图层蒙版

单击“添加图层蒙版”按钮，为图层5副本添加图层蒙版，单击画笔工具，设置前景色为黑色，根据具体情况适当改变透明度，在图层蒙版上绘制。使高光部分更协调。

18 添加香水瓶倒影

复制图层5，得到图层5副本2，根据上个实例的方法，添加香水瓶的倒影。最后将该图层移动到图层5下面。

19 画笔工具绘制

新建图层6，单击画笔工具，设置前景色为白色，在画笔面板中设置"形状动态控制"为"渐隐"。然后按住Shift键在图层6中绘制。

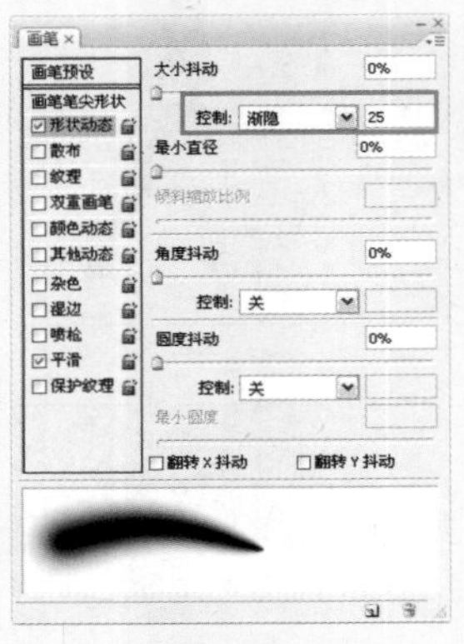

20 使用风滤镜

选择图层6，执行"滤镜>风格化>风"命令，在对话框中选择"大风"，然后单击"确定"按钮。按下快捷键Ctrl+F，重复该滤镜操作4～5次。

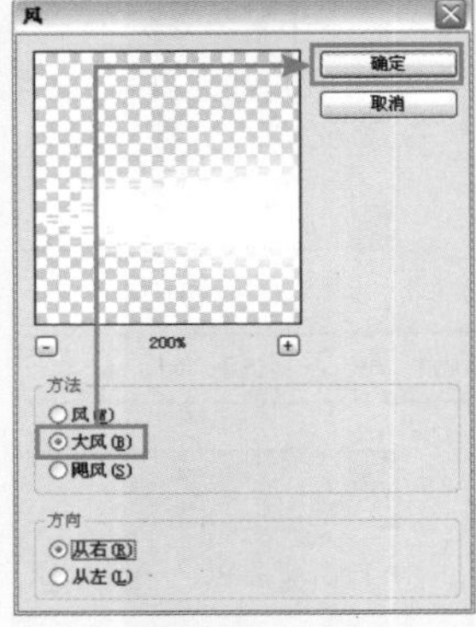

21 使用模糊滤镜

再对图层6，执行"滤镜>模糊>高斯模糊"命令，设置"半径"为3像素，然后单击"确定"按钮。

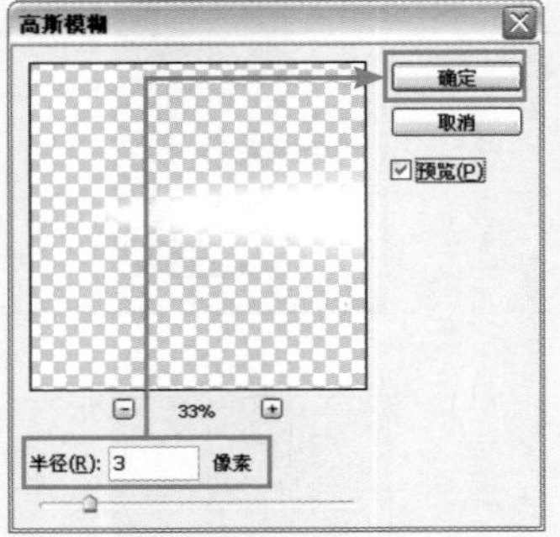

22 使用变形命令

对图层6，执行"编辑>变换>变形"命令。调整好节点，使它获得流线形的效果。

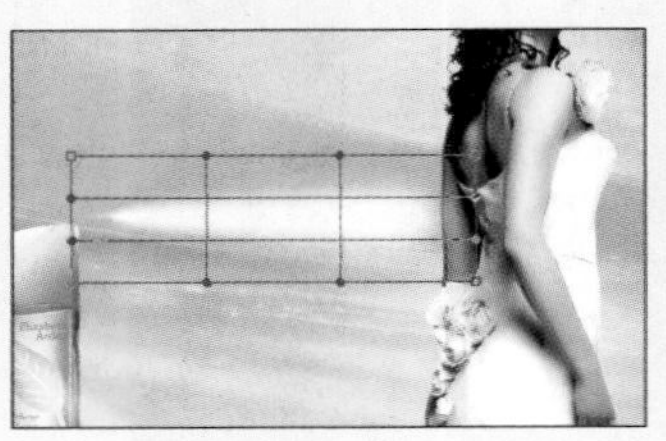

23 调整图层

单击移动工具，调整图层6，改变其大小，旋转适当角度，放在合适位置，并设置该图层的“不透明度”为70%。

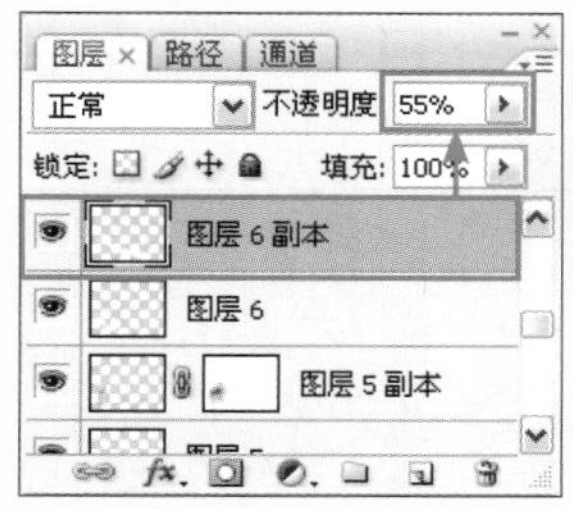

24 复制图层并调整

复制图层6得到图层6副本。单击移动工具，调整该图层，改变其大小，旋转适当角度，放在合适位置，并设置该图层的“不透明度”为55%。

25 再次复制图层

再次复制图层6得到图层6副本2，单击移动工具，调整该图层，改变其大小，旋转适当角度，放在合适位置，并设置该图层的“不透明度”为40%。

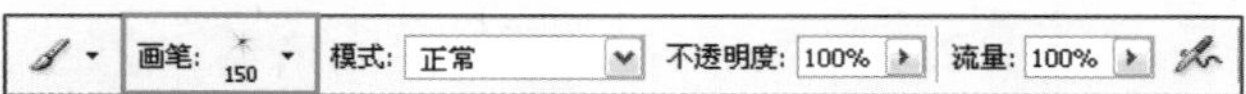

26 创建闪亮星光

新建图层7，单击画笔工具，设置前景色为白色。适当改变画笔大小和不透明度，绘制闪亮星光。

27 输入文字

单击横排文字工具[T]，在属性栏中单击“显示/隐藏字符和段落调板”按钮，在弹出的“字符和段落”面板中设置各项参数，颜色为白色。然后在图像窗口中输入文字，放置到适当位置。

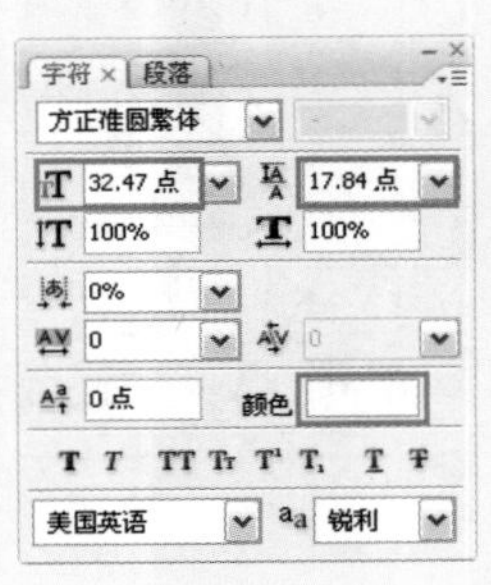

28 添加图层样式

选择该文字图层，单击“添加图层样式”按钮，在弹出的快捷菜单中选择“渐变叠加”命令，设置好参数后，单击“确定”按钮。

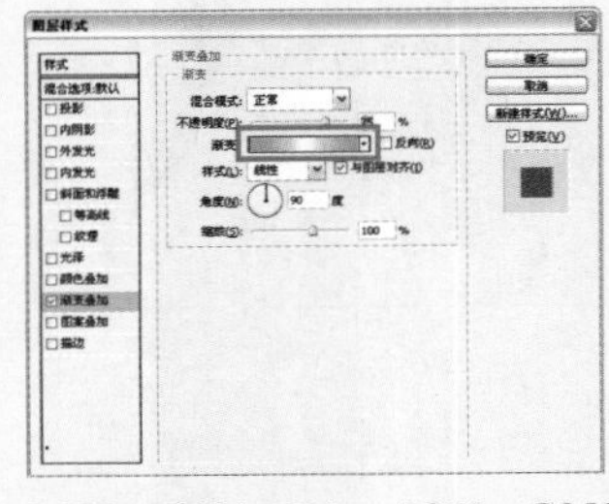

R225、G120、B0　R255、G255、B225　R255、G120、B0

29 添加外发光

选择该文字图层，单击“添加图层样式”按钮，在弹出的快捷菜单中选择“外发光”命令，设置好参数后，单击“确定”按钮。

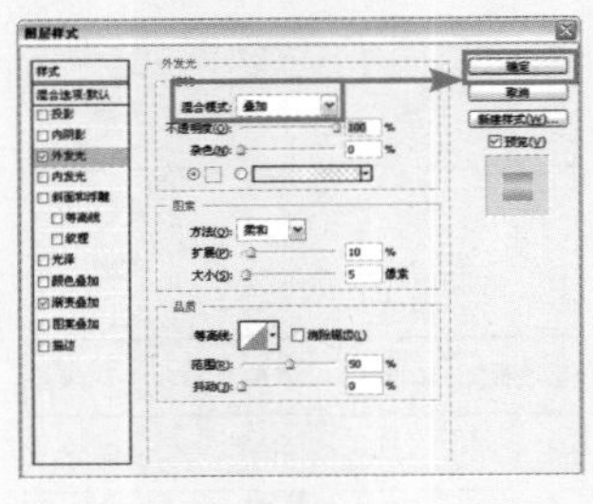

30 添加斜面和浮雕

选择该文字图层，单击“添加图层样式”按钮，在弹出的快捷菜单中选择“斜面和浮雕”命令，设置好参数后，单击“确定”按钮。

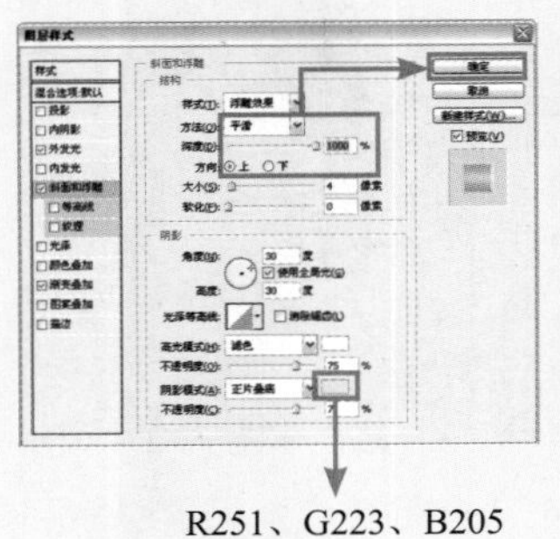

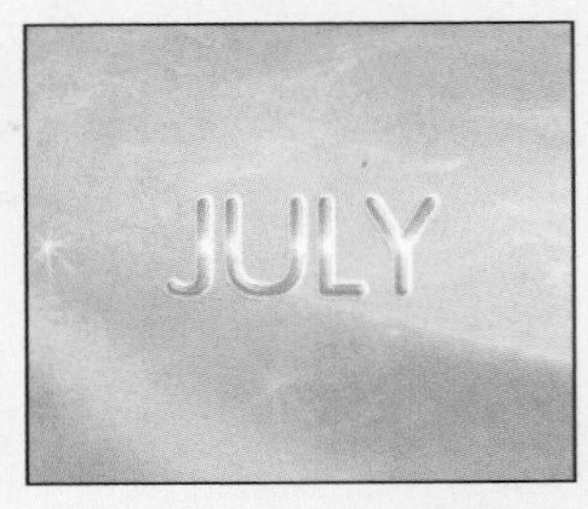

R251、G223、B205

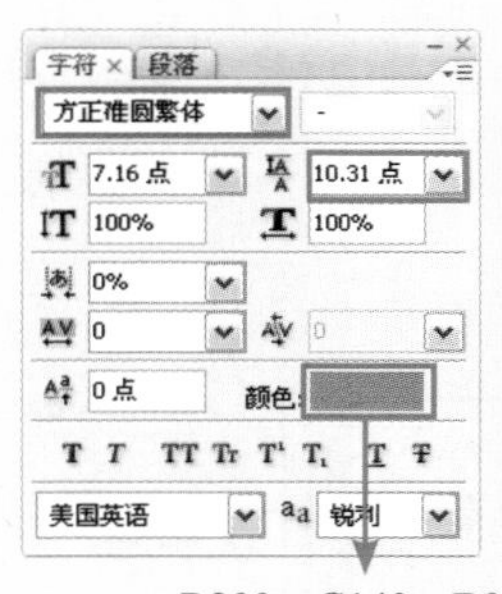

R200、G140、B0　R160、G70、B10

31 添加数字

单击横排文字工具T，设置颜色为土黄色。输入数字，旋转适当角度，放置到合适位置。改变星期天数字的颜色，并适当放大一点。

32 添加其他文字

自由添加其他文字，使画面更协调美观。

33 拖入标志完成制作

打开本书配套光盘中素材与源文件\Chapter7\02香水台卡\Media\005.jpg文件。将其拖入香水日历中，得到图层8，单击移动工具，适当调整大小，放在合适位置。本实例完成。

7.5 广告理论与后期应用

7.5.1 版式设计

版式设计是现代设计艺术的重要组成部分，是视觉传达的重要手段，表面上看，它是一种关于编排的学问。实际上，它不仅是一种技能，更体现了技术与艺术的高度统一。

所谓版式设计，就是在版面上，将有限的视觉元素进行有机的排列组合。将理性思维，个性化地表现出来；一种具有个人风格和艺术特色的视觉传送方式。传达信息的同时，也产生感官上的美感。版式设计的范围，涉及到报纸、刊物、书籍（画册）、产品样本、挂历、招贴画、唱片封套和网页等平面设计各个领域。版式设计的原则就是让观看者在享受美感的同时，接受作者想要传达的信息。最终目的是使版面产生清晰的条理性，用悦目的组织来更好地突出主题，以达到最佳诉求效果。

版式的分类

（1）规则型：最大众化的一种排版类型。整体版面给人严谨、和谐、理性的美感。

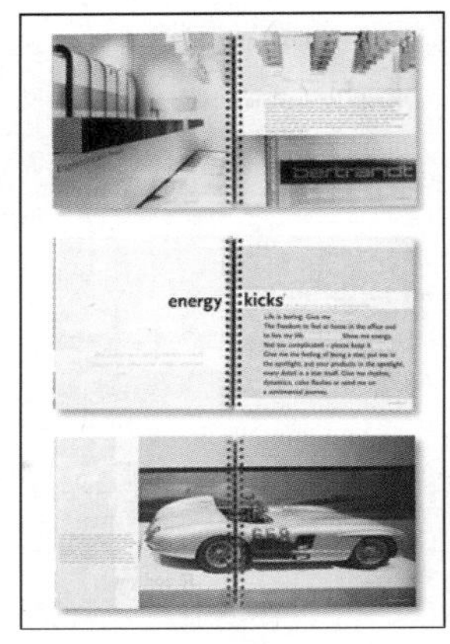

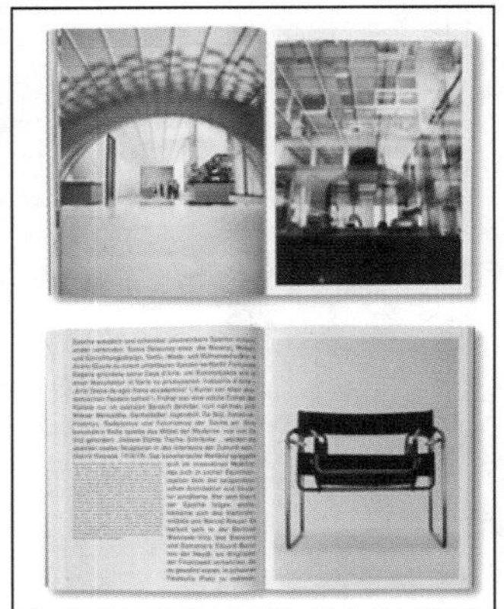

（2）饱满型：利用文字和图片占满整个版面，达到充分传达大量信息的目的。

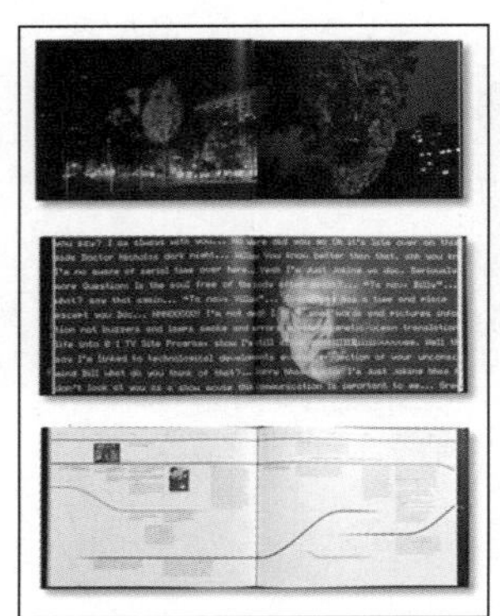

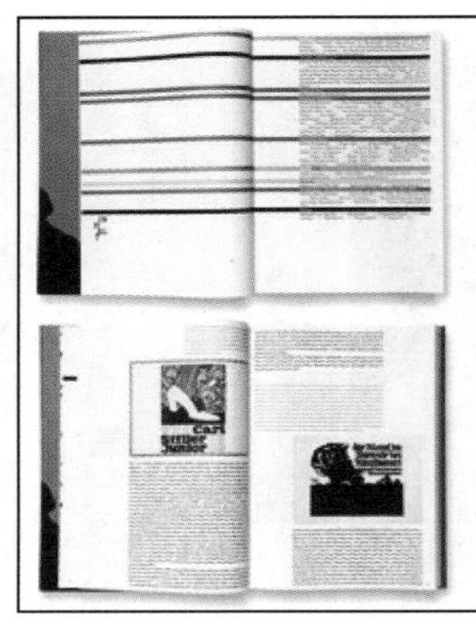

（3）分割型：利用大幅的图片或文字吸引读者的眼光，达到宣传目的。

左右分割

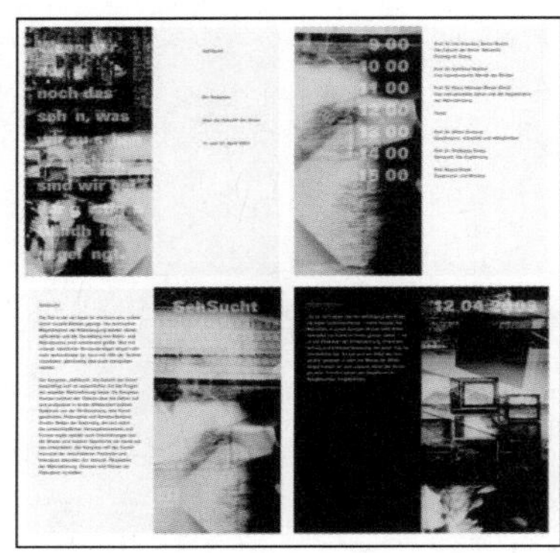

上下分割

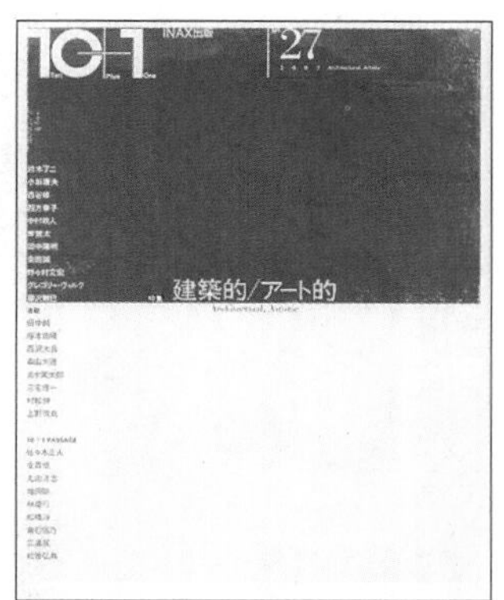

本章杂志广告可投放于《ELLE》、《服装设计》、《视觉》等时尚杂志。

7.5.2 日历知识概述

日历是属于卡片设计的一种。作为广告赠品，日历的实用性很高，又达到了宣传效果。与其他广告相比，卡片有一定的纪念意义，具有收藏价值，卡片的设计重在以情动人。

立体组合式日历

色彩亮丽印刷精美的纪念日历

创意独特的艺术台历

本章的日历可用做为产品的赠品，具有一定的收藏价值。

Chapter 08 运动品牌广告

8.1 产品广告分析

提到耐克和阿迪达斯这两个品牌，人们会想到很多运动，专业化为体育品牌的不断深化带来了巨大的影响。在目前中国市场上，本土的品牌经受着世界品牌的冲击和压力。"冲出亚洲，走向世界"，这八个字对于大多数中国人而言，实在是熟悉得不能再熟悉，这句原本被用于激励中国男足的口号已经被广泛地应用到了中国的各项体育事业之中，甚至是体育之外的一些企业身上。做好运动品牌广告，就必须与时尚结合起来，才能在市场上得到一席之地。

匡威品牌平面广告

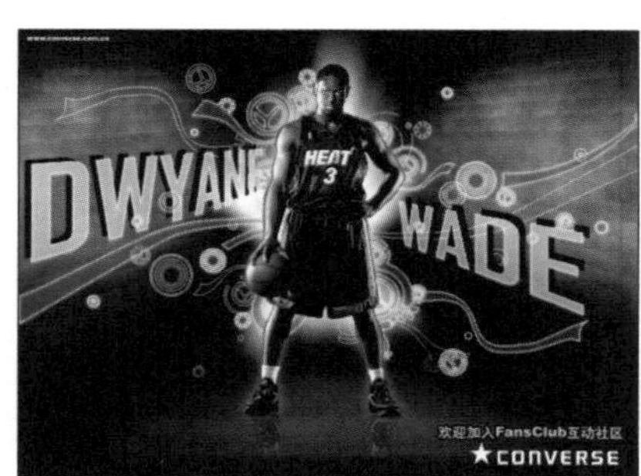

阿迪达斯品牌平面广告

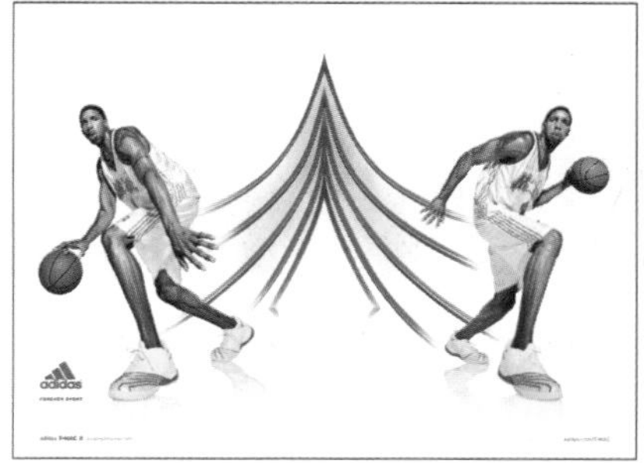

耐克品牌平面广告

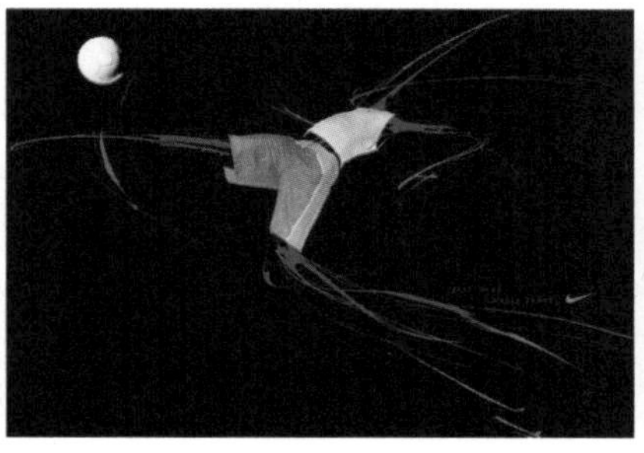

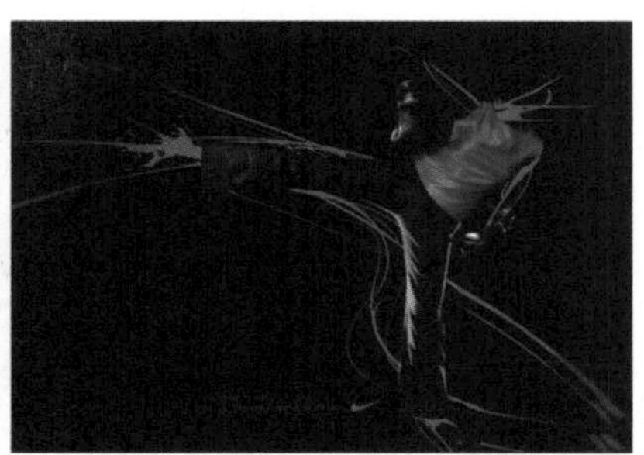

8.2 本案策划方案

本章第一个实例运动品牌户外广告，使用超现代主义的风格，运用复古的背景，动感的矢量人物，和谐的空间排列法，营造出运动工厂的氛围，表现出运动超越未来的现代时尚感。作为户外广告，将品牌意义“要做就做”，表现得更好。

和谐的空间关系 ——→ 复古背景 ——→ 矢量现代运动人物 ——→ 合理的排版 ——→ 时尚的户外广告

本章的第二个实例运动品牌杂志广告，使用夸张的手法，表现出该品牌可以超越极限的任何可能性。运用温暖的色调，表现出云朵的柔软感，给人如在云端的感觉。运用生动活波的元素，增加品牌的趣味性，激发消费者的购买欲望。

渐变背景 ——→ 合成效果 ——→ 朦胧的云效果 ——→ 突出的主体 ——→ 温色调衬 ——→ 时尚的杂志广告

8.3 运动品牌户外广告

文件路径 素材与源文件\Chapter8\01运动品牌户外广告\Complete\运动品牌户外广告.psd

实例说明 本实例主要运用了图层混合模式、图层蒙版、画笔工具、阈值设置等，通过背景的烘托以及空间的和谐位置关系表现出运动品牌的流动时尚感。

技法表现 复古的背景，运动的矢量人物，暗色和亮色的强烈对比，给人强大的视觉冲击力，运动品牌的精神得到最大限度的体现。

难度指数 ★★★★★

01 新建文件

首先制作光效果。执行"文件>新建"命令，弹出"新建"对话框，在对话框中设置"宽度"为7厘米，"高度"为10厘米，"分辨率"为300像素/英寸，单击"确定"按钮。

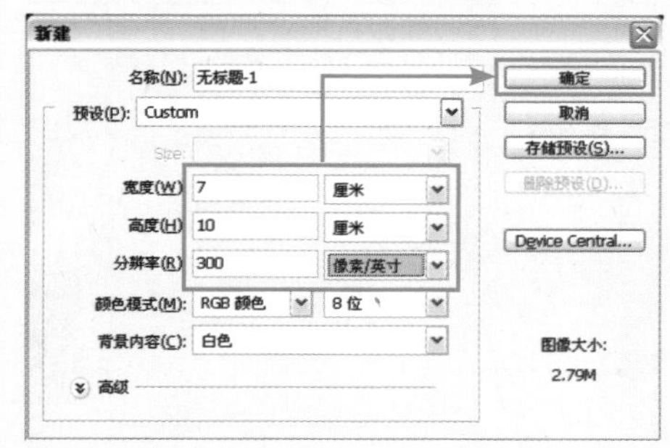

02 填充背景颜色

设置好前景色，按下快捷键Alt+Delete，将背景色填充为米黄色。

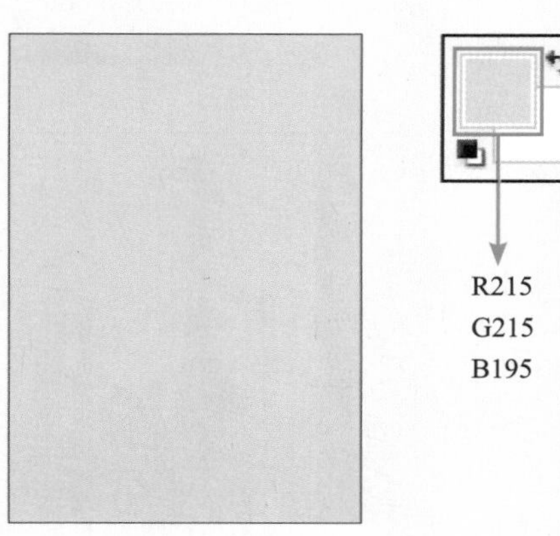

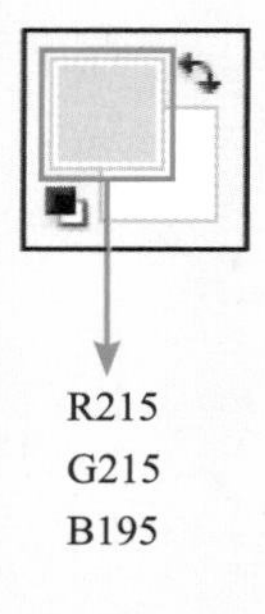

R215
G215
B195

03 打开素材并拖入文件

按下快捷键Ctrl+O，选择本书配套光盘中素材与源文件\Chapter8\01运动品牌户外广告\Media\001.png文件，单击“打开”按钮打开素材文件，将其拖入户外广告中得到图层1。新建图层组，并重命名为背景组，将图层1拖入该组中。

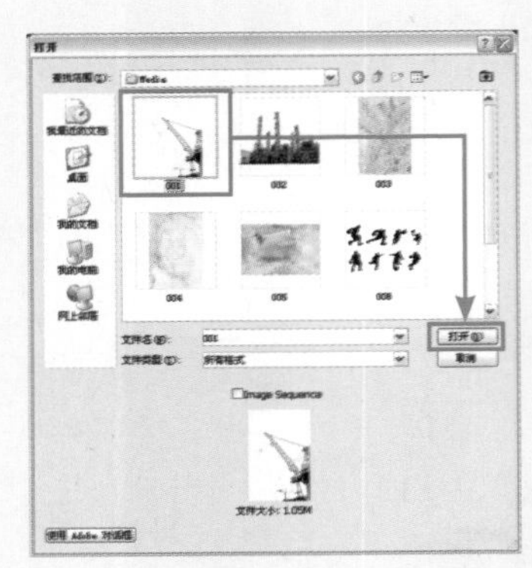

04 添加图层蒙版并调整

选择图层1，单击“添加图层蒙版”按钮，使用画笔工具在图层蒙版上面涂抹，得到渐隐效果。设置该图层的混合模式为“正片叠底”。

05 改变局部颜色

新建图层1，设置好前景色，单击画笔工具，设置画笔的“不透明度”为75%，在图层2上涂抹，并设置图层2的“不透明度”为60%，最后按下快捷键Alt+Ctrl+G，创建图层1的剪贴蒙版。

06 打开素材

按下快捷键Ctrl+O，选择本书配套光盘中素材与源文件\Chapter8\01运动品牌户外广告\Media\002.png文件，单击“打开”按钮打开素材文件。

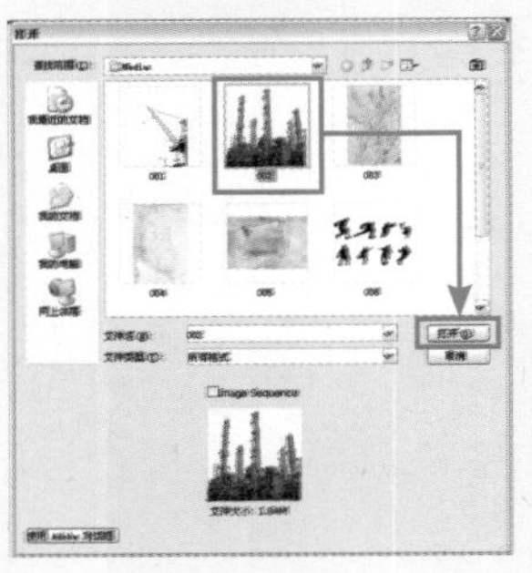

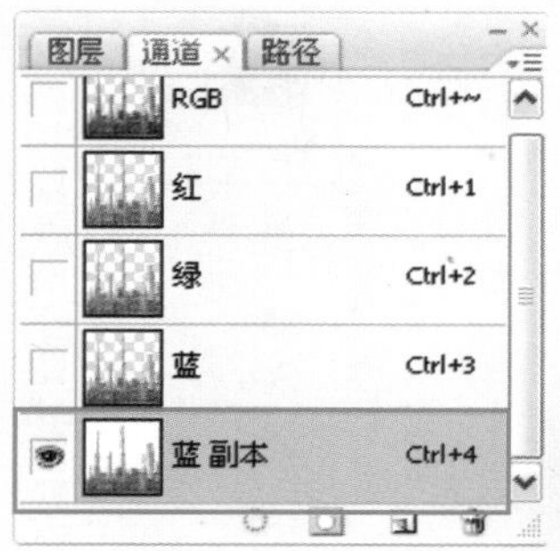

07 复制蓝色通道

选择通道面板，选择蓝色通道，将它拖入通道面板下面的"创建新通道"按钮上，得到蓝副本通道。

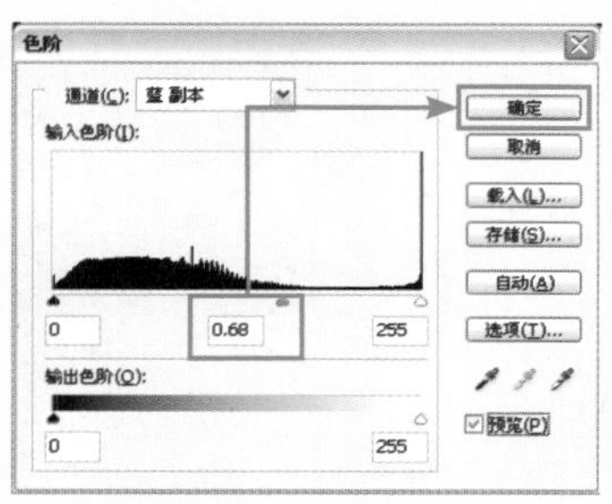

08 调整色阶

选择蓝副本通道，执行"图像>调整>色阶"命令，在弹出的对话框中设置好参数后，单击"确定"按钮。

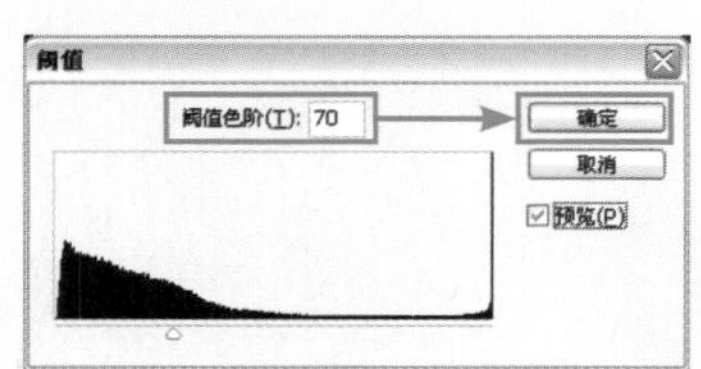

09 调整阈值

选择蓝副本通道，执行"图像>调整>阈值"命令，在弹出的对话框中设置"阈值色阶"为70，单击"确定"按钮。

10 载入选区并复制

选择蓝副本通道，单击"将通道作为选区载入"按钮，按下快捷键Shift+Ctrl+I，反选，选择背景图层，然后按下快捷键Ctrl+J，复制选区内容。得到图层1。

11 填充颜色

设置好前景色，选择图层1，单击“锁定透明像素”按钮，按下快捷键Alt+Delete，填充前景色。

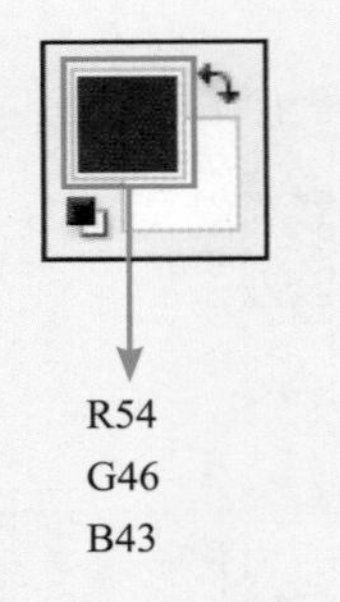

12 添加图层蒙版

将刚才处理好的素材拖入户外广告中，得到图层3，单击“添加图层蒙版”按钮，设置前景色为黑色，使用画笔工具在图层蒙版上涂抹，得到渐隐的效果。

13 打开素材并拖入文件

按下快捷键Ctrl+O，选择本书配套光盘中素材与源文件\Chapter8\01运动品牌户外广告\Media\003.png文件，单击“打开”按钮打开素材文件。将该素材拖入户外广告中，得到图层4。

14 调整图层

设置图层4的混合模式为“柔光”，“不透明度”为80%。

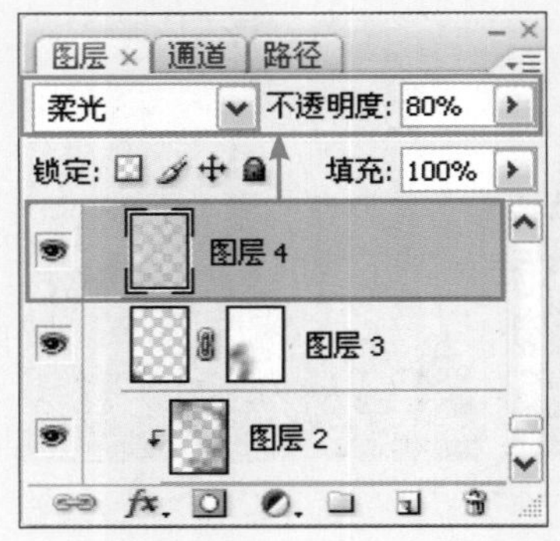

R188、G186、B148

15 填充图层并调整

新建图层5，设置好前景色，按下快捷键Alt+Delete，填充图层5，设置该图层的混合模式为"颜色"，最后按下快捷键Alt+Ctrl+G，创建图层4的剪贴蒙版。

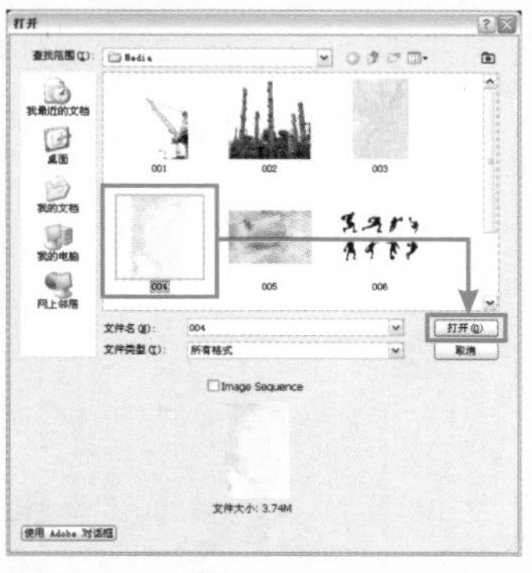

16 打开素材并拖入文件

按下快捷键Ctrl+O，选择本书配套光盘中素材与源文件\Chapter8\01运动品牌户外广告\Media\004.png文件，单击"打开"按钮打开素材文件。将该素材拖入户外广告中，得到图层6。

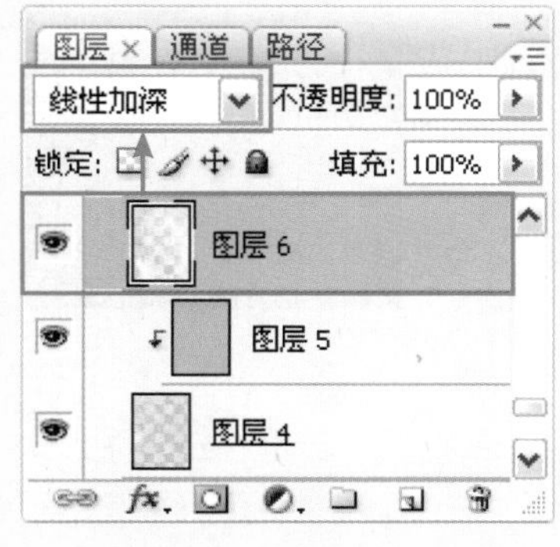

17 调整图层

选择图层6，执行"图像>调整>去色"命令，得到黑白的效果，然后设置该图层的混合模式为"线性加深"。

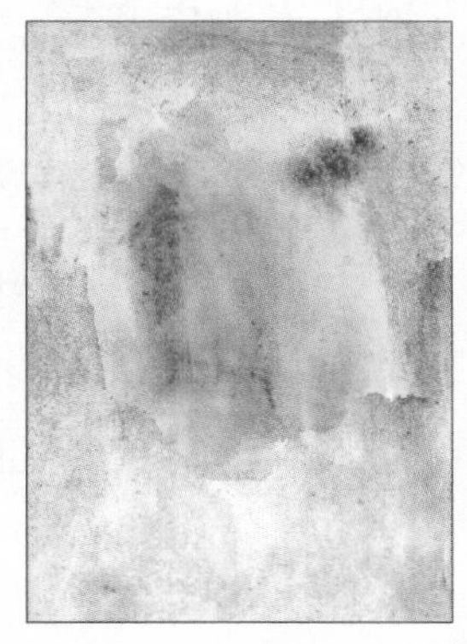

18 打开素材

按下快捷键Ctrl+O，选择本书配套光盘中素材与源文件\Chapter8\01运动品牌户外广告\Media\005.jpg文件，单击"打开"按钮打开素材文件。

19 创建选区并复制

单击多边形套索工具，设置“羽化”为30px，创建一个多边形选区。然后按下快捷键Ctrl+J，复制选区，得到图层1。

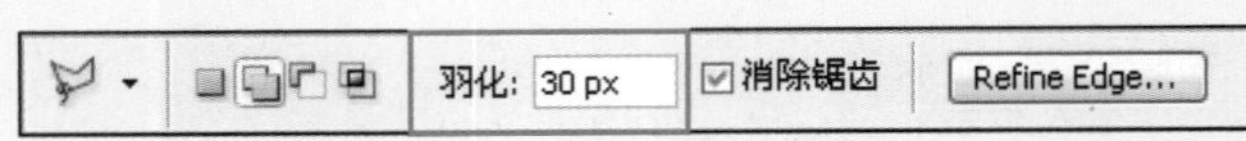

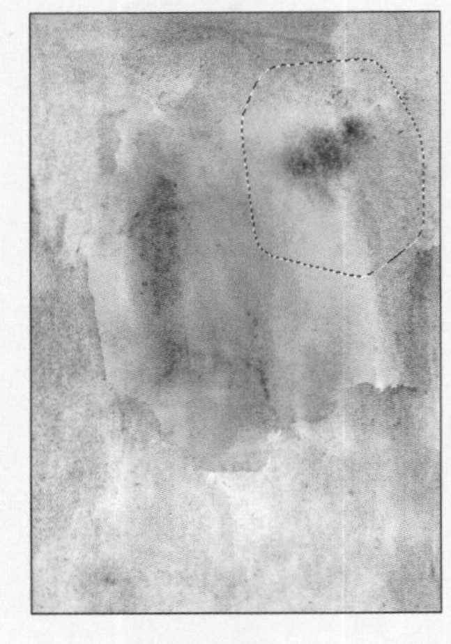

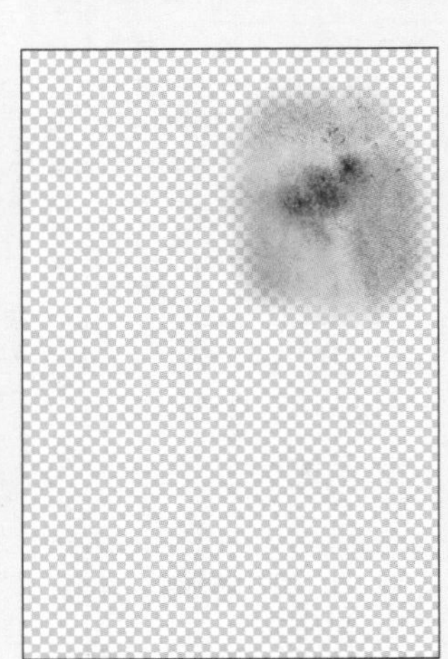

20 拖入文件并调整

将图层1拖入户外广告中得到图层7，单击“添加图层蒙版”按钮，设置前景色为黑色，使用画笔工具在图层蒙版上涂抹，得到渐隐的效果。并设置该图层的混合模式为“亮度”，“不透明度”为50%。

21 复制并调整图层

选择图层7，按下快捷键Ctrl+J两次，得到图层7的两个副本，适当调整大小，放在合适的位置。设置图层7副本的“不透明度”为45%，图层7副本2的“不透明度”为65%。

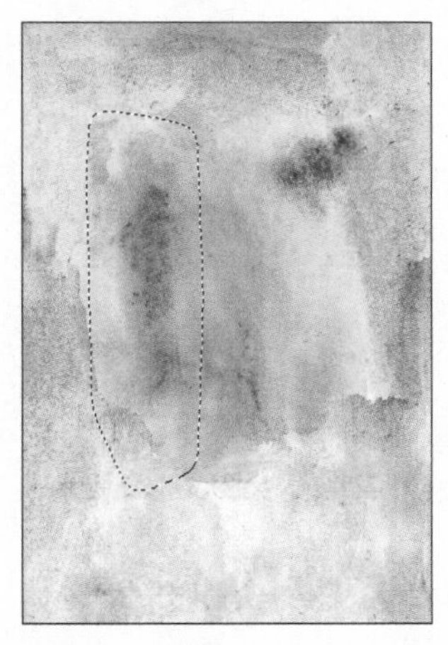

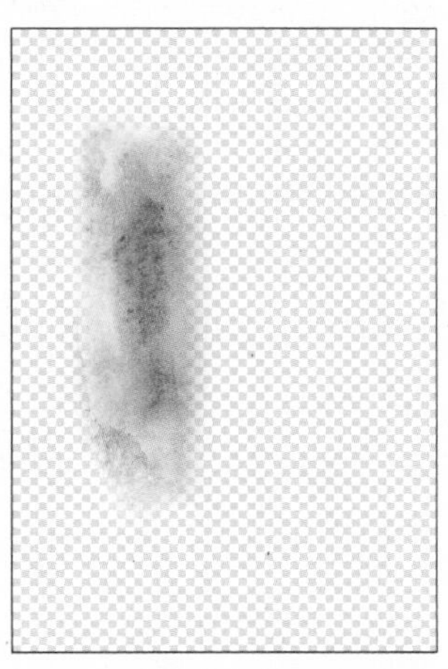

22 创建选区并复制

选择素材文件005.jpg单击多边形套索工具，设置"羽化"为30px，创建一个多边形选区。然后按下快捷键Ctrl+J，复制选区，得到图层2。

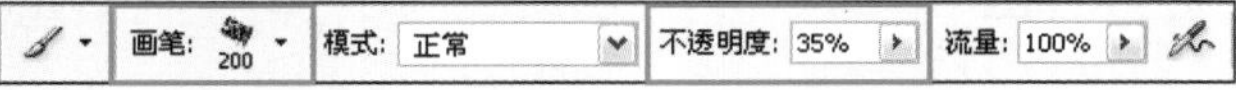

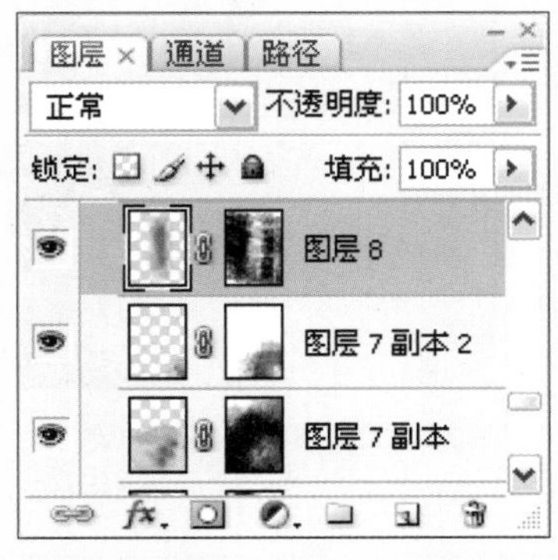

23 拖入文件并调整

将图层2拖入户外广告中，得到图层8，按下快捷键Shift+Ctrl+U去色。单击"添加图层蒙版"按钮，设置前景色为黑色，单击画笔工具，设置画笔的"不透明度"为35%，在图层蒙版上涂抹，得到渐隐的效果。

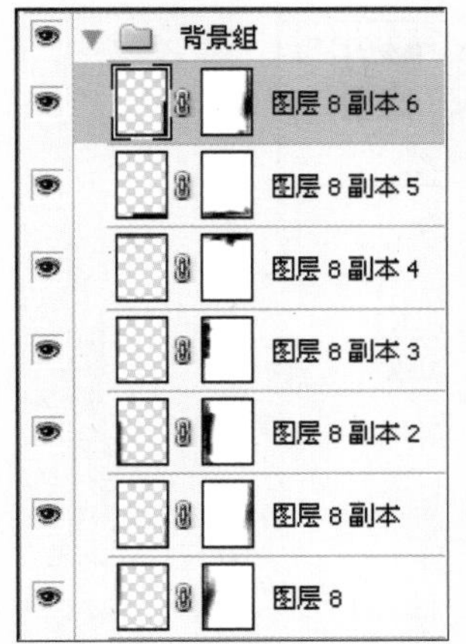

24 复制并调整图层

复制一定数量图层8，调整好大小，放在适当的位置，得到边缘暗部的效果。完成背景组的制作。

25 载入画笔

单击画笔工具，右击鼠标，在弹出的快捷菜单中，选择“载入画笔”，在弹出的快捷对话框中选择本书配套光盘中素材与源文件\Chapter8\01运动品牌户外广告\Media\墨滴.abr文件，单击“载入”按钮载入画笔文件。

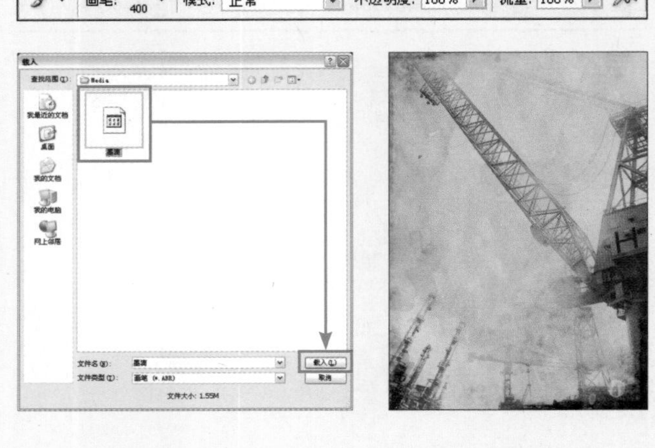

26 使用画笔工具

新建图层组，并重命名为“墨点”，单击画笔工具，选择刚才载入的画笔，新建图层，在图层右上角和左下角绘制墨点。读者可以根据具体情况进行绘制。编者这里使用了3个颜色绘制，仅供参考。

R54、G46、B43　R240、G240、B220　R155、G155、B125

27 创建选区并填充

新建图层17，单击多边形套索工具，创建一个多边形选区。设置前景色为黑色，按下快捷键Alt+Delete，填充选区。

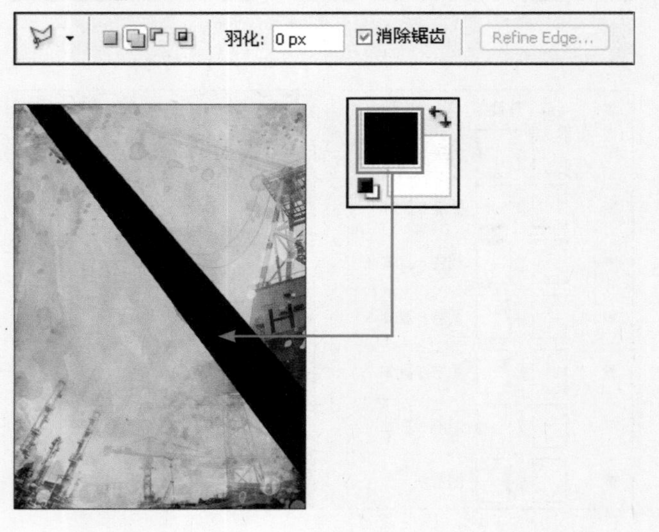

28 添加图层蒙版

选择图层17，按住Ctrl键，单击图层1，载入选区。单击“添加图层蒙版”按钮，得到图层17的图层蒙版。

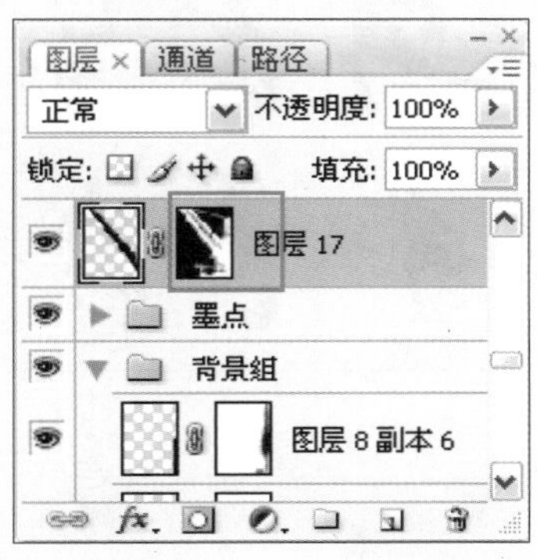

29 使用画笔工具

单击画笔工具，设置前景色为黑色，在图层17蒙版上涂抹，露出需要的部分。

30 创建元素

新建图层18，单击矩形选框工具，创建一个矩形选区，设置好前景色，按下快捷键Alt+Delete，填充选区，取消选区后，复制该图层，按下快捷键Ctrl+T，旋转90°，按下Enter键来确定。最后按下快捷键Ctrl+E，向下合并图层。

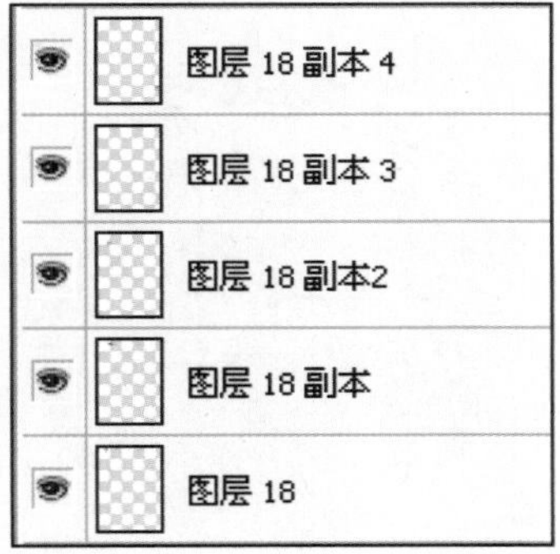

31 复制图层并调整

复制一定数量的图层18副本，适当调整好大小和方向，放在合适位置。

32 创建剪贴蒙版

按下快捷键Alt+Ctrl+G，创建图层17的剪贴蒙版。

33 打开素材

按下快捷键Ctrl+O，选择本书配套光盘中素材与源文件\Chapter8\01运动品牌户外广告\Media\006.png文件，单击“打开”按钮打开素材文件。

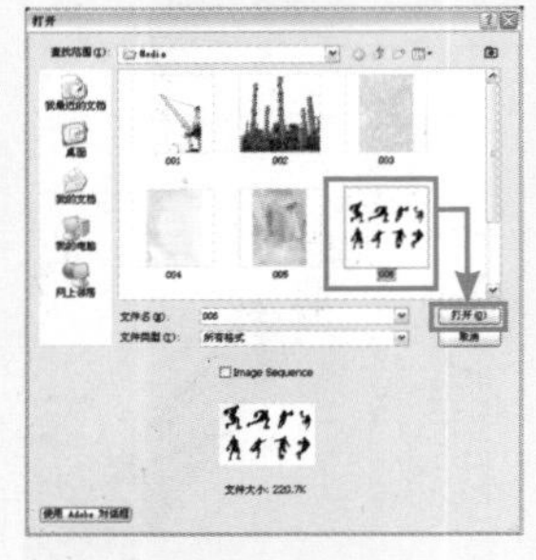

34 选择素材并拖入文件

新建图层组，并重命名为“人物”，依次选择需要的人物素材，拖入户外广告中，适当调整大小和方向，放在合适的位置。

35 打开素材

按下快捷键Ctrl+O，选择本书配套光盘中素材与源文件\Chapter8\01运动品牌户外广告\Media\007.png文件，单击“打开”按钮打开素材文件。

36 拖入素材并调整

新建图层组，并重命名为“球”，将素材007.png文件拖入户外广告中，得到图层27，适当复制图层，调整好大小，放在合适位置。

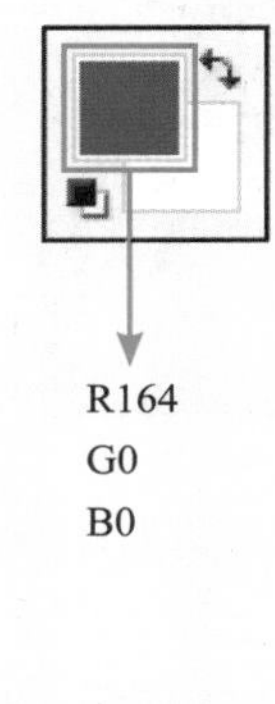

R164
G0
B0

37 创建选区并填充

新建图层28，单击椭圆选框工具，按住Shift键，创建一个正圆。设置前景色为红色，按下快捷键Alt+Delete，填充选区。最后取消选区。

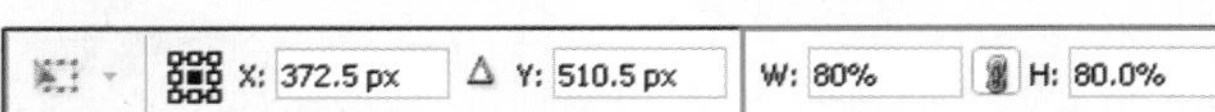

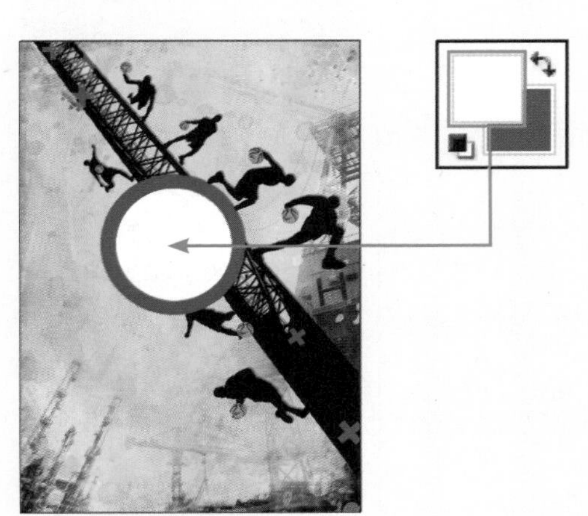

38 复制图层并调整

复制图层28，得到图层28副本，单击“锁定透明像素”按钮，设置前景色为白色，按下快捷键Alt+Delete，填充前景色。按下快捷键Ctrl+T，在属性栏中设置缩放比例为80%，按Enter键确定。

39 调整图层

选择图层28，按住Ctrl键，单击图层28副本，载入选区。按Delete键删除多余部分。然后选择图层28副本，设置“不透明度”为35%。

40 创建选区并填充

新建图层29，单击矩形选框工具，创建一个矩形选区。设置好前景色，按下快捷键Alt+Delete，填充前景色，最后单击移动工具，放在适当位置。

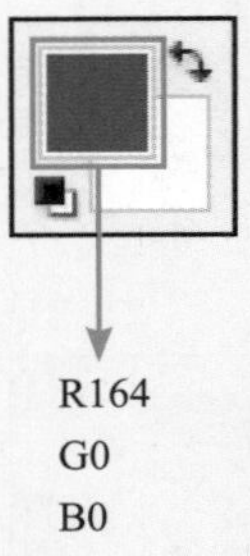

R164
G0
B0

41 添加文字

单击横排文字工具，在属性栏中单击“显示/隐藏字符和段落调板”按钮，在弹出的“字符和段落”面板中设置好参数后，输入文字。

42 链接图层

选中这4个图层，单击图层面板下面的“链接图层”按钮，按下快捷键Ctrl+T，调整大小和方向，放在适当位置。

R164、G0、B0

43 添加其他文字

单击横排文字工具T，设置好参数后，输入文字。最后调大小和方向，放在适当位置。

R164、G0、B0

44 添加其他文字元素

单击横排文字工具T，设置好参数后，输入文字。最后调大小和方向，放在适当位置。

45 添加文字

单击横排文字工具T，设置好参数后，输入文字。单击移动工具，放在适当位置。

46 拖入标志完成制作

按下快捷键Ctrl+O，选择本书配套光盘中素材与源文件\Chapter8\01运动品牌户外广告\Media\008.png文件，单击“打开”按钮打开素材文件。将其拖入户外广告中，得到图层30。本实例完成。

8.4 运动品牌杂志广告

文件路径 素材与源文件\Chapter8\02运动品牌杂志广告\Complete\运动品牌杂志广告.psd

实例说明 本实例主要运用了渐变工具，图层的不透明度，形状变形等。通过色彩的合理搭配以及空间的合理运用，达到时尚梦幻的户外广告效果。

技法表现 运用层层递进的方法，体现空间的立体感。图层的不同透明度，表现了空间的和谐感。

难度指数 ★★★★★

01 新建文件

执行“文件>新建”命令，弹出“新建”对话框，在对话框中设置“宽度”为7.25厘米，“高度”为10厘米，“分辨率”为300像素/英寸，单击“确定”按钮。

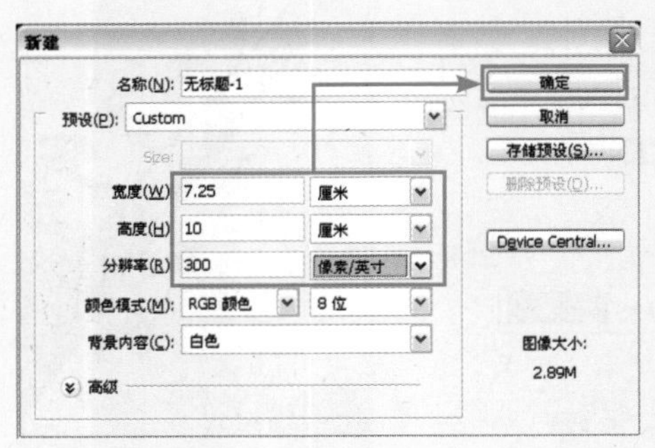

02 打开素材并拖入文件

按下快捷键Ctrl+O，选择本书配套光盘中素材与源文件\Chapter8\02运动品牌户外广告\Media\001.jpg文件，单击“打开”按钮打开素材文件。拖入杂志广告中得到图层1。

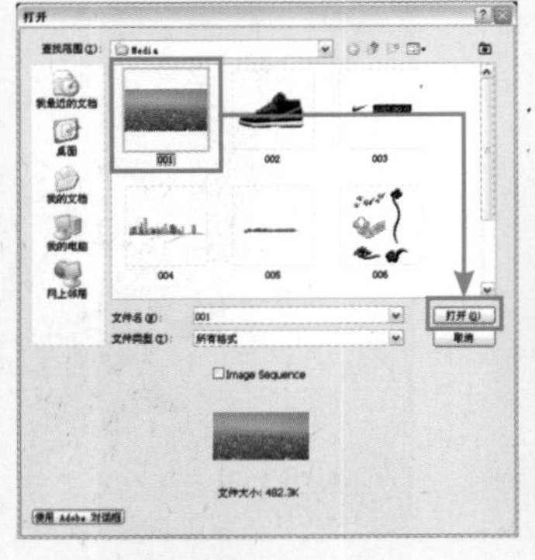

03 添加图层蒙版

选择图层1，单击“添加图层蒙版”按钮，然后单击渐变工具，使用默认的黑色到白色渐变，在图层蒙版中从上到下拖动鼠标，得到渐隐的效果。

04 复制图层并调整

按下快捷键Ctrl+J，复制图层1，得到图层1副本。设置该图层的混合模式为“颜色”。

05 高斯模糊

选择图层1副本，执行“滤镜>模糊>高斯模糊”命令，设置“半径”为5像素，然后单击“确定”按钮。

06 去色并调整

选择图层1，按下快捷键Ctrl+J，得到图层1副本2，按下快捷键Shift+Ctrl+U，得到黑白效果。然后单击“创建新的填充或调整图层”按钮，在弹出的快捷菜单中选择“纯色”命令，设置好颜色后单击“确定”按钮。设置“不透明度”为50%，最后按下快捷键Alt+Ctrl+G，创建剪贴蒙版。

07 合并图层并调整

按下快捷键Ctrl+E，向下合并图层。并调整该图层的“不透明度”为45%。

08 调整曲线

按下图层面板下面的“创建新的填充或调整图层”按钮，在弹出的快捷菜单中选择“曲线”命令，设置好参数后，单击“确定”按钮。

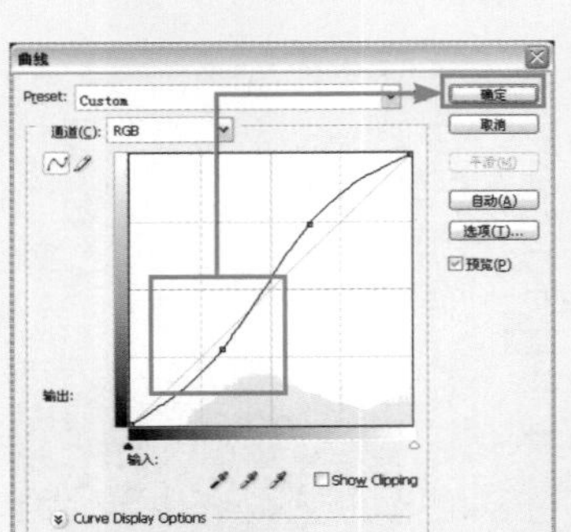

09 调整色相/饱和度

按下图层面板下面的“创建新的填充或调整图层”按钮，在弹出的快捷菜单中选择“色相/饱和度”命令，设置好参数后，单击“确定”按钮。

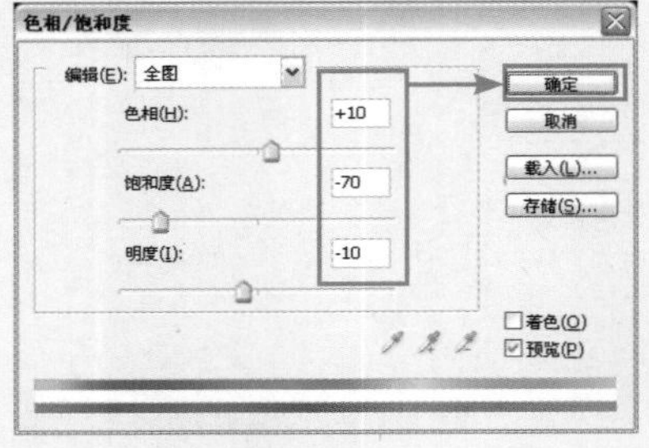

10 填充渐变

新建图层2，单击矩形选框工具，创建一个矩形选区。单击渐变工具，设置好参数后，在选区内从上到下拖动鼠标，填充渐变。最后按下快捷键Ctrl+D，取消选区。

模式: 正常 不透明度: 100%

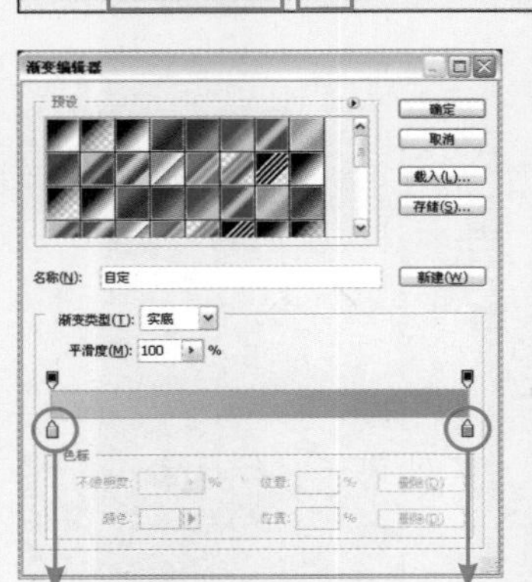

R160、G210、B195　R75、G150、B155

11 添加图层蒙版

选择图层2，单击“添加图层蒙版”按钮，然后单击渐变工具，使用默认的黑色到白色渐变，在图层蒙版从下到上拖动鼠标，得到渐隐的效果。

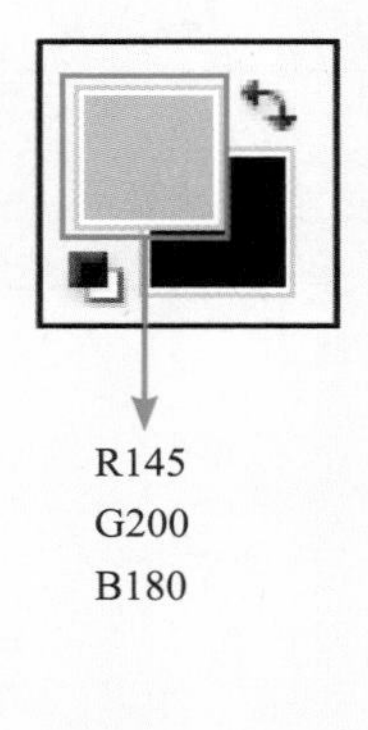

12 创建选区并填充

新建图层3，单击矩形选框工具，在属性栏中单击“添加到选区”按钮，创建几个矩形选区。设置好前景色后，按下快捷键Alt+Delete，填充选区。

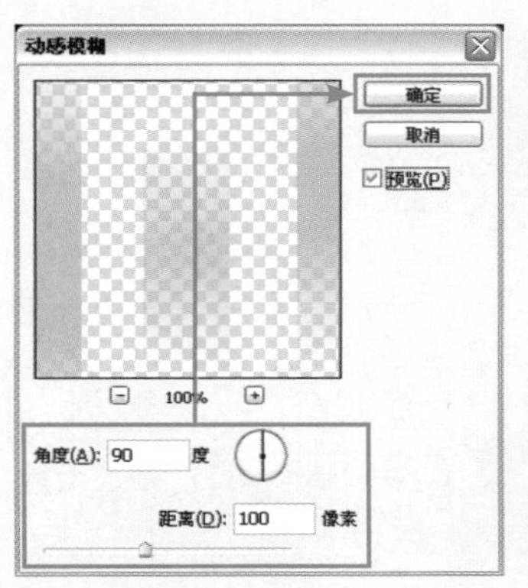

13 动感模糊

选择图层3，执行“滤镜>模糊>动感模糊”命令，设置“角度”为90度，“距离”为100像素，然后单击“确定”按钮，得到动感模糊的效果。

14 创建其他元素

根据前面的方法，设置不同的前景色，创建其他动感光束。最后单击移动工具，适当调整大小，放在适当位置。

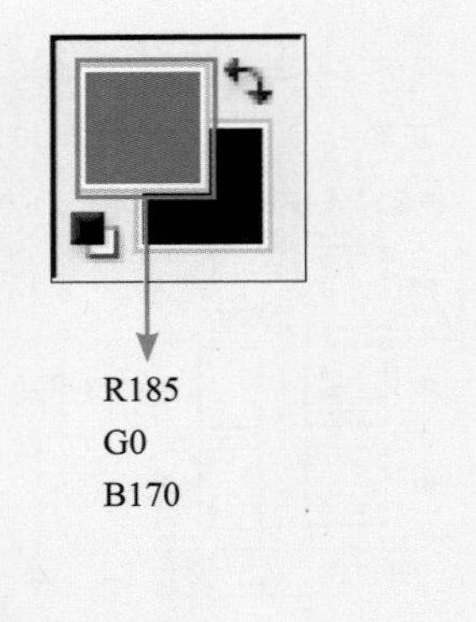

R185
G0
B170

15 载入画笔并绘制

新建图层组，并重命名为“云”。新建图层，并重命名为“云1”。单击画笔工具，载入本书配套光盘中素材与源文件\Chapter8\02运动品牌户外广告\Media\画笔云.abr文件。设置前景色为白色，绘制云的效果。

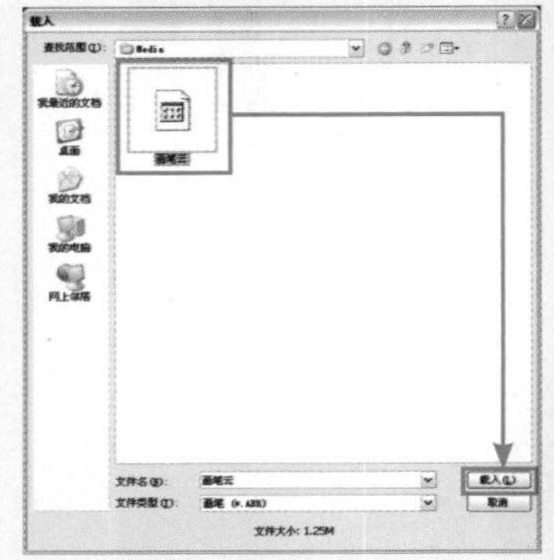

16 使用画笔工具

新建图层，选择不同的笔触，绘制云。读者可以根据具体情况调整云图层的不透明度，使层次感更自然，整体画面更和谐。

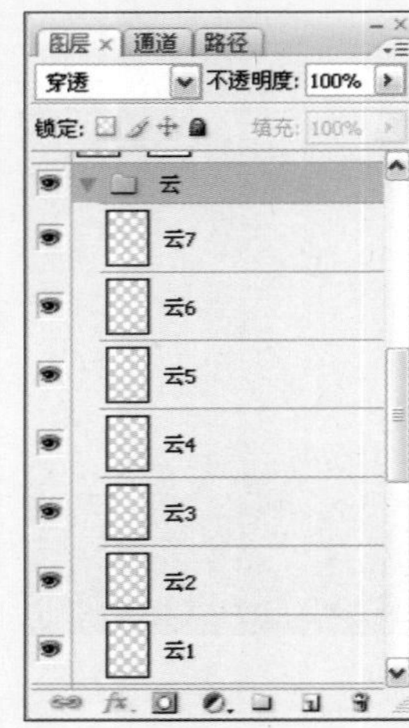

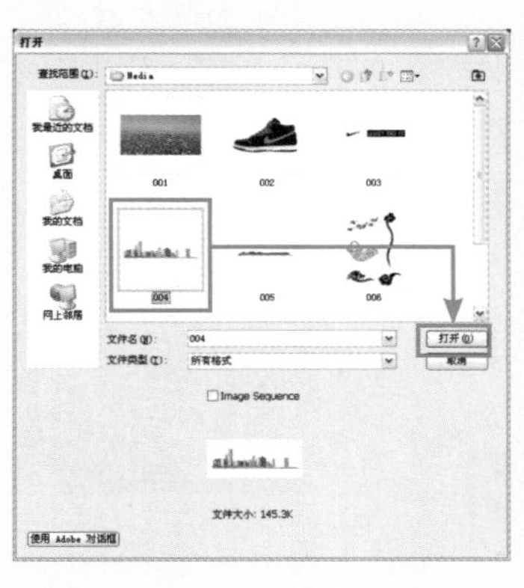

17 打开素材并拖入文件

按下快捷键Ctrl+O，选择本书配套光盘中素材与源文件\Chapter8\02运动品牌户外广告\Media\004.png文件，单击“打开”按钮打开素材文件。拖入杂志广告中得到图层5。

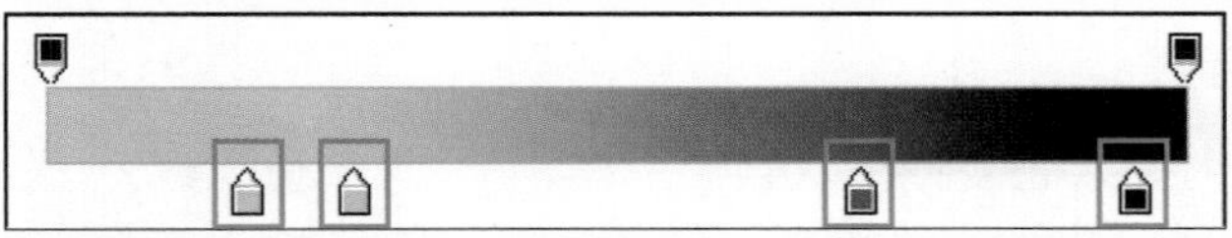

18 复制图层并调整

选择图层5，按下快捷键Ctrl+J，得到图层5副本。执行“图像>调整>渐变映射”命令，设置好参数后，单击“确定”按钮。最后设置该图层的混合模式为“色相”，“不透明度”为60%。

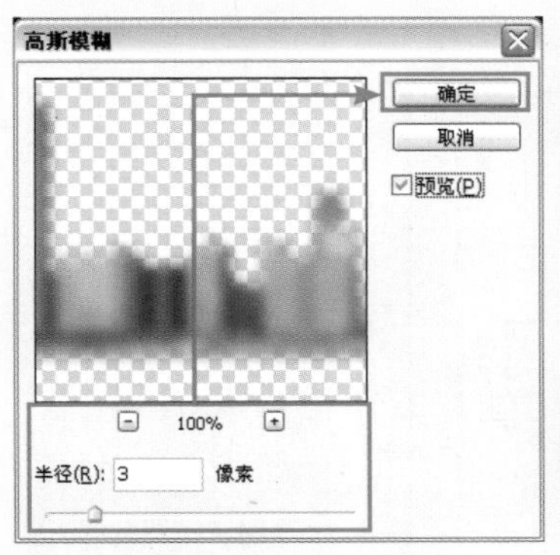

19 高斯模糊

选中图层5和图层5副本。按下快捷键Ctrl+Alt+E，合并选中图层，并自动生成新图层。执行“滤镜>模糊>高斯模糊”命令，设置“半径”为3像素。单击“确定”按钮，得到高斯模糊效果。

20 调整图层

设置该图层的混合模式为“变暗”，“不透明度”为80%。

21 调整色阶

单击图层面板下面的“创建新的填充或调整图层”按钮，在弹出的快捷菜单中选择“色阶”，设置好参数后，单击“确定”按钮。最后按下快捷键Alt+Ctrl+G，创建图层5副本（合并）的剪贴蒙版。

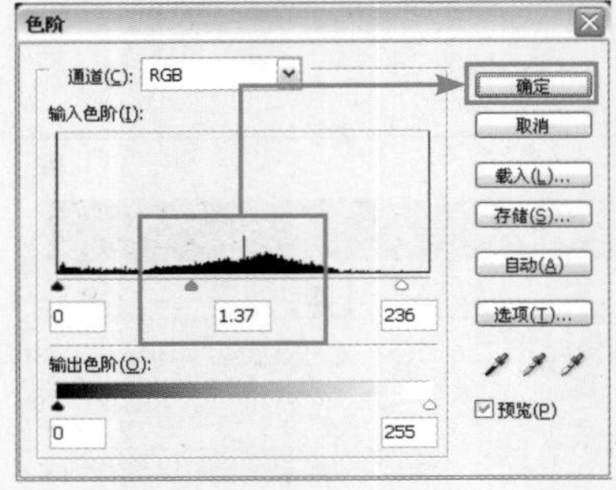

22 制作倒影

选中建筑的3个图层，按下快捷键Ctrl+Alt+E，合并选中图层，并自动生成新图层。将该图层移动到图层5下面，按下快捷键Ctrl+T，垂直旋转，放在适当位置。并添加图层蒙版，使用画笔工具在上面涂抹，倒影效果更自然和谐。

23 打开素材并拖入文件

按下快捷键Ctrl+O，选择本书配套光盘中素材与源文件\Chapter8\02运动品牌户外广告\Media\005.png文件，单击“打开”按钮打开素材文件，拖入杂志广告中得到图层6。

24 打开素材并拖入文件

按下快捷键Ctrl+O，选择本书配套光盘中素材与源文件\Chapter8\02运动品牌户外广告\Media\002.png文件，单击“打开”按钮打开素材文件。拖入杂志广告中得到新图层，重命名为“鞋子”。新建图层组并将其重命名为“元素”。将鞋子图层拖入元素组中。

25 复制图层并调整

按下快捷键Ctrl+J，复制鞋子图层，并设置该图层的混合模式为“滤色”。

26 打开素材并拖入文件

按下快捷键Ctrl+O，选择本书配套光盘中素材与源文件\Chapter8\02运动品牌户外广告\Media\007.png文件，单击“打开”按钮打开素材文件，分别拖入杂志广告中。

27 打开素材

按下快捷键Ctrl+O，选择本书配套光盘中素材与源文件\Chapter8\02运动品牌户外广告\Media\006.png文件，单击“打开”按钮打开素材文件。

28 选择素材并拖入文件

单击多边形套索工具，沿着素材边缘选区。然后单击移动工具，将素材拖入杂志广告中，得到新图层，重命名为“元素1”，单击“指示图层可视性”按钮，设置前景色为白色。按下快捷键Alt+Delete，将素材填充为白色。

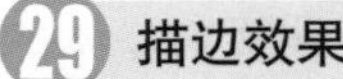

29 描边效果

选择“元素1”图层。单击“添加图层样式”按钮，在弹出的快捷菜单中选择“描边”，设置好参数后，单击“确定”按钮，得到描边的效果。

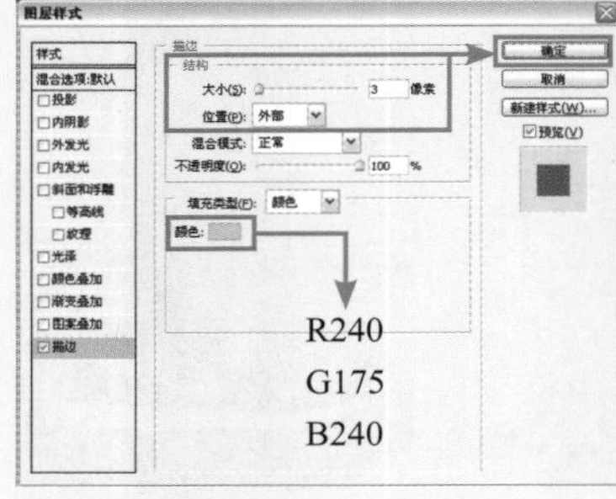

30 添加其他元素

根据前面的方法，添加其他元素。读者朋友可以根据具体情况添加不同的描边颜色，使整体效果更和谐美观。最后单击移动工具，适当调整好大小和方向，放在适当位置。

31 创建选区并填充

新建组，并重命名为“光1组”。新建图层，并重命名为“白色光1”。单击矩形选框工具，创建一个矩形选区。设置前景色为白色，按下快捷键Alt+Delete，填充选区。最后取消选区。

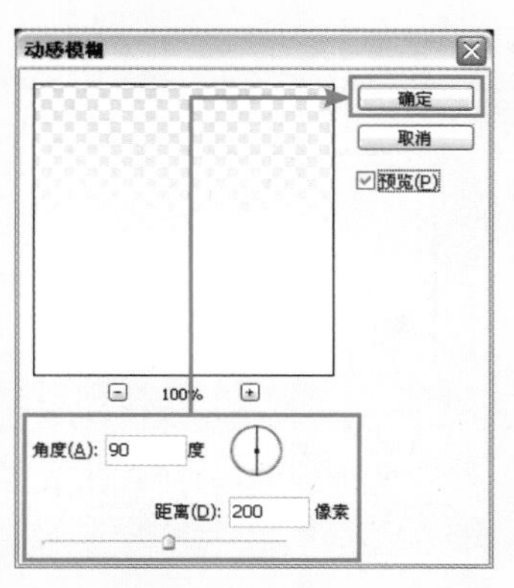

32 动感模糊

选择“白色光1”图层执行“滤镜>模糊>动感模糊”命令，设置“角度”为90°，“距离”为200像素，然后单击“确定”按钮。得到动感模糊的效果。

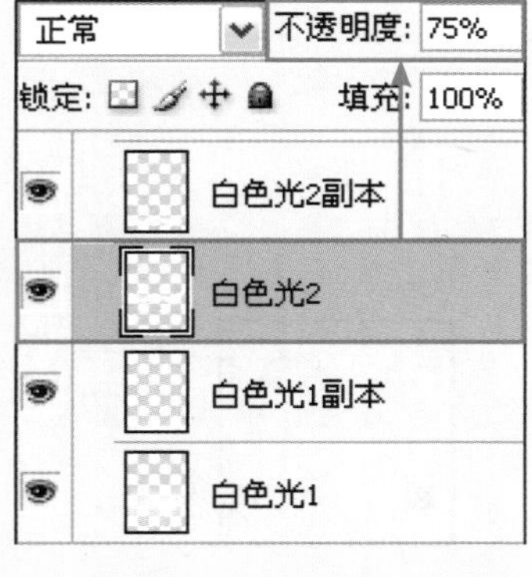

33 复制图层并调整

复制该光效图层，调整图层的不透明度，放在适当的位置，使效果更和谐美观。

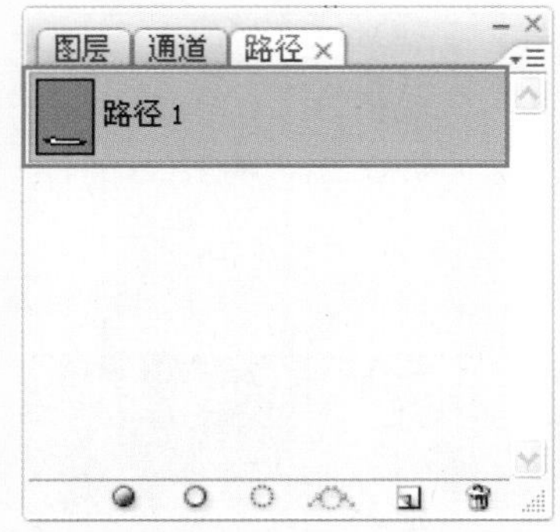

34 创建路径并填充

选择路径面板，新建路径1，单击钢笔工具，绘制1个曲线路径，新建图层，并重命名为“阴影”，设置前景色为黑色，单击路径面板下面的“用前景色填充路径”按钮，填充路径。

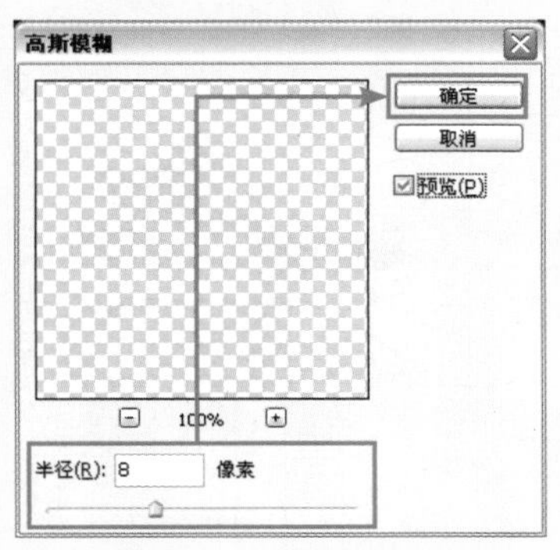

35 高斯模糊

选择该“阴影”图层，执行“滤镜>模糊>高斯模糊”命令，设置“半径”为8像素，单击“确定”按钮。并设置该图层的“不透明度”为60%。

36 路径描边

新建路径2，使用钢笔工具绘制1条曲线路径，单击画笔工具，新建1个图层，设置好前景色后，单击“用画笔描边路径”按钮。得到路径描边的效果。

37 复制图层并改变颜色

按两次快捷键Ctrl+J，得到该图层的两个副本，并单击“指示图层可视性”按钮，设置好前景色，按下快捷键Alt+Delete，填充。分别填充图层。适当调整好大小，放在适当位置。

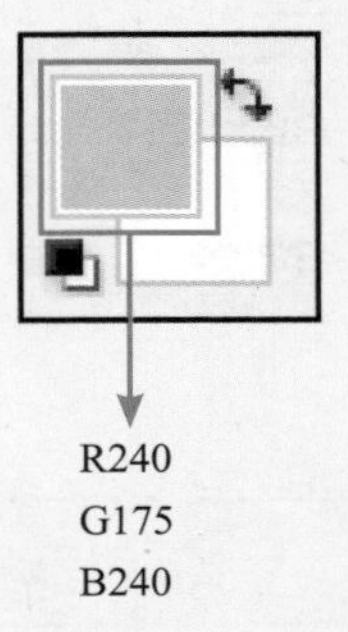

38 调整形状

合并该元素图层，按下快捷键Ctrl+T，调整好形状，放在适当位置。最后创建图层蒙版，使用画笔工具在蒙版上涂抹，得到渐隐的效果。

39 使用画笔工具

新建图层，并重命名为光2，单击画笔工具，设置前景色为白色，在该图层上单击鼠标，创建几个圆。

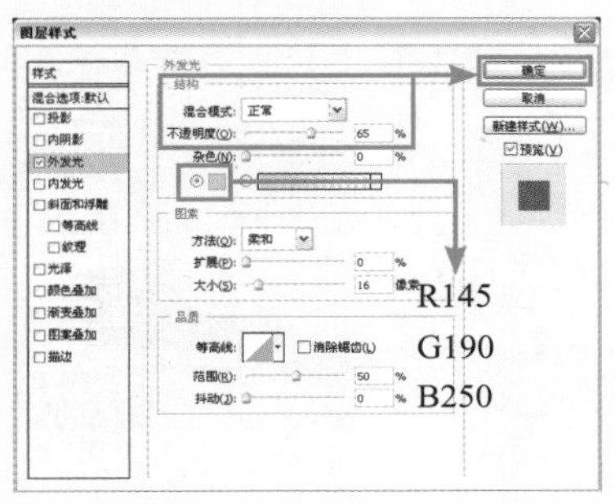

40 外发光效果

选择“光2”图层，单击“添加图层样式”按钮，在弹出的快捷菜单中选择“外发光”，设置好参数后，单击“确定”按钮。得到外发光效果。

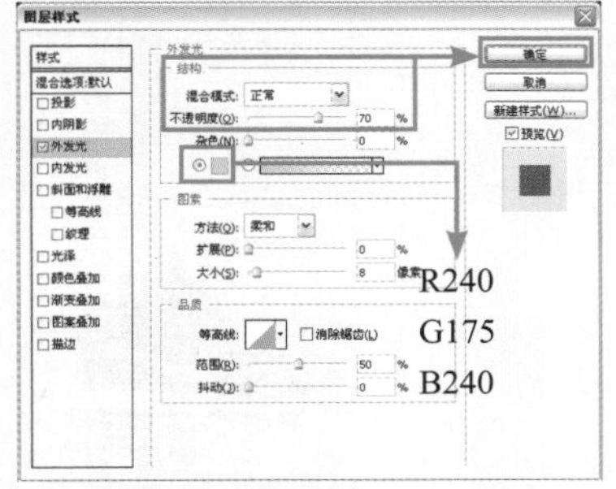

41 外发光效果

复制“光2”图层，单击“添加图层样式”按钮，在弹出的快捷菜单中选择“外发光”，设置好参数后，单击“确定”按钮。得到外发光效果。

42 创建路径并描边

新建路径3，使用钢笔工具绘制1条曲线路径。单击画笔工具，设置前景色为白色，新建图层，并重命名为“光12”，单击“用画笔描边路径”按钮，然后复制图层“光2”的图层样式，得到外发光效果。

43 创建路径并描边

新建路径4，使用钢笔工具绘制1条曲线路径。单击画笔工具，设置前景色为粉红色，新建图层，并重命名为“光3”，单击“用画笔描边路径”按钮，得到画笔描边效果。

44 使用液化滤镜

选择“光3”图层，执行“滤镜＞液化”命令。设置好参数后，在上面涂抹，最后单击“确定”按钮，得到液化的效果。完成所有光效元素的制作。

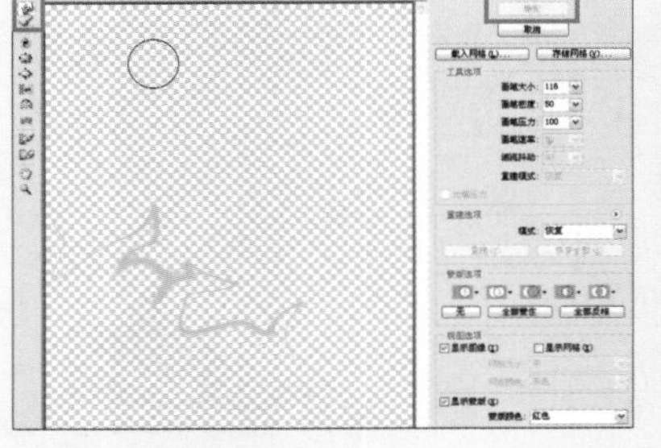

45 复制元素并调整

复制刚才制作的光元素，调整其大小和方向，放在适当位置。读者可以根据具体情况自由发挥，得到和谐美观的画面效果就好。

46 添加文字

单击横排文字工具，设置颜色为白色，输入一下文字。完成后，设置该文字图层的“不透明度”为60%。单击移动工具，适当改变大小，放在合适位置。

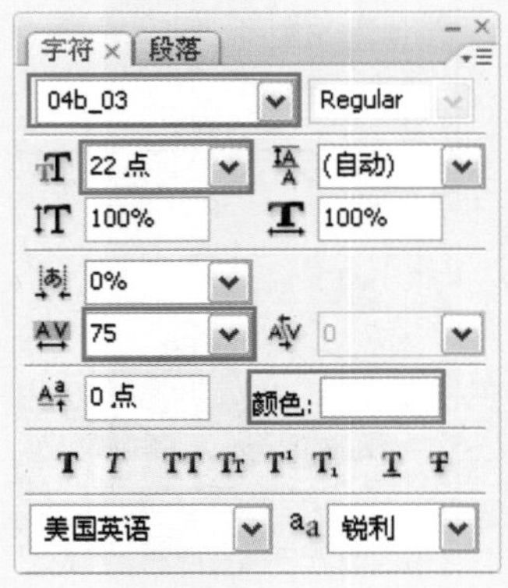

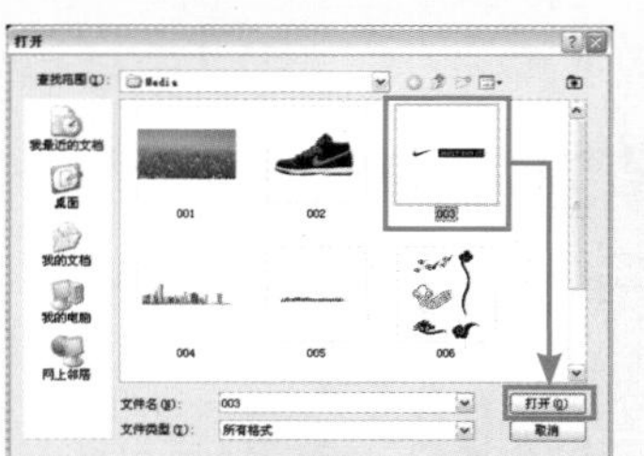

47 拖入标志完成制作

按下快捷键Ctrl+O，选择本书配套光盘中素材与源文件\Chapter8\02运动品牌户外广告\Media\003.png文件，单击“打开”按钮打开素材文件。拖入杂志广告中，得到新图层，重命名为“标志”，单击移动工具，放在适当位置，本实例完成。

8.5 广告理论与后期应用

8.5.1 色彩的搭配

色彩是人的视觉最敏感的东西。对于一个广告作品色彩处理得好，可以锦上添花，达到事半功倍的效果。色彩总的应用原则应该是“总体协调，局部对比”，也就是整体色彩效果应该是和谐的，只有局部的、小范围的地方可以有一些强烈的色彩对比。在色彩的运用上，可以根据内容的需要，分别采用不同的主色调。因为色彩具有象征性，例如：嫩绿色、翠绿色、金黄色、灰褐色分别象征着春、夏、秋、冬。其次还有职业的标志色，例如：军警的橄榄绿，医疗卫生的白色等。色彩还具有明显的心理感觉，例如冷、暖，进、退的效果等。另外，色彩还有民族性，各个民族由于环境、文化、传统等因素的影响，对于色彩的喜好也存在着较大的差异。充分运用色彩的这些特性，可以使作品具有深刻的艺术内涵，从而提升主页的文化品位。

平面设计基本色彩搭配图

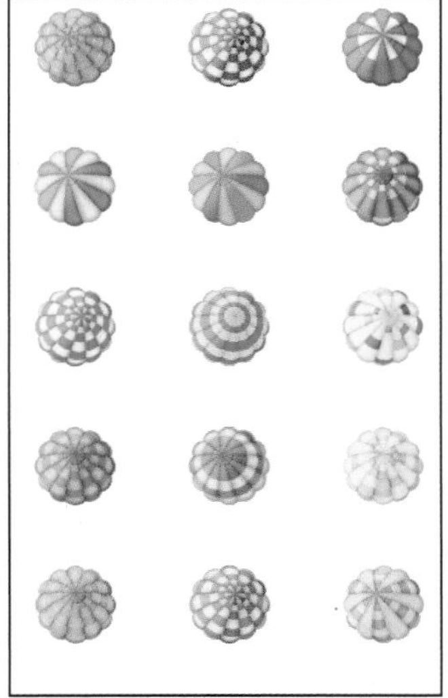

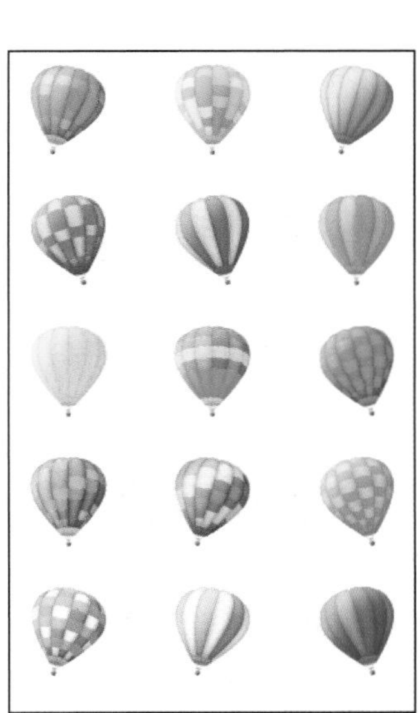

（1）暖色调。即红色、橙色、黄色、赭色等色彩的搭配。这种色调的运用，可使作品呈现温馨、和煦、热情的氛围。

（2）冷色调。即青色、绿色、紫色等色彩的搭配。这种色调的运用，可使作品呈现宁静、清凉、高雅的氛围。

（3）对比色调。即把色性完全相反的色彩搭配在同一个空间里，例如：红与绿、黄与紫、橙与蓝等。这种色彩的搭配，可以产生强烈的视觉效果，给人亮丽、鲜艳、喜庆的感觉。当然，对比色调如果用得不好，会适得其反，产生俗气、刺眼的不良效果。这就要把握“大调和，小对比”这一个重要原则，即总体的色调应该是统一和谐的，局部的地方可以有一些小的强烈对比。

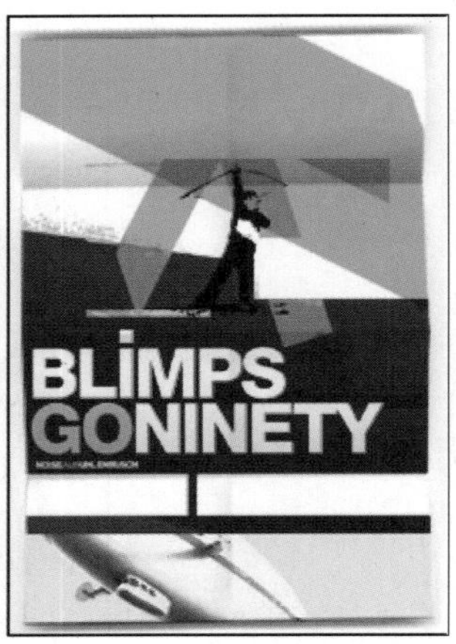

8.5.2 色彩的应用

色彩的搭配最终需要应用在实际的平面广告设计作品中。根据产品的类型需要选择不通的颜色搭配，正确地选择颜色的搭配，才能使产品的广告得到很好的共鸣，才能取得更好的广告效益。

本章户外广告是运动品牌的户外广告，主要针对年轻的消费者，采用现在比较流行的复古风格，大胆采用互补的颜色对比效果，使整个画面既有时尚的感觉，又不乏个性，非常适合年轻消费者的口味。这类户外广告可以大量投放在城市商业圈的楼房外墙上，以提高产品形象。

杂志广告的印刷效果精美，比较适合选择设计颜色丰富，细腻的设计作品。对颜色搭配和应用要求比较高。本章的杂志广告采用冷暖对比颜色，选择了颜色纯度不高的冷暖色，以柔和的对比效果，渲染出一种柔美和梦幻的效果，体现出产品轻盈舒适的感觉。适合年轻消费者的需要。本章杂志广告可以投放于《都市生活》、《动感地带》等时尚生活杂志中。

Chapter 09 手表广告

9.1 产品广告分析

全球制表业，瑞士可称为元老。瑞士钟表业具有300年历史的古老传统，制表业是瑞士国家的象征。对于消费者来讲，一款手表就是一份纪念品、一段历史、一件工艺品、一份情感的寄托。对于男士的意义无须多说，商务谈判或是假日休闲时，一款时尚品位的腕表都能彰显个性，让男人显得更干练、更有责任感。其广告以“新”、“奇”来推动市场，迅速吸收消费者的眼光，迎合年轻人消费心态的转变，求新、求变、反传统；与消费者建立感情、举办活动、传递信息，吸引消费者连续购买；紧跟时尚与宣传配合，让手表乘坐美国航天飞机环绕地球等；将手表变成艺术品，与艺术大师合作，对产品限量生产。每年的宣传内容都有不同，一直让消费者保持渴望，并引发下一轮的购买热潮。

斯沃琪手表平面广告：表现出女人的天真，时尚，气质，高贵。

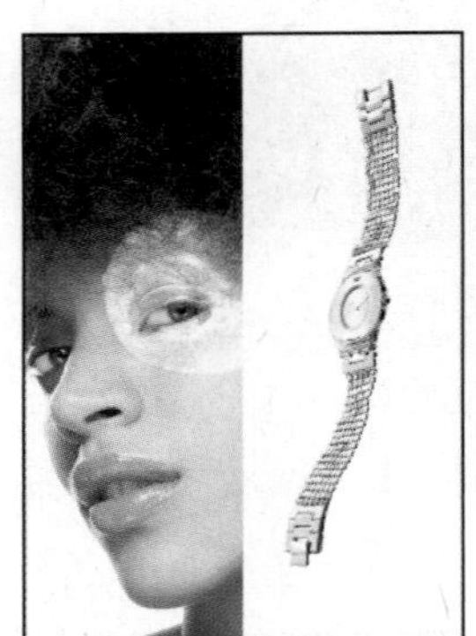

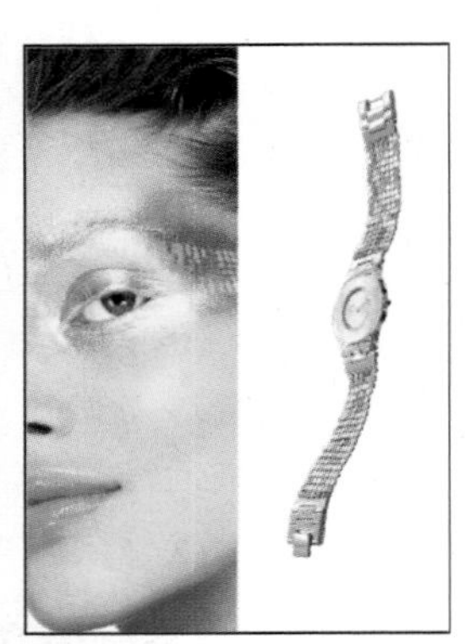

浪琴百年经典系列广告：时间与空间的见证品。

TAG平面广告：时间锐不可挡，超越极限。

9.2 本案策划方案

本章第一个实例手表杂志广告，打破了通常手表杂志广告的形式，以连页广告的形式，制作了3个页面广告。通过色彩的合理搭配，以一种简约而不简单的风格，来表现手表的独特气质，时尚，高贵而不张扬。

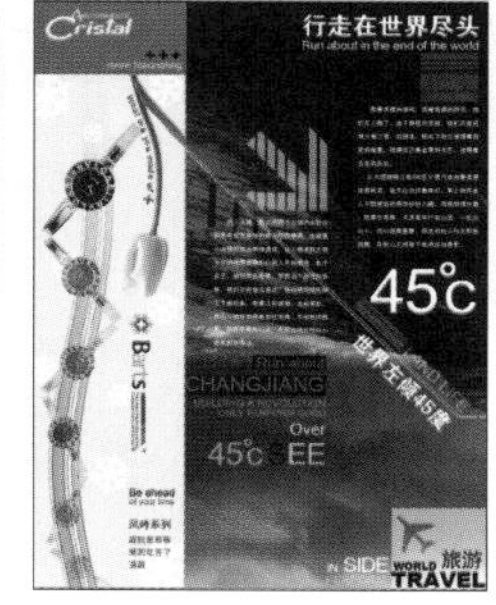

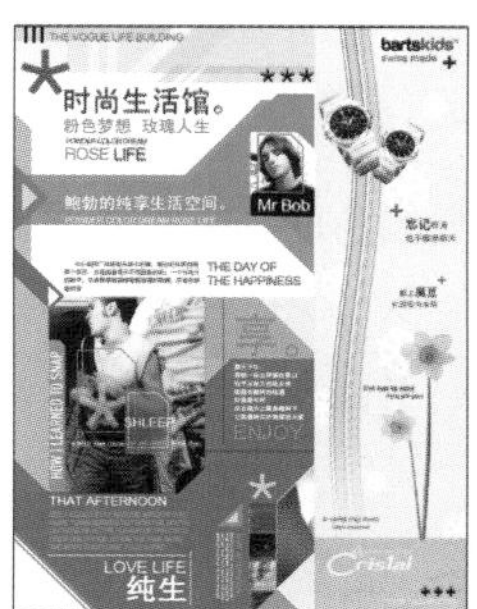

简单的背景→动感的元素飘带→主体物与花的对比→合理的排版→时尚大方的杂志广告

本章的第二个实例手表户外广告，使用间接的手法，以梦幻的背景和时尚的人物，渲染出遥远时空的气氛。从侧面强调了主题，即时间的价值能够超越空间。

时尚的人物 ——▶ 梦幻的背景烘托 ——▶ 合理的空间运用 ——▶ 醒目的户外广告

9.3 手表杂志广告

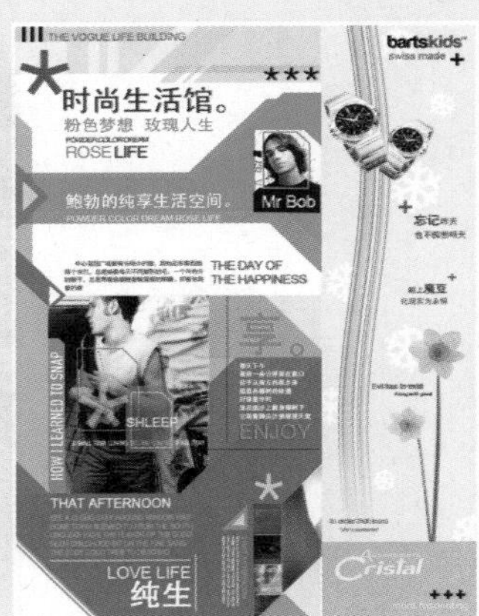

文件路径 素材与源文件\Chapter9\01手表杂志广告\Complete\手表杂志广告1.psd~手表杂志广告3.psd

实例说明 本实例主要运用了矩形选框工具、高斯模糊、切变扭曲等，通过简单的背景，流动的飘带元素，花朵与主体的对比衬托，表现出产品的内在品质。

技法表现 通过连页广告的表现形式，色彩的合理搭配，空间的合理运用，以简约的风格，表现出手表时尚，高贵而不张扬的内在气质。

难度指数 ★★★★★

01 打开文件

首先制作手表杂志广告1。执行"文件>打开"命令，在弹出对话框中，选择本书配套光盘中素材与源文件\Chapter9\01手表杂志广告\Media\007.jpg文件。单击"打开"按钮打开文件。

02 创建参考线

按下快捷键Ctrl+R，显示标尺。单击移动工具，从左边的标尺中拖出一条参考线，放在5厘米处。

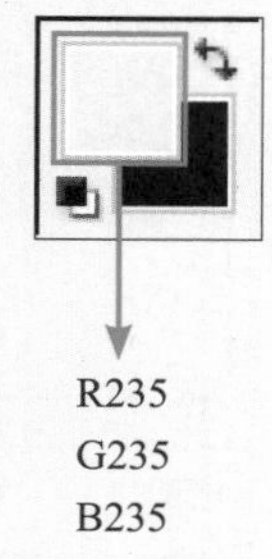

03 创建选区并填充

新建图层1，单击矩形选框工具，沿着参考线创建一个矩形选区。设置好前景色后，按下快捷键Alt+Delete，填充选区。最后按下快捷键Ctrl+D，取消选区。

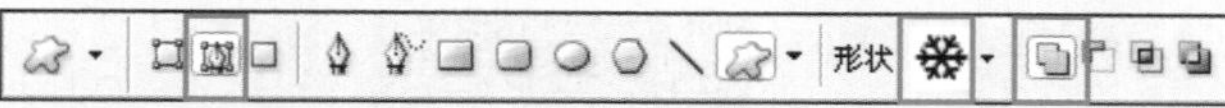

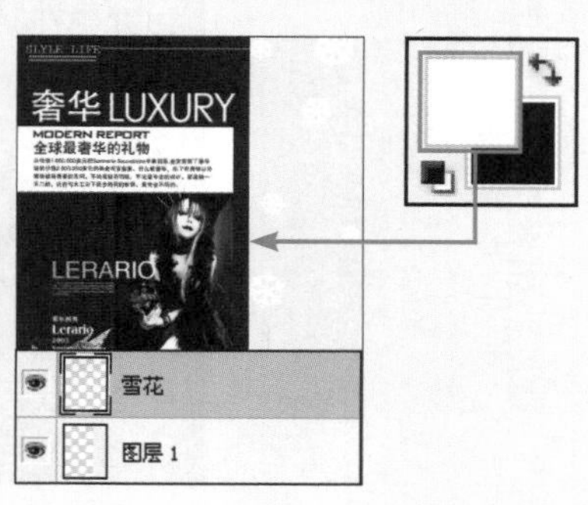

04 创建路径并填充

选择路径面板，新建路径1，单击自定义形状工具，在属性栏中单击"路径"按钮，选择雪花路径，按住Shift键，创建几个雪花路径。新建图层，并重命名为"雪花"。设置前景色为白色，选择路径面板，单击"用前景色填充路径"按钮，得到雪花元素。

05 创建条形元素

新建组，并重命名为“条”。新建图层，并重命名为“条”。单击矩形选框工具，创建一个矩形选区。设置好前景色后，按下快捷键Alt+Delete，填充选区。最后取消选区。

06 复制图层并调整

按下快捷键Ctrl+J，复制几个“条”图层，调整其大小，放在适当的位置。分别单击“锁定透明像素”按钮，设置不同的前景色，按快捷键Alt+Delete进行填充。

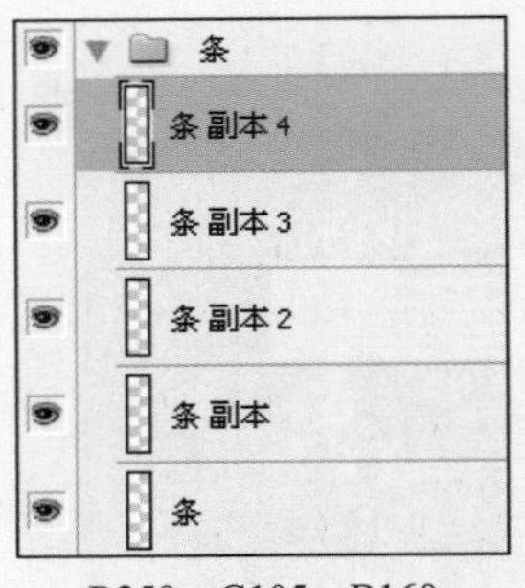

R250、G105、B160
R161、G99、B162

07 高斯模糊

选择“条副本4”图层，执行“滤镜>模糊>高斯模糊”命令，设置“半径”为5像素，然后单击“确定”按钮，得到高斯模糊的效果。单击移动工具，调整其大小，放在适当的位置。

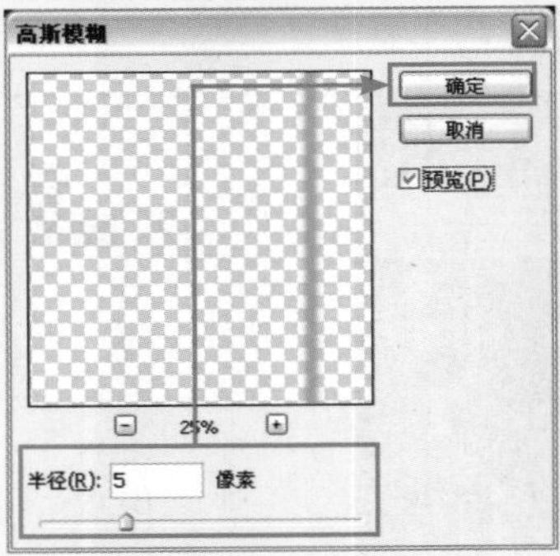

08 复制并调整图层

根据上面的方法，复制几个图层，并调整其大小和位置。选择适当的图层执行高斯模糊。最后根据整体画面关系，调整好大小和位置。

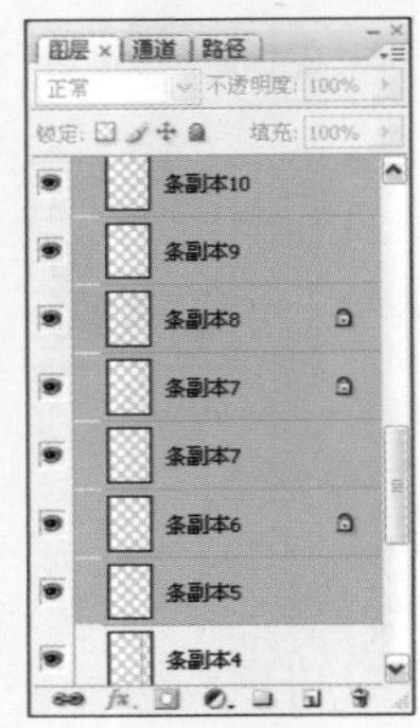

09 合并图层并调整

选中所有条形图层，按下快捷键Ctrl+Alt+E，合并选中图层，并自动生成新图层，重命名为“条合并”图层。按下快捷键Ctrl+T，适当调整宽度，使条形更美观。最后按下Enter键确定。

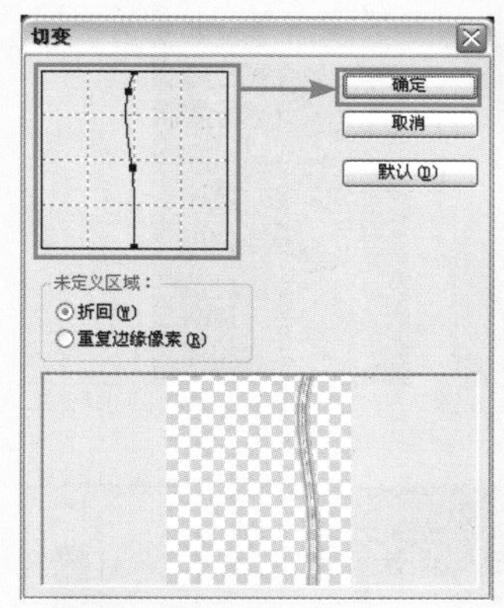

10 使用切变滤镜

选择“条合并”图层，执行“滤镜>扭曲>切变”命令，设置好切点后，单击“确定”按钮，得到切变的效果。最后单击移动工具，调整其大小，放在适当的位置。

11 添加图层蒙版

选择“条合并”图层，单击“添加图层蒙版”按钮，然后单击渐变工具，使用默认的黑色到白色渐变，在图层蒙版中，从下到上拖动鼠标，得到渐隐的效果。

12 打开素材并拖入文件

按下快捷键Ctrl+O，选择本书配套光盘中素材与源文件\Chapter9\01手表杂志广告\Media\001.png文件。单击“打开”按钮打开文件。将该素材拖入杂志广告中，得到新图层，并命名为“花”。调整其大小，放在适当的位置。

13 调整曲线

选择“花”图层，单击“创建新的填充或调整图层”按钮，在弹出的快捷菜单中选择“曲线”，设置好参数后，单击“确定”按钮。最后按下快捷键Alt+Ctrl+G，创建“花”图层的剪贴蒙版。

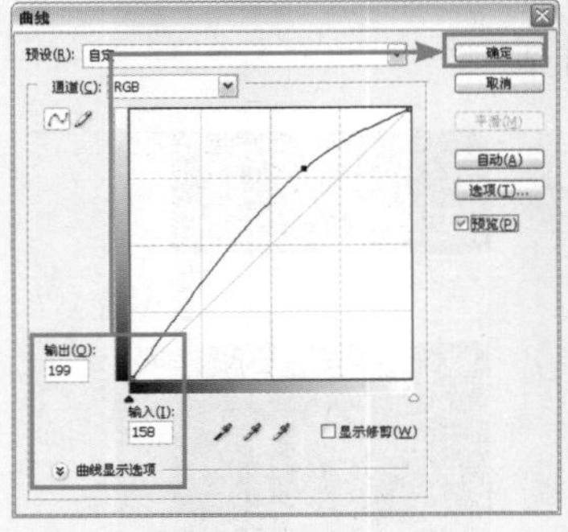

14 创建选区并填充

新建图层2，单击矩形选框工具，沿着参考线创建一个矩形选区。设置好前景色后，按下快捷键Alt+Delete，填充选区。最后取消选区。

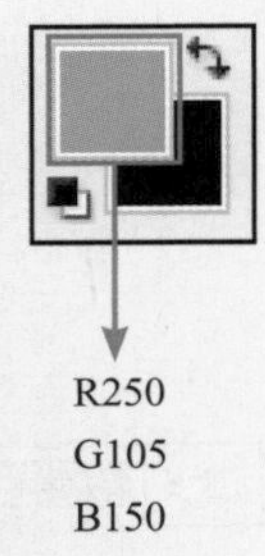

15 打开素材并拖入文件

按下快捷键Ctrl+O，选择本书配套光盘中素材与源文件\Chapter9\01手表杂志广告\Media\005.png文件。单击“打开”按钮打开文件。将该素材拖入杂志广告中，放在适当位置，得到图层3。单击该图层的“锁定透明像素”按钮，设置好前景色后，按下快捷键Alt+Delete，进行填充。

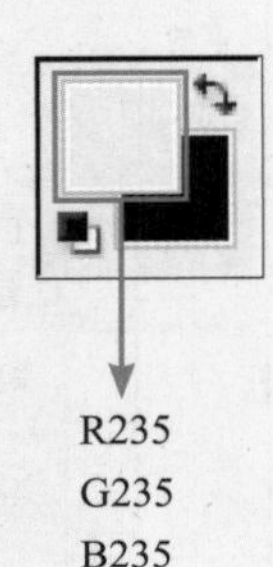

R235、G235、B235

16 添加文字

单击横排文字工具[T]，在属性栏中单击“显示/隐藏字符和段落调板”按钮，在弹出的“字符和段落”面板中设置好参数后，输入如图所示文字。最后单击移动工具，将其放在适当的位置。

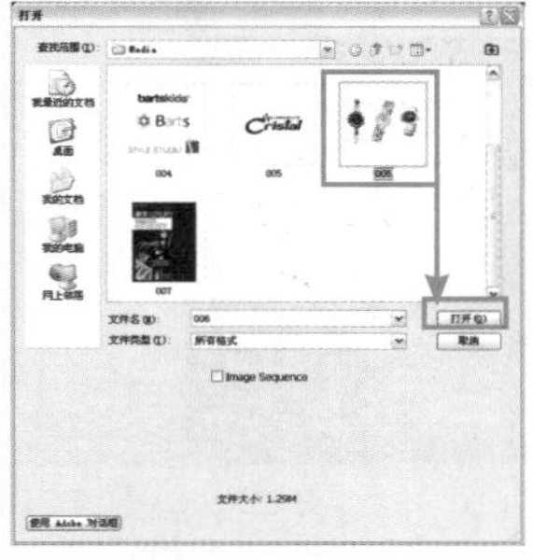

17 打开素材文件

按下快捷键Ctrl+O，选择本书配套光盘中素材与源文件\Chapter9\01手表杂志广告\Media\006.png文件。单击“打开”按钮打开文件。

18 拖入素材文件

选择刚才打开的素材文件，单击矩形选框工具，沿着需要的元素创建选区。然后单击移动工具，将该元素拖入杂志广告中，得到新图层，并重命名为“手表”。调整其大小和方向，放在适当的位置。

19 创建倒影

选择“手表”图层，按下快捷键Ctrl+J，得到该图层副本。移动到“手表”图层的下面。按下快捷键Ctrl+T，右击鼠标，在弹出的快捷菜单中选择“垂直翻转”命令，调整好位置后，按下Enter键来确定。单击“添加图层蒙版”按钮，使用默认的黑色到白色渐变，在图层蒙版上从下到上拖动鼠标，得到渐隐的效果。

20 调整色相/饱和度

选择“手表副本”图层，单击“创建新的填充或调整图层”按钮，在弹出的快捷菜单中选择“色相/饱和度”命令，设置“饱和度”为−100，单击“确定”按钮。最后按下快捷键Alt+Ctrl+G，创建该副本图层的剪贴蒙版。

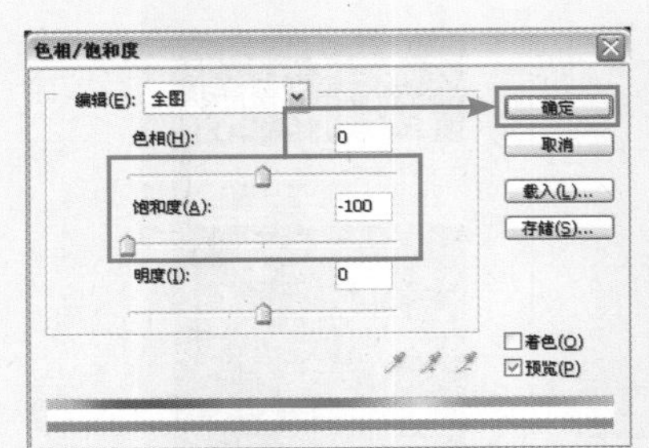

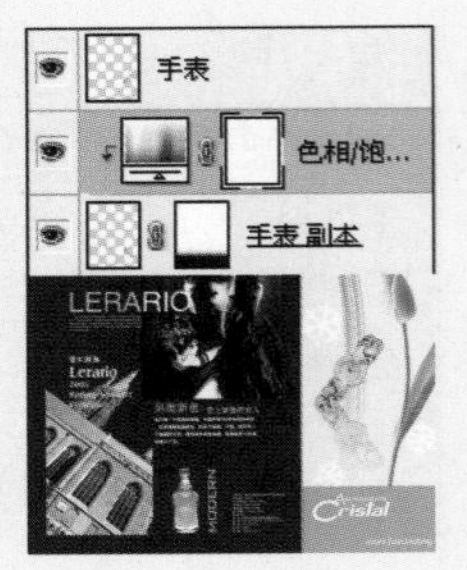

21 添加文字

单击横排文字工具，设置好参数后，输入以下文字。并选中字母O、o、e、e，设置其颜色为红色。最后单击移动工具，放在适当的位置。

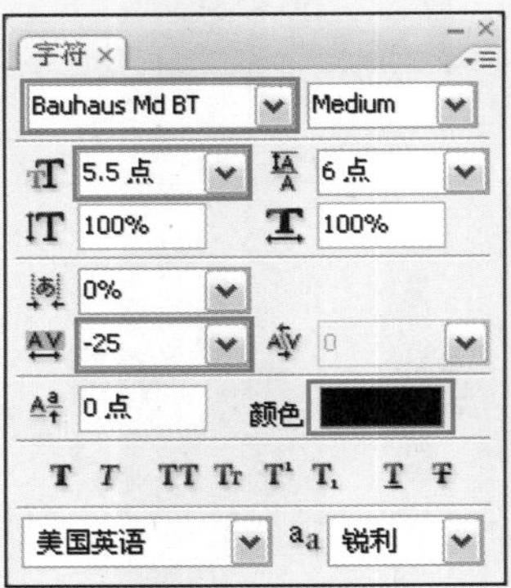

R128、G12、B31

22 添加中文文字

单击横排文字工具，设置好参数后，输入以下文字。最后单击移动工具，放在适当的位置。

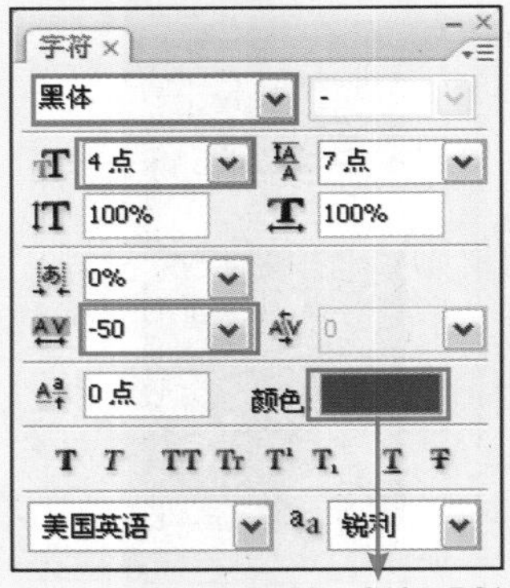

R128、G12、B31

23 添加其他元素

根据画面整体效果，读者可根据具体情况添加一些元素，使画面更美观和谐。笔者这里的效果仅供参考。

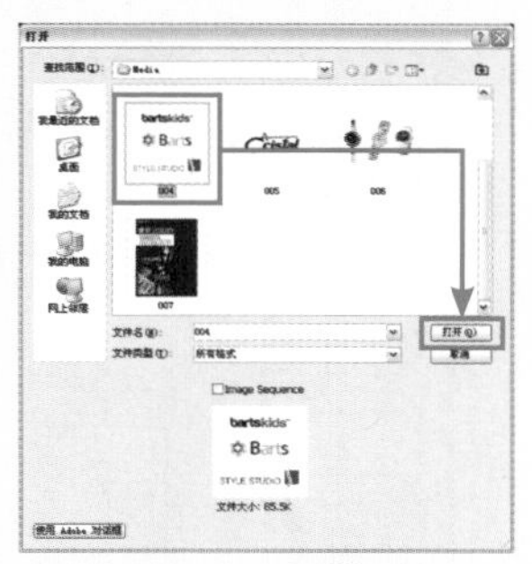

24 打开素材文件

按下快捷键Ctrl+O，选择本书配套光盘中素材与源文件\Chapter9\01手表杂志广告\Media\004.png文件。单击“打开”按钮打开文件。

25 拖入素材文件

选择刚才打开的素材文件，单击矩形选框工具，沿着需要的元素创建选区。然后单击移动工具，将该元素拖入杂志广告中，得到图层4，调整其大小和方向，放在适当的位置。完成杂志广告1的制作，按下快捷键Ctrl+S，保存好文件。

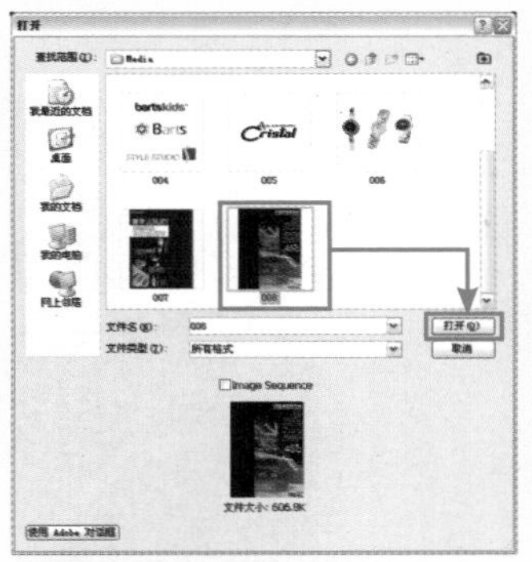

26 打开素材文件

按下快捷键Ctrl+O，选择本书配套光盘中素材与源文件\Chapter9\01手表杂志广告\Media\008.jpg文件。单击“打开”按钮打开文件。

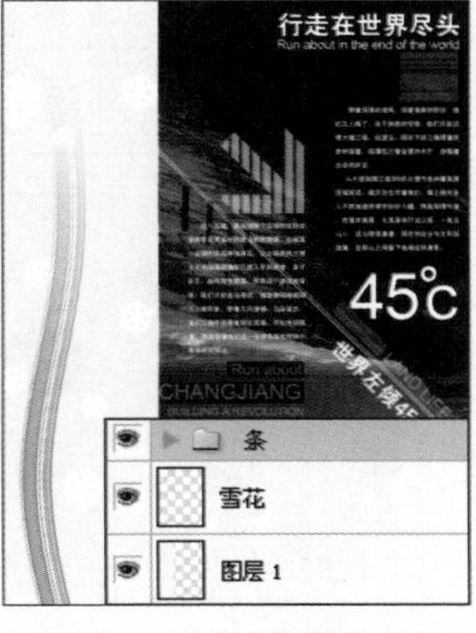

R154、G197、B90　　R145、G99、B159　　R69、BG57、B110

27 添加背景以及元素

根据前面的方法，添加底色背景、雪花元素，以及条形飘带。

专家支招：为了得到美观的效果，适当调整条形元素的颜色。笔者这里提供了颜色参考值，读者朋友也可根据画面效果，进行调整，只要整体效果和谐美观就好。

28 打开素材并拖入文件

按下快捷键Ctrl+O，选择书配套光盘中素材与源文件\Chapter9\01手表杂志广告\Media\003.png文件。单击“打开”按钮打开文件。将该素材拖入杂志广告中，得到新图层，并命名为“花”。调整其大小，放在适当的位置。最后单击橡皮擦工具，擦除多余部分。

29 调整色相/饱和度

选择“花”图层，单击“创建新的填充或调整图层”按钮，在弹出的快捷菜单中选择“色相/饱和度”命令，勾选“着色”复选框，设置“色相”为233，“饱和度”为25，单击“确定”按钮。最后按下快捷键Alt+Ctrl+G，创建“花”图层的剪贴蒙版。

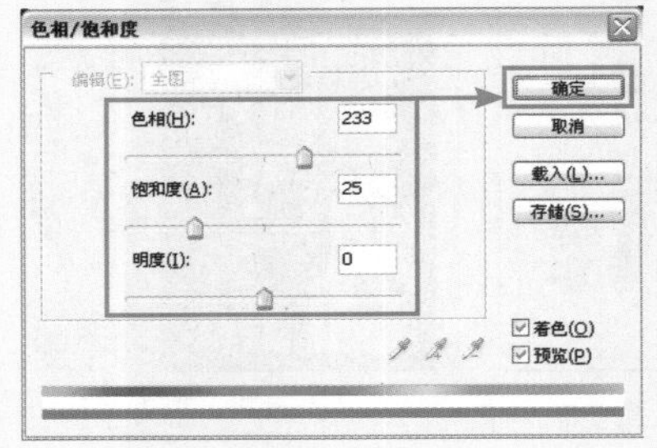

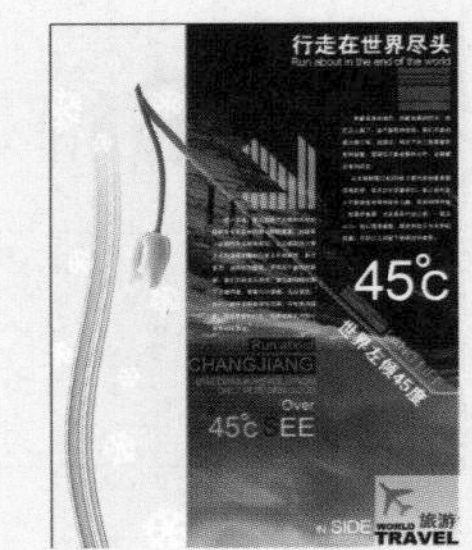

30 调整图层

单击画笔工具，设置前景色为黑色，在“色相/饱和度”调整图层的图层蒙版上涂抹，得到露出绿色叶子的效果。

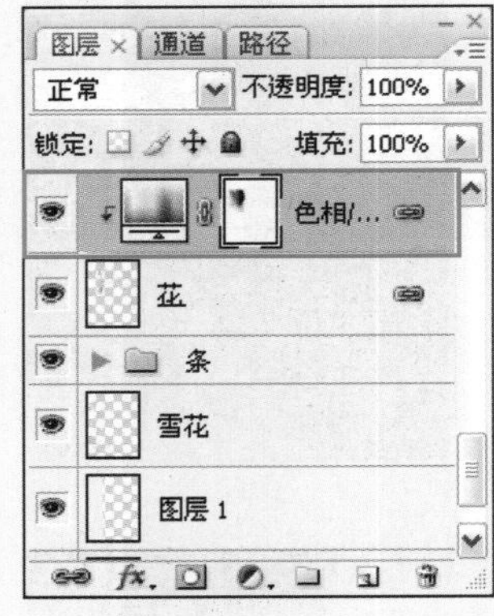

31 拖入素材文件

新建图层组，并重命名为“手表”。选择素材006.png文件，单击矩形选框工具，沿着需要的元素创建选区。然后单击移动工具，将该素材拖入杂志广告中，得到新图层，并重命名为“手表”。调整其大小和方向，放在适当的位置。

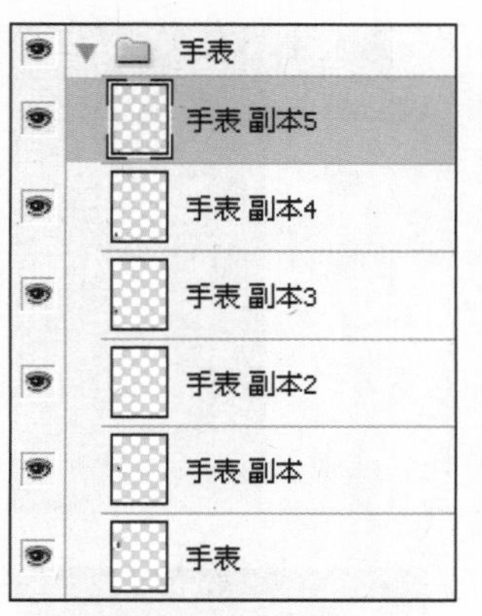

32 复制并调整图层

选择"手表"图层，按5次快捷键Ctrl+J，得到该图层的5个副本。分别调整好副本图层的大小和方向，并放在适当位置。

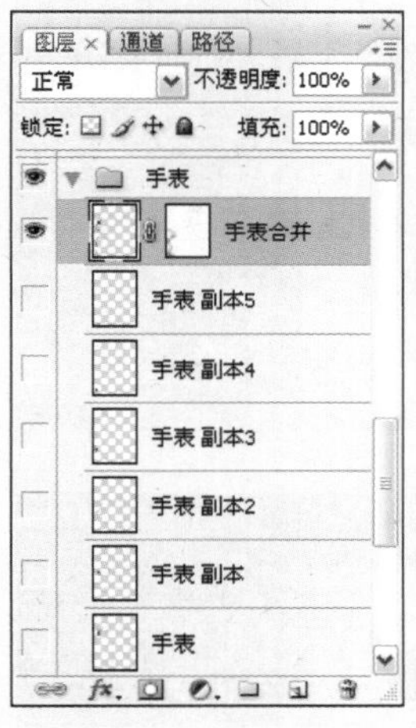

33 添加图层蒙版

选中所有手表元素的图层，按下快捷键Ctrl+Alt+E，合并选中图层，并自动生成新图层，单击除合并图层以外图层的"指示图层可视性"按钮，将其隐藏。然后单击"添加图层蒙版"按钮，设置前景色为黑色，使用画笔工具在图层蒙版涂抹，得到渐隐的效果。

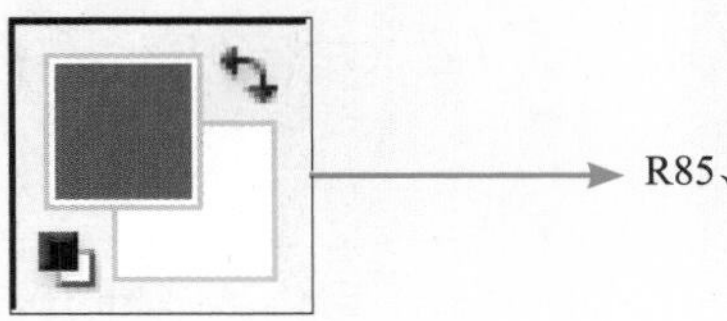

34 创建选区并填充

新建图层2，单击矩形选框工具，创建一个矩形选区。设置好前景色后，按下快捷键Alt+Delete，填充选区。最后取消选区。

35 拖入素材文件

选中素材004.png文件，单击矩形选框工具[]，沿着需要的元素创建选区。然后单击移动工具，将该素材拖入杂志广告中，调整其大小和方向，放在适当的位置。

36 添加文字

单击横排文字工具[T]，设置好参数后，输入以下文字。并选中"风吟系列"，设置其大小为5点，颜色为黑色。最后单击移动工具，放在适当的位置。

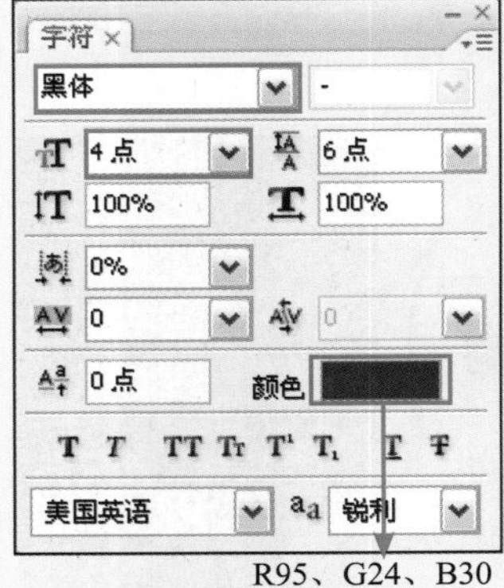

R95、G24、B30

37 添加路径文字

选择路径面板，新建路径2，单击钢笔工具，绘制一条曲线路径。然后单击横排文字工具[T]，设置好参数后，沿着曲线路径，输入以下文字。最后单击移动工具，将其放在适当的位置。

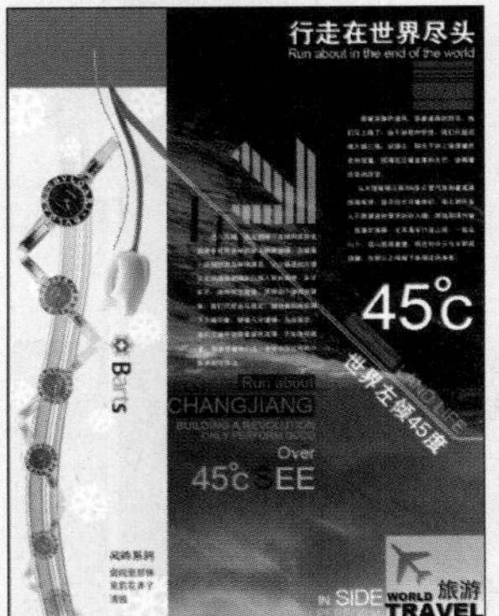

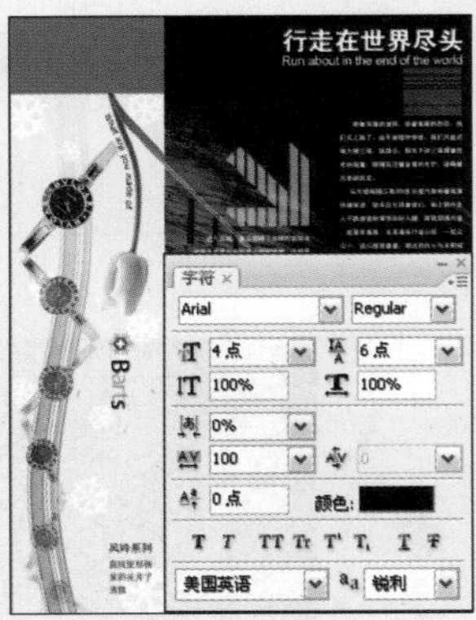

38 添加其他元素

根据画面整体效果，添加一些元素，达到和谐的效果。读者可根据具体情况进行添加。编者制作的效果仅供参考。杂志广告2完成，按下快捷键Ctrl+S，将其保存好。

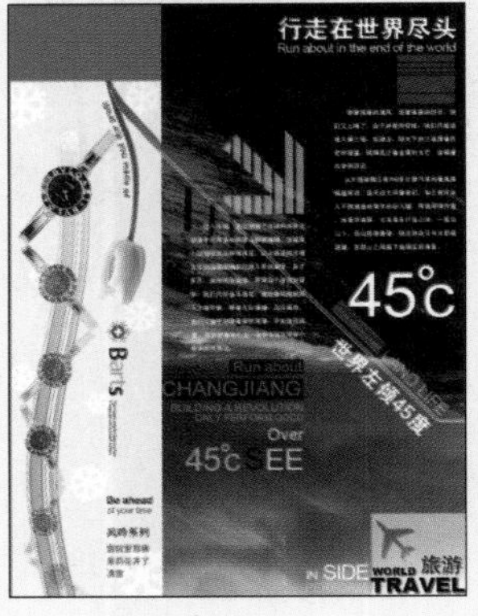

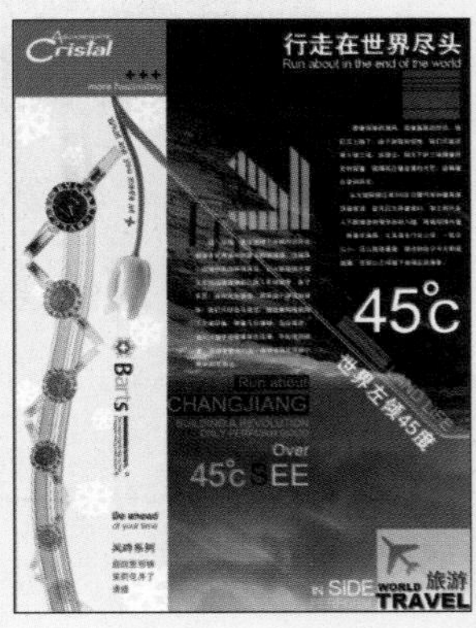

39 打开素材文件

按下快捷键Ctrl+O，选择书配套光盘中素材与源文件\Chapter9\01手表杂志广告\Media\009.jpg文件。单击“打开”按钮打开文件。

R240、G190、B0

40 创建背景

根据前面的方法，填充背景，添加雪花元素。新建图层1，创建矩形选区，设置好前景色后，按下快捷键Alt+Delete进行填充，得到黄色的矩形块。

R250、G100、B20　R245、G230、B55　R146、G99、B159

41 添加条形飘带元素

根据前面的方法，添加飘带元素。读者可根据具体情况进行添加，编者这里提供的颜色值和效果仅供参考。

42 打开素材并拖入文件

按下快捷键Ctrl+O，选择书配套光盘中素材与源文件\Chapter9\01手表杂志广告\Media\002.png文件，单击“打开”按钮打开文件，将该素材拖入杂志广告中，得到新图层，并命名为“花”。调整其大小，放在适当的位置。

43 调整曲线

选择“花”图层，单击“创建新的填充或调整图层”按钮，在弹出的快捷菜单中选择“曲线”命令，设置好参数后，单击“确定”按钮。最后按下快捷键Alt+Ctrl+G，创建“花”图层的剪贴蒙版。

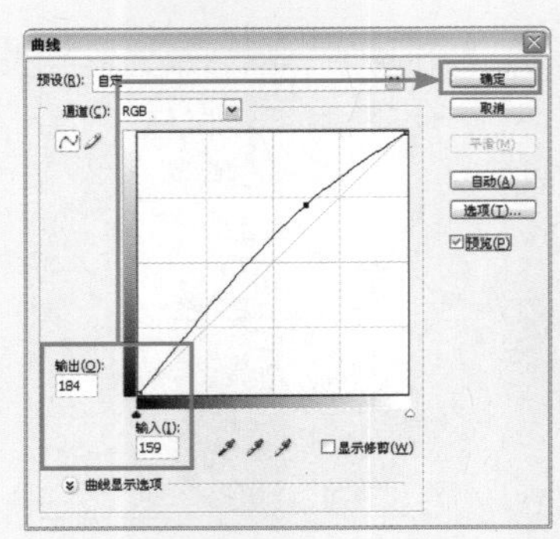

44 拖入手表素材

选择素材006.png文件，单击矩形选框工具，沿着需要的元素创建选区。然后单击移动工具，将该素材拖入杂志广告中，得到图层2，按下快捷键Ctrl+J，得到图层2副本。调整其大小和方向，放在适当的位置。

45 拖入素材文件

选中素材004.png文件，单击矩形选框工具，沿着需要的元素创建选区。然后单击移动工具，将该素材拖入杂志广告中，适当调整其大小和方向，放在适当的位置。

46 添加元素完成制作

根据客户要求，以及画面的整体效果，添加一些文字，以及一些小元素，使整个画面整洁美观，大方。本实例完成。

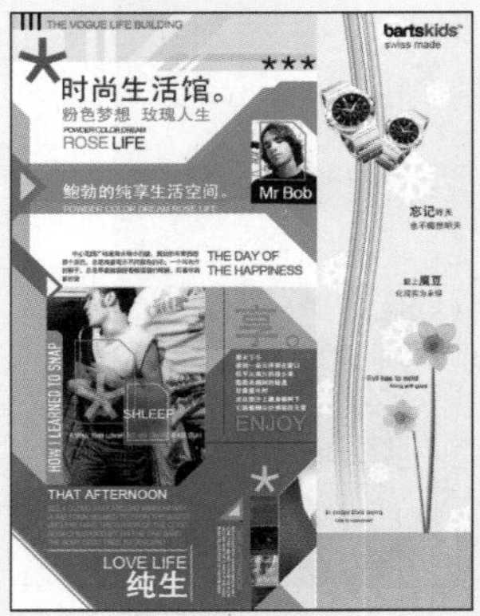

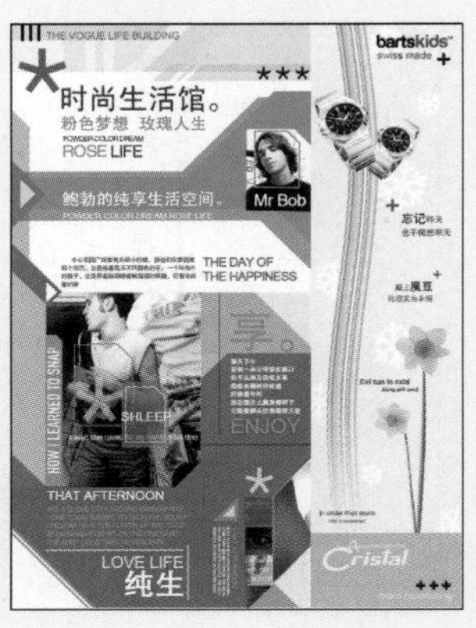

9.4 手表户外广告

文件路径 素材与源文件\Chapter9\02手表户外广告\Complete\手表户外广告.psd

实例说明 本实例主要运用了画笔工具，色相/饱和度的调整，图层的位置关系等。通过冷色调运用，渲染出梦幻的时空气氛。

技法表现 使用间接的表达形式，抽象的空间角度，渲染了产品的内在气质，突出了“时间超越空间”的主体。用作户外广告，醒目大方。

难度指数 ★★★★★

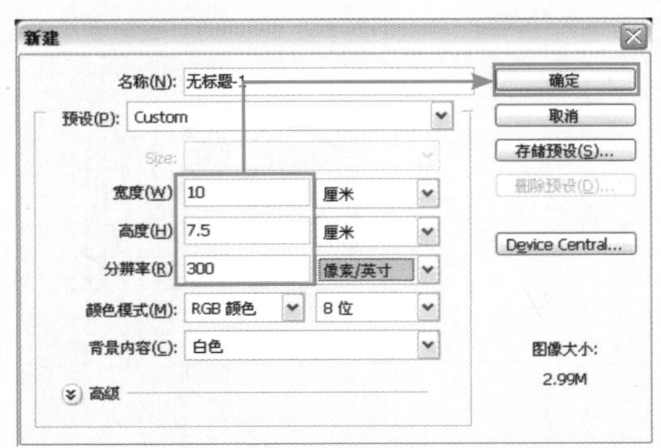

01 新建文件

执行“文件>新建”命令，弹出“新建”对话框，在对话框中设置“宽度”为10厘米，“高度”为7.5厘米，“分辨率”为300像素/英寸，单击“确定”按钮。

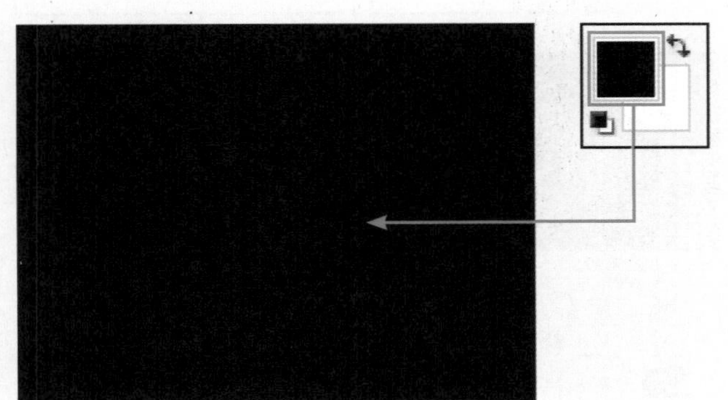

02 填充背景色

设置前景色为黑色，按下快捷键Alt+Delete，将背景填充为黑色。

03 打开素材并拖入文件

按下快捷键Ctrl+O，选择本书配套光盘中素材与源文件\Chapter9\02手表户外广告\Media\001.jpg文件，单击“打开”按钮打开素材文件。将该素材拖入户外广告中得到图层1。

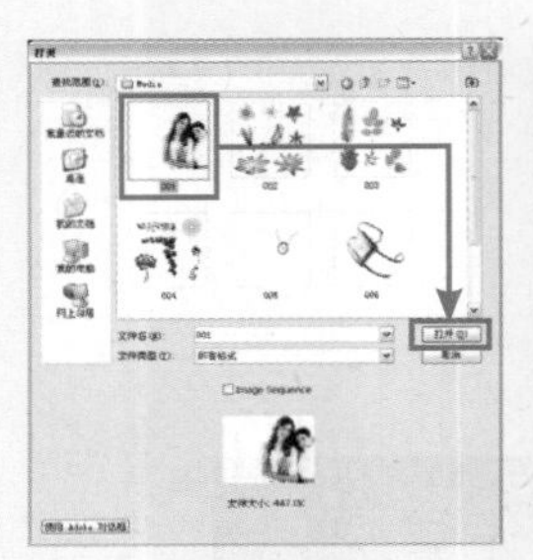

04 添加图层蒙版

选择图层1，单击图层面板下面的“添加图层蒙版”按钮，设置前景色为黑色，单击画笔工具，在图层蒙版上涂抹，除去白色部分，露出主体人物。

05 载入画笔

单击画笔工具，右击鼠标，在弹出的快捷菜单中选为“载入画笔”命令。在弹出的对话框中选择本书配套光盘中素材与源文件\Chapter9\02手表户外广告\Media\手表画笔.abr文件，单击“载入”按钮载入画笔。

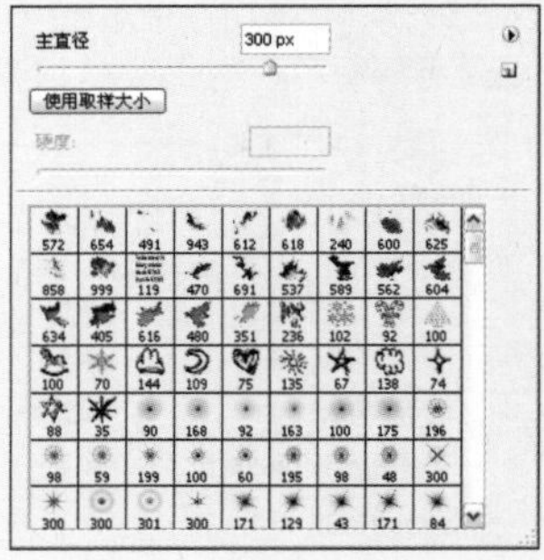

06 使用画笔

新建图层组，并重命名为“元素底”，新建图层，并重命名为“雾1”。设置前景色为蓝色，单击画笔工具，选择需要的画笔笔触，在该图层上绘制，得到雾的效果。

07 添加图层蒙版

选择"雾1"图层，单击"添加图层蒙版"按钮，设置前景色为黑色，使用画笔工具在该图层蒙版上涂抹，使雾的效果更柔和。

R200
G235
B250

08 使用画笔工具

新建图层，并重命名为"雾2"，设置好前景色，单击画笔工具，选择好笔触后，在该图层上涂抹。然后单击"添加图层蒙版"按钮，设置前景色为黑色，使用画笔在蒙版上涂抹，得到渐隐的效果。最后设置该图层的"不透明度"为50%。

09 使用光笔触画笔

新建图层，并重命名为"光丝"，设置前景色为白色，单击画笔工具，选择好笔触后，在该图层上涂抹。然后单击"添加图层蒙版"按钮，设置前景色为黑色，使用画笔在蒙版上涂抹，得到渐隐的效果。

10 打开素材并拖入文件

按下快捷键Ctrl+O，选择本书配套光盘中素材与源文件\Chapter9\02手表户外广告\Media\004.png文件，单击"打开"按钮打开素材文件。分别选择花纹元素，拖入户外广告中，复制几个图层，调整好大小，放在适当的位置。单击"锁定透明像素"按钮，将一些图层填充成白色。

11 打开素材并拖入文件

按下快捷键Ctrl+O，选择本书配套光盘中素材与源文件\Chapter9\02手表户外广告\Media\002.png文件，单击"打开"按钮打开素材文件。选择需要的元素，拖入户外广告中，得到图层6。

12 调整图层

选择图层6，单击"创建新的填充或调整图层"按钮，在弹出的菜单中选择"色相/饱和度"命令，勾选"着色"复选框，设置"色相"为209，"饱和度"为35，单击"确定"按钮。最后按下快捷键Alt+Ctrl+G，创建图层6的剪贴蒙版。

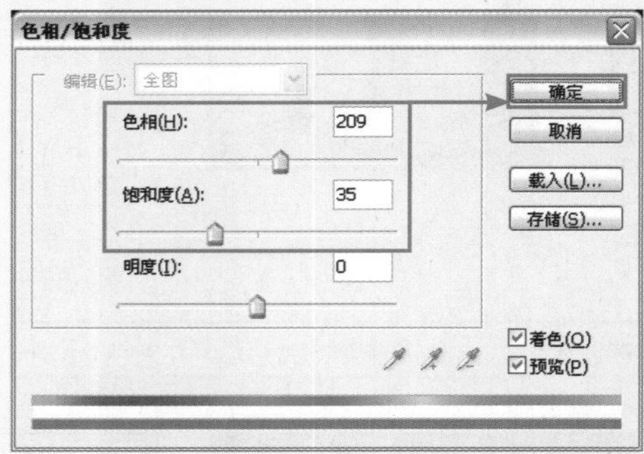

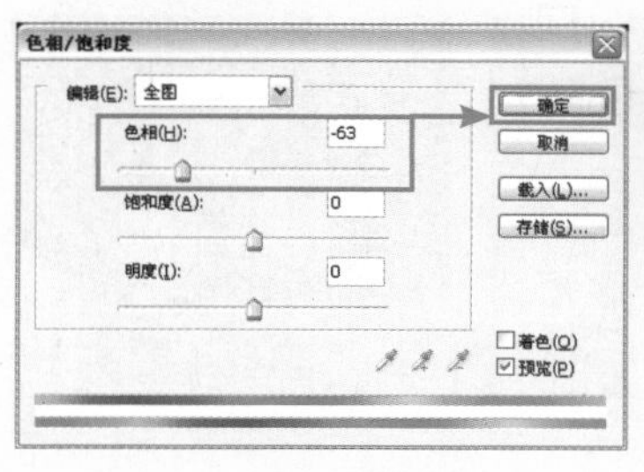

13 拖入素材并调整

同理拖入素材花，得到图层7。单击"创建新的填充或调整图层"按钮，弹出菜单，选择"色相/饱和度"，设置"色相"为−63，单击"确定"按钮。最后按下快捷键Alt+Ctrl+G，创建图层7的剪贴蒙版。

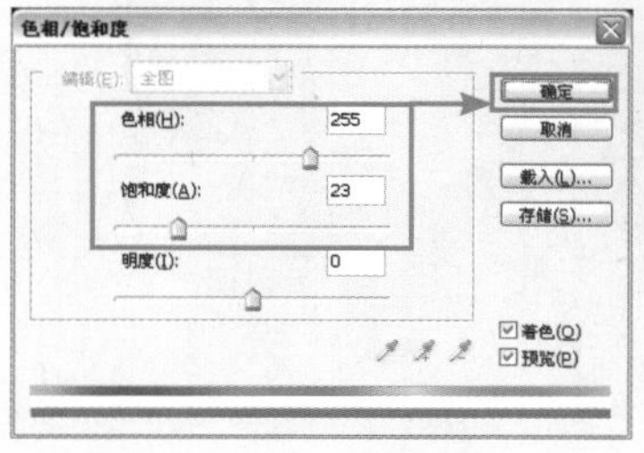

14 拖入素材并调整

同理拖入素材花，得到图层8。单击"创建新的填充或调整图层"按钮，在弹出的菜单中选择"色相/饱和度"命令，勾选"着色"复选框，设置"色相"为255，"饱和度"为23，单击"确定"按钮。最后按下快捷键Alt+Ctrl+G，创建图层8的剪贴蒙版。

15 打开素材并拖入文件

按下快捷键Ctrl+O，选择本书配套光盘中素材与源文件\Chapter9\02手表户外广告\Media\003.png文件，单击"打开"按钮打开素材文件。选择需要的元素，拖入户外广告中，得到图层9。

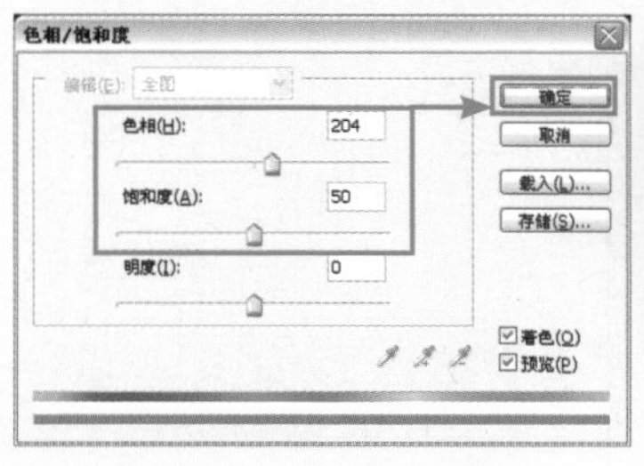

16 调整图层

选择图层9，单击"创建新的填充或调整图层"按钮，在弹出的菜单中选择"色相/饱和度"，勾选"着色"复选框，设置"色相"为204，"饱和度"为50，单击"确定"按钮。最后按下快捷键Alt+Ctrl+G，创建图层9的剪贴蒙版。

17 拖入素材并调整

同理拖入素材叶子，得到图层10。单击“创建新的填充或调整图层”按钮，在弹出的菜单中选择“色相/饱和度”命令，勾选“着色”复选框，设置“色相”为213，“饱和度”为40，单击“确定”按钮。最后按下快捷键Alt+Ctrl+G，创建图层10的剪贴蒙版。

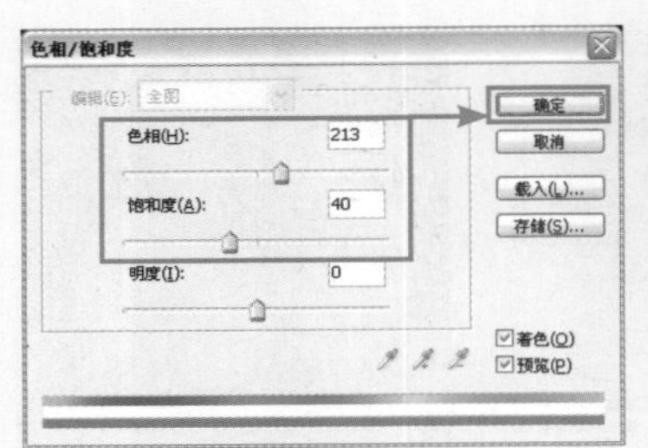

18 复制图层并调整

根据上面的方法，创建其他元素。调整好大小和方向，放在适当的位置。

专家支招：在调整色相和饱和度的时候，统一调整成冷色调，使画面和谐美观。

19 使用光点笔触画笔

新建两个图层，并分别重命名为“点1”和“点2”，设置前景色为白色，单击画笔工具，选择光点笔触，分别在这两个图层上涂抹，创建光点。添加“点2”图层蒙版，设置前景色为黑色，在蒙版上涂抹，得到渐隐的效果。最后调整好图层的位置关系，使画面的整体感觉更和谐。

20 使用雪花笔触画笔

新建图层，并重命名为“雪花”，设置前景色为白色，单击画笔工具，选择雪花笔触，单击鼠标，创建雪花元素。最后设置前景色为黑色，单击“添加图层蒙版”按钮，使用画笔工具在上面涂抹，得到渐隐的效果。

21 使用光笔触画笔

新建图层，并重命名为“光1”，设置前景色为白色，单击画笔工具，选择光笔触，在该图层上创建几个光元素。最后添加图层蒙版，设置前景色为黑色，创建图层蒙版，使用画笔工具在上面涂抹，得到渐隐效果。

R200
G235
B250

22 创建蓝色光元素

新建图层，并重命名为“光2”，设置前景色为蓝色，单击画笔工具，选择光笔触，在该图层上创建几个蓝色光元素，完成“元素底”的制作。

23 打开素材并拖入文件

按下快捷键Ctrl+O，选择本书配套光盘中素材与源文件\Chapter9\02手表户外广告\Media\005.png文件，单击“打开”按钮打开素材文件。将该素材拖入户外广告中，得到新图层，并重命名为“手表1”，放在适当位置。

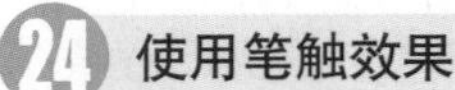

24 使用笔触效果

新建图层，并重命名为“月亮”，设置前景色为白色。单击画笔工具，选择月亮笔触，创建一个月亮。单击移动工具，将该元素放在适当的位置。

25 添加图层样式

选择“月亮”图层。单击“添加图层样式”按钮，在弹出的快捷菜单中选择“外发光”命令，设置好参数后，单击“确定”按钮，得到外发光的效果。

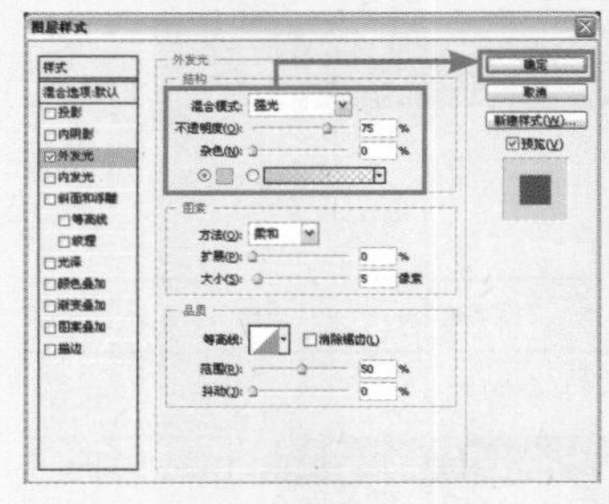

26 添加文字

单击横排文字工具，在属性栏中单击“显示/隐藏字符和段落调板”按钮，在弹出的“字符和段落”面板中设置好参数后。在图像窗口中输入如图所示文字。最后单击移动工具，将文字放在适当位置。

27 添加其他文字

单击横排文字工具[T]，在属性栏中设置好参数后，输入如图所示文字。最后单击移动工具[移动]，将文字放在适当位置。

28 添加中文文字

单击横排文字工具[T]，在属性栏中设置好参数后，输入如图所示文字。最后单击移动工具[移动]，放在适当位置。

29 打开素材并拖入文件

按下快捷键Ctrl+O，选择本书配套光盘中素材与源文件\Chapter9\02手表户外广告\Media\006.png文件，单击“打开”按钮打开素材文件。将该素材拖入户外广告中，得到新图层，并重命名为“手表2”，放在适当位置。

30 绘制曲线路径

选择路径面板，单击“创建新路径”按钮[按钮]，得到路径1。单击钢笔工具[钢笔]，创建一个曲线路径。

31 画笔描边路径

设置前景色为白色，单击画笔工具，在属性栏中设置“钢笔压力”为25%。新建图层，并重命名为“飘带”。选择路径面板，单击下面的“用画笔描边路径”按钮，得到白色飘带元素。本实例完成。

9.5 广告理论与后期应用

9.5.1 封面设计的要素

封面设计属于包装设计中的一个大门类，也是书籍装帧设计中最重要的一部分，是打动读者的敲门砖。所以封面设计尤其重要。下面介绍一下期刊封面设计的一些设计要素和原则。

1. 封面设计的要素

尽管时下一些期刊添加了包装塑料封套，以显示高档化，但主要还是通过封面显示其宣传效果，封面设计仍是期刊形象的硬件。

成功的封面设计必须具备以下几个要素：

（1）突出标识、刊名，便于读者识别，强化读者对本刊特有艺术符号的记忆，为品牌建设打好基础。

（2）必须切合本期内容，有导读作用。图片、字体的选择，字号的大小，色彩的运用，都要和本期内容相协调。

（3）体现自身风格，在连续性、变化中体现整体统一。在没有考虑成熟，缺乏充分的市场调查或刊物定位没有重大改变的情况下，最好不要较大改变封面设计风格，让刊物以完全陌生化的面孔出现在读者面前，这会很大程度影响刊物的发行。

（4）整体协调，统一，醒目，大气。标识、刊名、期号、条形码等元素与主图片构成完美的画面，有明晰的视觉重点，层次感强。不宜太繁杂、花哨。

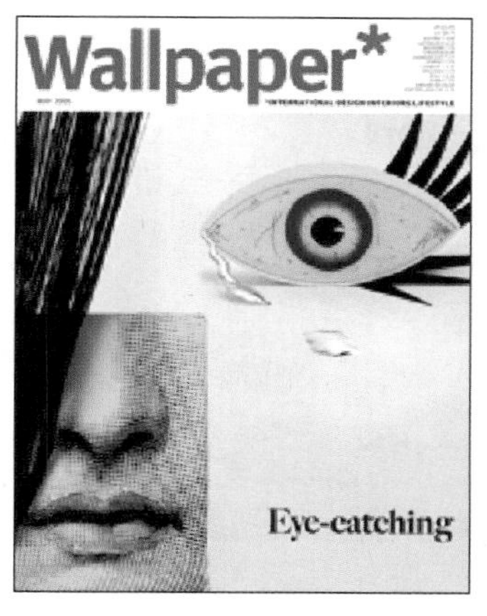

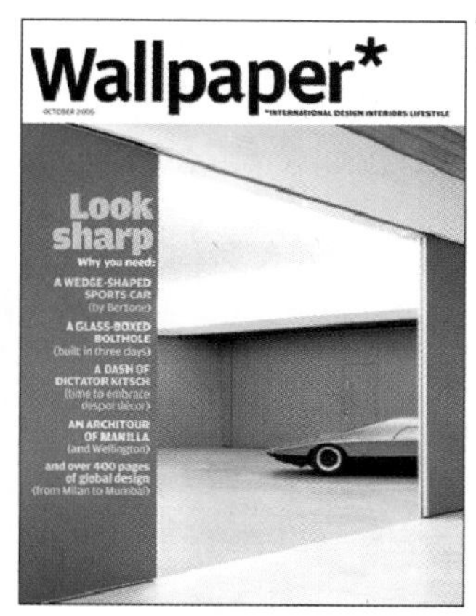

WALLPAPER国际杂志封面欣赏

2. 封面设计的四个重要理念

（1）明确的定位：一本期刊的创立，首先要考虑的是定位问题。定位准，才能赢得市场。但平时所说的定位，往往指内容定位、价格定位、目标读者定位，而忽略了封面的定位。封面是为内容服务的，它必须紧紧和内容相契合。但是，封面自身也应有明确的定位。刊物内容和封面定位，两者并驾齐驱为走向市场注入了强大的力量。

（2）独特的审美价值：封面绝不是图片和刊名的简单组合。需要注入设计意识的艺术韵味，负载新的文化内涵，给人以新的视觉美和愉悦的享受。

时尚杂志封面欣赏

（3）体现先进文化特征：期刊是特殊的文化产品，影响着人们的意识形态领域，其封面同样有传播先进文化、引人积极向上的作用。同时期刊封面设计要针对特定的读者群，精心设计符合他们的审美趣味和欣赏习惯，才能为他们所接受，从而赢得一定的市场份额。

（4）重视品牌战略：要突出标识、刊名的主导地位，用图、色彩、字体、字号必须从属于标识、刊名，和标识、刊名、期号等不能冲突，要和谐统一，突出形象个性化与可识别的特征，强化受众认知形象的积累，保证品牌形象的统一与延续。

所以，期刊的封面设计者在进行设计时一定要有强烈的市场意识，要考虑封面的艺术品位，还要遵循市场规律，考虑市场终端效果。

汽车杂志封面欣赏

9.5.2　特殊杂志连页广告

杂志内的广告形式是非常丰富的，可以通过一些特殊的广告方式来表现广告的内容。连页广告是杂志广告中一种常用的表现方式，可以通过连页效果，达到消费者对产品加深印象，此类广告形式常用于一些化妆品，日常用品和一些产品的新款推荐广告。

化妆品连页广告

日用品连页广告

本章杂志广告采用连页广告的形式，通过鲜明的色彩搭配，更有效地传达了产品信息，给读者留下深刻的印象。本章户外广告可应用于商场户外，公路户外，独特的设计将带给消费者震撼的视觉效果。

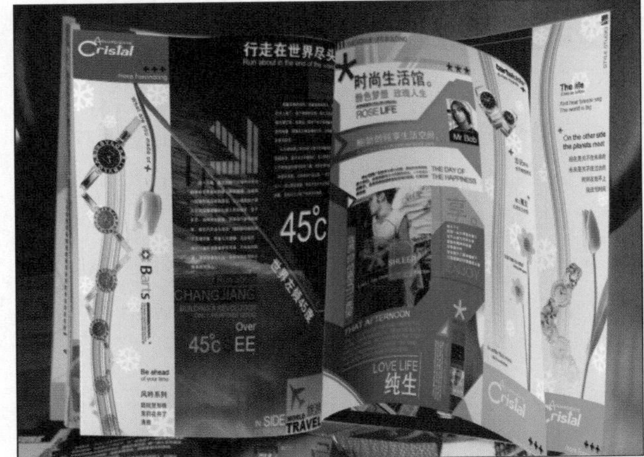

Chapter 10 汽车广告

10.1 产品广告分析

随着汽车市场的竞争越来越激烈，汽车的外观设计，以及汽车的平面广告宣传都成为提高汽车销售量的重要手段。做好广告宣传能更好地体现汽车的外观设计，也间接地表现了汽车的内在品质。

以华丽的外观震撼人们的视觉观，以深厚的内涵震动人心，是现代汽车广告的一大特点。用间接方式表现汽车的速度、流线型，以及势不可挡的爆发力，体现汽车强悍的动力，让人如同身临其境的感觉。每一处细节的表现，都能让受众体会到设计师的深思熟虑，为极致生活带来的享受与乐趣。

下面是国际著名汽车的平面广告，以供欣赏。

大众汽车平面广告：运用抽象的表现手法，从侧面刻画产品高性能。

MINI汽车平面广告：通过对比的手法以及细节的刻画，突出主题LET′T MINI。

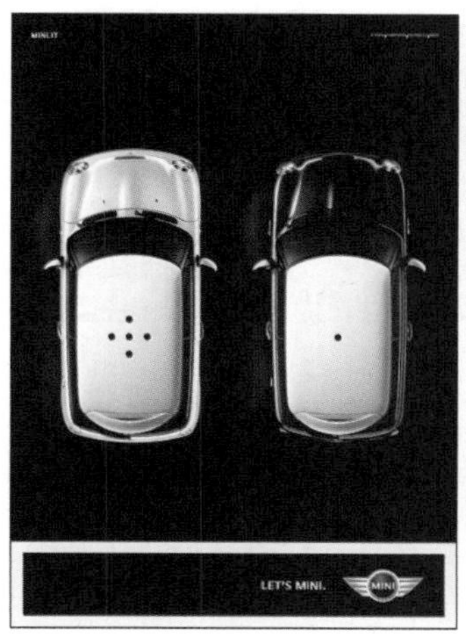

TOYO汽车平面广告：很酷的内容，表现出该汽车可以挑战任何考验的强大性能。

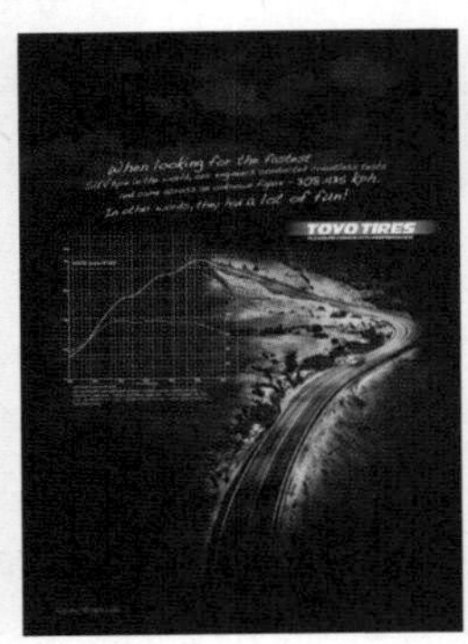

10.2 本案策划方案

为了最大限度表现汽车的时尚感以及速度感，本章的第一个实例汽车杂志广告，使用让人兴奋的红色为主调，配合动感的元素，展现汽车的速度感。闪亮的背景元素体现了汽车的时尚现代感，同时也从侧面表现了汽车外观设计的流线型。

使用金属字体表现汽车的内在气质。通过流畅动感的线条，淋漓尽致的表达出广告语“智我风尚，用速度超越未来”的含义。

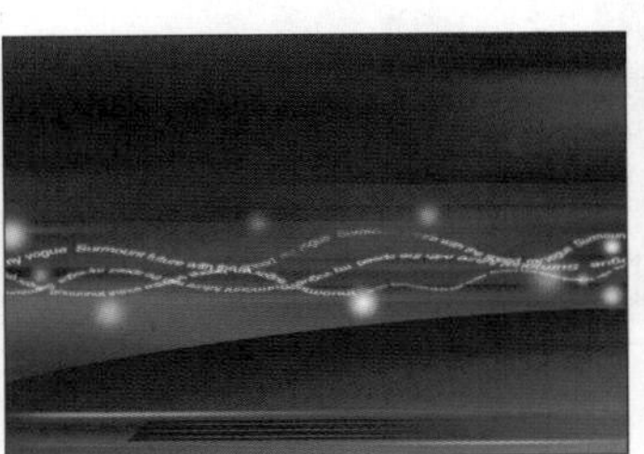

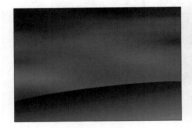

红色渐变背景＋流动元素＋闪亮光效＋主体＋流动线条＋合理文字排版＝时尚汽车广告

本章第二个实例汽车DM单，以清爽的绿色为主色调，配合时尚的圆形元素，表现汽车现代感和小巧的流动性。让人们感受到此车在城市穿梭自如的优点。合理的排版方式，使整个画面美观大方，让人过目不忘，对该款汽车产生浓厚的兴趣，激发购买欲望。

简单的背景＋时尚的元素＋突出的主体＋细节的表现＋合理的排版＝过目不忘的DM单

10.3 汽车杂志广告

文件路径 素材与源文件\Chapter10\01汽车杂志广告\Complete\汽车杂志广告.psd

实例说明 本实例主要运用了渐变工具、钢笔工具、动感模糊等，通过梦幻的背景效果，配合质感的文字表现汽车的时尚气质以及流线的速度感。

技法表现 运用合理的排版，空间的合理利用，到达理想的效果。

难度指数 ★★★★★

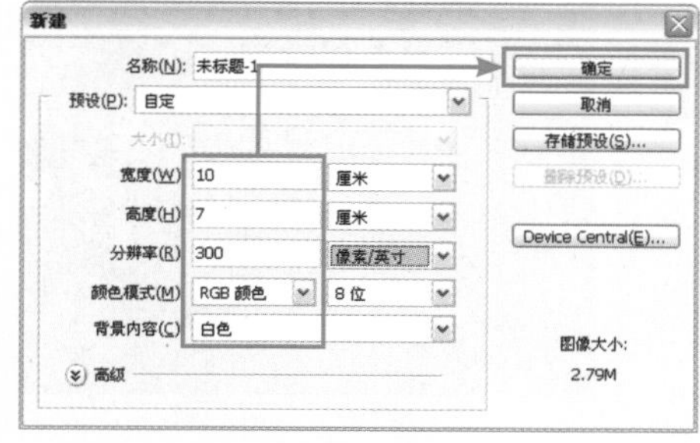

01 新建文件

首先绘制香水瓶，执行"文件>新建"命令，弹出"新建"对话框，在对话框中设置"宽度"为10厘米，"高度"为7厘米，"分辨率"为300像素/英寸。单击"确定"按钮，新建一个图像文件。

02 新建图层组以及图层

单击“创建新组”按钮，得到组1，并重命名为“背景”。然后按下快捷键Ctrl+J，新建图层1。

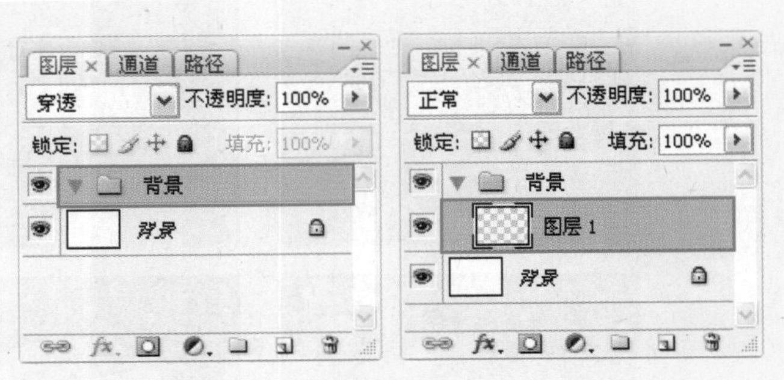

03 填充渐变

选择图层1，单击渐变工具，在属性栏中单击“线性渐变”按钮。设置好参数后，从上到下拖动鼠标，填充渐变。

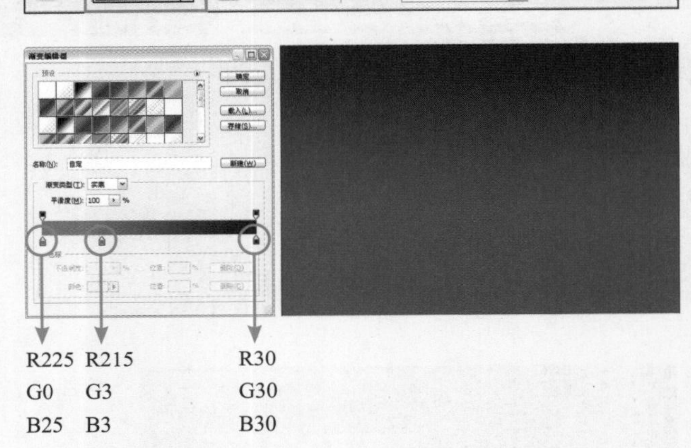

04 使用云彩滤镜

新建图层2，设置好前景色和背景色后，执行“滤镜>渲染>云彩”命令，按下快捷键Ctrl+F，再重复该滤镜2～3次，得到云彩效果。

05 动感模糊

选择图层2，执行“滤镜>模糊>动感模糊”命令，设置“角度”为0度，“距离”为200像素。单击“确定”按钮。最后按下快捷键Ctrl+F，重复该滤镜2～3次，得到和谐的动感模糊效果。

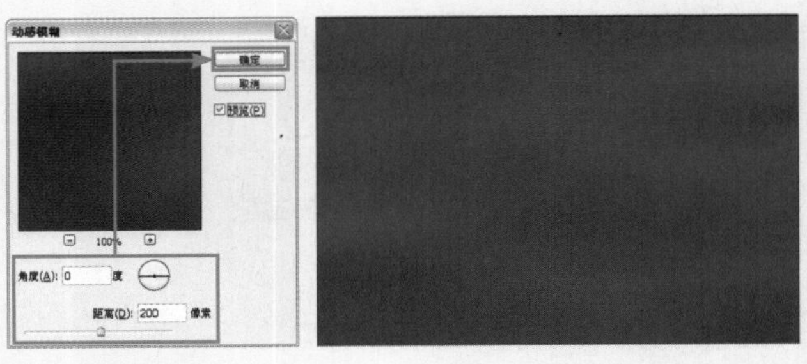

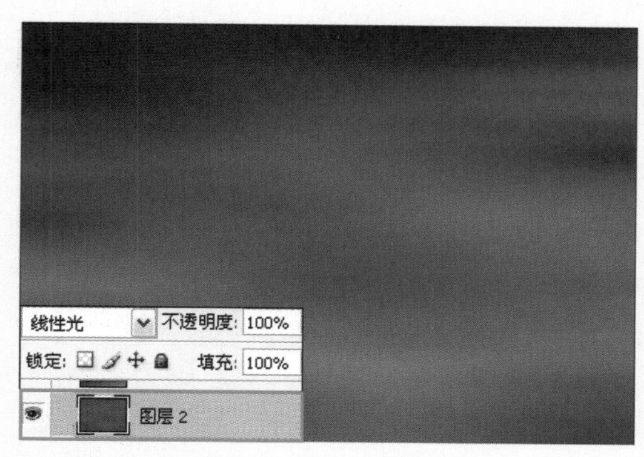

06 改变图层混合模式

设置图层2的混合模式为“线性光”，得到加亮的效果。

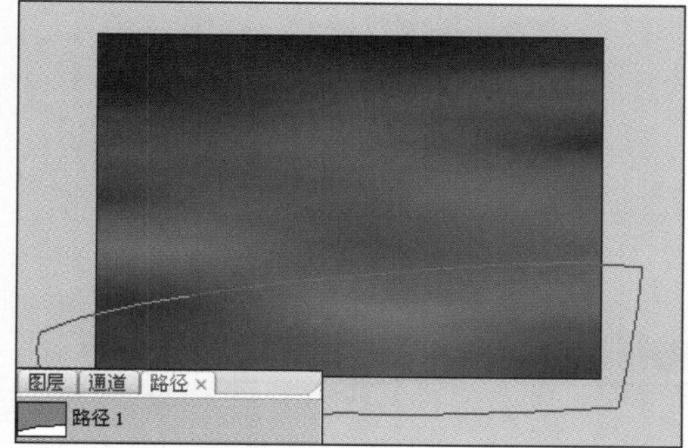

07 创建曲线路径

选择路径面板，单击下面的“创建新路径”按钮，得到路径1，单击钢笔工具，绘制一个曲线路径。

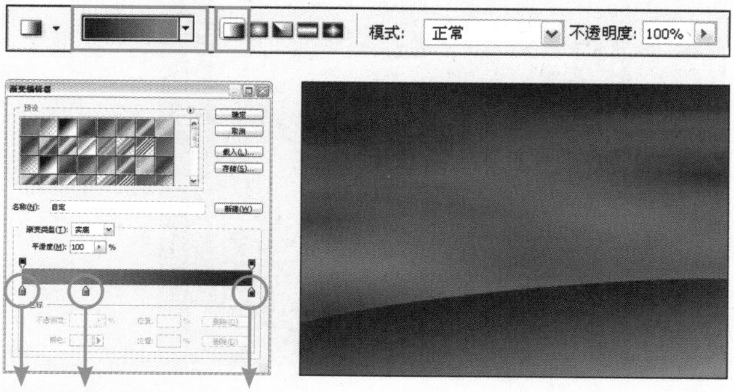

R225 G0 B25　R215 G3 B3　R30 G30 B30

08 填充渐变

单击“将路径作为选区载入”按钮，得到曲线选区。新建图层3，单击渐变工具，设置好参数后，从上到下拖动鼠标，填充渐变，最后按下快捷键Ctrl+D取消选区。

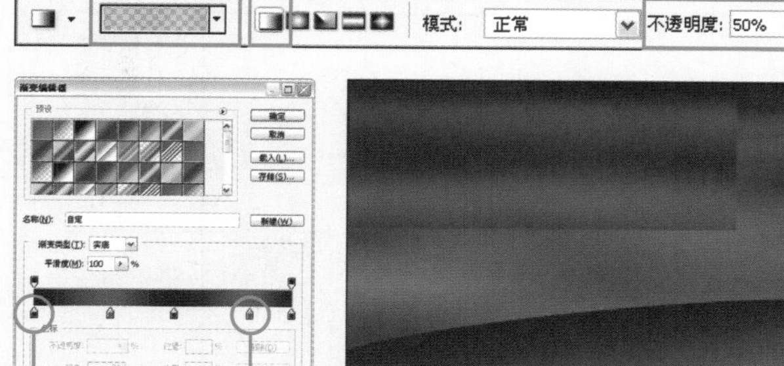

R35、G30、B30　R170、G0、B0

09 填充渐变

新建图层4，单击矩形选框工具，创建一个矩形选区。然后单击渐变工具，设置“不透明度”为50%，然后从上到下拖动鼠标，填充渐变。

10 动感模糊

选择图层4，执行“滤镜>模糊>动感模糊”命令，设置“角度”为0度，“距离”为200像素。单击“确定”按钮。最后按下快捷键Ctrl+F，重复该滤镜2～3次，得到和谐的动感模糊效果。

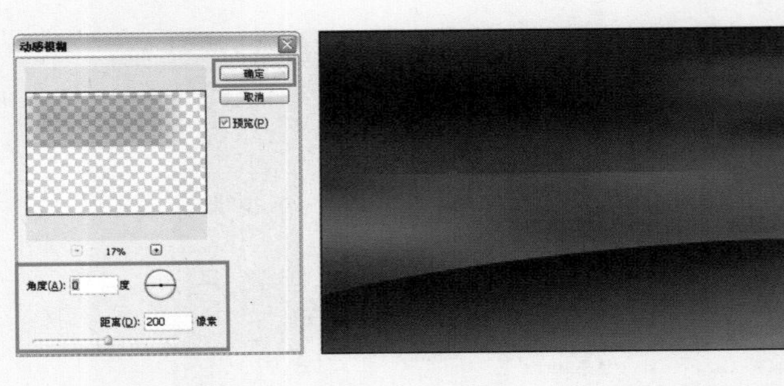

11 创建动感模糊效果光

使用同样的方法，创建动感模糊效果的光束。

专家支招：在创建好一条光束后，适当复制图层，改变大小，放在适当位置，效果和谐就好。

12 添加图层蒙版并调整

选择一些刚才创建的动感模糊光束图层，单击“添加图层蒙版”按钮，使用画笔工具在上面涂抹，并设置图层的“不透明度”为75%，使效果过渡更自然和谐。

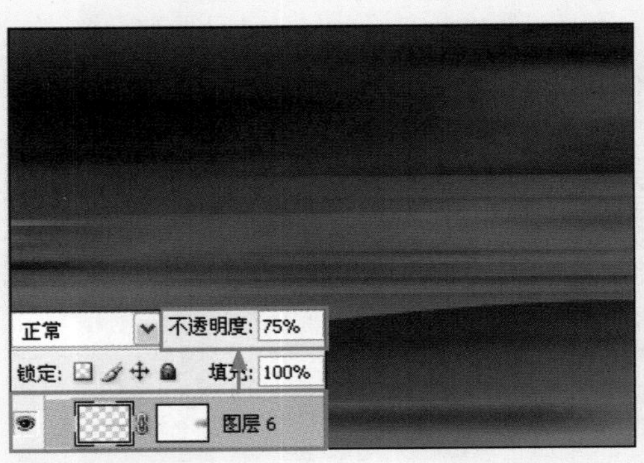

13 使用画笔工具

新建图层7，设置前景色为黑色，单击画笔工具，设置好参数后，单击鼠标在图层7上创建几个圆点。

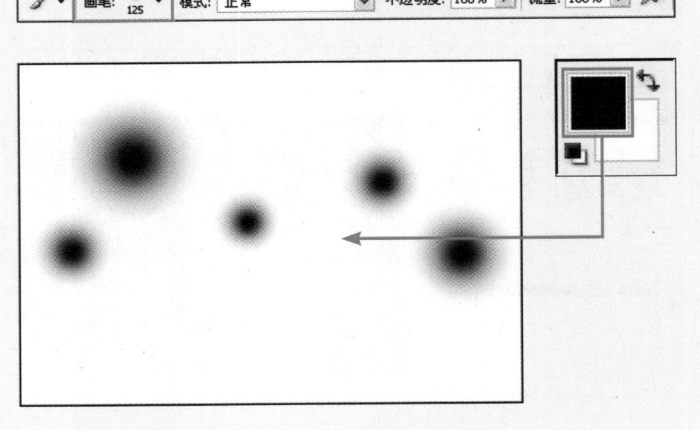

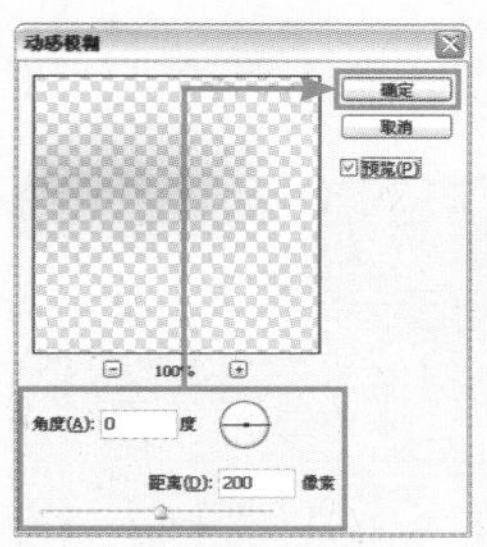

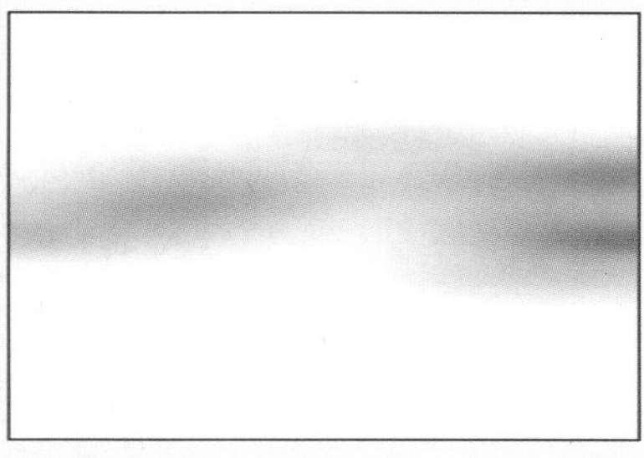

14 绘制瓶盖侧面

选择图层7，执行“滤镜>模糊>动感模糊”命令，设置“角度”为0度，“距离”为200像素。单击“确定”按钮。最后按下快捷键Ctrl+F，重复该滤镜2～3次，得到和谐的动感模糊效果。

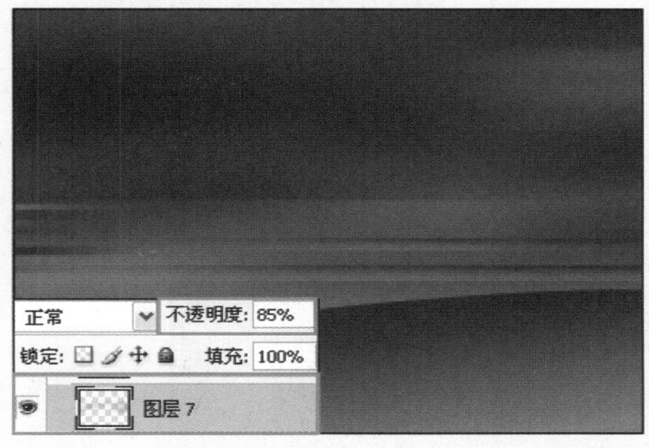

15 设置图层的不透明度

选择图层7，设置该图层的“不透明度”为85%，使效果过渡更自然和谐。

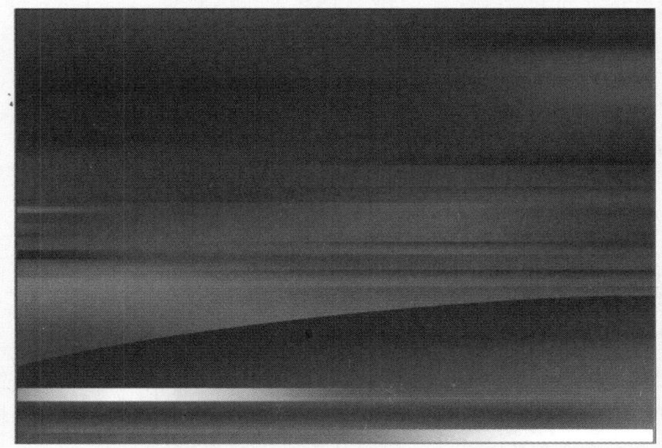

16 创建白色光束

使用同样的方法，创建几个白色动感模糊光束。得到图层10，以及图层10副本。单击移动工具，调整它们的大小，放在适当位置。

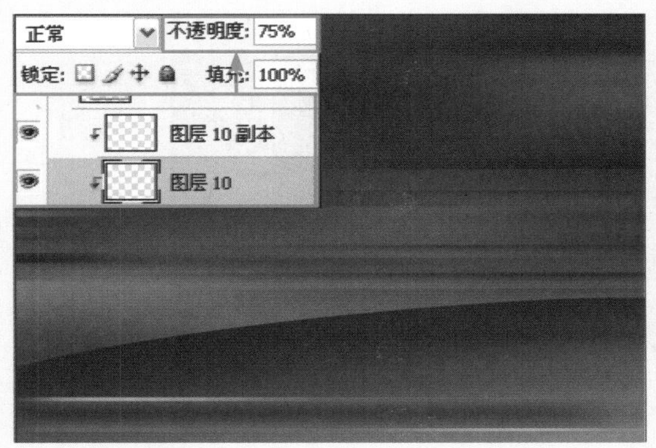

17 创建剪贴图层

设置图层10和图层10副本的“不透明度”为75%，并按下快捷键Alt+Ctrl+G，创建图层9的剪贴蒙版。

18 填充渐变

新建图层11，单击多边形套索工具，创建一个多边形选区。然后单击渐变工具，设置好参数后，在选区内从左到右拖动鼠标，填充渐变。

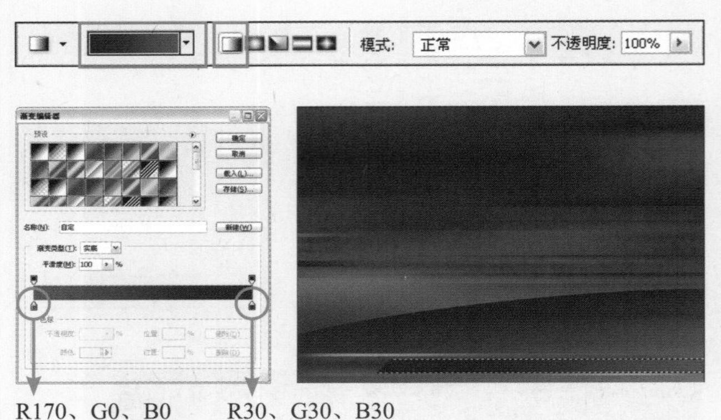

19 创建红色光束

新建图层12，根据前面的方法创建一条红色动感模糊光束，并按下两次快捷键Ctrl+J，得到图层12的两个副本。

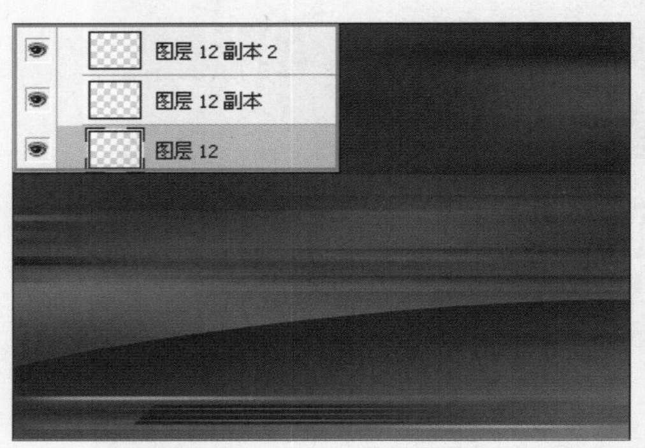

20 创建剪贴蒙版

分别选择图层12，以及图层12的两个副本。按下快捷键Alt+Ctrl+G，创建图层11的剪贴蒙版。

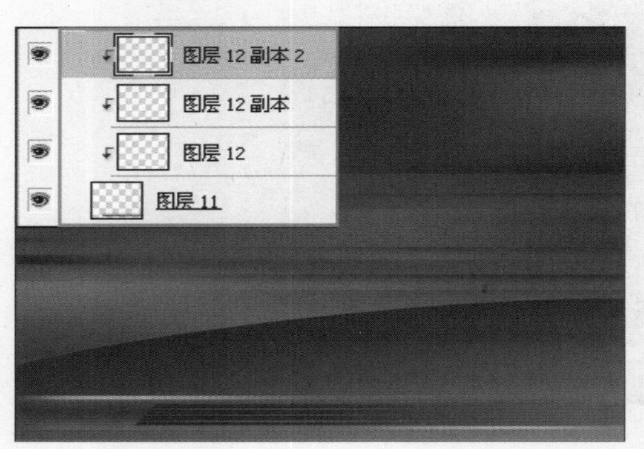

21 创建曲线路径

选择路径面板，新建路径2，单击钢笔工具，绘制一条曲线路径。

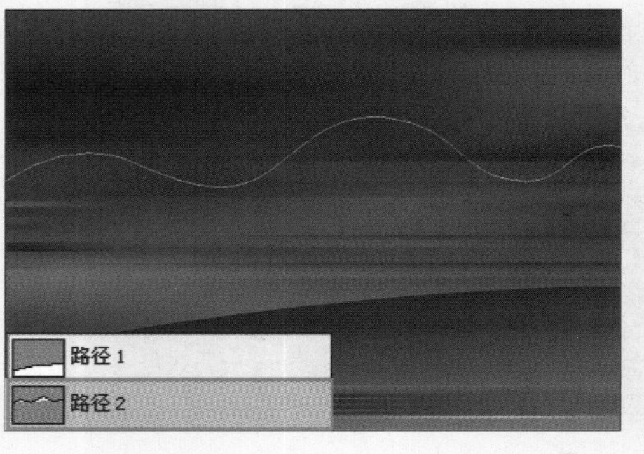

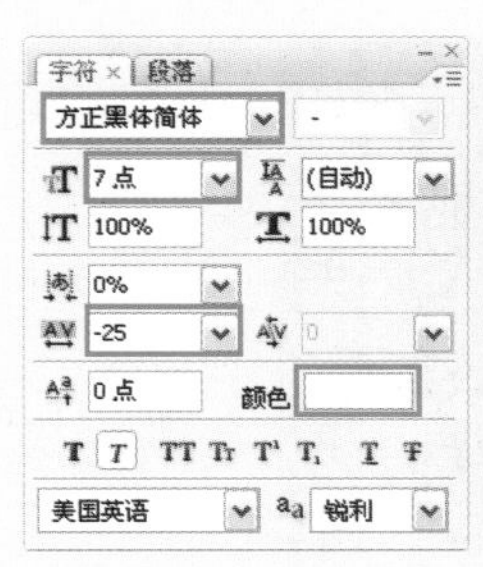

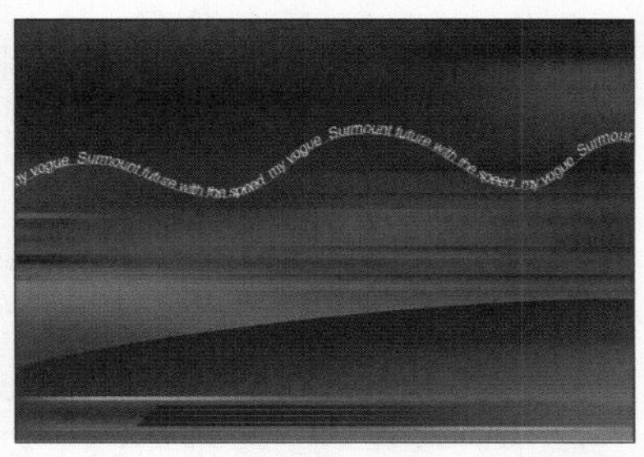

22 输入路径文字

单击横排文字工具T，设置好参数后，在曲线路径上单击鼠标，输入如图所示文字，得到路径文字。

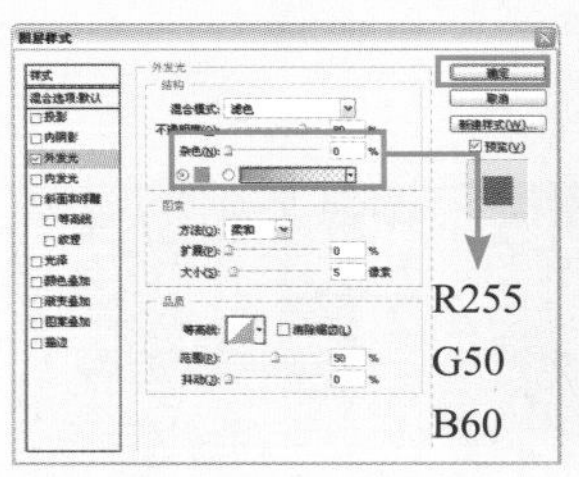

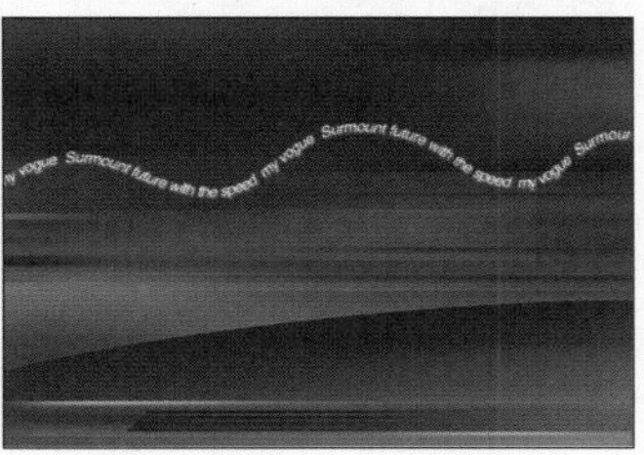

23 外发光效果

复制文字图层，单击右键，在弹出的快捷菜单中选择“删格化文字”命令。然后单击图层面板下面的“添加图层样式”按钮，在弹出的快捷菜单中选择“外发光”命令，设置好参数后，单击“确定”按钮，得到外发光效果。

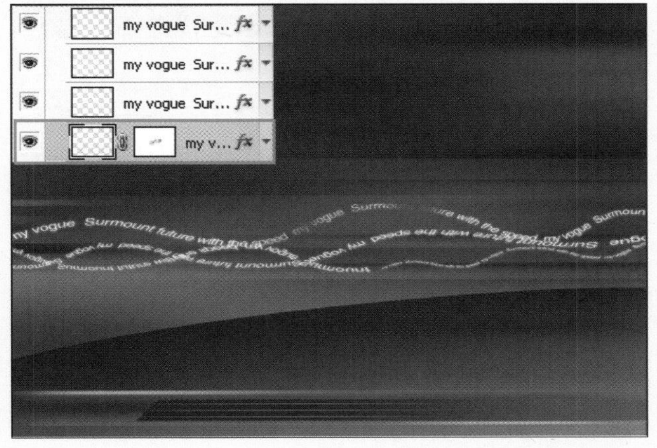

24 复制并调整图层

适当复制文字图层。按下快捷键Ctrl+T，分别调整图层大小以及方向，放在适当位置。在必要时，添加图层蒙版，使用画笔工具在蒙版上涂抹，使效果过渡更自然和谐。

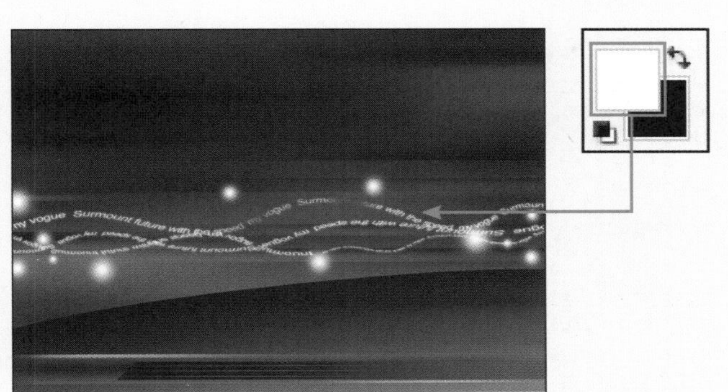

25 使用画笔工具

新建图层13，设置前景色为白色。单击画笔工具，单击鼠标，在图层13上创建几个白色圆点。

专家支招：在创建圆点时，适当改变画笔大小，使效果更自然和谐。

26 添加图层蒙版

选择文字图层，右击鼠标，在弹出的快捷菜单中选择“拷贝图层样式”命令。然后右击图层13，在弹出的快捷菜单中选择“粘贴图层样式”命令，得到外发光的效果。单击“添加图层蒙版”按钮，使用画笔工具在图层蒙版上涂抹，使光点效果更自然和谐。完成背景部分的制作。

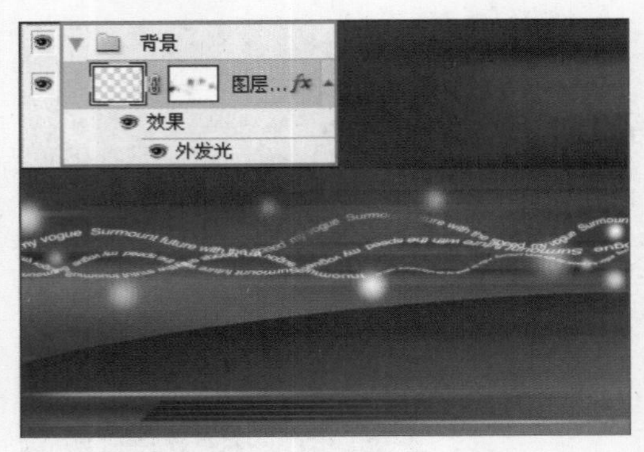

27 打开素材并拖入文件

执行“文件>打开”命令，选择本书配套光盘中素材与源文件\Chapter10\01汽车杂志广告\Media\001.png文件，单击“打开”按钮打开素材文件。将其拖入杂志广告中，得到图层14。

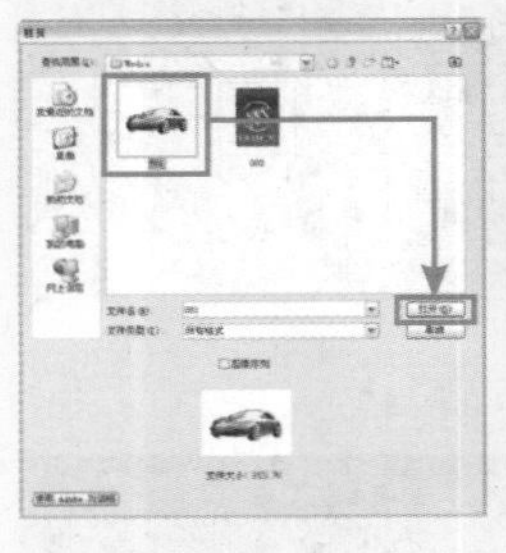

28 创建选区并填充

新建图层15，设置前景色为红色。单击椭圆选框工具，设置“羽化”为20px，创建一个椭圆选区。按下快捷键Alt+Delete，填充选区。

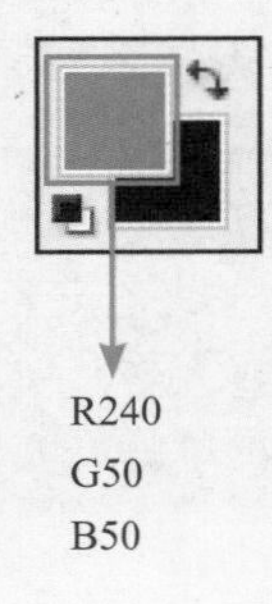

29 动感模糊

选择图层15，执行“滤镜>模糊>动感模糊”命令，设置“角度”为0度，“距离”为200像素。单击“确定”按钮。最后重复按下两次快捷键Ctrl+F，重复该滤镜，得到和谐的动感模糊效果。

30 向下移动图层

将图层15移动到图层14的下面，得到图层14的红色阴影部分。

31 创建路径

选择路径面板，新建路径3，单击钢笔工具，绘制一个曲线路径。

32 填充路径

新建图层16，设置前景色为黑色。回到路径面板，选择路径3，单击“用前景色填充路径”按钮，得到黑色填充路径。

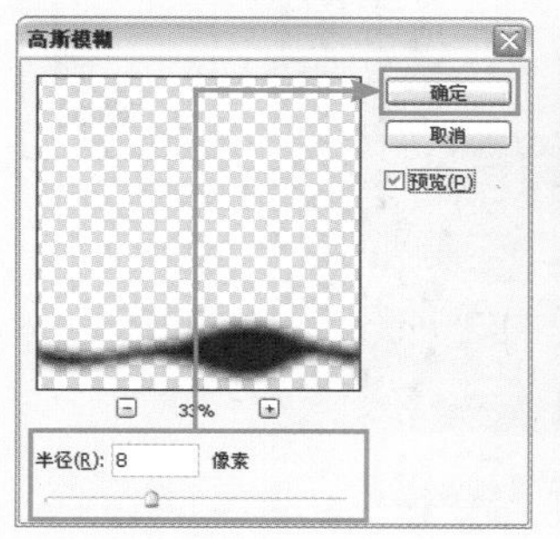

33 高斯模糊

选择图层16，执行“滤镜>模糊>高斯模糊”命令，设置“半径”为8像素，然后单击“确定”按钮，得到模糊效果。

34 动感模糊

选择图层16，执行“滤镜>模糊>动感模糊”命令，设置“角度”为0度，“距离”为150像素。单击“确定”按钮，得到动感模糊效果。

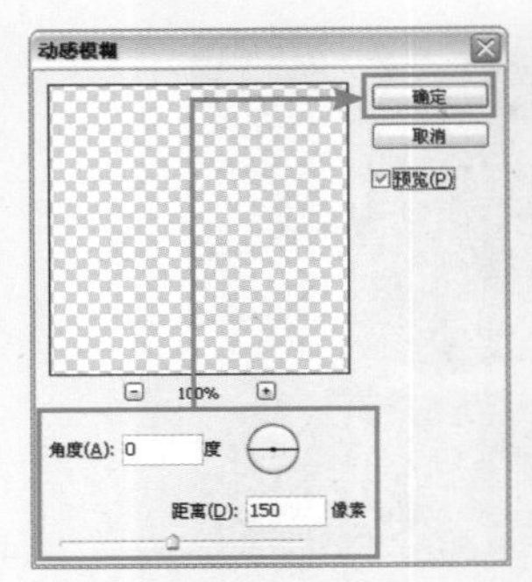

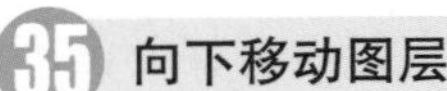

35 向下移动图层

选择图层16，将该图层移动到图层14的下面，得到图层14的黑色阴影部分。

36 创建曲线路径

选择路径面板，新建路径4，单击钢笔工具，绘制一条曲线路径。

37 路径描边

新建图层组，并重命名为“飘带”。新建图层17，设置前景色为白色。单击画笔工具，在画笔属性面板中，设置“钢笔压力”为25%。回到路径画面，选择路径4，单击“用画笔描边路径”按钮，得到白色飘带。

38 粘贴外发光效果

根据前面的方法，复制前面的外发光光效果。然后粘贴在图层17中，得到飘带的外发光效果。

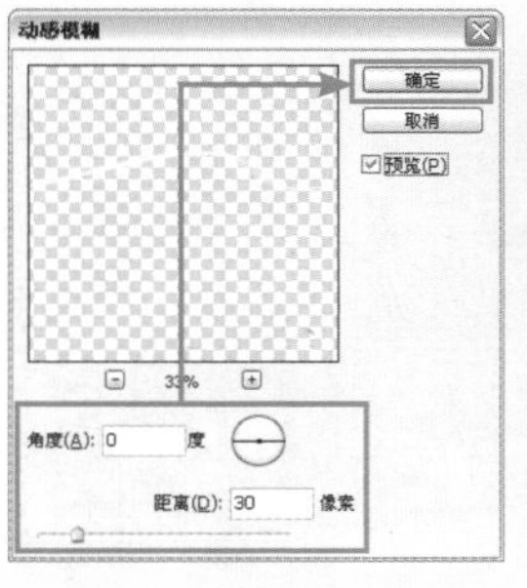

39 动感模糊

选择图层17，执行“滤镜>模糊>动感模糊”命令，设置“角度”为0度，“距离”为30像素。单击“确定”按钮，得到动感模糊效果。

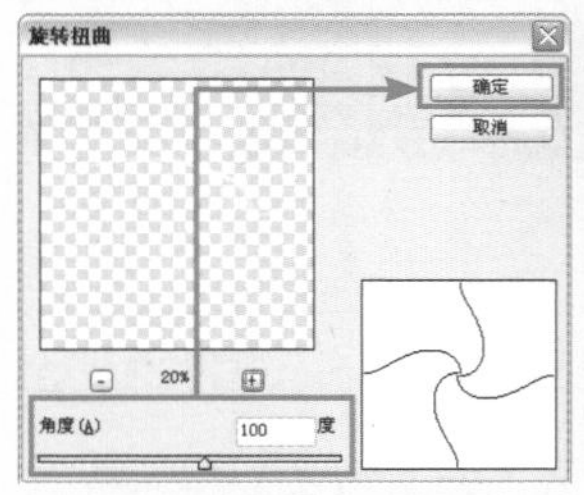

40 旋转扭曲

复制图层17，得到图层17副本。执行“滤镜>扭曲>旋转扭曲”命令，设置“角度”为100度。然后单击“确定”按钮，得到旋转扭曲的效果。

41 复制图层并调整

复制几个图层17，选择适当的图层设置“不透明度”为85%，并选择适当的图层添加图层蒙版，使用画笔工具在蒙版上涂抹，使效果过渡更自然和谐。最后分别调整好大小，放在适当位置。完成飘带元素的制作。

42 拖入素材并复制调整

新建图层组，并重命名为元素。按下快捷键Ctrl+O，选择本书配套光盘中素材与源文件\Chapter10\01汽车杂志广告\Media\003.png文件，单击“打开”按钮打开素材文件。将其拖入杂志广告中，得到图层18。按下快捷键Ctrl+J两次，得到图层18的两个副本，改变其大小，放在适当位置。

43 创建路径并载入选区

选择路径面板，新建路径5，单击矩形工具，创建一个矩形，然后按下快捷键Ctrl+T，倾斜该路径，得到一个平行四边形路径。最后单击“将路径作为选区载入”按钮，载入选区。

44 填充渐变

新建图层19，单击渐变工具，设置好参数后，在选区里从下到上拖动鼠标。填充渐变，最后取消选区。

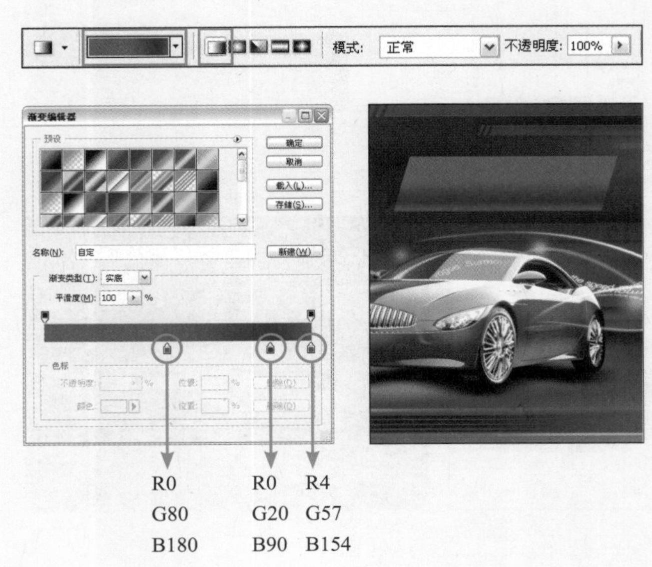

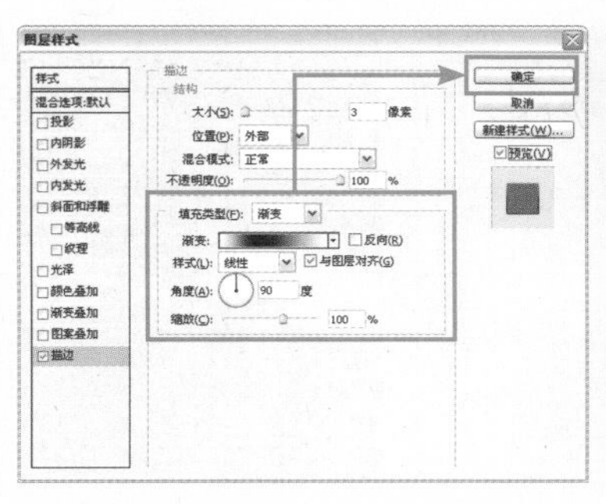

45 添加图层样式描边

选择图层19，单击图层面板下面的“添加图层样式”按钮，在弹出的快捷菜单中选择“描边”命令，设置好参数后，单击“确定”按钮，得到描边效果。

46 复制图层并调整

选择图层19，按下快捷键Ctrl+J两次，得到图层19的两个副本。按下快捷键Ctrl+T，调整其大小，放在适当位置。

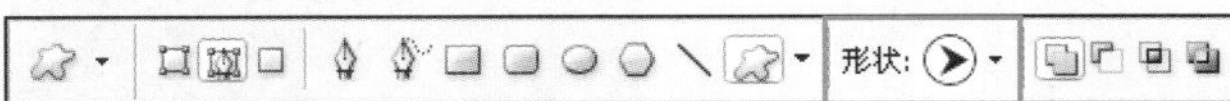

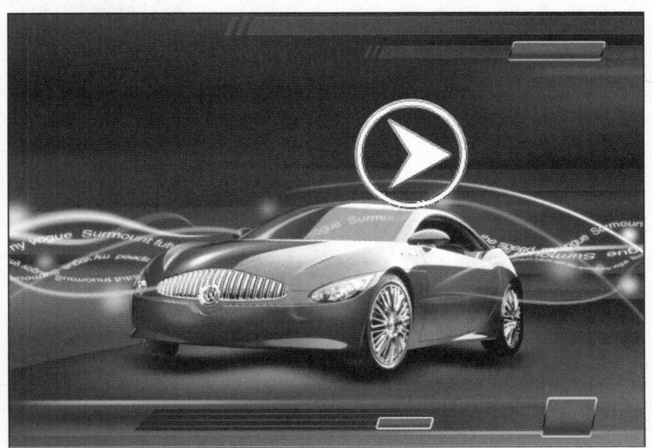

47 创建形状路径并填充

选择路径面板，新建路径6，单击自定义形状工具，在属性面板中单击“路径”按钮，创建一个自定义形状路径。新建图层20，设置前景色为白色。回到路径面板，然后按下“用前景色填充路径”按钮，填充白色。

48 填充并使用渐变叠加

选择图层20，单击"添加图层样式"按钮，在弹出的快捷菜单中选择"渐变叠加"命令，设置好参数后，单击"确定"按钮，得到渐变叠加的效果。

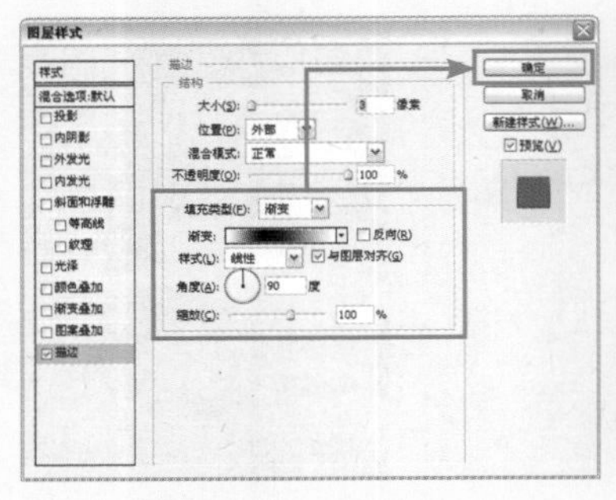

49 复制图层并调整

按下快捷键Ctrl+J，复制图层20，得到图层20副本，调整大小后，放在适当位置。

50 动感模糊

新建图层21，设置前景色为白色，单击矩形选框工具，创建一个矩形选区，按下快捷键Alt+Delete，填充白色。然后执行"滤镜>模糊>动感模糊"命令，设置"角度"为0度，"距离"为200像素。单击"确定"按钮。得到动感模糊效果。

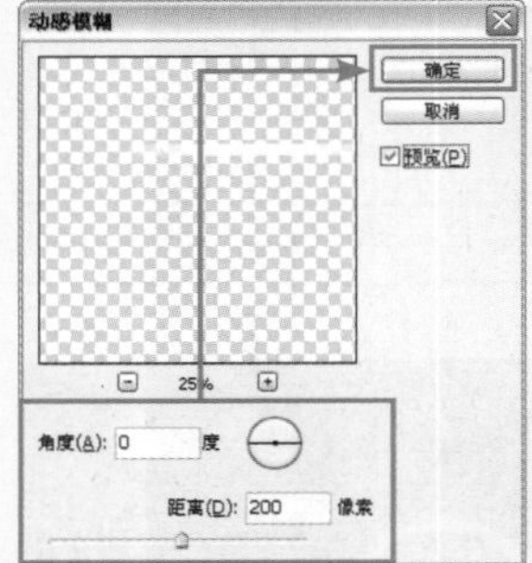

51 复制并调整图层

设置图层21的"不透明度"为50%，按下两次快捷键Ctrl+J，得到图层21的两个副本，调整好大小，放在适当位置。元素部分的制作完成。

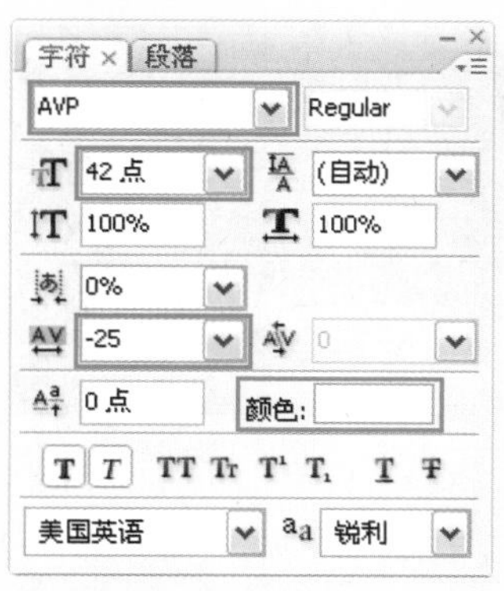

52 添加文字

单击横排文字工具，设置好参数后，输入如图所示文字。最后单击移动工具，放在适当位置。

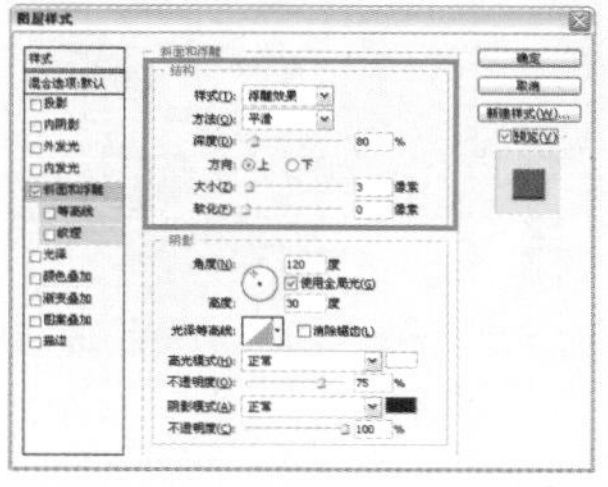

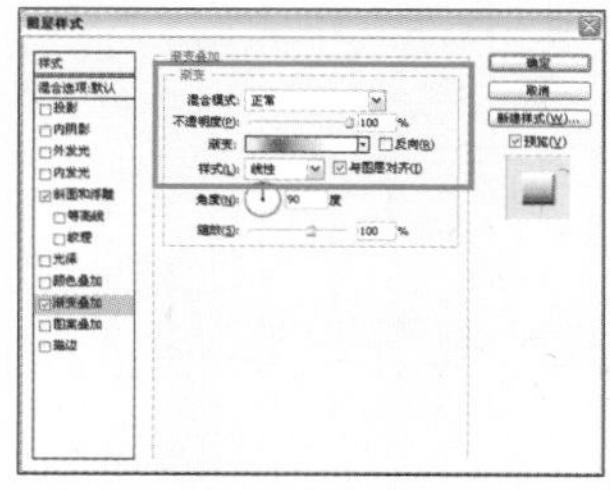

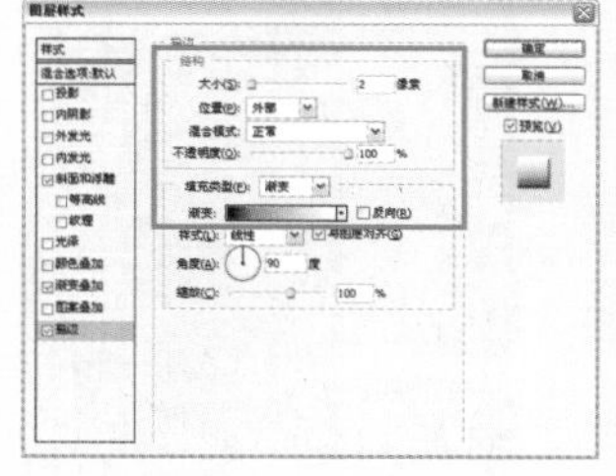

53 添加图层样式

选择该文字图层，单击图层面板下面的"添加图层样式"按钮，在弹出的快捷菜单中分别选择"渐变叠加"、"描边"和"斜面和浮雕"命令，设置好参数后，单击"确定"按钮，得到图层样式效果。

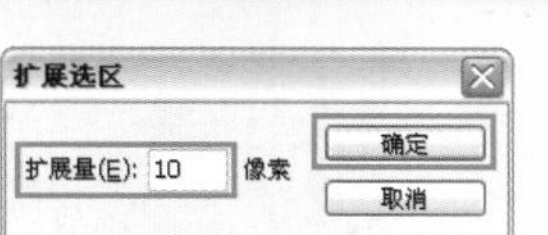

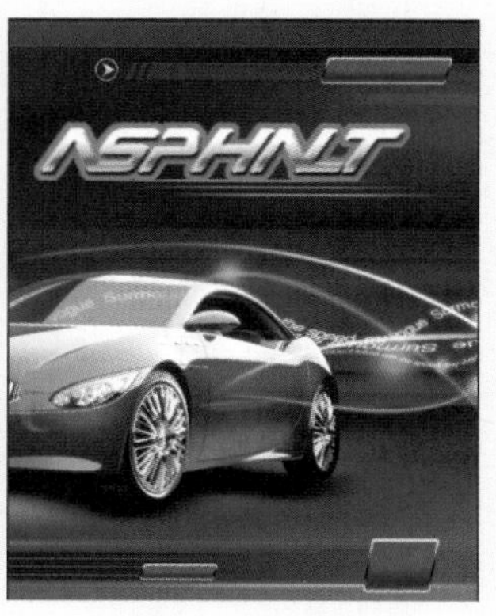

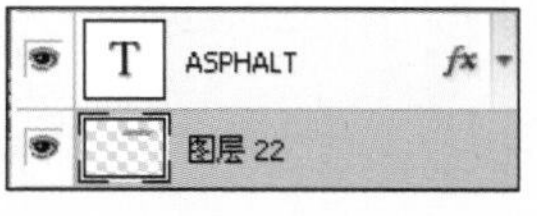

R240、G50、B50

54 创建选区并填充

按住Ctrl键，单击文字图层，得到文字图层的选区。执行"选择>修改>扩展"命令，设置"扩展量"为10像素，然后单击"确定"按钮。新建图层22，设置前景色为红色，按下快捷键Alt+Delete，填充选区，并将该图层移动到文字图层下面。

55 图层样式描边

选择图层22，单击图层面板下面的“添加图层样式”按钮，在弹出的快捷菜单中选择“描边”命令，设置好参数后，单击“确定”按钮，得到描边效果。

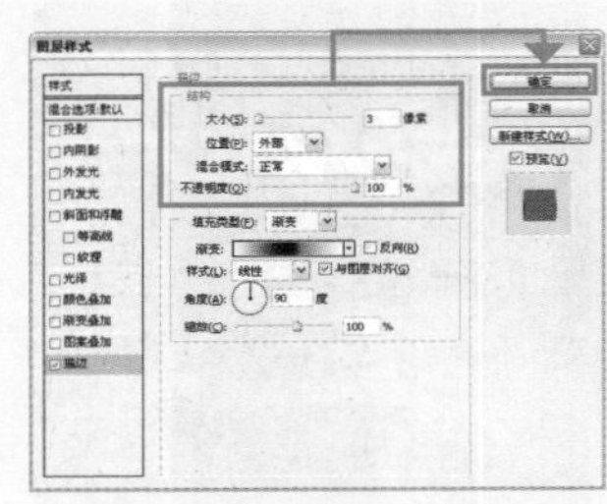

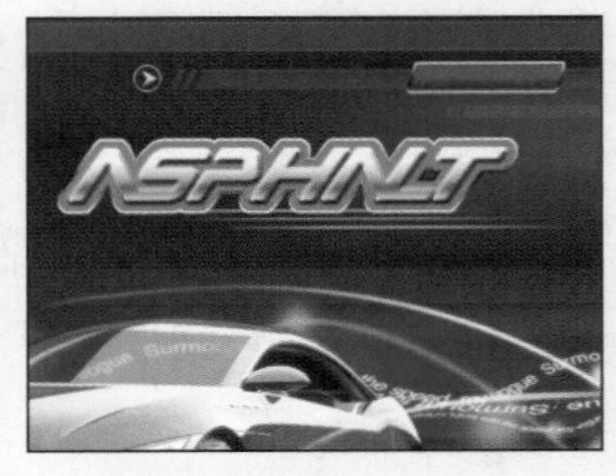

56 渐变叠加

选择图层22，单击图层面板下面的“添加图层样式”按钮，在弹出的快捷菜单中选择“渐变叠加”命令，设置好参数后，单击“确定”按钮，得到渐变叠加的效果。

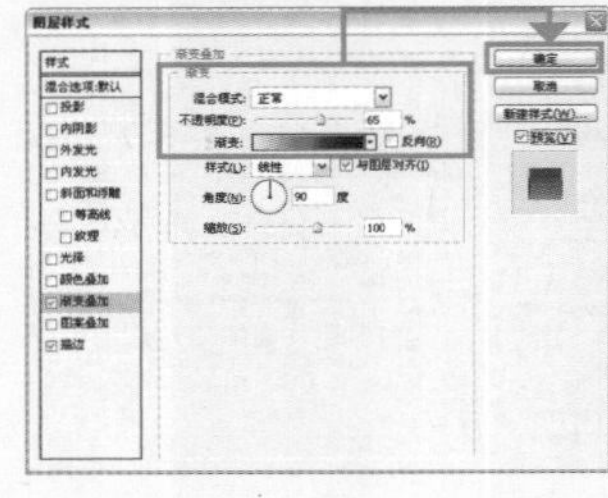

57 添加中文文字

单击横排文字工具[T]，设置好参数后，输入如图所示中文文字。最后单击移动工具[移动工具图标]，放在适当位置。

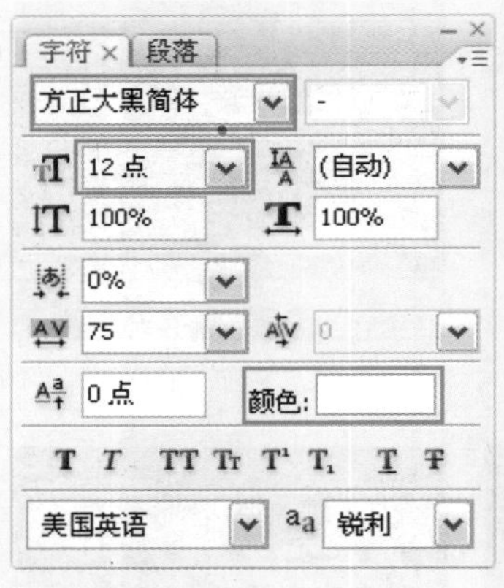

58 渐变叠加

选择该文字图层，单击图层面板下面的“添加图层样式”按钮，在弹出的快捷菜单中选择“渐变叠加”命令，设置好参数后，单击“确定”按钮，得到渐变叠加的效果。

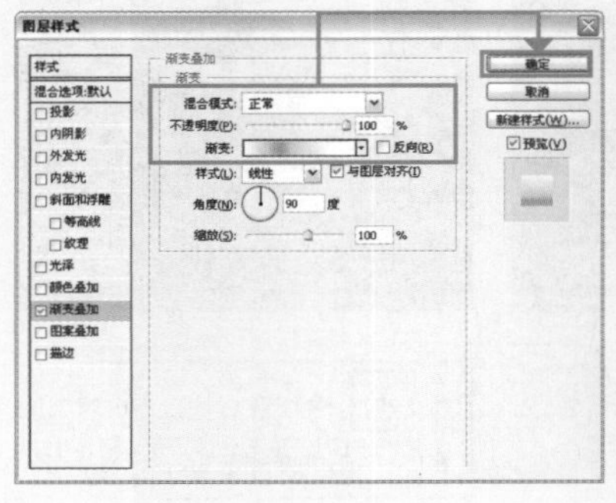

59 添加其他文字

根据需要添加其他文字，选择适当的文字进行渐变叠加处理。这里读者可以根据具体情况进行调整处理。

60 拖入标志

按下快捷键Ctrl+O，选择本书配套光盘中素材与源文件\Chapter10\01汽车杂志广告\Media\002.png文件，单击“打开”按钮打开素材文件。将其拖入杂志广告中，放在适当位置，得到图层23，本实例完成。

10.4 汽车DM单

文件路径 素材与源文件\Chapter10\02汽车DM单\Complete\汽车DM单.psd

实例说明 本实例主要运用了渐变工具、自定义形状工具、图层样式等，通过时尚简单的元素，合理的排版，使整个画面简洁、美观、大方。

技法表现 通过色彩的合理搭配，元素的合理排放，使整个DM单给人清爽，现代时尚的感觉。

难度指数 ★★★★★

01 新建文件

执行“文件>新建”命令，弹出“新建”对话框，在对话框中设置“宽度”为10厘米，“高度”为7厘米，“分辨率”为300像素/英寸，单击“确定”按钮。

02 填充渐变

新建图层1，单击渐变工具，在属性栏中单击“线性渐变”按钮，设置好参数后，在图层1上从上到下拖动鼠标填充渐变。

03 使用画笔工具

新建图层2，设置前景色为蓝色，单击画笔工具，设置好参数后，在图层2右下角单击鼠标创建几个圆形，得到蓝色的效果。

04 填充渐变

新建图层3，单击矩形选框工具，创建一个矩形选区。单击渐变工具，设置好参数后，在选区内从左到右拖动鼠标，填充渐变。

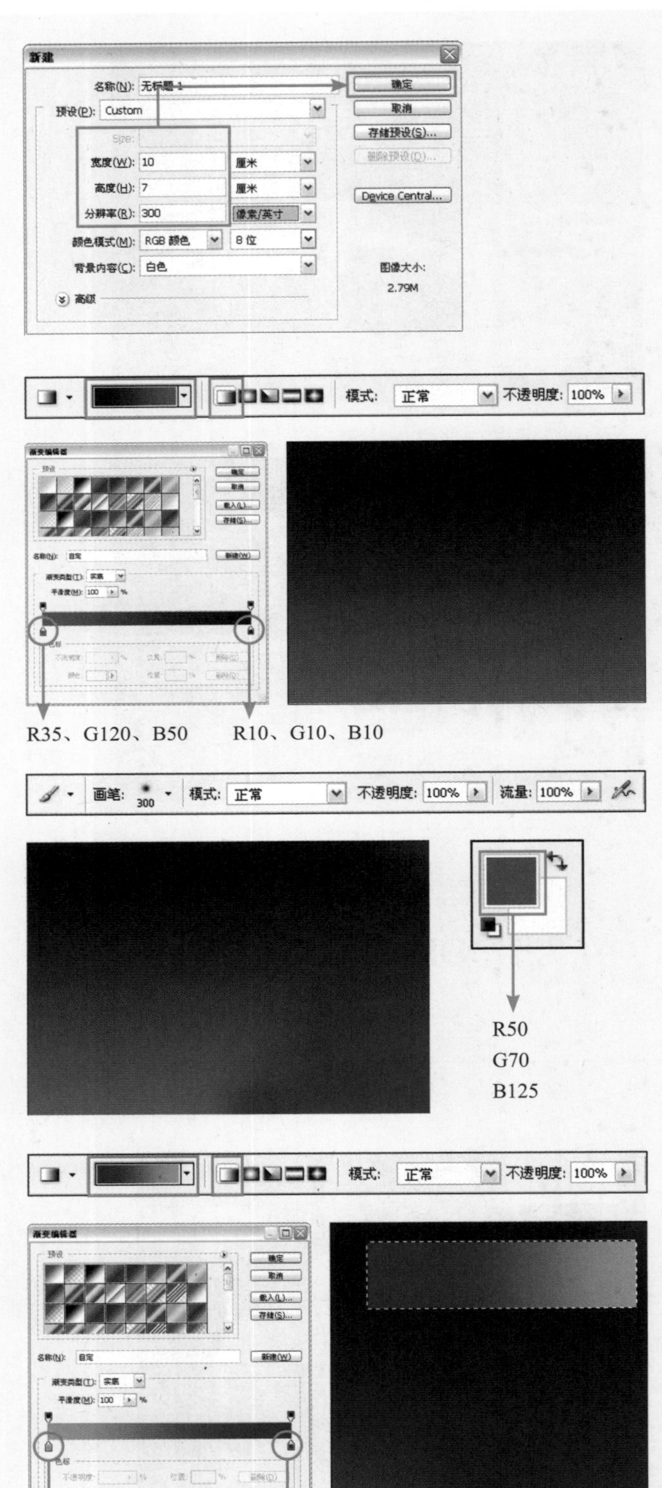

05 删除多余部分

选择图层3，单击矩形选框工具，创建一个矩形选区。执行“选择>变换选区”命令，按住Ctrl键，变换选区，使选区倾斜，按下Enter键来确定变换。然后依次移动选区，按下Delete键删除多余部分。

06 创建正圆选区并填充

单击图层面板下面的“创建新组”按钮，并重命名为“背景元素”。新建图层4，设置好前景色后，单击椭圆选框工具，按住Shift键创建一个正圆选区。按下快捷键Alt+Delete，填充选区。最后取消选区。

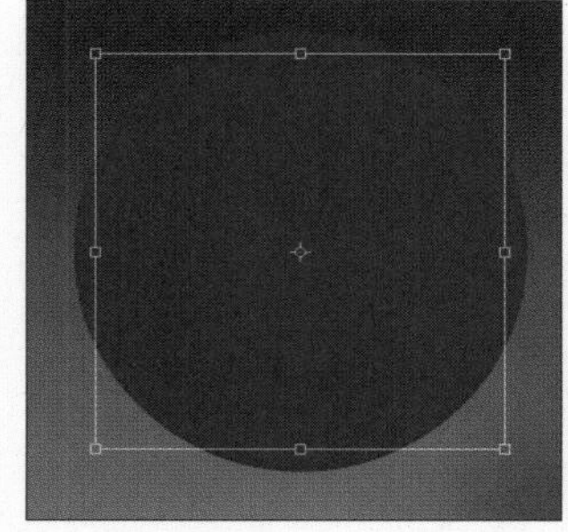

07 复制并调整图层

按下快捷键Ctrl+J，复制图层4，得到图层4副本。按下快捷键Ctrl+T，在属性面板中设置缩放为90%。按下Enter键来确定。单击图层4副本的“锁定透明像素”按钮，设置前景色为蓝色，按下快捷键Alt+Delete，填充蓝色。

08 使用同样的方法调整

根据上面的方法，再复制4个副本，调整好大小后，填充不同的颜色。

专家支招：填充颜色前，单击图层的“锁定透明像素”按钮，这样才能得到正圆的填充，不会使整个图层都被填充。

09 删除多余部分

选中图层4～图层4副本4，按下快捷键Ctrl+Alt+E，合并选中图层并自动生成新图层。然后按住Ctrl键，单击图层4副本5，得到正圆选区，按下Delete键删除。

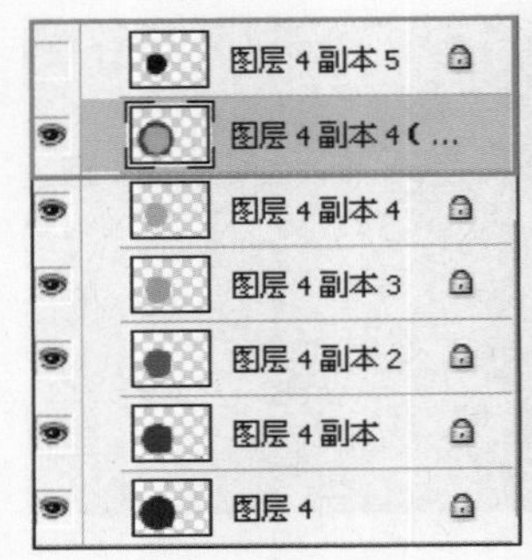

10 创建半圆

复制图层4（合并），单击矩形选框工具，创建一个矩形选区。按下Delete键删除多余部分，得到半圆部分。

11 变化图形

按下快捷键Ctrl+T，按住Ctrl键，适当调整节点，最后按下Enter键来确定。

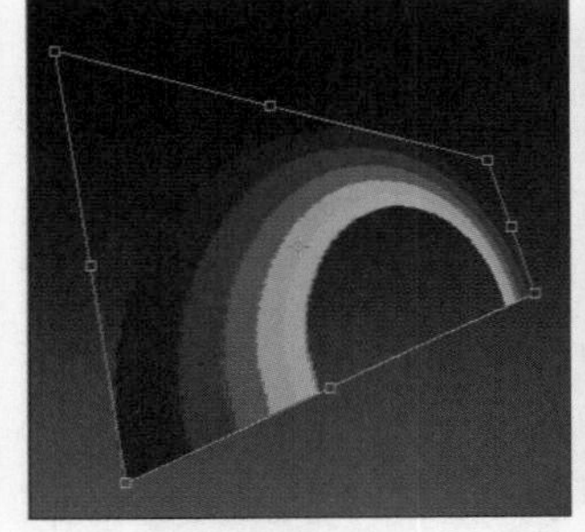

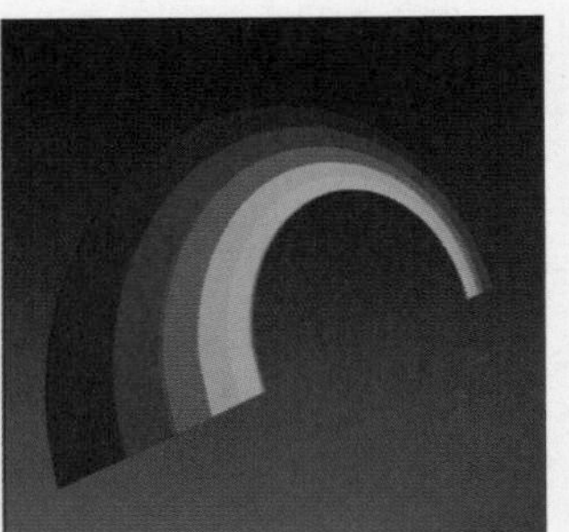

12 复制元素

适当复制圆形以及半圆元素。调整好大小，放在适当位置。

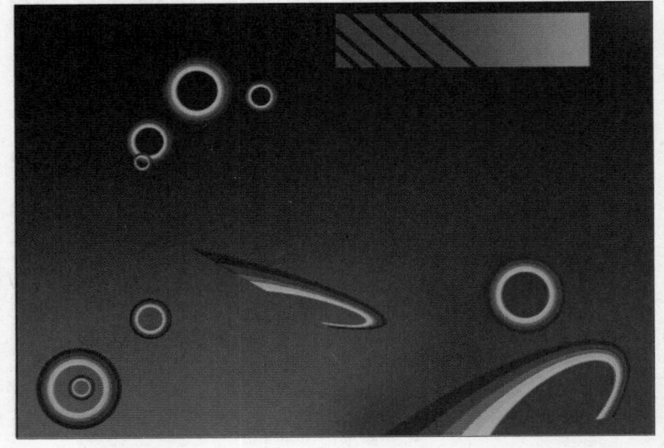

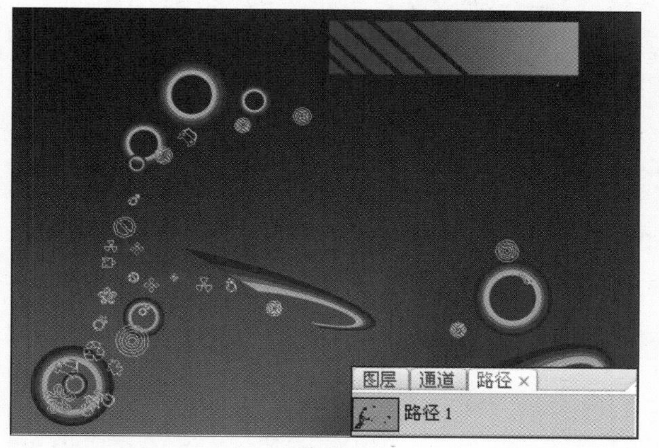

13 创建路径元素

选择路径面板，新建路径1，单击自定义形状工具，在属性面板中单击"路径"按钮，选择合适的形状，创建一些自定义的路径元素。

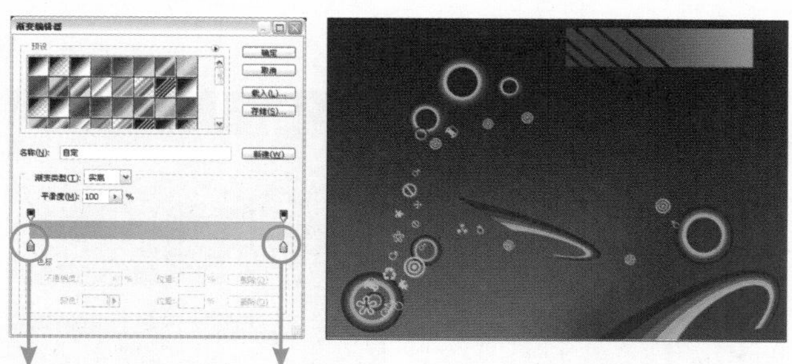

R100、G210、B20　　R205、G255、B0

14 填充渐变

按下"将路径作为选区载入"按钮，得到路径元素的选区。新建图层5，单击渐变工具，设置好参数后，在选区内从左到右拖动鼠标，填充渐变。

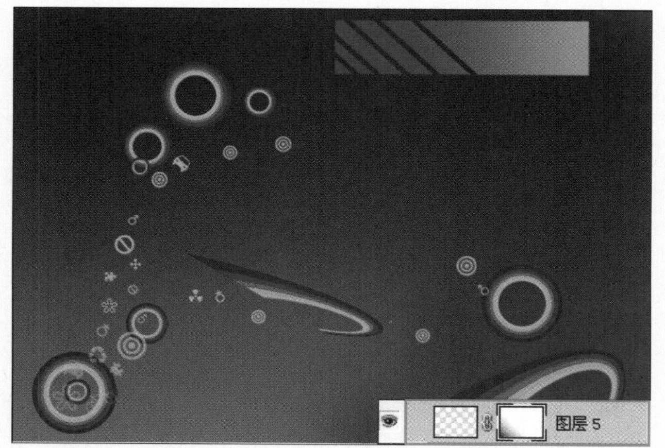

15 添加图层蒙版

选择图层5，单击"添加图层蒙版"按钮，然后单击渐变工具，使用默认的黑色到白色的渐变，在蒙版内从左下角到中间拖动鼠标，得到自然的渐隐效果。

16 创建矩形选区并填充

新建图层6，设置前景色为黄色，单击矩形选框工具[]，创建一个矩形选区。按下快捷键Alt+Delete，填充黄色。最后取消选区。

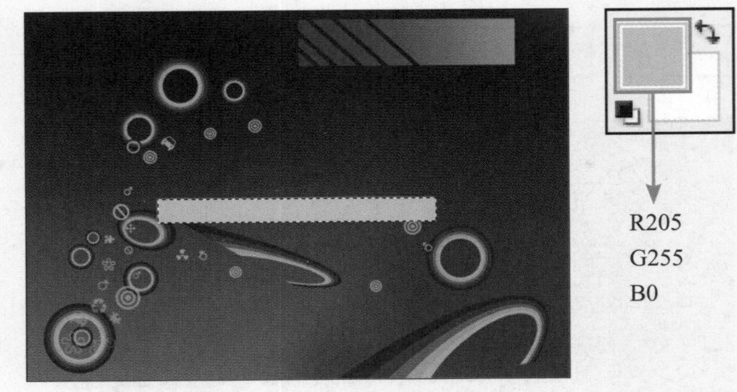

17 动感模糊

选择图层6，执行“滤镜>模糊>动感模糊”命令，设置“角度”为0度，“距离”为200像素。然后单击“确定”按钮，得到动感模糊的效果。

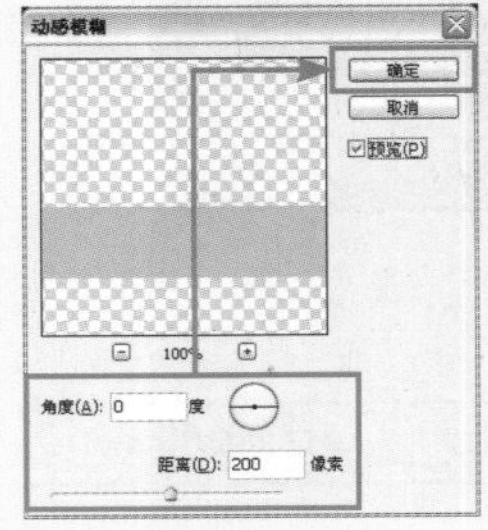

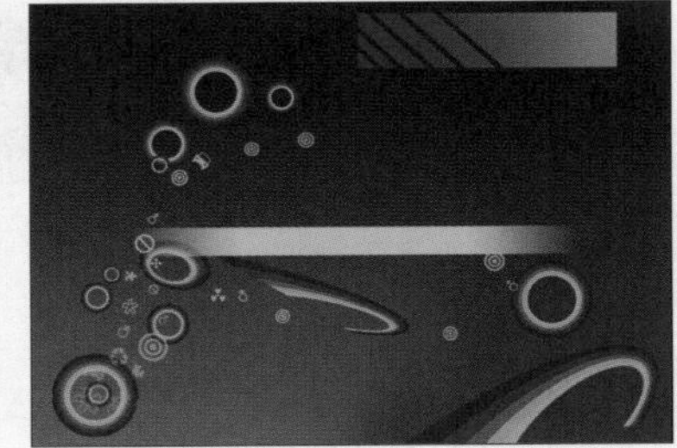

18 删除多余部分

选择图层6，单击多边形套索工具[]，创建一个不规则多边形选区，按下Delete删除多余部分。

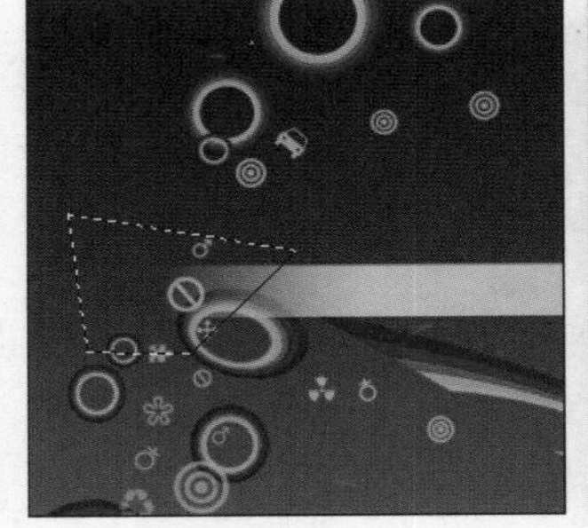

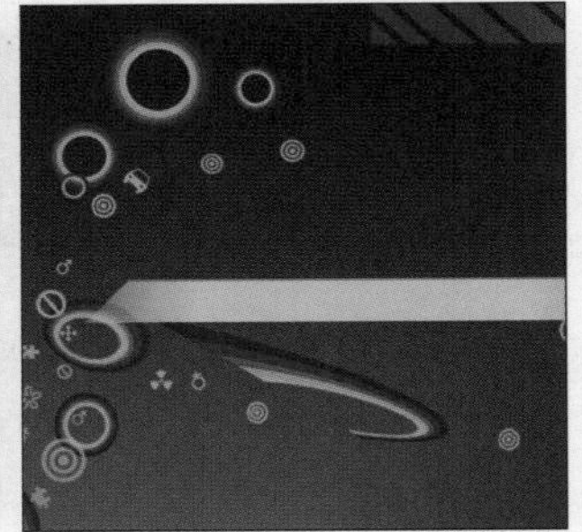

19 添加图层蒙版

选择图层6，设置“不透明度”为75%，然后按住Ctrl键单击图层4副本4（合并），得到该图层的选区。按下快捷键Shift+Ctrl+I，反选。单击图层6下面的“添加图层蒙版”按钮，隐藏了不需要显示出来的部分。

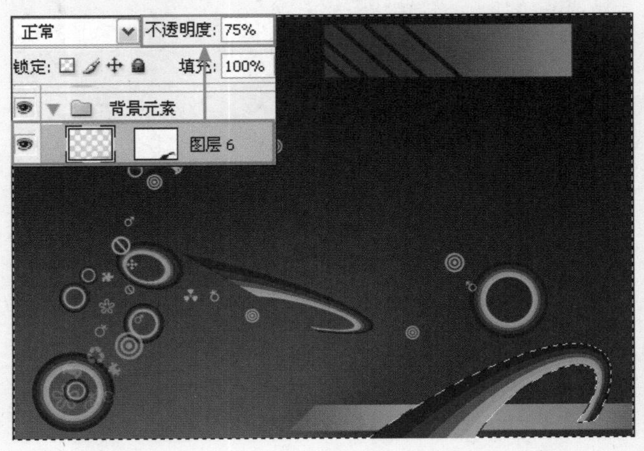

20 创建边元素

单击"创建新组"按钮，并重命名为"边"，使用矩形选区工具创建一些矩形选区。填充不同的颜色，放在适当的位置。使画面更和谐美观。

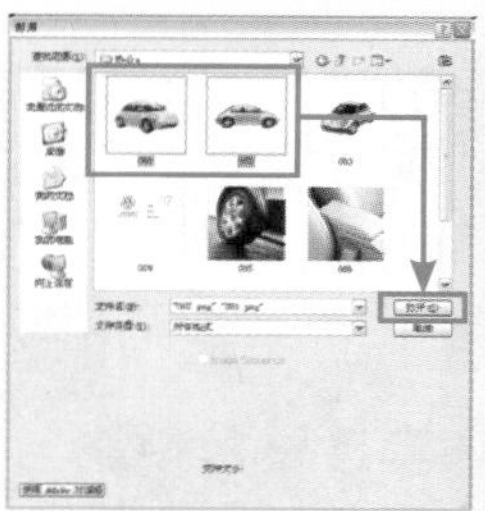

21 打开素材并拖入文件

执行"文件>打开"命令，选择本书配套光盘中素材与源文件\Chapter10\02汽车DM单\Media\001.png和002.png文件，单击"打开"按钮打开素材文件。将其拖入DM单中，并分别将图层重命名为"汽车1"和"汽车2"。

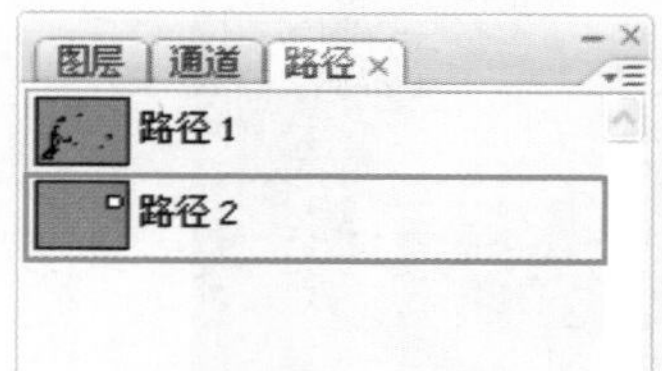

22 创建路径并填充

选择路径面板，新建路径2，单击圆角矩形工具，在属性栏中单击"路径"按钮，创建一个圆角矩形路径，设置前景色为白色，新建图层9，单击路径面板下面的"用前景色填充路径"按钮，填充路径。

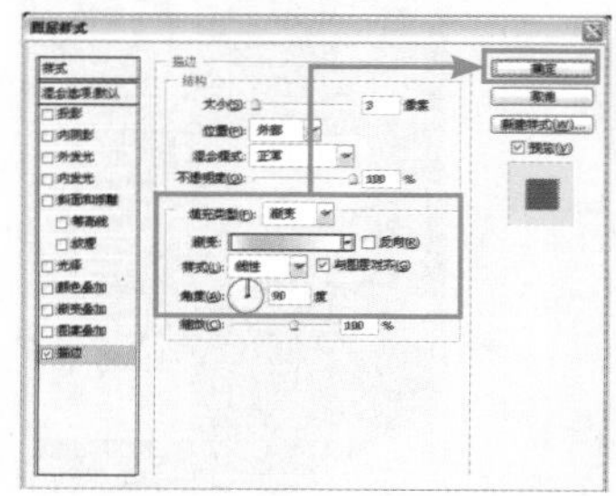

23 添加图层样式

选择图层9，单击"添加图层样式"按钮，在弹出的快捷菜单中选择"描边"命令，设置好参数后，单击"确定"按钮，得到描边的效果。

24 复制图层并调整

选择图层9，按下快捷键Ctrl+J，3次，得到图层9的3个副本。改变其大小，放在适当位置。并设置图层9副本的"不透明度"为45%。

25 打开素材并拖入文件

按下快捷键Ctrl+O，选择本书配套光盘中素材与源文件\Chapter10\02汽车DM单\Media\005.jpg、006.jpg和007.jpg文件，单击"打开"按钮打开素材文件。将其拖入DM单中，分别得到图层10，图层11和图层12。

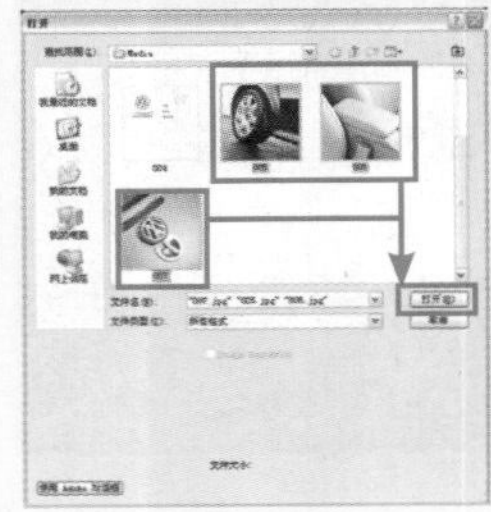

26 创建图层剪贴蒙版

适当调整图层10的位置，并移动到图层9上面，并按下快捷键Alt+Ctrl+G，创建图层9的剪贴蒙版，同理分别调整图层11和图层12，得到剪贴蒙版的效果。

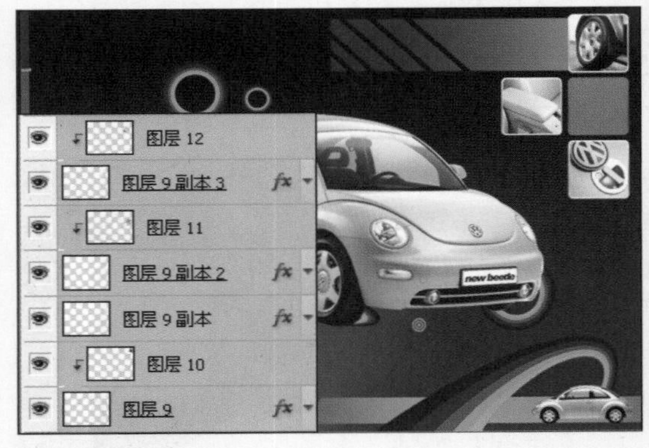

27 创建自定义形状

选择路径面板，新建路径3，单击自定义形状工具，在属性栏中单击"路径"按钮。创建一个自定义形状。设置前景色为白色，新建图层13，按下"用前景色填充路径"按钮，填充路径。

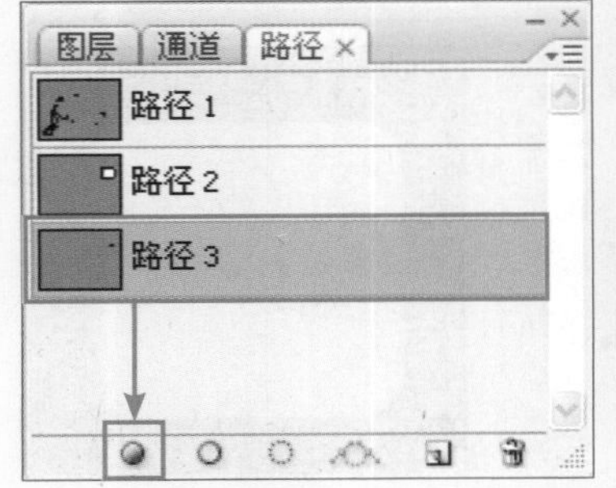

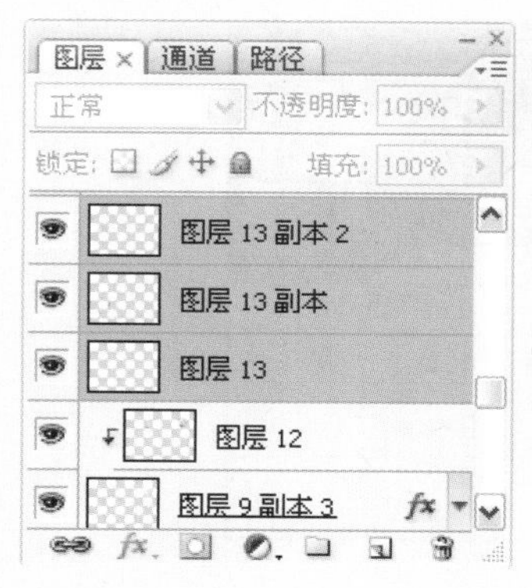

28 复制图层并调整

选择图层13，按下两次快捷键Ctrl+J，得到图层13的两个副本，调整其大小，放在适当位置。

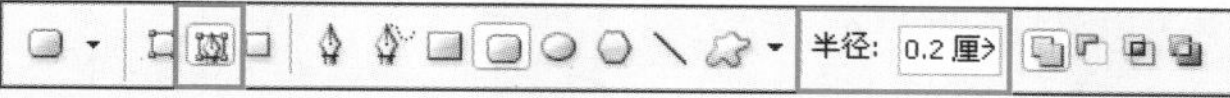

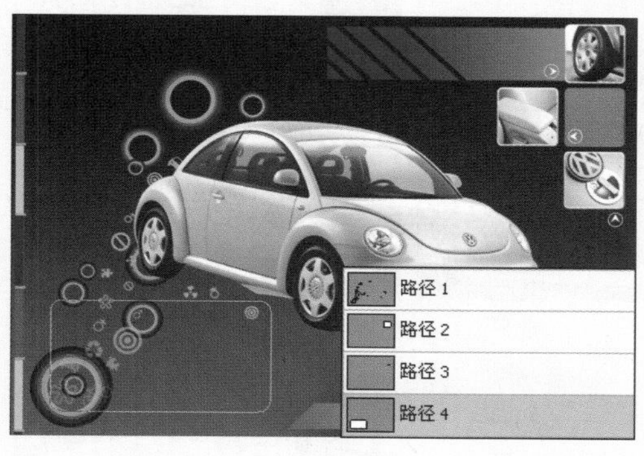

29 创建圆角矩形路径

选择路径面板，新建路径4，单击圆角矩形工具，在属性栏中单击“路径”按钮，创建一个圆角矩形路径。

R100、G210、B20　R0、G20、B90

30 填充渐变

选择路径4，单击“将路径作为选区载入”按钮，得到路径4的选区。新建图层14，单击渐变工具，设置好参数后，在选区内从右到左拖动鼠标，填充渐变。最后取消选区。

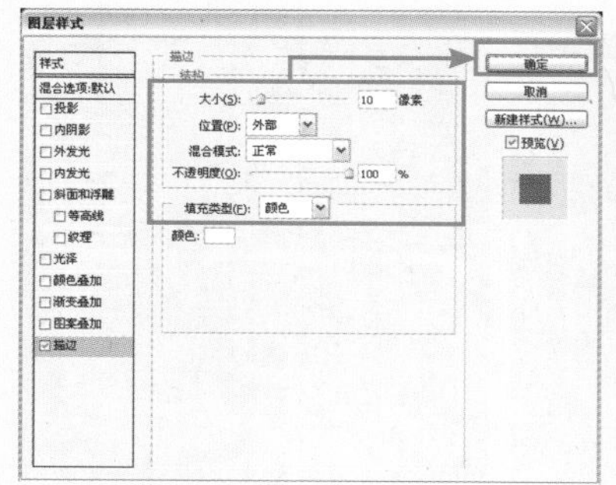

31 添加图层样式

选择图层14，单击“添加图层样式”按钮，在弹出的快捷菜单中选择“描边”，设置好参数后，单击“确定”按钮，得到描边效果。

32 改变图层的不透明度

选择图层14，设置该图层的“不透明度”为85%。

33 创建元素

新建图层15，设置前景色为白色。根据前面的方法，创建元素。最后按下快捷键Alt+Ctrl+G，创建图层14的剪贴蒙版。

34 打开素材并拖入文件

按下快捷键Ctrl+O，选择本书配套光盘中素材与源文件\Chapter10\02汽车DM单\Media\003.png文件，单击“打开”按钮打开素材文件。将其拖入DM单中，得到图层16。

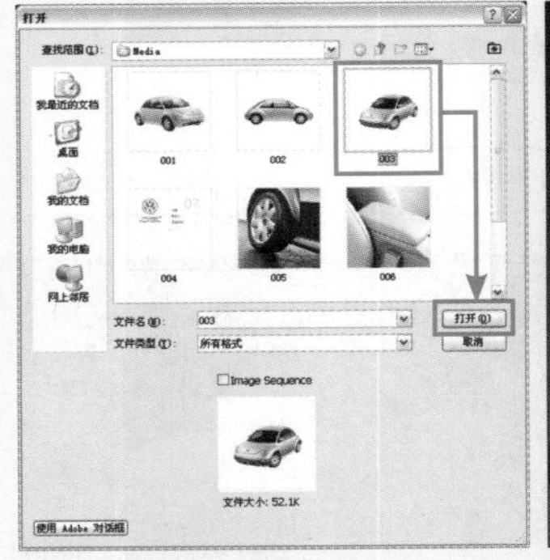

35 创建路径元素

选择路径面板，新建路径5，单击矩形工具，按住Shift键，创建一个正方形路径，然后再创建一个矩形路径，单击路径选择工具，选择矩形路径，按下快捷键Ctrl+T，按住Ctrl键，拖动节点，使矩形倾斜，按Enter键确定。

R205、G255、B0

36 添加元素并调整

将路径5载入选区。设置好前景色，新建图层17，按下快捷键Alt+Delete，填充前景色。按下两次快捷键Ctrl+J，得到图层17的两个副本，适当调整大小，改变方向，放在适当位置，最后将图层17副本2的颜色改为白色。

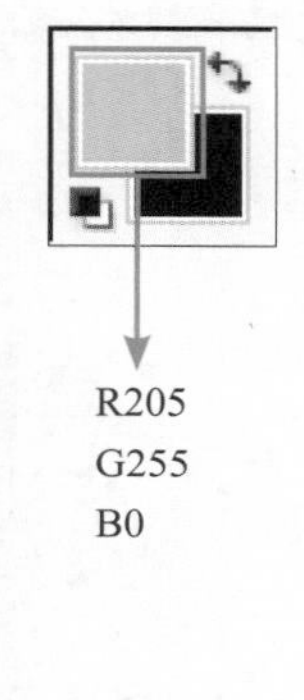

R205
G255
B0

37 添加矩形元素

新建图层18，设置前景色为黄色，单击矩形选框工具，创建一个矩形选区。按下快捷键Alt+Delete，填充选区。单击调整其大小，放在适当位置。

38 添加英文文字

单击横排文字工具T，设置好参数后，输入如图所示文字。旋转一定角度，放在适当位置。

39 添加中文文字

单击横排文字工具T，设置好参数后，输入如图所示文字。最后单击移动工具，放在适当位置。

40 添加其他文字

根据需要添加其他文字，使画面效果更美观，协调就好。

41 拖入标志完成制作

按下快捷键Ctrl+O，选择本书配套光盘中素材与源文件\Chapter10\02汽车DM单\Media\004.png文件，单击“打开”按钮打开素材文件。分别将其拖入DM单中，得到图层19和图层20。本实例完成。

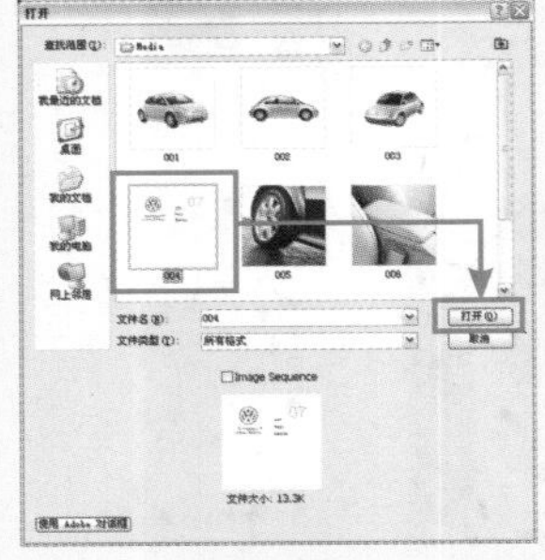

10.5 广告理论与后期应用

10.5.1 DM单的技巧表现

在产品的广告宣传计划中，DM的广告威力不亚于传统广告媒体。在普通消费者的眼里，DM与街头散发的小报没多大区别，印刷粗糙，内容低劣，是一种避之不及的广告垃圾。要想打动消费者，不在你的DM里下一番深功夫是不行的。在DM中，精品与垃圾往往一步之隔，要使你的DM成为精品，就必须借助一些有效的广告技巧来提高你的DM效果。这些有效的技巧能使你的DM看起来更美，更加招人喜爱，成为企业与消费者建立良好互动关系的桥梁，它们包括：

（1）选定合适的投递对象。

（2）设计精美的信封，以此先声夺人。

（3）在信封反面写上主要内容简介，可以提高开阅率。

（4）信封上的地址、收信人姓名要书写工整。

（5）DM最好包括一封给消费者的信函。

（6）信函正文抬头写上收件人姓名，使其倍感亲切并有阅读兴趣。

（7）正文言辞要恳切、富人情味、热情有礼，使收信人感到亲切。

（8）内容要简明，但购买地址和方法必须交代清楚。

不规则形状的DM单

使用牛皮纸制作精美的收藏型DM单

超长矩形折页的个性DM单

运用镂空效果的时尚DM单

10.5.2 后期应用

汽车广告投放媒体最多的也就是电视广告、户外广告和杂志广告。而杂志广告是汽车广告的主要媒体，因为杂志广告可以包括很大的文字信息，同时随着目前经济的发展，人们对汽车的关注越来越多，单是专业的汽车杂志就举不胜举，所以选择合适的广告媒体能使产品得到一个很好的推广。

本章杂志广告可投放于《汽车》、《爱车一族》、《速度》等汽车时尚杂志，鲜明的色彩对比，更好地表达了产品的性能，带给读者震撼的视觉冲击。同时将一些硬参数介绍给消费者，能获得更直观的宣传效果。

汽车DM单常用于在销售时给消费者一些直观的介绍，能让消费者更详细地了解到产品的各种性能介绍，同时方便消费者进行对比参考。本章DM单可用于汽车卖场的发送，传递最新的产品信息，给消费者耳目一新的视觉效果。

读 书 笔 记

综合运用

面向新世纪，中国加快移动互联网的发展，积极推进基础网络向宽带化发展，通信业务向多元化发展，支撑系统向集中化发展，决策系统向网络化发展，以移动信息化促进社会信息化。各大通信公司迎来的将是更大的挑战，谁做好了广告宣传，谁就赢得了市场。同时随着经济的快速增长，房地产也成为当今消费市场上一块炙手可热的蛋糕。地产广告也在近几年来得到飞速发展。

本篇两个章节的综合运用，系统地介绍一套广告的设计方案。时尚最前线的动感地带，运用活泼的色彩，在杂志广告中脱颖而出，成为年轻人追捧的焦点。地产广告详尽地介绍了制作过程，让读者朋友不再对地产广告感到陌生和遥不可及。通过本篇的综合学习，读者朋友也能自我发挥，做出更有创意的作品。

魅惑之城 Fashion Hustle
FASCINATION CITY
On the other side
the planets meet
KISS CTIY KISS LIFE
时尚领地，财富之都
你的思想，开启一个时代，
你的观念，改变你的生活。
ABSOLUTE LURE
魅
惑
魅惑之城
FASCINATION CITY
Fashion Hustle

恋爱宝典
二月蜜语
恋爱狂享
这个情人节
我的地盘大有玩头
客户服务热线：
10086

中国移动通信
CHINA MOBILE
2007::5TH ISSUE
[M]-IN
HOT-INFO
MESSAGE
FOR
YOU
MUSIC
+LIFE
MEMORY
IN
SUMMER
BOX
MAGIC
M-ZONE
动感地带

FASCINATION CITY
魅惑之城

FASCINATION CITY
魅惑之城

FASCINATION CITY
魅惑之城

FASCINATION CITY
魅惑之城

首座都市mini型白领公寓
绝对时尚·绝对诱惑
8月18号盛大开盘
FASCINATION CITY
魅惑之城

Chapter 11 通信广告

11.1 产品广告分析

近年来，伴随着移动通信与因特网的飞速发展，移动互联几乎成为一段时间以来整个通信业发展的主旋律和主要推动力。中国移动通过动感地带的策划，将中心消费群体转向更有发展潜力的年轻人。动感地带上市时，其媒体轰炸可以用“铺天盖地”来形容。在短短时间内，包括电视、广播、报纸、杂志等传统媒体，以及一些户外路牌静态广告和车体流动广告等，都被动感地带所波及。

中国移动推广宣传广告：突出主题“让世界聆听中国，让中国聆听世界”。

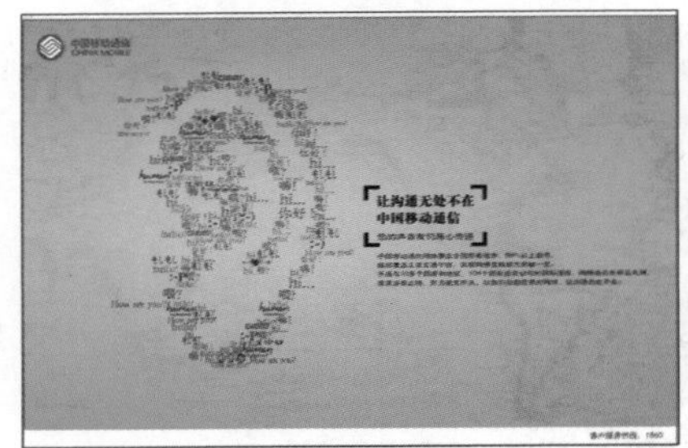

中国移动全球通平面广告：从纽约到东京突出主题“全球漫游，沟通无处不在”。

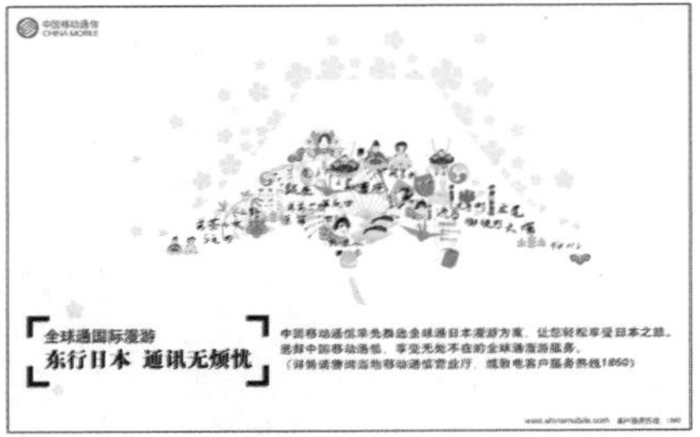

中国电信ADSL周年庆平面广告：用假设的方法，如果不使用ADSL上网，那么现在就等于过去。

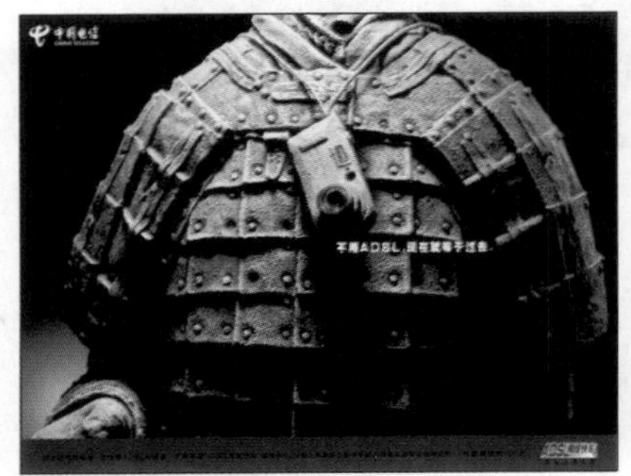

11.2 本案策划方案

为了获得更好的宣传效果，吸引更多的消费者。本章的第一个实例通信杂志广告，通过色彩的大胆运用，时尚元素的合理安排，渲染了恋爱的甜蜜气氛，从侧面强调了宣传目的。引人入胜，达到了预期效果。

协调的空间比例——▶美化背景——▶时尚元素——▶合理的排版——▶时尚气质的杂志广告

本章第二个实例，通信DM单，运用夸张的手法，时尚元素合理安排，空间的错位感，颜色的对比，达到动感时尚的画面效果。通过文字的合理排版，使整体效果更和谐美观，使在信息得到宣传的同时，品牌形象也得到大大提高。

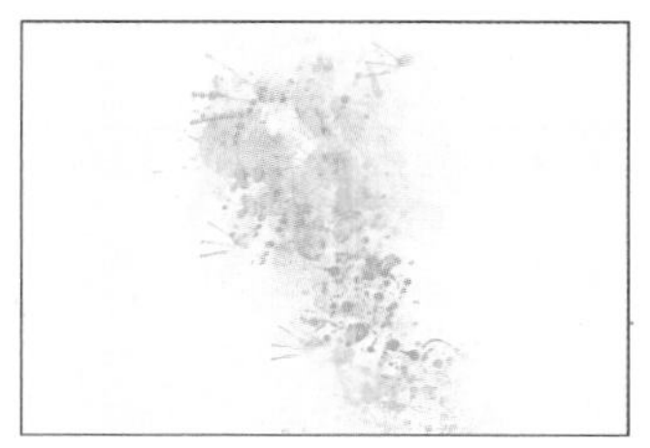

复古风格的背景——▶时尚花纹——▶动感元素——▶主体人物——▶合理排版——▶爱不释手的DM单

11.3 通信杂志广告

文件路径 素材与源文件\Chapter11\01通信杂志广告\Complete\通信杂志广告.psd

实例说明 本实例主要运用了渐变工具、图层蒙版，图层样式等。通过时尚彩色的元素与冷色背景的衬托，突出了主体，使中心广告语得到更好的体现。

技法表现 运用合理的色彩搭配以及元素合理排版，暖色调与冷色调的对比，渲染出活泼时尚，甜蜜的恋爱气氛。

难度指数 ★★★★★

01 新建文件

首先制作水晶标志，执行"文件>新建"命令，弹出"新建"对话框，在对话框中设置"宽度"为12厘米，"高度"为12厘米，"分辨率"为300像素/英寸。单击"确定"按钮，新建一个图像文件。

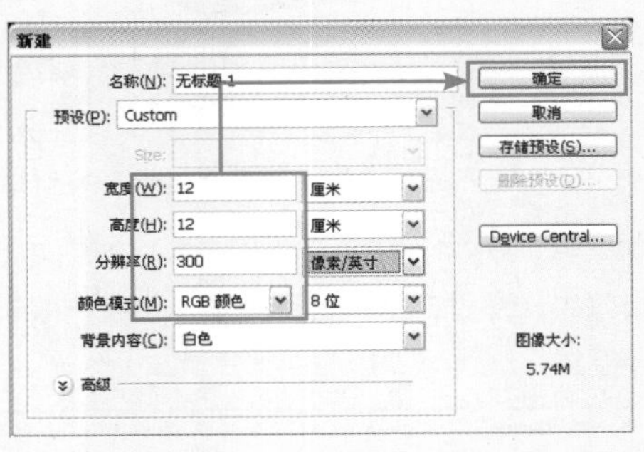

02 创建选区并填充渐变

新建图层1，单击椭圆选框工具，按住Shift键，拖动鼠标，创建一个正圆选区。单击渐变工具，在属性栏中单击"径向渐变"按钮，设置好参数后，在选区内从中间到两边拖动鼠标，填充渐变。

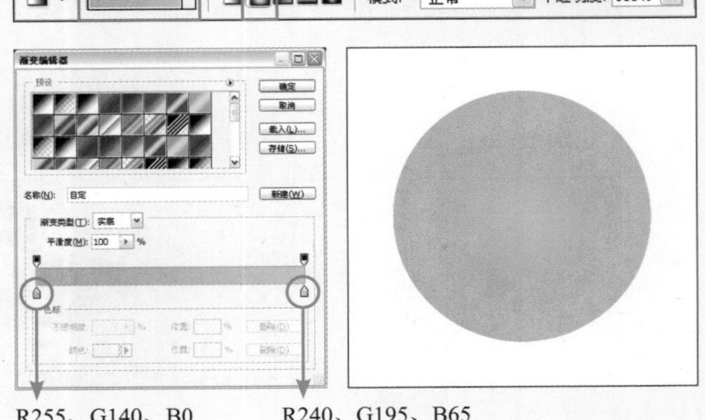

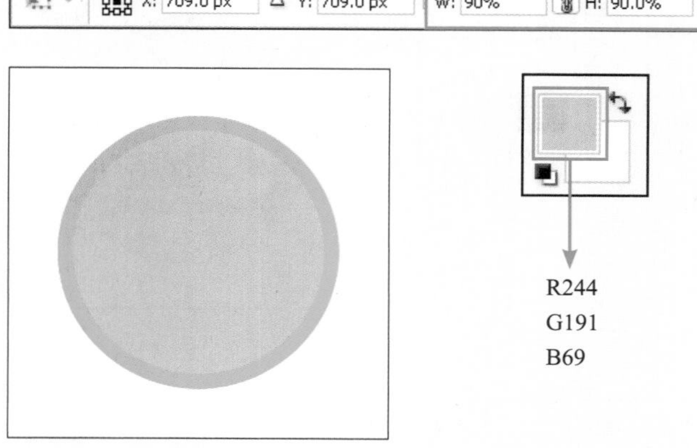

03 复制图层并调整

按下快捷键Ctrl+J，复制图层1，得到图层1副本，按下快捷键Ctrl+T，在属性栏中设置“缩放比例”为90%，按Enter键确定。单击“锁定透明像素”按钮，设置好前景色，按快捷键Alt+Delete填充前景色。

04 添加图层蒙版

选择图层1副本，单击图层面板下面的“添加图层蒙版”按钮，设置前景色为黑色，使用画笔工具在蒙版上涂抹，得到渐隐的效果。最后设置该图层的“不透明度”为30%。

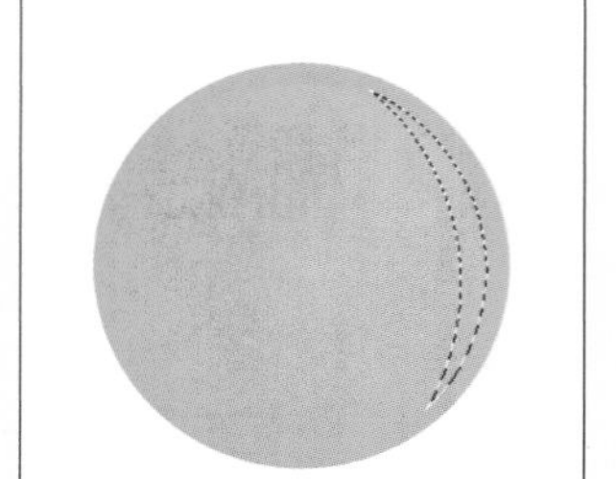

05 创建选区并填充

新建图层2，单击椭圆选框工具，在属性栏中单击“从选区减去”按钮，创建一个曲线选区。设置前景色为白色，按下快捷键Alt+Delete，将选区填充为白色。

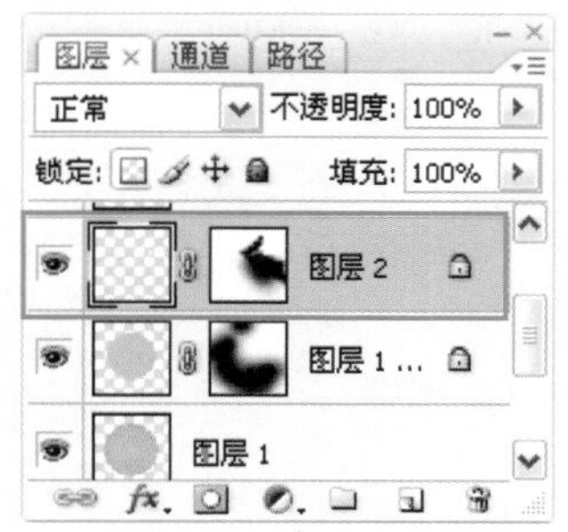

06 添加图层蒙版

选择图层2，单击“添加图层蒙版”按钮，设置前景色为黑色，使用画笔工具，在图层蒙版上涂抹，得到渐隐的效果。调整其大小和方向，放在适当位置。

07 打开素材并拖入文件

执行“文件>打开”命令，打开本书配套光盘中素材与源文件\Chapter11\01通信杂志广告\Media\001.png文件。单击“打开”按钮，打开素材。将该素材拖入水晶标志文件得到图层3。

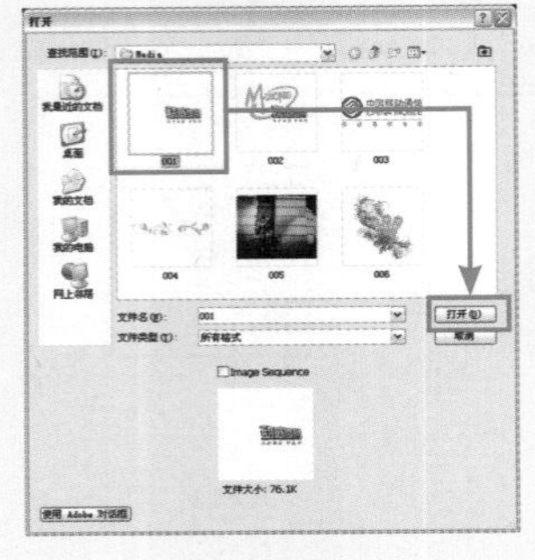

08 使用加深工具

选择图层1，单击加深工具，设置“曝光度”为25%。在边缘涂抹，得到暗部的效果。

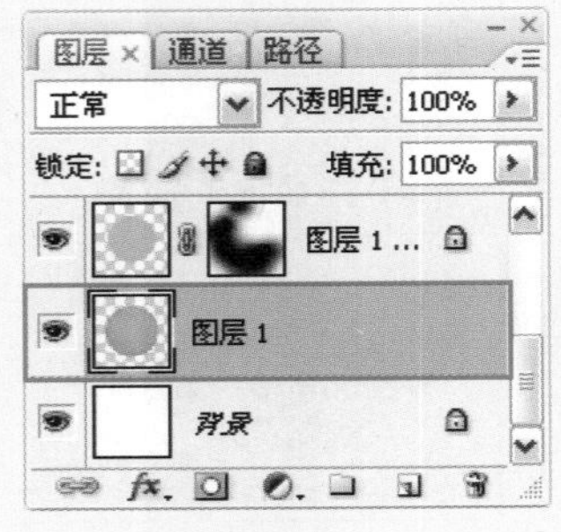

09 合并图层

选择背景图层，单击“指示图层可视性”按钮，选中其他图层，按下快捷键Ctrl+Alt+E，合并选中图层，并自动生成新图层。完成水晶标志的制作。

10 新建文件

下面制作复古标志，执行“文件>新建”命令，弹出“新建”对话框，在对话框中设置“宽度”为10厘米，“高度”为10厘米，“分辨率”为300像素/英寸。单击“确定”按钮，新建一个图像文件。

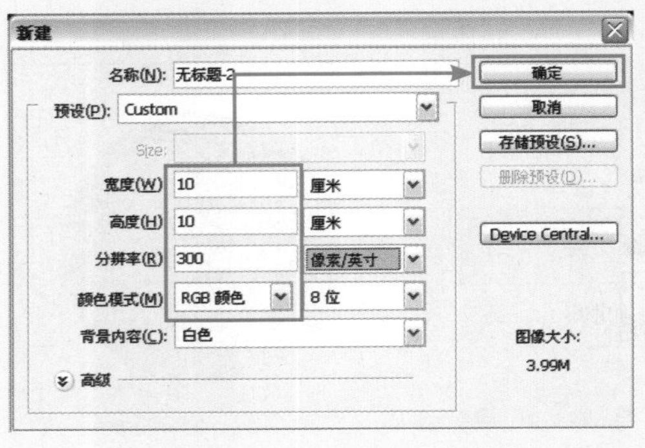

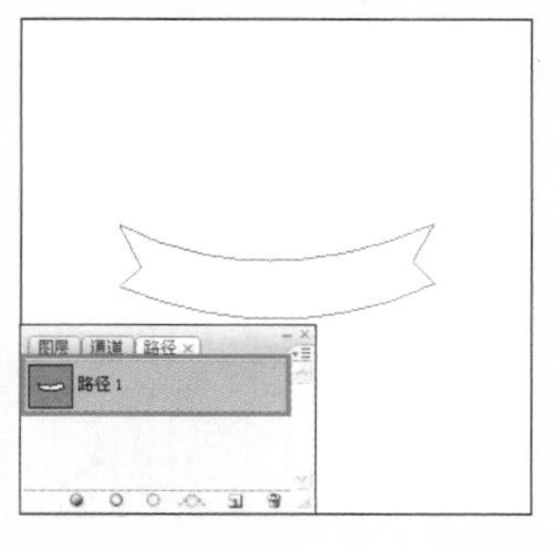

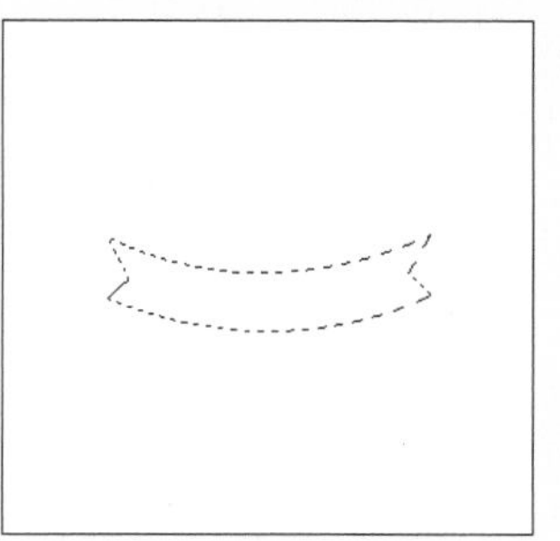

11 创建路径并载入选区

选择路径面板，单击“创建新路径”按钮，得到路径1。单击钢笔工具，绘制一个路径。然后单击“将路径作为选区载入”按钮，得到该路径的选区。

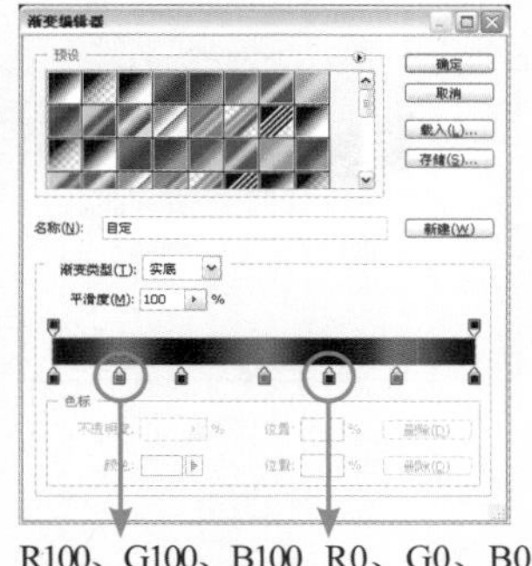

R100、G100、B100 R0、G0、B0

12 填充渐变

选择图层面板，新建图层1，单击渐变工具，在属性栏中单击“线性渐变”按钮，设置好参数后，在选区内从左到右拖动鼠标，填充渐变。最后按下快捷键Ctrl+D，取消选区。

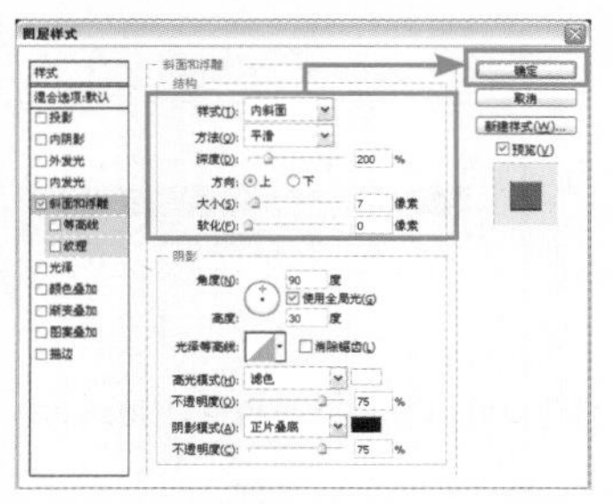

13 添加图层样式

选择图层1，单击“添加图层样式”按钮，在弹出的快捷菜单中选择“斜面和浮雕”，设置好参数后，单击“确定”按钮。得到浮雕的效果。

14 画笔描边路径

新建路径2，使用钢笔工具绘制一条Z字型路径。新建图层2，设置前景色为白色。单击画笔工具，设置“钢笔压力”为25%。单击路径面把下面的“用画笔描边路径”按钮，得到白色曲线的效果。

15 添加图层样式

选择图层2，单击“添加图层样式”按钮，在弹出的快捷菜单中选择“斜面和浮雕”，设置好参数后，单击“确定”按钮。得到浮雕的效果。最后设置该图层的“不透明度”为60%。

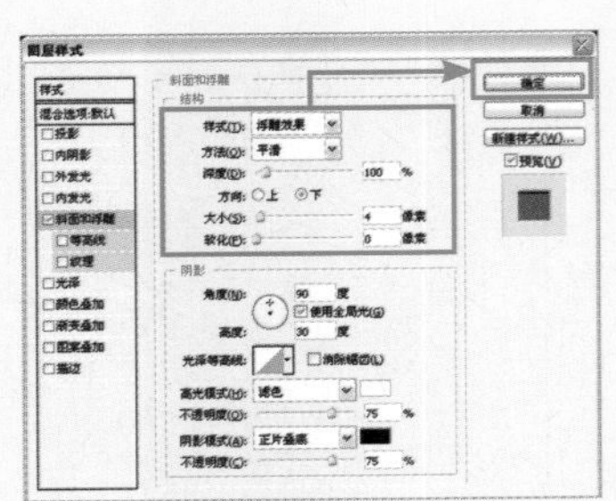

16 复制图层并调整

选择图层2，按下快捷键Ctrl+J，得到图层2副本。执行“编辑>变换>水平翻转”命令，得到水平翻转的效果。单击移动工具，将该图层放在适当位置。

17 创建其他元素

根据上面的方法，创建其他元素。分别得到路径3、路径4以及图层3和图层4。复制图层1的图层样式，分别粘贴到这2个图层中，得到浮雕的效果。

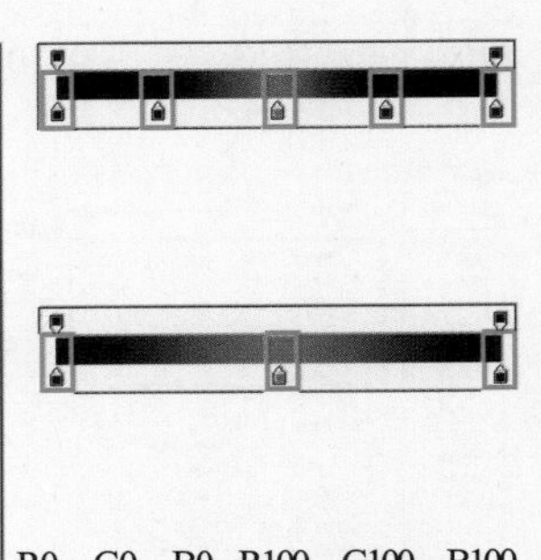

R0、G0、B0　R100、G100、B100

18 创建花纹元素

新建路径5，单击自定义形状工具，在属性栏中单击“路径”按钮，创建一个花纹路径。载入选区，新建图层5，单击矩形工具，设置好参数后，填充渐变。单击“添加图层样式”按钮，在弹出的快捷菜单中选择“斜面和浮雕”命令，设置好参数后，单击“确定”按钮。

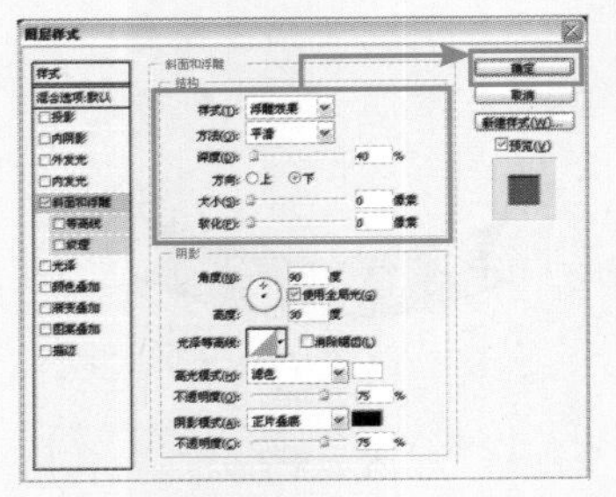

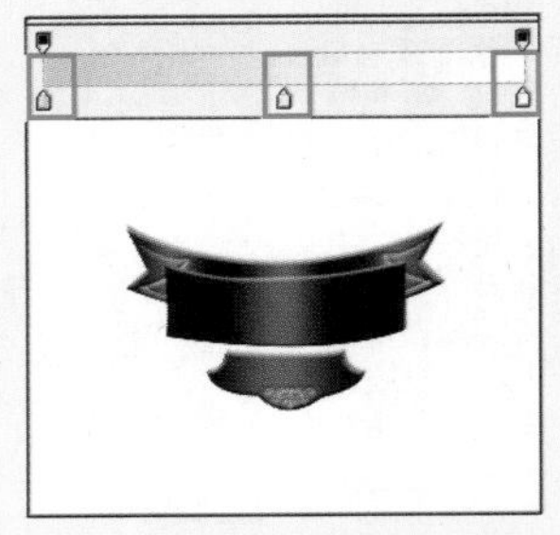

R255、G140、B0　R240、G195、B65　R255、G255、B255

19 拖入水晶标志

将刚才制作好的水晶标志，拖入复古标志文件中，得到图层6。单击移动工具，调整其大小，放在适当位置。

20 打开素材并拖入文件

按下快捷键Ctrl+O，选择本书配套光盘中素材与源文件\Chapter11\01通信杂志广告\ Media\004.png文件。单击“打开”按钮，打开素材。分别选择元素花，拖入复古标志文件中，得到图层7和图层8，根据需要复制图层，调整其大小和方向，放在适当的位置。并将以上图层移动到图层1的下面。

R255、G110、B2　R255、G255、B2

21 填充渐变

选中图层7，图层8以及它们的两个副本，按快捷键Ctrl+Alt+E合并选中图层，并自动生成新图层。单击“锁定透明像素”按钮，填充渐变。最后隐藏图层7和图层8以及它们的副本。

22 合并图层

按住Shift键选中图层8副本（合并）到图层6，按下快捷键Ctrl+Alt+E，合并选中图层，并自动生成新图层。最后单击背景图层的“指示图层可视性”按钮，完成复古标志的制作。

23 新建文件

下面制作杂志广告。执行“文件>新建”命令，弹出“新建”对话框，在对话框中设置“宽度”为7厘米，“高度”为10厘米，“分辨率”为300像素/英寸。单击“确定”按钮，新建一个图像文件。

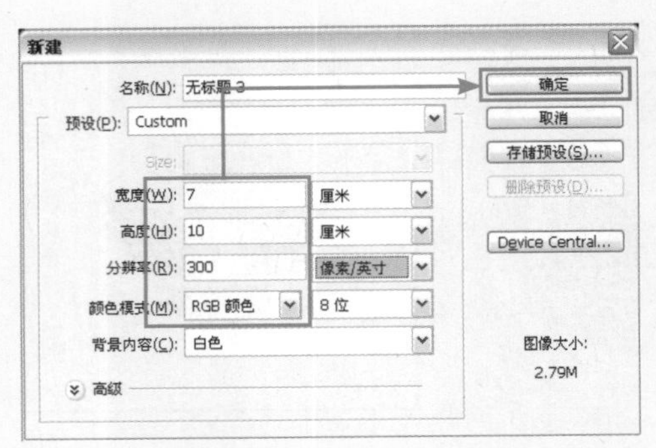

24 打开素材并拖入文件

按下快捷键Ctrl+O，选择本书配套光盘中素材与源文件\Chapter11\01通信杂志广告\Media\005.jpg文件。单击“打开”按钮，打开素材。将该素材拖入杂志广告中，得到图层1。

25 调整曲线

选择图层1，单击“创建新的填充或调整图层”按钮，在弹出的快捷菜单中选择“曲线”命令。设置好参数后，单击“确定”按钮。最后按下快捷键Alt+Ctrl+G，创建图层1的剪贴蒙版。

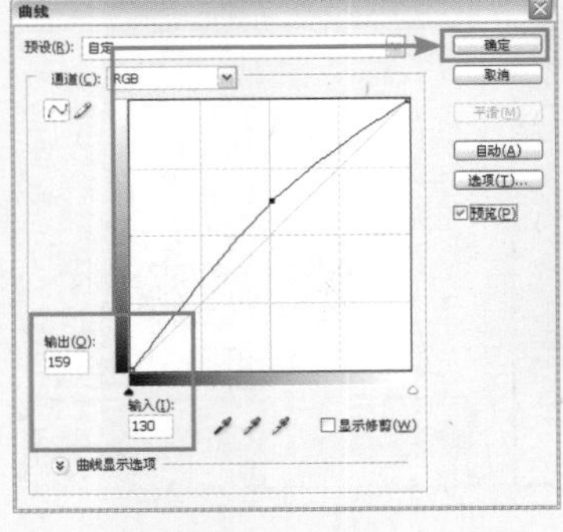

26 添加图层蒙版

选择曲线1，设置前景色为黑色，单击画笔工具，曲线1的图层蒙版上涂抹，得到人物变亮的效果。

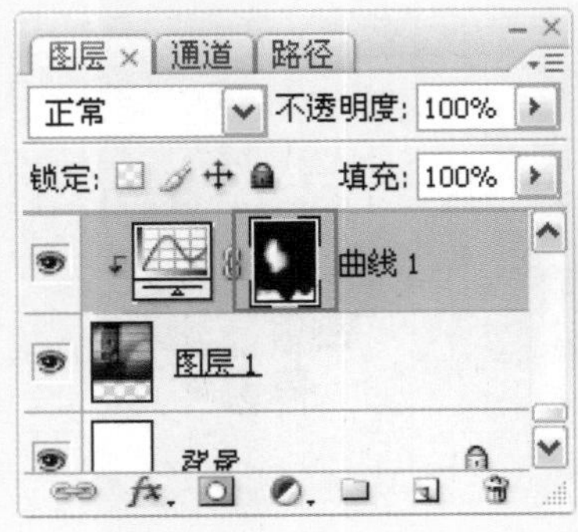

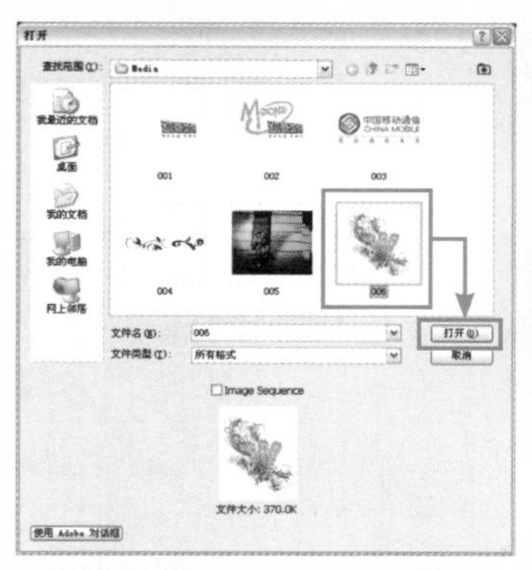

27 打开素材并拖入文件

按下快捷键Ctrl+O，选择本书配套光盘中素材与源文件\Chapter11\01通信杂志广告\Media\006.png文件。单击“打开”按钮，打开素材。将该素材拖入杂志广告中，得到图层2。

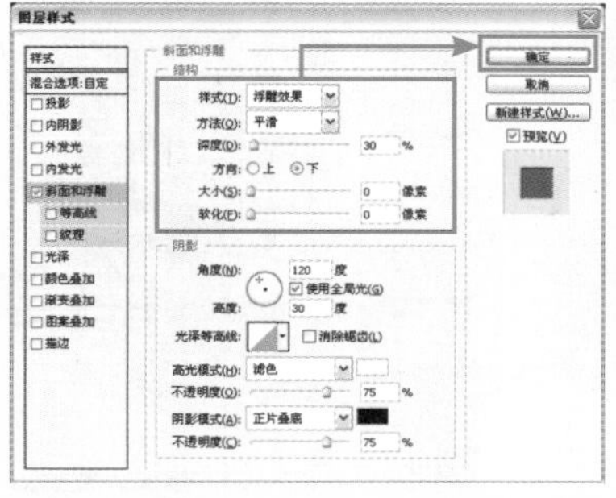

28 添加图层样式

选择图层2，单击“添加图层样式”按钮，在弹出的快捷菜单中选择“斜面和浮雕”命令，设置好参数后，单击“确定”按钮。得到浮雕的效果。

29 复制并调整图层

按下3次快捷键Ctrl+J，得到图层2的3个副本，适当调整大小和方向，放在适当的位置。并分别设置图层的“不透明度”为35%，图层的混合模式为“正片叠底”。

R250、G230、B0

30 创建选区并填充

新建图层3，设置前景色为白色，单击多边形套索工具，创建一个多边形选区。按下快捷键Alt+Delete，填充白色。同理新建图层4，创建一个多边形选区，填充黄色。

31 添加图层样式

将刚才制作好的复古标志，拖入杂志广告文件中，得到图层5。单击“添加图层样式”按钮，在弹出的快捷菜单中选择“阴影”，设置好参数后，单击“确定”按钮，得到阴影的效果。

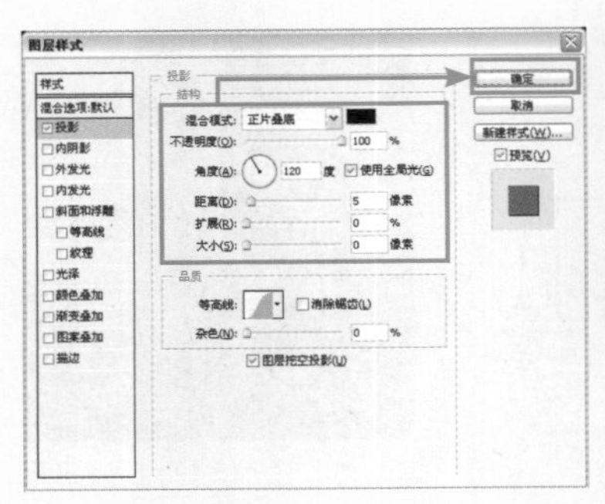

32 添加文字

单击横排文字工具，在属性栏中单击“显示/隐藏字符和段落调板”按钮，在弹出的“字符和段落”面板中设置好参数后，输入以下文字。

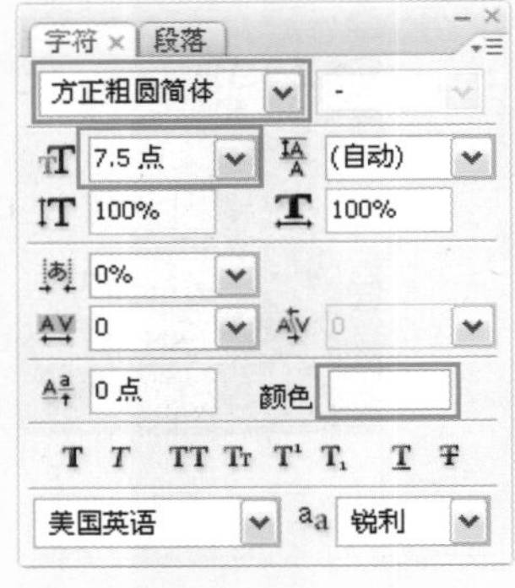

33 添加图层样式

选择文字图层，单击“添加图层样式”按钮，在弹出的快捷菜单中选择“斜面和浮雕”、“渐变叠加”命令。设置好参数后，单击“确定”按钮。

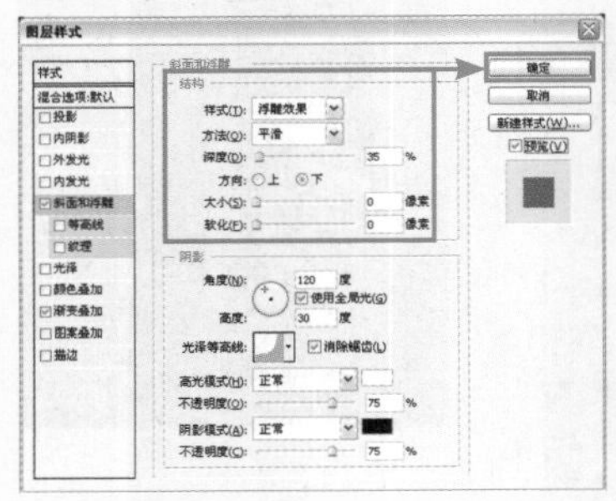

R225、G110、B2　　R255、G255、B0

34 创建元素

单击“创建新组”按钮，得到组1，并重命名为“元素”。选择路径面板，新建路径1，单击自定义形状工具，在属性栏中单击“路径”按钮，创建一个自定义形状路径。

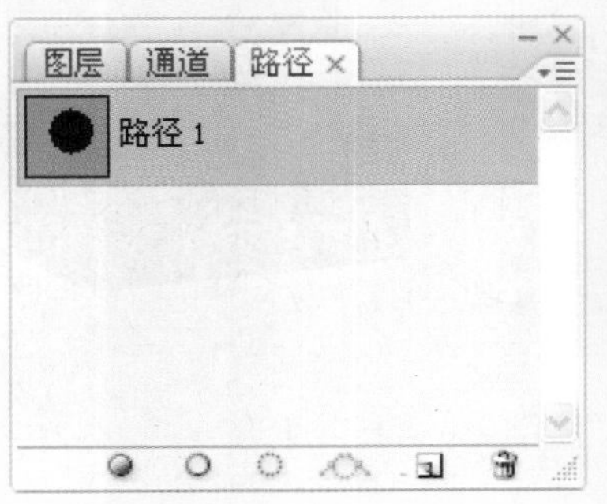

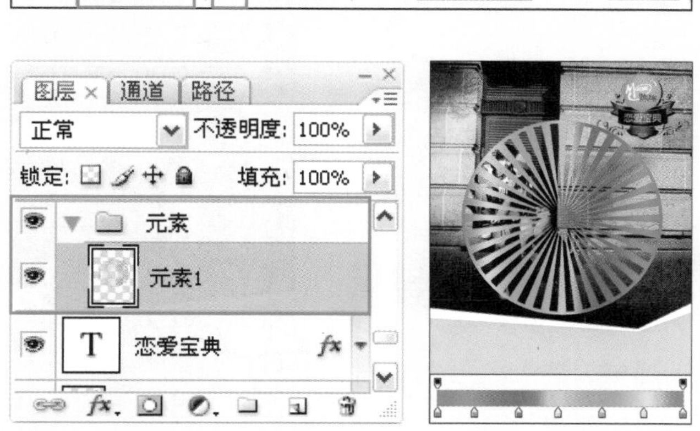

35 填充渐变

选择路径1，单击“将路径作为选区载入”按钮，新建图层，并重命名为“元素1”，单击渐变工具，使用默认的Spectrum渐变。在选区内从左到右拖动鼠标，填充渐变。最后按下快捷键Ctrl+D，取消选区。

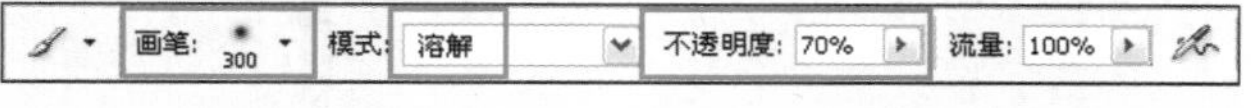

36 添加图层蒙版

选择“元素1”图层，单击“添加图层蒙版”按钮，单击画笔工具，设置画笔模式为“溶解”，“不透明度”为70%。在图层蒙版上涂抹，得到渐隐的效果。最后设置该图层的“不透明度”为60%。

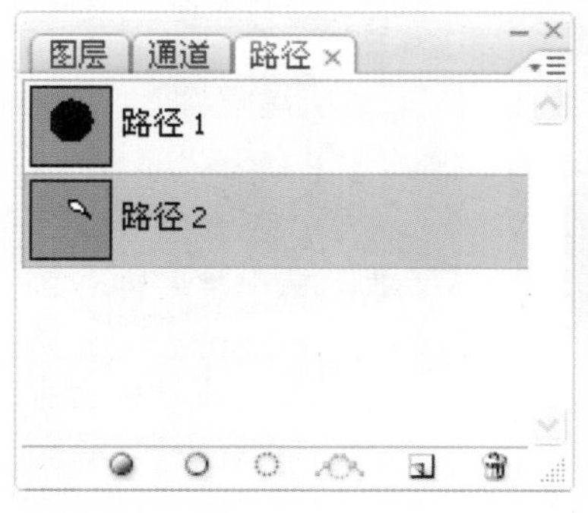

37 创建路径

选择路径面板，单击“创建新路径”按钮，得到路径2。单击钢笔工具，绘制一个形状路径。

38 复制图层并调整色阶

选择路径2，单击“将路径作为选区载入”按钮，新建图层，并重命名为“元素2”。单击渐变工具，设置好参数后，在选区内从左上角到右上角拖动鼠标，填充渐变。最后取消选区。

R226、G99、B44　　R225、G64、B108

39 复制图层并调整

按两次快捷键Ctrl+J，得到“元素2”图层的两个副本。单击“锁定透明像素”按钮，设置不同的渐变填充。最后调整好大小和方向，放在适当的位置。

R0 G138 B177　　R51 G193 B137

R170 G33 B105　　R220 G35 B79

40 复制图层并调整

选中“元素2”图层以及它的两个副本，按下快捷键Ctrl+E，合并选中图层，得到“元素2”。适当复制该图层，调整好大小和方向放在适当位置。再参考颜色值，调整元素的渐变颜色。读者还可以根据自己的审美观来进行随意调整。

R255 G140 B0　　R240 G195 B65

R158 G205 B21　　R51 G193 B137

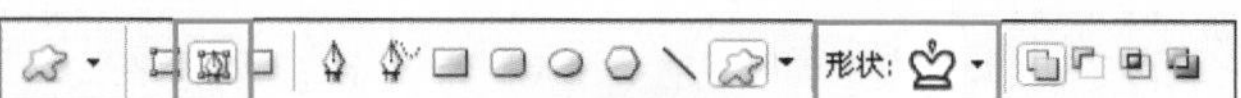

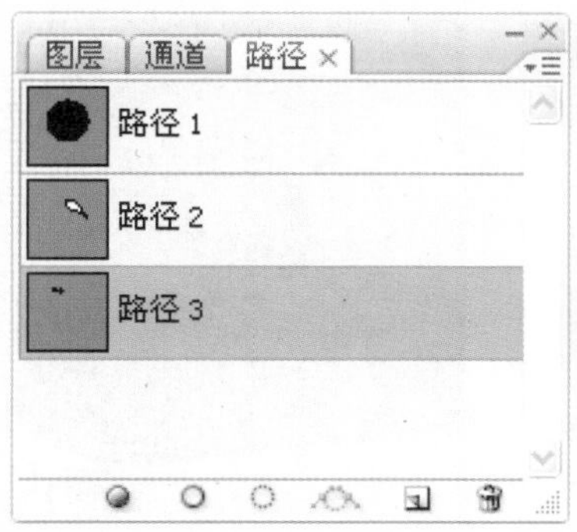

41 创建路径并填充

选择路径面板，新建路径3，单击自定义形状工具，在属性栏中单击"路径"按钮，创建两个自定义形状路径。新建图层，并重命名为"元素3"。设置前景色为白色，单击路径面板下面的"用前景色填充路径"按钮。

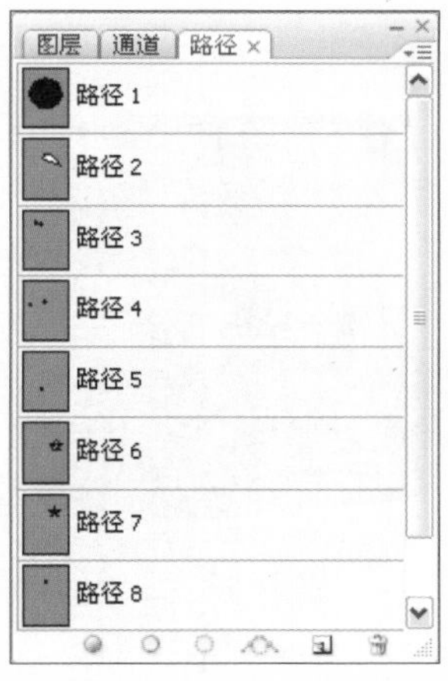

42 创建其他形状元素

根据上面的方法，创建其他形状元素。读者可以根据自己的审美观填充图从的颜色。调整好大小和方向，放在适当的位置。画面整体效果和谐就好。

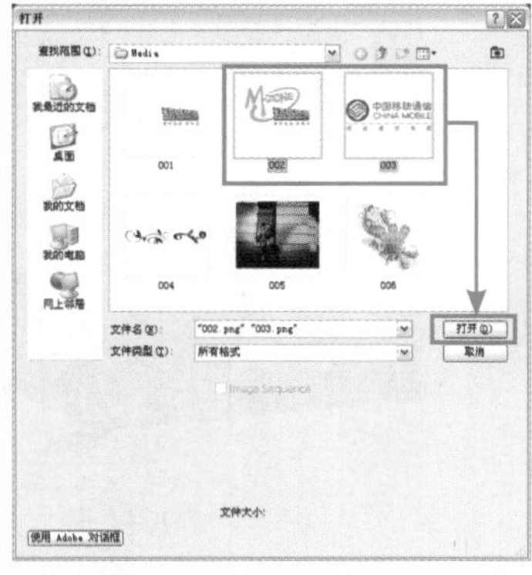

43 打开标志并拖入文件

按下快捷键Ctrl+O，选择本书配套光盘中素材与源文件\Chapter11\01通信杂志广告\Media\002.png和003.png文件。单击"打开"按钮，打开素材。分别将其拖入杂志广告中，得到图层6和图层7。调整大小后，放在适当的位置。

44 创建选区并填充

新建图层8，单击多边形套索工具，在属性栏中单击“添加到选区”按钮，创建两个多边形选区。设置前景色为白色，单击快捷键Alt+Delete，将选区填充为白色。

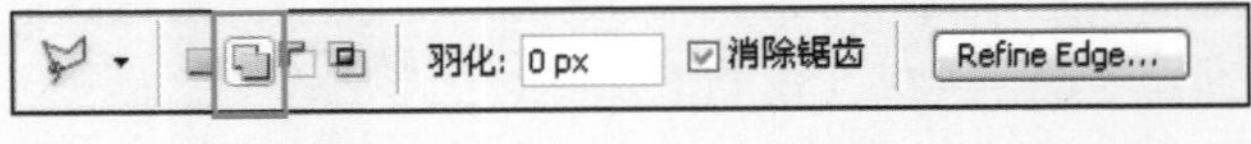

45 添加文字

单击横排文字工具，在属性栏中单击“显示/隐藏字符和段落调板”按钮，在弹出的“字符和段落”面板中设置好参数后，输入如图所示文字。最后按下快捷键Ctrl+T，调整好方向，放在适当位置。

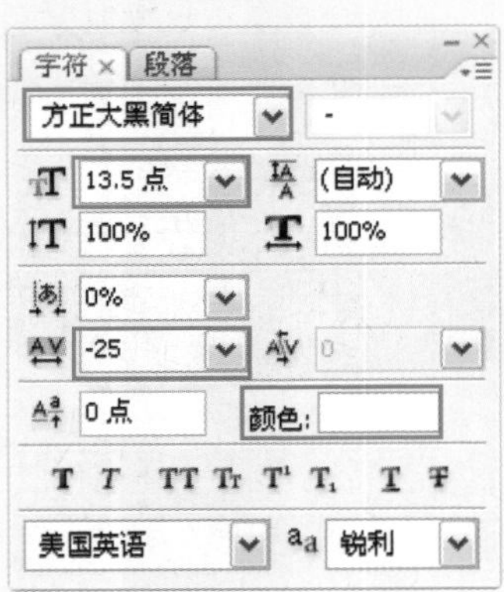

46 添加文字

单击横排文字工具，设置好参数后，输入如图所示文字。最后按下快捷键Ctrl+T，调整方向后，放在适当位置。

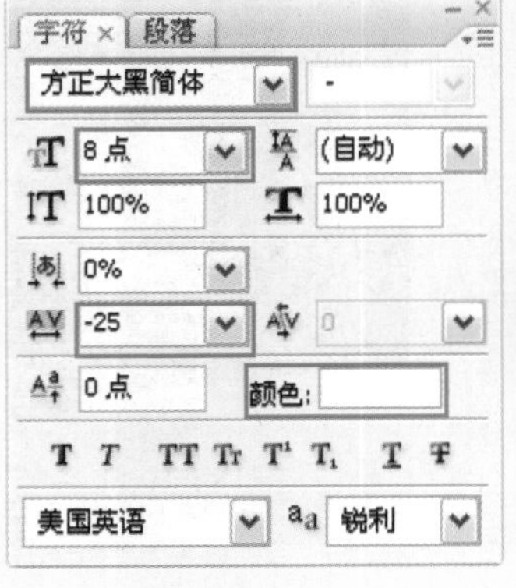

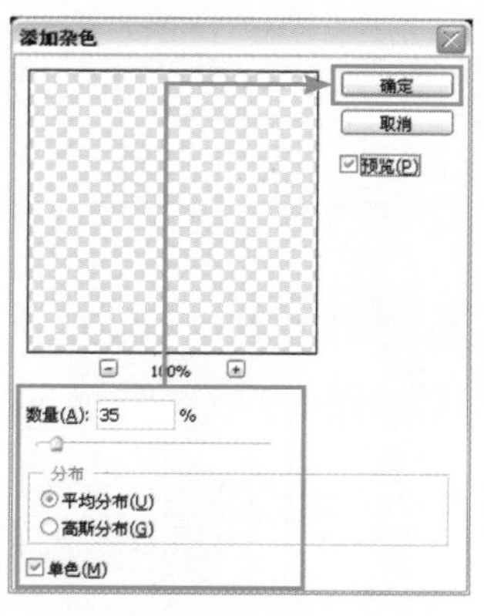

47 添加杂色

选中刚才添加的文字图层以及图层8，按下快捷键Ctrl+Alt+E，合并选中图层，并自动生成新图层。执行"滤镜>杂色>添加杂色"命令，设置"数量"为35%，单击"确定"按钮，得到杂色效果。最后分别单击文字图层以及图层8的"指示图层可视性"按钮，将其隐藏。

48 添加图层样式

选中刚才合并生成的新图层。单击"添加图层样式"按钮，在弹出的快捷菜单中选择"投影"命令。设置好参数后，单击"确定"按钮，得到阴影的效果。

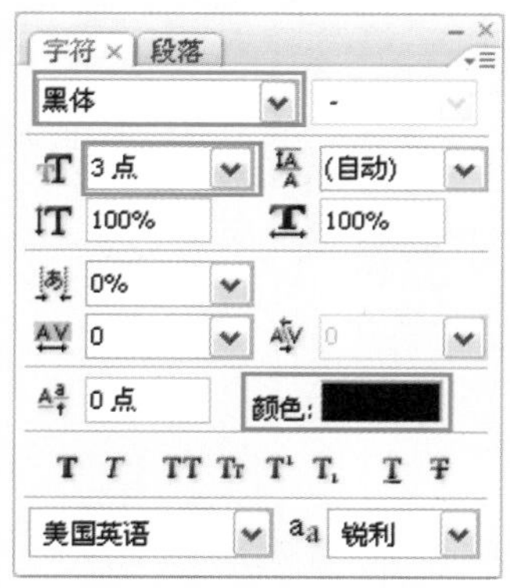

49 添加其他文字

单击横排文字工具，设置好参数后，根据具体情况输入文字。最后单击移动工具，将其放在适当位置。

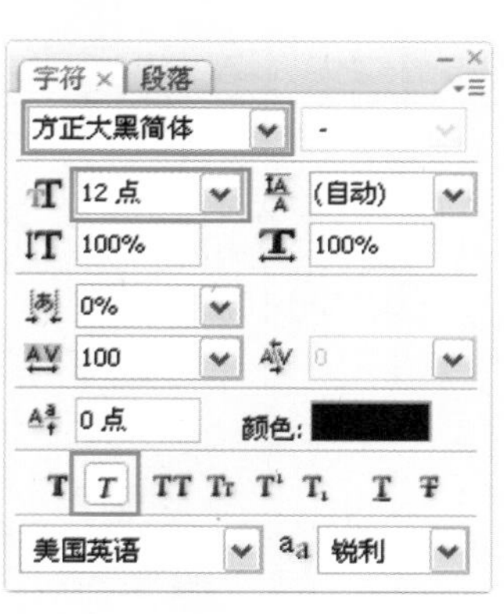

50 添加其他文字信息

单击横排文字工具，设置好参数后，根据具体情况输入其他文字信息。最后单击移动工具，将其放在适当位置。本实例完成。

11.4 通信DM单

文件路径 素材与源文件\Chapter11\02通信DM单\Complete\通讯DM单.psd

实例说明 本实例主要运用了图层模式、路径工具，文字工具等，通过元素的合理运用，使整体画面饱满，给人强烈的视觉冲击力。

技法表现 使用简单时尚的元素，用超现实的表现手法，得到夸张、个性、醒目的动感DM单。

难度指数 ★★★★★

01 新建文件

执行"文件>新建"命令，弹出"新建"对话框，在对话框中设置"宽度"为10厘米，"高度"为7厘米，"分辨率"为300像素/英寸，单击"确定"按钮。

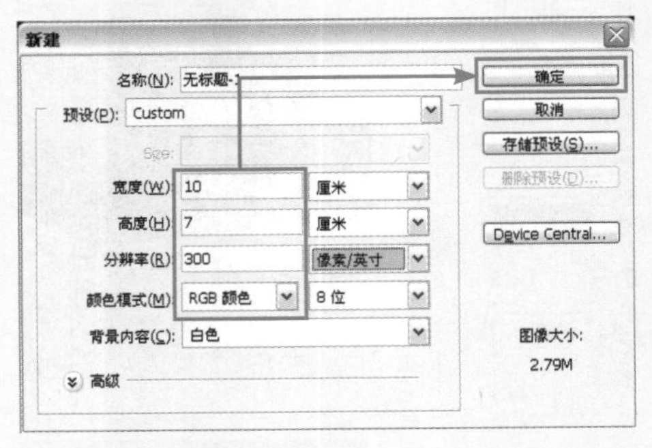

02 填充背景

设置好前景色，按下快捷键Alt+Delete，将背景填充成米黄色。

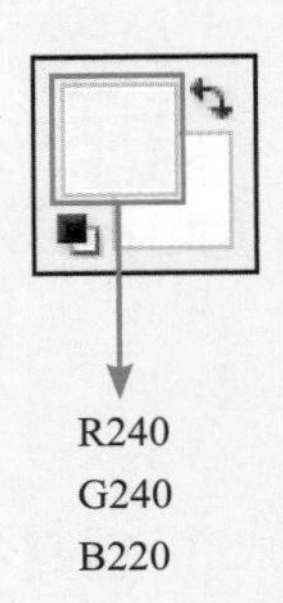

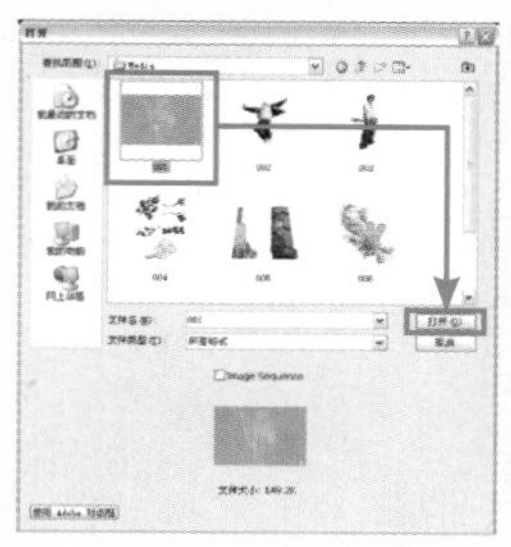

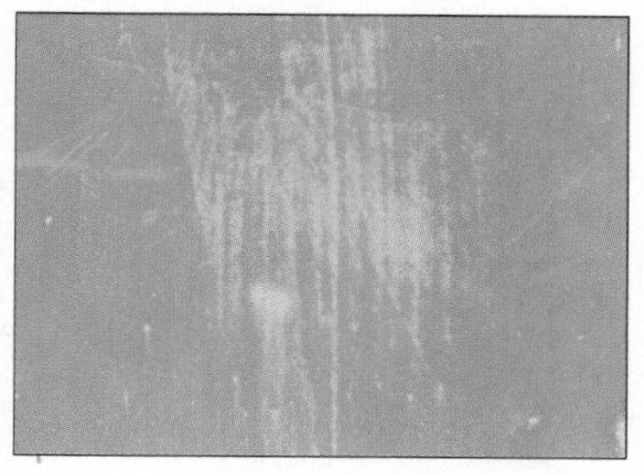

03 打开素材

执行“文件>打开”命令，打开本书配套光盘中素材与源文件\Chapter11\02通信DM单\Media\001.jpg文件。单击“打开”按钮，打开素材。将该素材拖入DM单文件中，得到图层1。

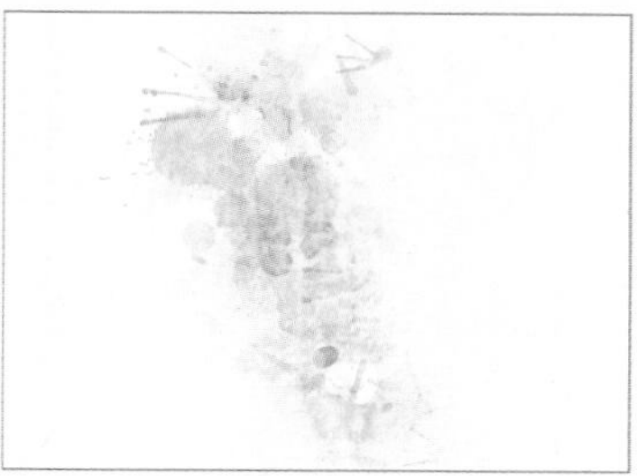

04 添加图层蒙版

选择图层1，单击“添加图层蒙版”按钮，设置前景色为黑色，按下快捷键Alt+Delete，将蒙版填充成黑色。单击画笔工具，载入本书配套光盘中素材与源文件\Chapter11\02通信DM单\Media\墨滴.abr文件。设置画笔“不透明度”为75%，前景色为白色。在图层蒙版上涂抹。

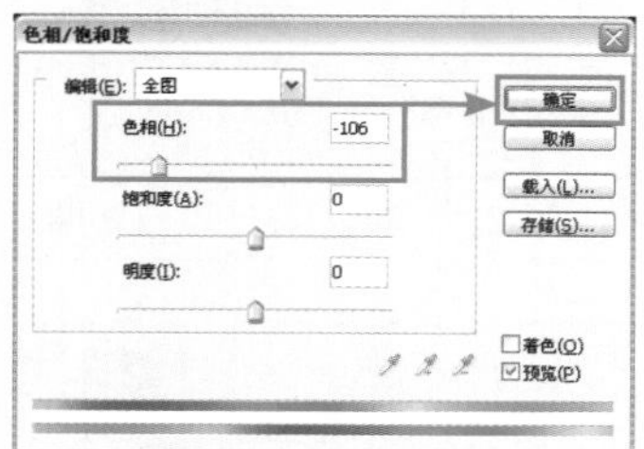

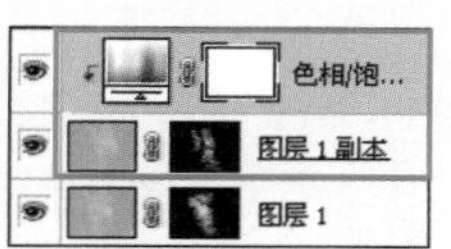

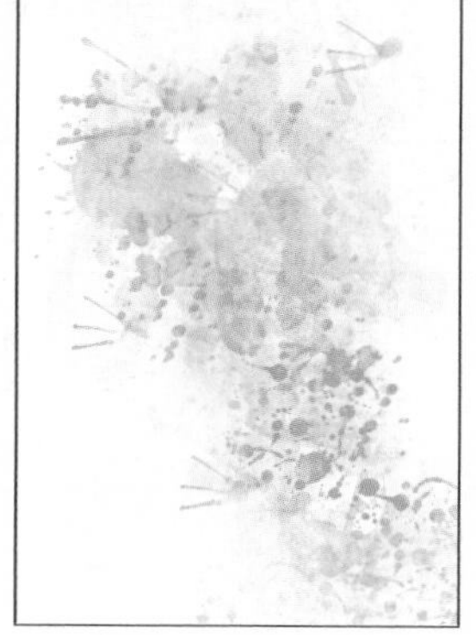

05 复制图层并调整

复制图层1，得到图层1副本。单击“创建新的填充或调整图层”按钮，在弹出的快捷菜单中选择“色相/饱和度”命令，设置“色相”为-106，单击“确定”按钮。按下快捷键Alt+Ctrl+G，创建图层1副本的剪贴蒙版。最后根据上面的方法添加图层蒙版。

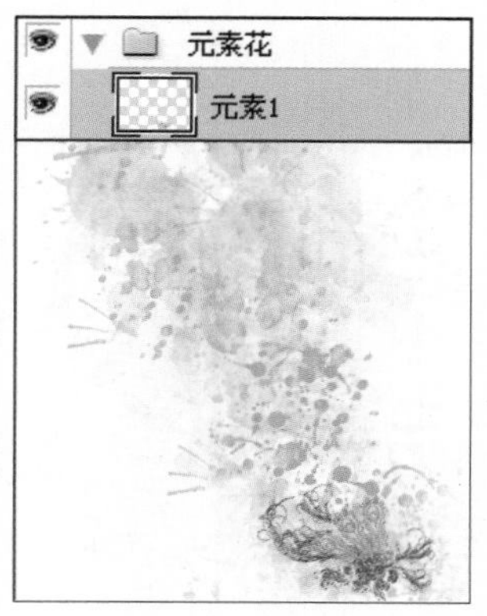

06 添加花纹元素

按下快捷键Ctrl+O，打开本书配套光盘中素材与源文件\Chapter11\02通信DM单\Media\006.png文件。新建图层组，并重命名为“元素花”，将该素材拖入DM单文件中，得到新的图层，并重命名为“元素1”。

07 添加其他花纹元素

按下快捷键Ctrl+O，打开本书配套光盘中素材与源文件\Chapter11\02通信DM单\Media\004.png文件，将元素分别拖入DM文件中，重命名好名字后，适当调整好大小和位置。单击"锁定透明像素"按钮，设置前景色为绿色，按下快捷键Alt+Delete，填充绿色。

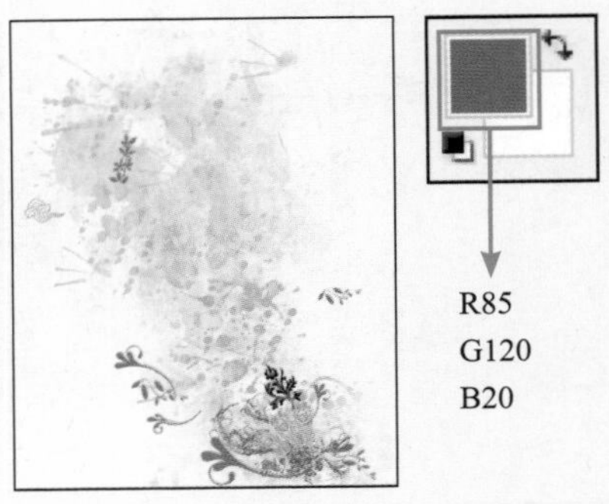

08 创建元素

新建图层组，并重命名为"房子元素"，新建图层2，单击多边形套索工具，创建一个多边形选区。设置好前景色，按下快捷键Alt+Delete，填充前景色。最后按下快捷键Ctrl+D，取消选区。

R188、G186、B148

09 美化元素

单击自定义形状工具，在属性栏中单击"路径"按钮，创建一个自定义路径。载入选区后，新建图层3，设置好前景色，按下快捷键Alt+Delete填充。最后按下快捷键Alt+Ctrl+G，创建图层2的剪贴蒙版。选中这两个元素图层，按下快捷键Ctrl+Alt+E，合并选中图层，并自动生成新图层。

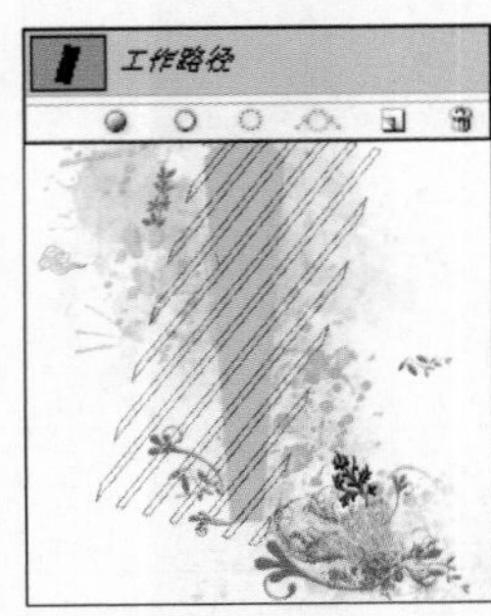

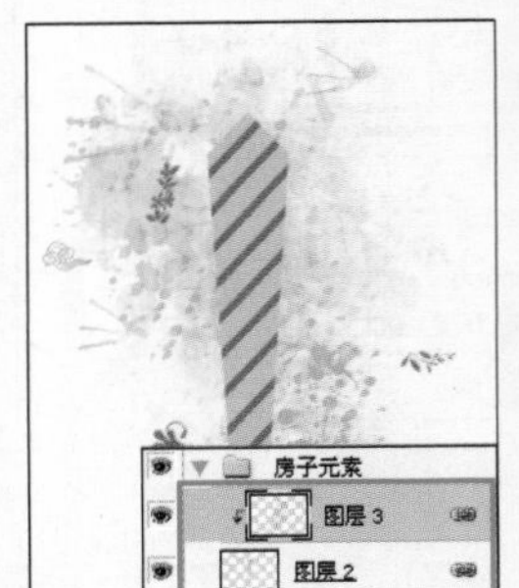

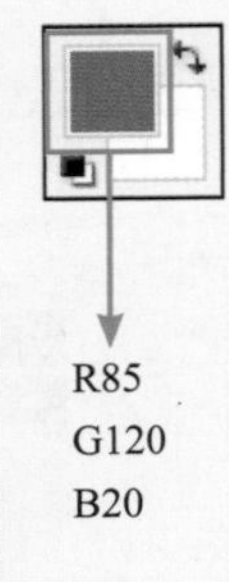

R85
G120
B20

10 复制图层并调整

复制图层2，并重命名为"图层4"，单击"锁定透明像素"按钮，设置好前景色后，按下快捷键Alt+Delete填充。单击"添加图层样式"按钮，在弹出的快捷菜单中选择"斜面和浮雕"命令，设置好参数后，单击"确定"按钮。

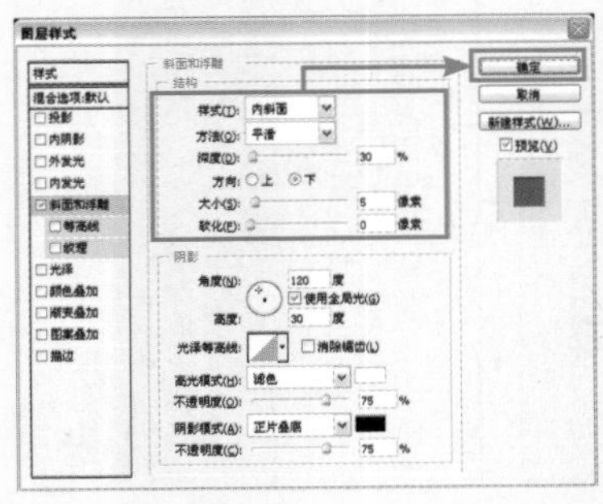

11 打开素材并拖入文件

按下快捷键Ctrl+O，打开本书配套光盘中素材与源文件\Chapter11\02通信DM单\ Media\005.png文件，选中右边的房子元素拖入DM单文件中，并重命名为“房子1”，调整好大小后，放在适当的位置。

12 调整阈值

选择“房子1”图层，执行“图层>调整>阈值”命令，设置“阈值色阶”为100，单击“确定”按钮，得到阈值的效果。

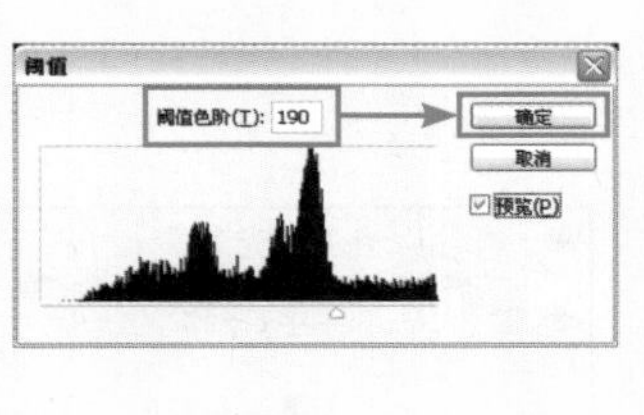

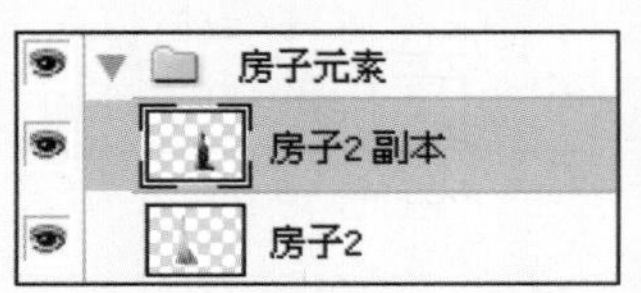

13 拖入素材并调整

同理拖入素材房子，重命名为“房子2”，复制图层，得到“房子2副本”。 执行“图层>调整>阈值”命令，设置“阈值色阶”为190，单击“确定”按钮，得到阈值的效果。

14 美化房子元素

根据上面的方法，新建图层5，使用自定义路径创建选区，填充白色。得到白色条，按下快捷键Alt+Ctrl+G，创建图层“房子2副本”的剪贴蒙版。

15 复制图层并调整

复制一定数量元素，分别调整好大小和方向后，放在适当位置。读者也可以根据具体情况进行调整，使画面整体效果和谐美观就好。完成房子元素的制作。

16 创建路径并填充

新建图层组，并重命名为“色彩条元素”，新建图层6。选择路径面板，新建路径1，单击钢笔工具，绘制一个曲线路径。设置前景色为黄色，单击路径面板下面的“用前景色填充路径”按钮，得到黄色的色彩条。

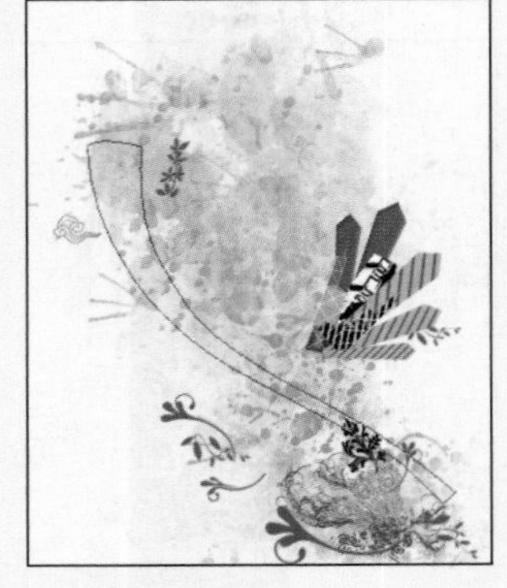

17 复制图层并调整

选择图层6，按下两次快捷键Ctrl+J，得到图层6的两个副本，分别设置好前景色，单击副本的“锁定透明像素”按钮，按下快捷键Alt+Delete，填充颜色。调整好大小和方向后，放在适当的位置。最后选中图层6以及它的两个副本，按下快捷键Ctrl+Alt+E，合并选中图层并自动生成新图层。

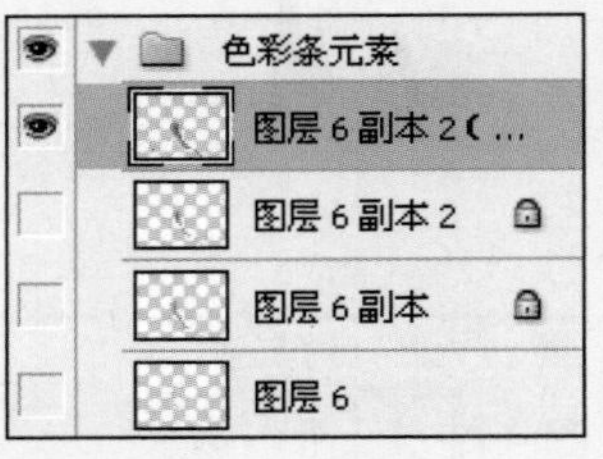

画笔: 400 模式: 正常 不透明度: 75% 流量: 100%

18 添加图层蒙版

选择图层6合并图层，单击“添加图层蒙版”按钮，设置前景色为黑色，单击画笔工具，设置画笔的“不透明度”为75%。在图层蒙版上涂抹，得到渐隐的效果。

19 创建形状并填充

选择路径面板，新建路径2，单击自定义形状工具，创建一个自定义形状，新建图层7，设置前景色为白色。单击“用前景色填充路径”按钮，复制两个图层7副本，适当调整大小，放在适当位置，完成彩色条元素的制作。

20 打开素材并拖入文件

按下快捷键Ctrl+O，打开本书配套光盘中素材与源文件\Chapter11\02通信DM单\Media\007.png文件，分别选中元素拖入DM单文件中，调整好大小后，放在适当的位置。并重命名为“物品”图层。

21 将人物素材拖入文件

按下快捷键Ctrl+O，打开本书配套光盘中素材与源文件\Chapter11\02通信DM单\ Media\003.png文件，将该人物拖入DM单文件中，并重命名为“人物1”图层。

22 调整阈值

选择“人物1”图层，执行“图层>调整>阈值”命令，设置“阈值色阶”为130，单击“确定”按钮，得到阈值的效果。单击移动工具，调整其大小和方向，放在适当的位置。

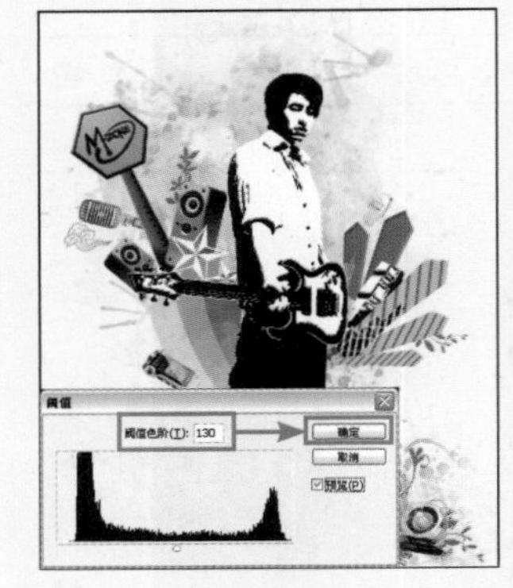

23 打开素材并拖入文件

按下快捷键Ctrl+O，打开本书配套光盘中素材与源文件\Chapter11\02通信DM单\ Media\002.png文件，将该人物拖入DM单文件中，并重命名为“人物2”图层。调整好大小后，放在适当的位置。

24 复制图层并调整

选择“人物2”图层，按下快捷键Ctrl+J，得到该图层的副本。设置该副本的混合模式为“叠加”，得到变亮的效果。

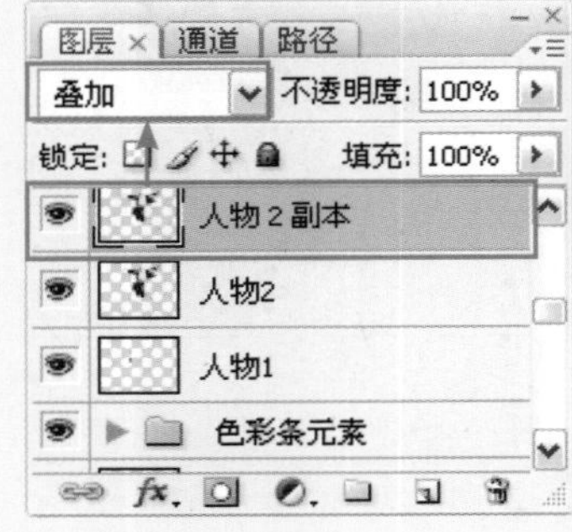

25 创建元素

根据前面的方法，新建图层3，使用自定义形状工具创建一个箭头形状。新建图层8，设置好前景色，单击“用前景色填充路径”按钮，进行填充。再新建图层9创建红色线条，美化元素。最后按下快捷键Alt+Ctrl+G，创建图层8的剪贴蒙版。

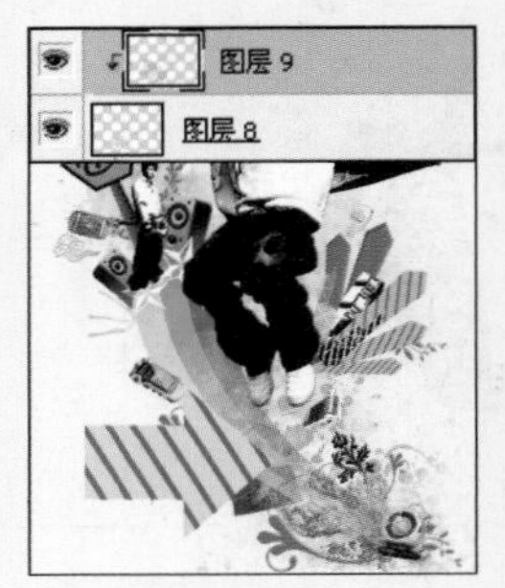

R215 R215
G215 G10
B195 B20

26 添加元素美化画面

选中图层8和图层9，按下快捷键Ctrl+Alt+E，合并选中图层，得到新图层，将其重命名为“元素11”，适当复制该图层，调整好大小和方向，放在适当的位置。根据整体画面效果复制元素组里的一些图层，放在适当的位置，使整体效果更好。

27 拖入标志

按下快捷键Ctrl+O，打开本书配套光盘中素材与源文件\Chapter11\02通信DM单\Media\008.png文件，分别将标志拖入DM单文件中，并重命名为“标志1”和“标志2”。调整好大小后，放在适当的位置。

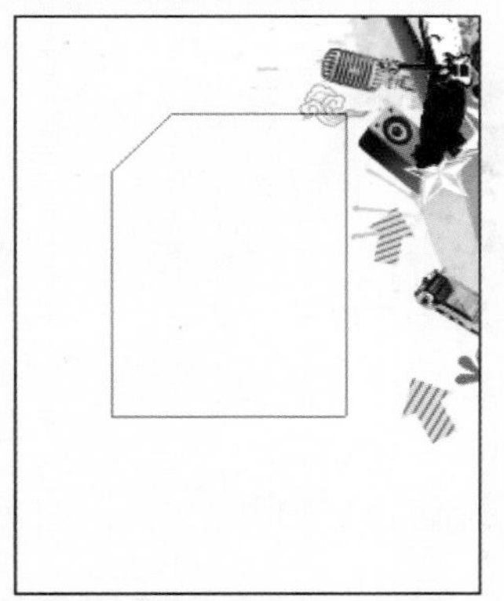

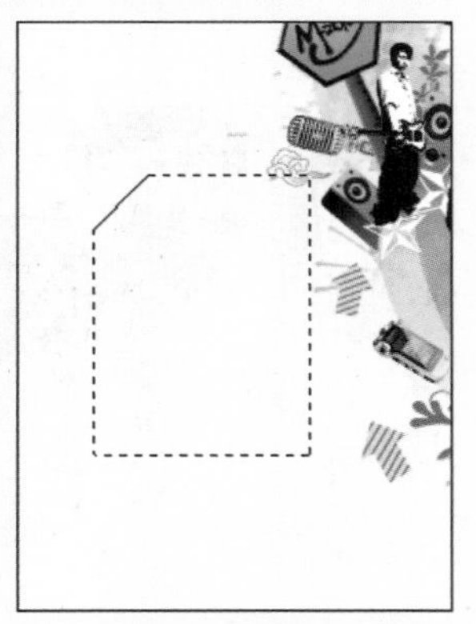

28 创建路径并载入选区

新建路径4，单击钢笔工具，创建一个路径，单击路径面板下面的“将路径作为选区载入”按钮，将该路径载入选区。

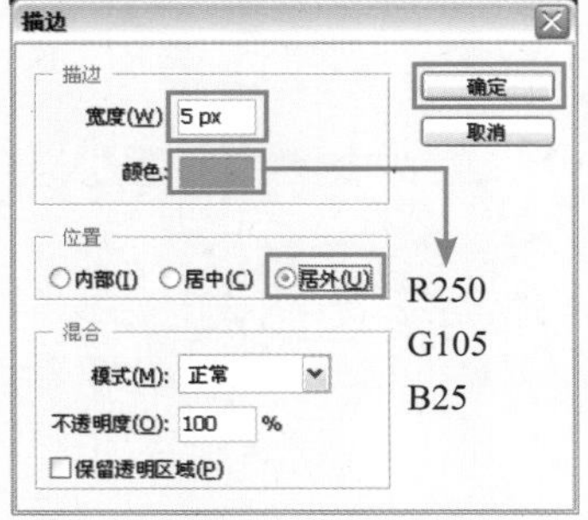

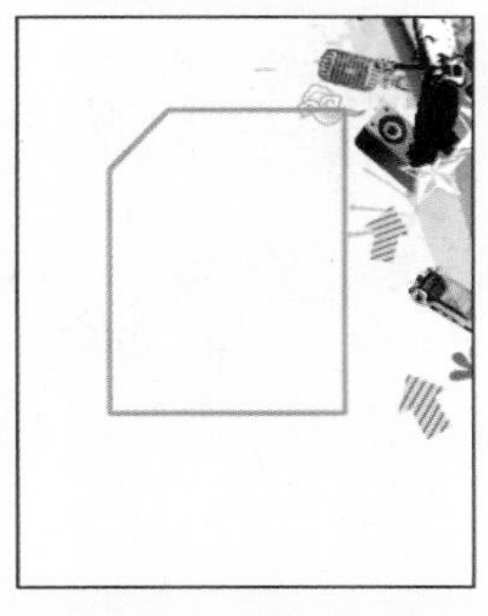

29 描边

新建组并重命名为“文字”，新建图层，并重命名为“框架”。执行“编辑>描边”命令，设置“宽度”为5px，单击“确定”按钮。

30 美化元素

单击矩形选框工具，创建一个矩形选区。按下Delete键删除选区内的图像，得到框架。

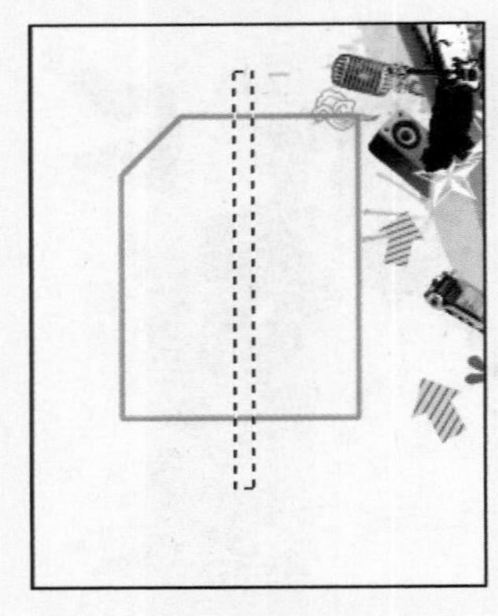

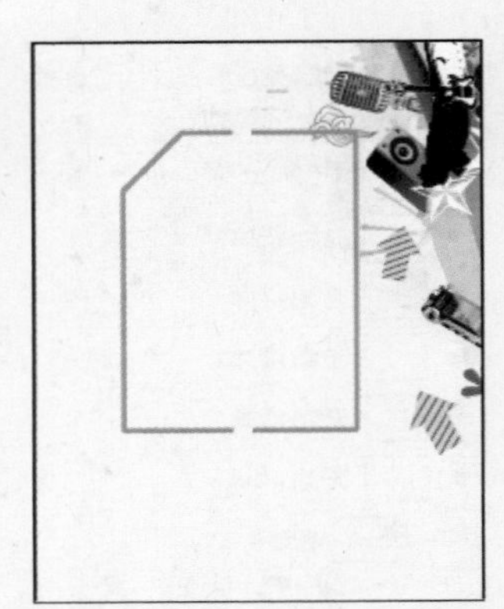

31 复制图层并调整

复制3个“框架”图层，调整大小和方向后，放在适当位置。

32 添加文字

单击横排文字工具T，设置好参数后，根据具体情况输入文字。然后单击移动工具，将其放置适当位置。

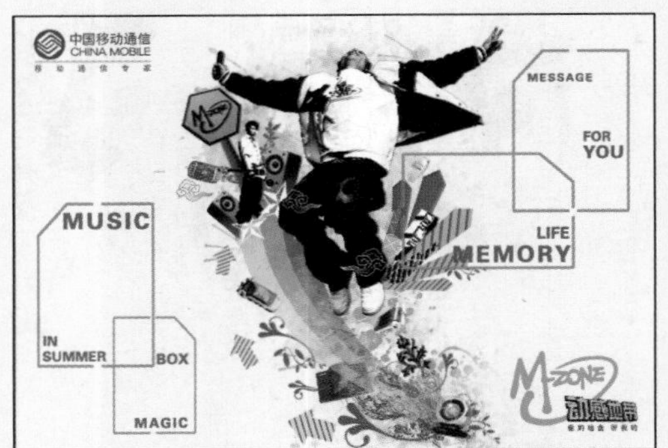

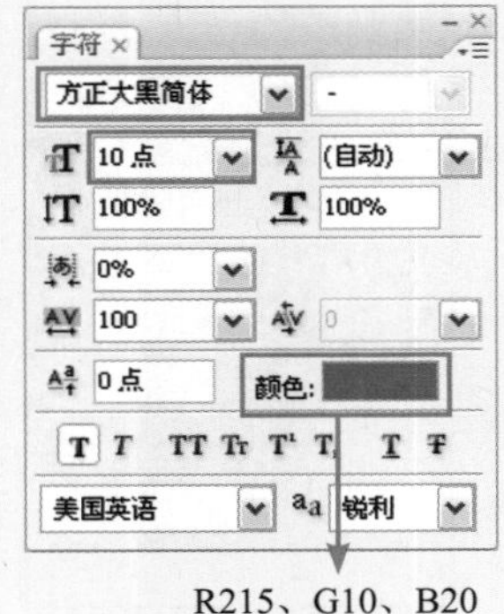

R215、G10、B20

33 输入其他文字

单击横排文字工具[T]，设置好参数后，根据需要输入文字。然后单击移动工具，将其放置适当位置。

R95、G24、B30

34 添加元素美化效果

读者可以根据自己的审美，添加一些元素，使画面更美观大方。笔者这里的效果仅供参考。本实例完成。

11.5 品牌策划与后期推广

中国移动很早就看到了移动增值服务的赢利前景，并且在2000年的时候就构筑了一个桥头堡——移动梦网，但由于国内消费者对增值服务消费的不成熟，移动梦网的惨淡让中移动大失所望。而动感地带的横空出世，让中移移动看到了曙光。中移移动决心重金扶植动感地带来为移动梦网输血。动感地带的目标人群定位为年轻人群。尽管这一人群喜欢追新求异，见异思迁，忠诚度不高，并且由于没有收入来源，购买力也有限，但从长远来看，中国父母对独生子女“补贴收入”递增使得年轻人群正成为一支不可小觑的消费力量，并且恰恰是这部分人群的追新求异，才会让他们勇于尝试新业务。更重要的是，年轻人群是未来主力消费的生力军，在长期潜移默化的熏陶中培养他们对中移动的品牌情感，也是大有裨益。

11.5.1 品牌内涵

品牌内涵包括以下几个方面。

（1）品牌属性：包括品牌的名称、LOGO等视觉化的标志。动感地带的品牌名称是“M–ZONE”，LOGO是动感地带和M–ZONE的合成体，主色是充满年轻朝气和活力的橙色。

（2）品牌个性：时尚、好玩、探索。补充描述是创新、个性、归属感。

（3）品牌文化：年轻人的通信自治区，社区文化倡导流行、前卫、另类、新潮。

（4）品牌利益/价值：“生活因你而精彩”，动感地带用一句话将品牌利益/价值和盘托出。

年轻人的通信自治区

11.5.2 品牌推广

品牌推广包括以下几步。

（1）明星代言：聘请周杰伦为动感地带品牌形象代言人，既是对应广告投放的主题造势，也是一次非常经典的事件行销，它以悬念的形式将周杰伦出场前后的新闻舆论一度推至了最高潮，并且在后续的周杰伦演唱会和主题活动策划中，动感地带的舆论衔接都非常的有效果。

（2）高校活动：在一些年轻人群结构比例较高，也就是高校密集的地区，品牌推广应该以学生为主，在高校稀少的地区，则以社会青年为主。动感地带在北京、上海、武汉等高校聚集区，针对大学生的营销策略比比皆是。比如，北京的高校中很容易见到“动感地带”的营业厅，就连不少学校的物业或后勤都成为了移动的合作伙伴。

（3）主题深化：扩张我的地盘。将原来单纯的“玩”细化到了“有积极追求的创业理想”上，因为这部分人群不会因为玩物丧志而丢失成长为高价值客户的可能。

“动感地带”作为中国移动长期品牌战略中的一环，抓住了市场明日的高端用户，但关键在于要用更好的网络质量去支撑，应在营销推广中注意软性文章的诉求，更加突出品牌力，提供更加个性化、全方位的服务，提升消费群体的品牌忠诚度，路才能走得更远，走得更精彩！

本章杂志广告可以投放于《校园周刊》、《动感地点》、《手机DIY》等收年轻人关注的时尚杂志，品牌的意义可以得到更好的推广。本章DM单可用于移动营业厅的新业务、新活动的介绍。

Chapter 12 地产广告

12.1 地产广告分析

一位美国广告学者指出：“广告本身常能以其独特的功能，成为另一种附加价值。这是一种代表使用者或消费者，在使用本产品时所增加的满足的价值”。人们购买和消费房地产的时候，既有物质性需要又有精神性需要。这两类需要常常处于交融状态，房地产才能够满足消费者物质上和精神上的需要，房地产在物质上能够为消费者提供一个避风遮雨的地方，这也是房地产最基本的功能，房地产能够给消费者以家的归属感、亲情、爱情以及生活品位的象征等精神方面的需要。增加房地产的心理附加价值。作为物质形态的房地产与物业服务，本来并不具备心理附加值的功能，但通过适当的广告宣传，这种心理附加值便会随之而生。

地产经典标志欣赏。

地产报纸佳作欣赏。

地产户外广告欣赏。

12.2 本案策划方案

本章制作了楼盘“魅惑之城”一系列广告，从标志设计，到报纸广告；从户外广告到楼书设计。标志运用合理的色彩搭配，时尚动感的元素组成，展现了楼盘现代化设计和人性化理念。

标志基本组成元素——►标志辅助元素——►标志黑白效果

局部上色效果——►整体上色效果——►黑白对比以及彩色对比效果

报纸广告设计：运用醒目的色彩，时尚的元素，夸张的手法，把魅惑之城的主题恰当展现出来：时尚动感的魅惑之城，活力无限，商机无限。

绚烂的背景——▶突出的主体物——▶时尚动感的元素——▶醒目的报纸广告

户外广告：延续整体风格，运用亮丽的色彩，明暗的对比，合理的排版，给人强烈的视觉冲击力，过目不忘。

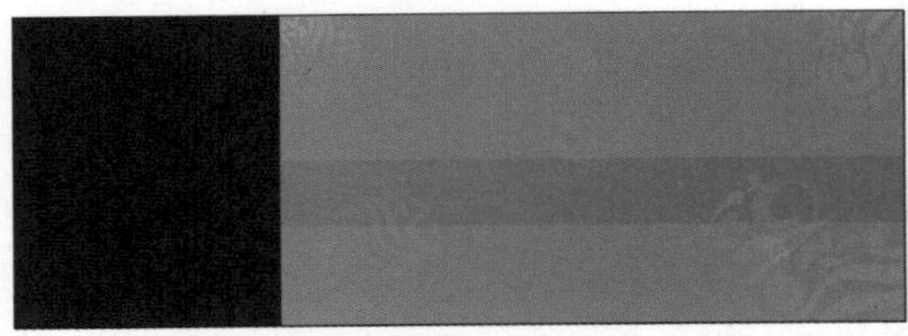
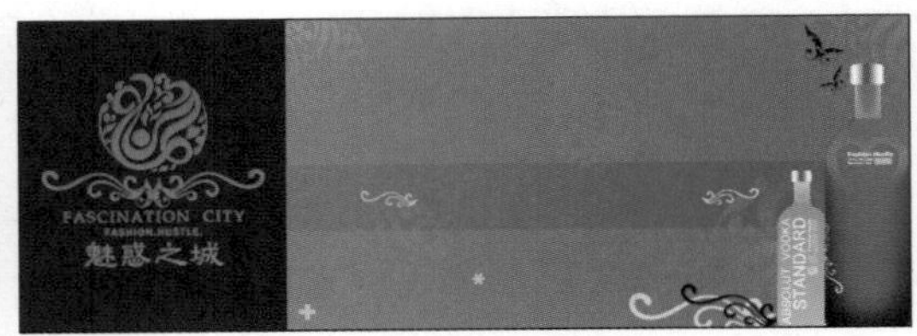

色彩的明暗对比——▶时尚的元素——▶合理的排版——▶完成效果的实际运用

楼书设计：使用黑色为背景色，增加了时尚感，体现了魅惑的本质。封面简单而时尚，色彩宣明；封底的彩色LOGO，让人眼前一亮，印象深刻。内页运用合理的排版，色彩的合理搭配，深化了企业的理念，提升了品牌在人们心中的地位。

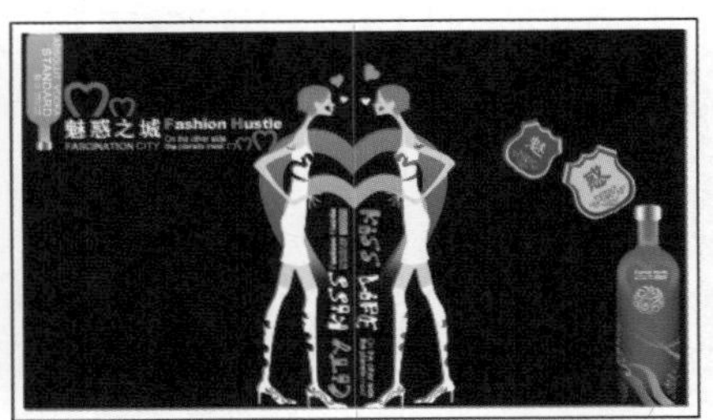

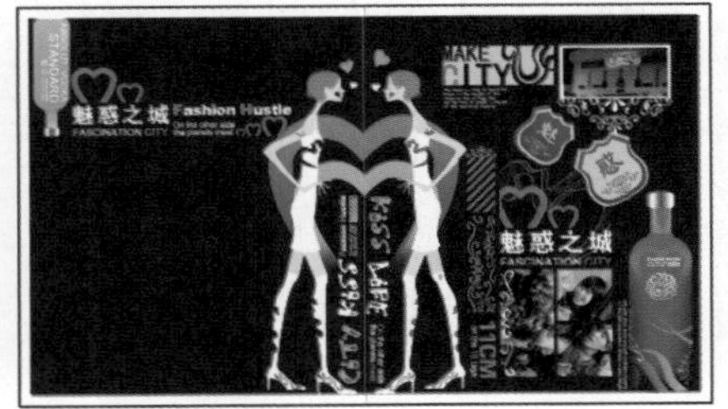

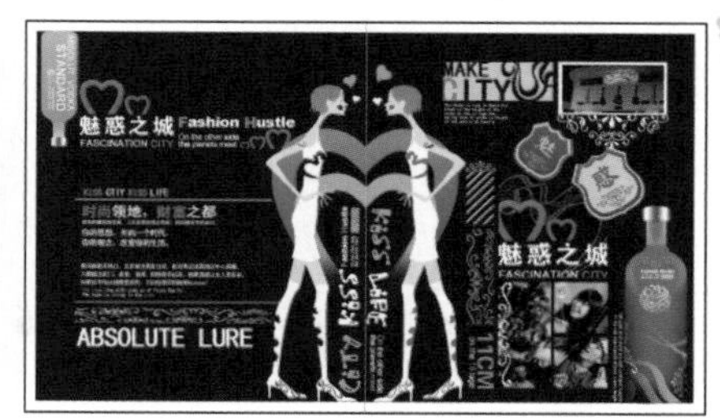

12.3 地主标志制作

文件路径 素材与源文件\Chapter12\01地产标志制作\Complete\地产标志.psd

实例说明 本实例主要运用了渐变工具、钢笔工具、图层蒙版等，通过合理的排版，色彩的合理搭配，表现出标志的动感时尚，而不失高贵的本质。

技法表现 运用冷色调与暖色调的对比，元素与元素之间的空间距离，体现标志的时尚美感，以及优雅情调。

难度指数 ★★★★★

01 新建文件

执行"文件>新建"命令，弹出"新建"对话框，在对话框中设置"宽度"为10厘米，"高度"为10厘米，"分辨率"为300像素/英寸。单击"确定"按钮，新建一个图像文件。

02 打开素材文件

执行“文件>打开”命令，选择本书配套光盘中素材与源文件\Chapter12\01地产标志制作\Media\001.png文件，单击“打开”按钮打开素材文件。

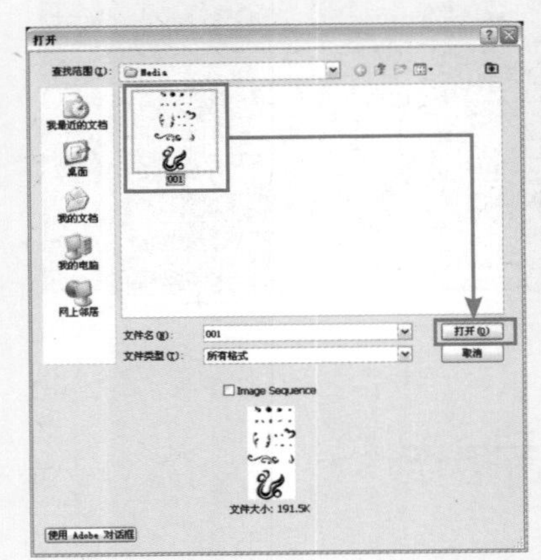

03 新建组并拖入素材

单击“创建新组”按钮，并重命名为“元素”。选择素材文件，单击矩形选框工具，沿着需要的元素创建选区。然后单击移动工具，将该元素拖入新建的文件中，得到图层1。

04 拖入素材并调整位置

根据前面的方法，依次将素材元素拖入新建的文件中，单击移动工具，调整好大小后，放在适当的位置。

05 复制并水平翻转

继续拖入元素素材，得到图层19，按下快捷键Ctrl+J，复制该图层，得到图层19副本。按下快捷键Ctrl+T，右击鼠标，在弹出的快捷对话框中选择“水平翻转”，放在适当位置后，按下Enter键来确定。

06 拖入素材并调整

根据前面的方法，拖入素材，复制该图层，并水平翻转，放在适当的位置。完成标注元素的制作。

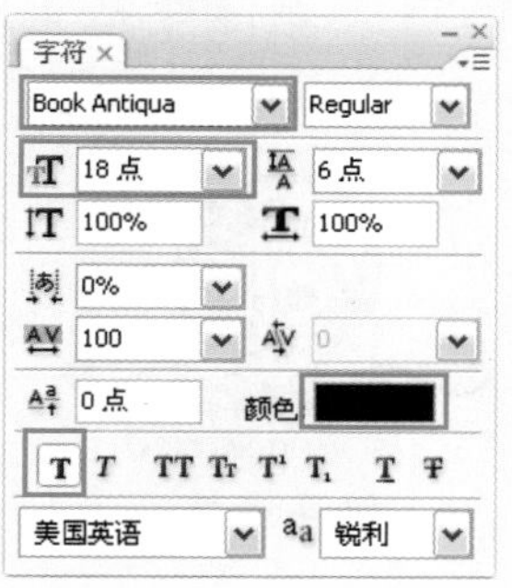

07 添加文字

单击横排文字工具T，在属性栏中单击"显示/隐藏字符和段落调板"按钮，在弹出的"字符和段落"面板中设置好参数后，输入英文文字。最后单击移动工具，将该文字放在适当位置。

08 添加文字

单击横排文字工具T，设置好参数后，输入以下英文字母。最后单击移动工具，将该文字放在适当的位置。

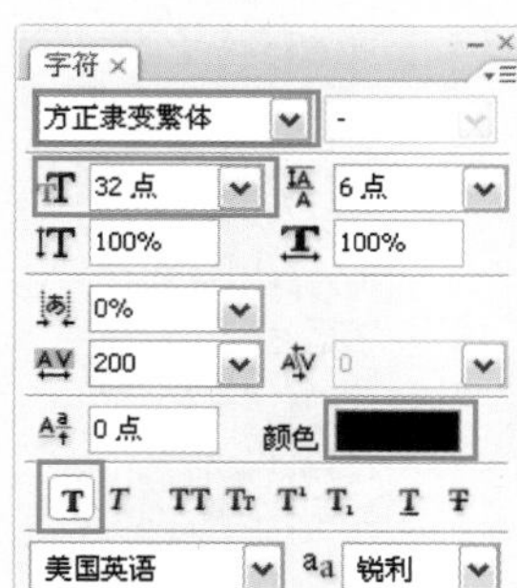

09 添加中文文字

单击横排文字工具T，设置好参数后，输入中文。最后单击移动工具，将该文字放在适当的位置。

10 合并图层

选择“元素”组，按下快捷键Ctrl+Alt+E，合并选中图层，并自动生成新图层，得到元素（合并）图层，完成标志的黑白效果。下面来为标志上色。

11 填充渐变

选择图层1，单击“锁定透明像素”按钮☒。单击渐变工具，在属性栏中单击“线性渐变”按钮▣，设置好参数后，在图层1中从下到上拖动鼠标，填充渐变。

模式: 正常 不透明度: 100%

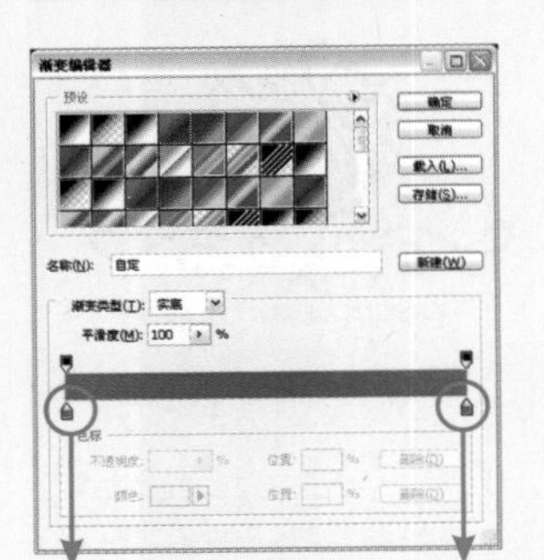

R180、G0、B100　　R45、G85、B155

12 选择元素填充渐变

分别选择元素所在的图层，单击“锁定透明像素”按钮☒。然后单击渐变工具▣，使用上个步骤的渐变颜色，分别进行填充。

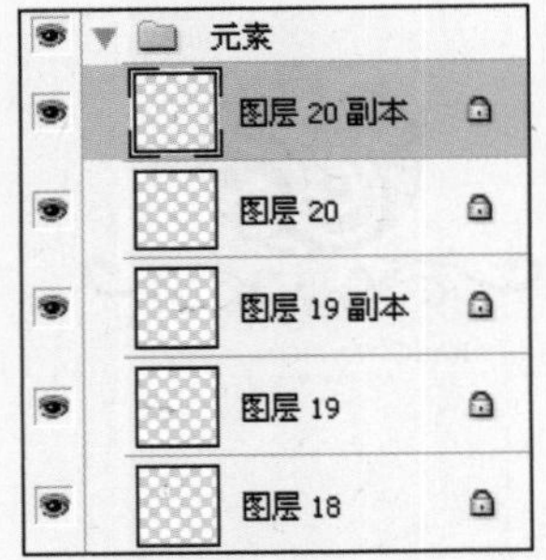

13 填充其他渐变颜色

分别选择中间元素所在的图层，单击“锁定透明像素”按钮☒。然后单击渐变工具，设置好参数后，分别进行渐变填充。

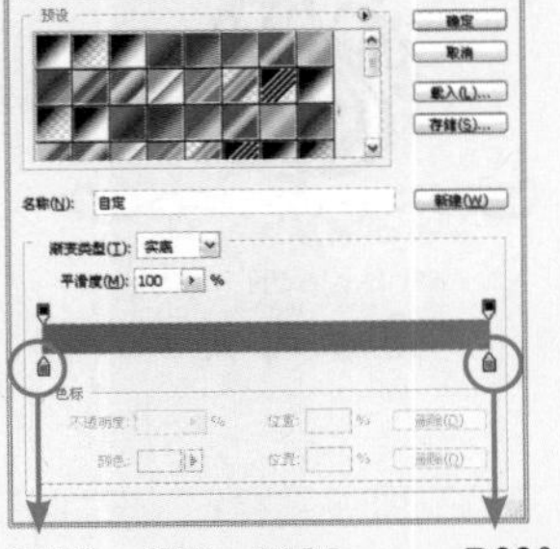

R170、G33、B105　　R220、G35、B79

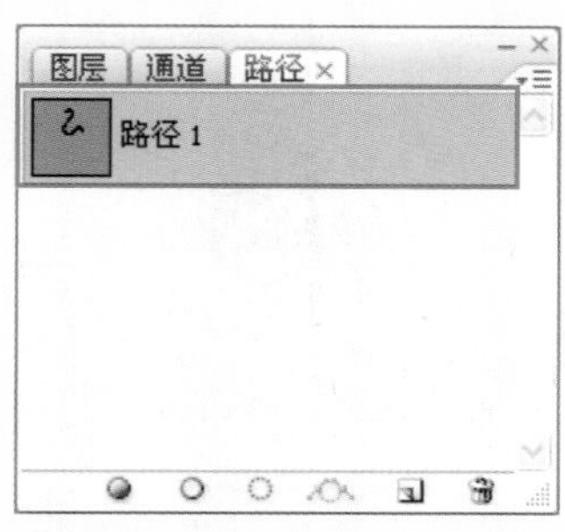

14 创建曲线路径

选择路径面板，单击下面的"创建新路径"按钮，得到路径1，单击钢笔工具，创建一个曲线路径。

R180、G0、B100

R45、G85、B79

15 填充渐变并调整

选择路径1，单击"将路径作为选区载入"按钮。新建图层21，使用渐变工具进行填充。按下快捷键Ctrl+D，取消选区。最后按下快捷键Alt+Ctrl+G，创建图层1的剪贴蒙版。

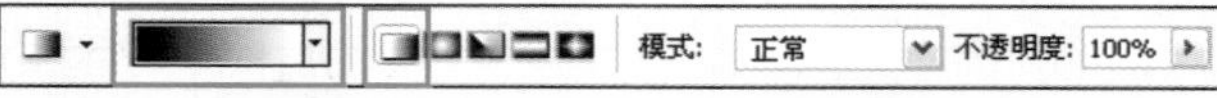

16 添加图层蒙版

选择图层21，单击"添加图层蒙版"按钮，单击渐变工具，使用默认的黑色到白色渐变，在图层蒙版上从右上角到左下角拖动鼠标，填充渐变，得到渐隐的效果。最后设置该图层的"不透明度"为60%。

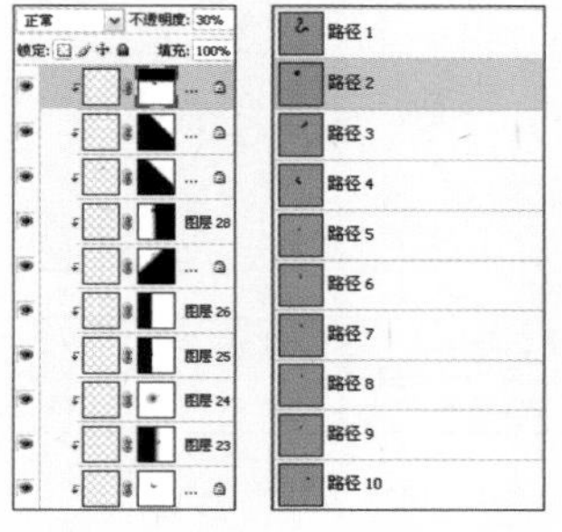

17 美化主体效果

根据前面的方法，创建其他元素，得到立体效果。读者可以根据自己的审美观添加，使整体效果美观大方。编者这里仅提供一个参考模式。

18 美化整体效果

根据整体的效果，把标志周围的元素也做小小的美化，使标志整体显得更体贴大方，立体效果更明显。这里仅提供一个参考模式，读者可根据自己的审美观添加。

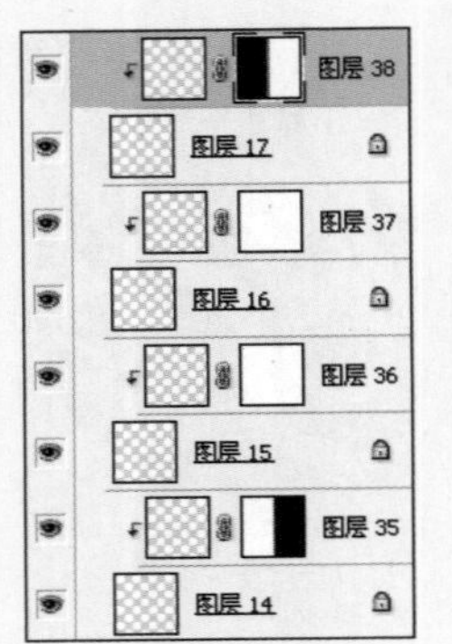

19 合并图层并填充渐变

选中文字图层，按下快捷键Ctrl+Alt+E，合并选中图层，并自动生成新图层。单击文字图层的"指示图层可视性"按钮，选择合并图层，单击"锁定透明像素"按钮。然后单击渐变工具，填充渐变，完成标志的上色效果。下面来制作对比效果。

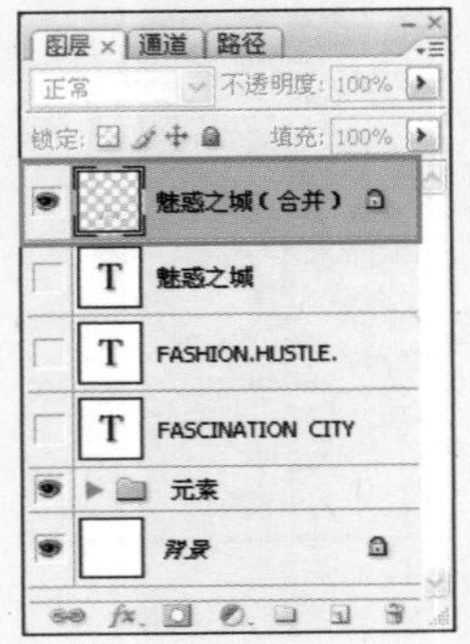

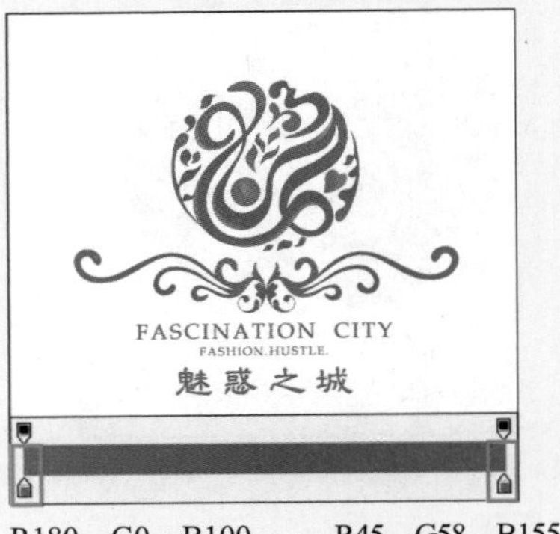

R180、G0、B100　R45、G58、B155

20 调整画布大小

执行"图像>画布大小"命令，设置"宽度"为20厘米，"高度"为10厘米，然后单击"确定"按钮。

21 创建选区并填充

新建图层39，单击矩形选框工具，按住Shift键，创建一个正方形选区。设置好前景色，按快捷键Alt+Delete填充前景色。

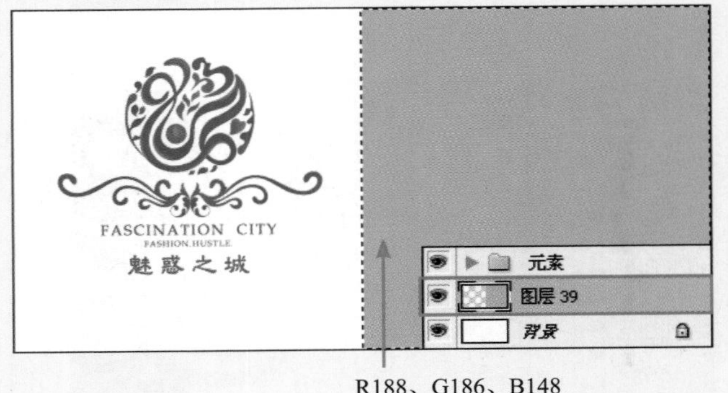

R188、G186、B148

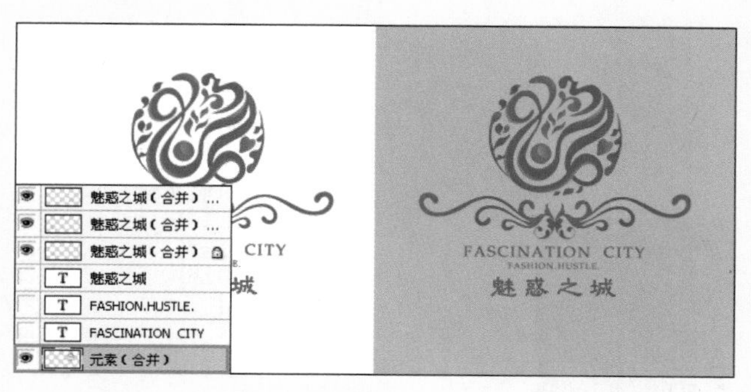

22 复制图层并调整

选择“元素”组，按下快捷键Ctrl+Alt+E，元素组图层，并自动生成新图层。移动到适合位置。然后按下快捷键Ctrl+J复制图层“魅惑之城（合并）”，单击移动工具，适当调整位置。

23 创建选区并填充渐变

新建图层40，单击椭圆选框工具，按住Shift键，创建一个正圆选区。然后单击渐变工具，在属性栏中单击“径向渐变”按钮，设置好参数后，在选区内从中间到两边拖动鼠标，填充渐变。

R250、G230、B0　　R255、G255、B255

24 高斯模糊

选择图层40，按下快捷键Ctrl+D，取消选区。执行“滤镜>模糊>高斯模糊”命令，设置“半径”为30像素，然后单击“确定”按钮，得到高斯模糊效果。

25 调整画布大小

按下快捷键Ctrl+Alt+C，弹出“画布大小”对话框，设置“宽度”为20厘米，“高度”为20厘米，然后单击“确定”按钮。

26 创建选区并填充

新建图层41，单击矩形选框工具，按住Shift键，创建一个正方形选区。设置前景色为红色，按下快捷键Alt+Delete，填充选区。最后按下快捷键Ctrl+D，取消选区。

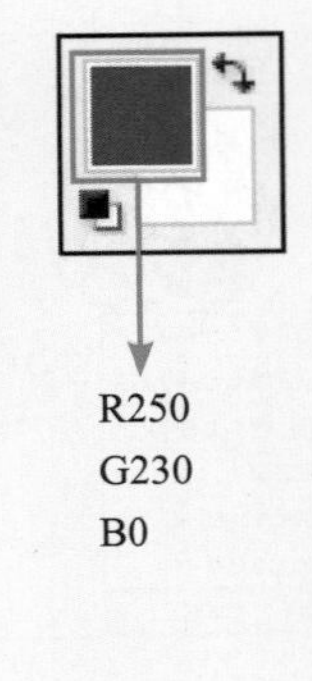

27 复制图层并调整

分别复制标志图层，以及文字图层，两次，单击“锁定透明像素”按钮，按下快捷键D，设置默认前景色，按下快捷键Alt+Delete，分别填充黑色，放在适当位置。然后按下快捷键X，切换前景色与背景色，分别填充白色，放在适当位置。本实例完成。

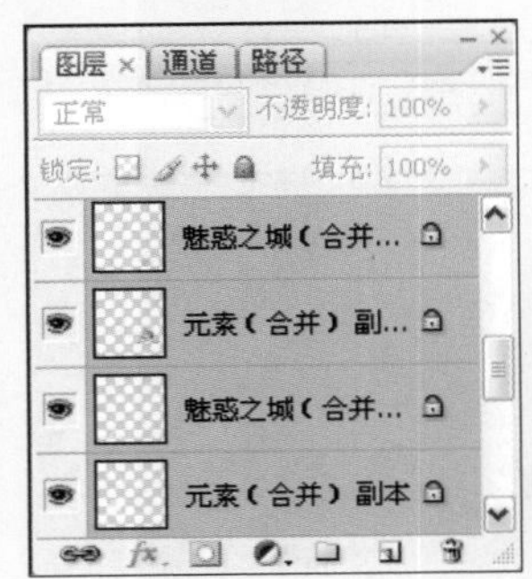

12.4 地产报纸广告

文件路径 素材与源文件\Chapter12\02地产报纸广告\Complete\地产报纸广告.psd

实例说明 本实例主要运用了渐变工具、自定义形状工具，阈值调整等，通过合理的排版，色彩的合理运用，达到理想的报纸广告效果。

技法表现 运用夸张的手法，表现出时尚都市新生活的气氛。通过暖色和冷色的对比，达到画面和谐时尚的效果。

难度指数 ★★★★★

01 新建文件

执行"文件>新建"命令，弹出"新建"对话框，在对话框中设置"宽度"为10厘米，"高度"为14.6厘米，"分辨率"为300像素/英寸，单击"确定"按钮。

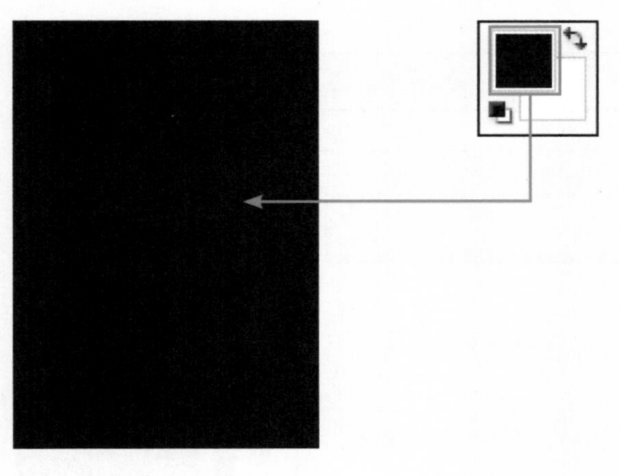

02 填充背景色

设置前景色为黑色，按下快捷键Alt+Delete，将背景填充为黑色。

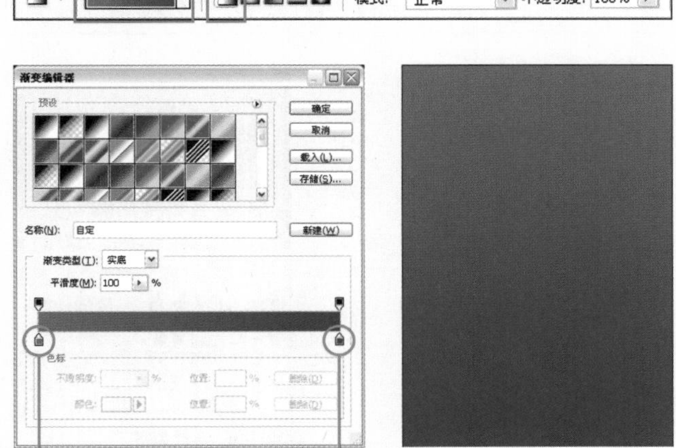

R180、G0、B100　　R100、G10、B65

03 填充渐变

按下快捷键Ctrl+J，复制背景图层，得到背景图层副本，单击渐变工具，在属性栏中单击"线性渐变"按钮，设置好参数后，在该图层副本中从上到下拖动鼠标填充渐变。

04 等比例缩放

选择背景副本，按下快捷键Ctrl+T，在属性栏中设置W为95%，H为95%，然后按Enter键确定。得到等比例缩放的效果。

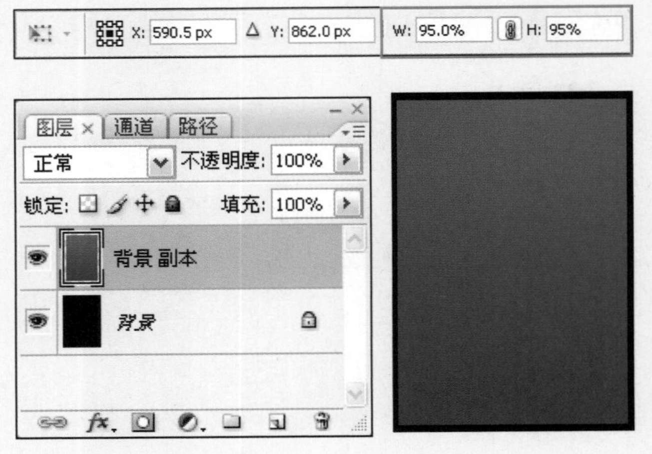

05 创建路径并填充

新建组，并重命名为“背景”，选择路径面板，新建路径1，单击自定义形状工具，在属性栏中单击“路径”按钮，创建一个自定义路径。新建图层1，设置前景色为白色，单击路径面板下面的“用前景色填充路径”按钮。

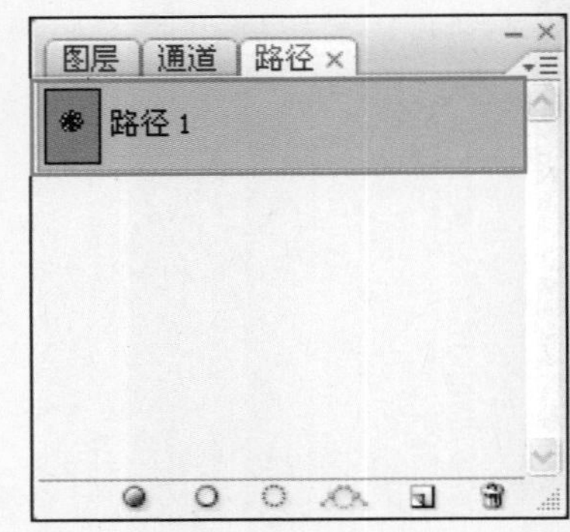

06 填充渐变并调整

选择图层1，单击“锁定透明像素”按钮，然后单击渐变工具，在属性栏中单击“径向渐变”按钮，在图层1中从中间到两边填充渐变。最后设置该图层的“不透明度”为45%。

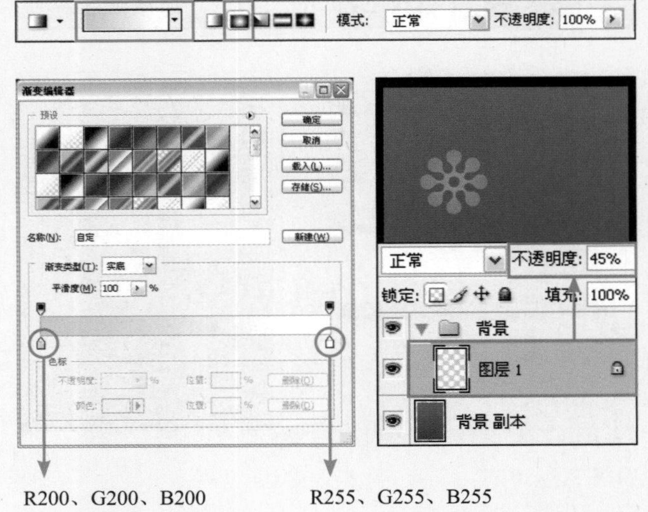

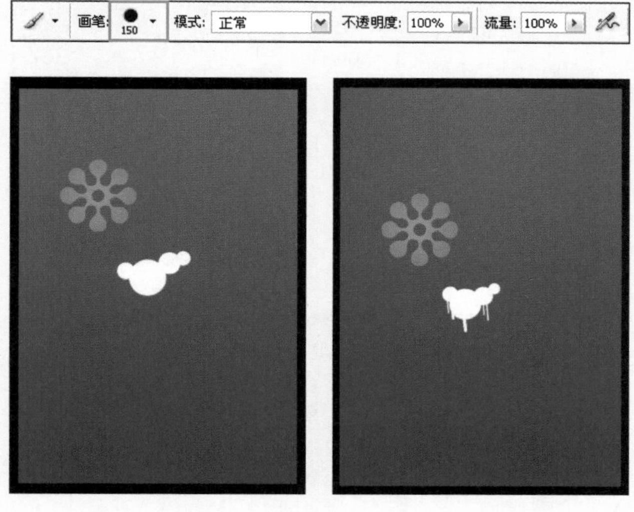

07 创建元素

新建图层2，单击画笔工具，设置前景色为白色，单击画笔工具，创建几个圆形，然后按住Shift键，拖动鼠标，在圆形的下方创建几条直线。

> 专家支招：在创建的时候，适当调整画笔大小，使元素和谐美观。

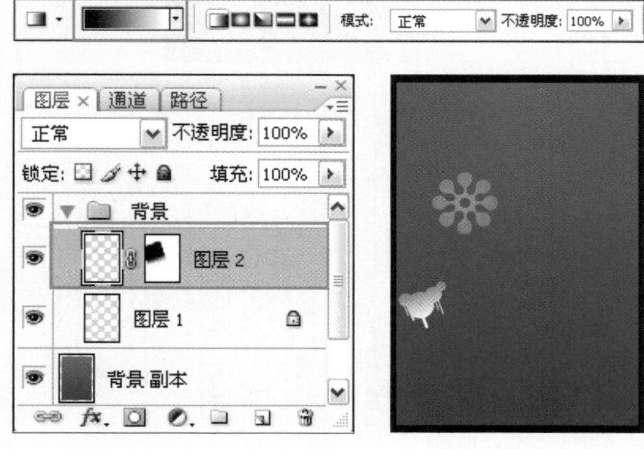

08 添加图层蒙版

选择图层2，单击“添加图层蒙版”按钮，然后单击渐变工具，使用默认的黑色到白色渐变，在图层蒙版上从上到小拖动鼠标，得到渐隐的效果。

R235、G205、B221　R40、G100、B175

09 创建云元素

新建图层，并重命名为“云元素”，根据上面的方法，使用画笔工具创建云元素。然后单击该图层的“锁定透明像素”按钮，使用渐变工具，填充渐变色。

10 添加图层样式

选择“云元素”图层，单击“添加图层样式”按钮，在弹出的菜单中，选择描边命令。设置好参数后，单击“确定”按钮，得到白色的描边效果。

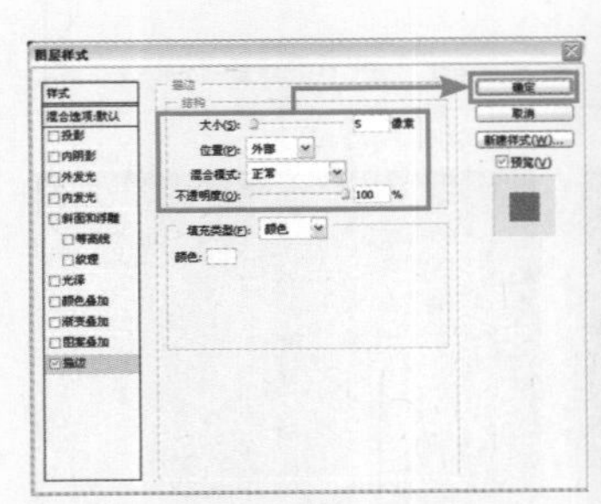

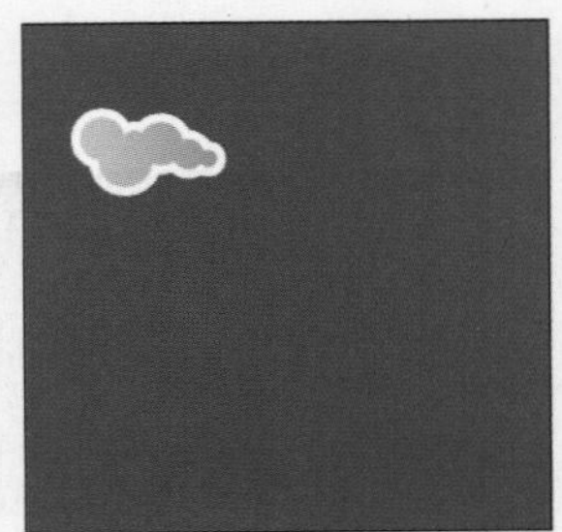

11 复制调整元素

适当复制刚才创建的元素，单击移动工具，适当调整大小，旋转角度，放在适当位置，使整体画面效果和谐美观。

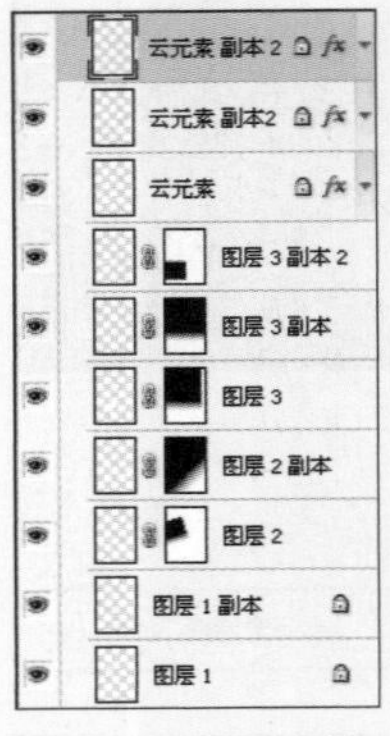

12 载入画笔

单击画笔工具，右击鼠标，在弹出的快捷菜单中，选择载入画笔命令，选择本书配套光盘中素材与源文件\Chapter12\02地产报纸广告\Media\报纸画笔.abr，单击“载入”按钮载入画笔。

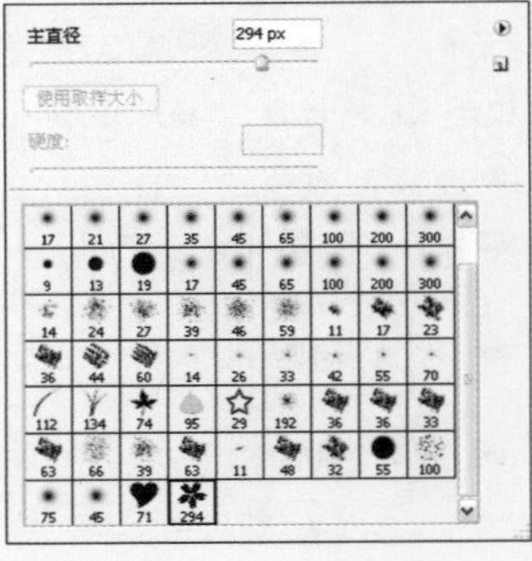

13 使用画笔工具

新建图层，并重命名为“花”，单击画笔工具，分别设置好前景色后，在该图层上单击鼠标，创建花型元素。

专家支招：在创建时，适当调整画笔的大小，使画面效果更和谐。

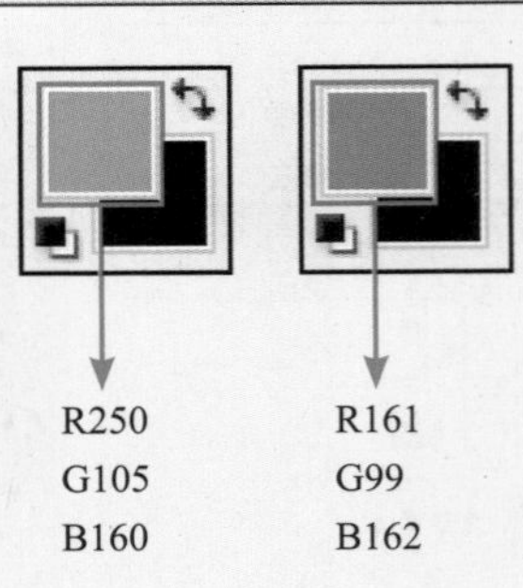

R250
G105
B160

R161
G99
B162

14 创建选区并填充

新建图层，并重命名为“光柱”，单击多边形套索工具，创建一个多边形选区。设置前景色为白色，按下快捷键Alt+Delete，将选区填充为白色，最后按下快捷键Ctrl+D，取消选区。

15 添加图层蒙版

选择“光柱”图层，单击“添加图层蒙版”按钮，然后单击渐变工具，使用默认的黑色到白色的渐变，在蒙版内从左下角到中间拖动鼠标，得到自然的渐隐效果。

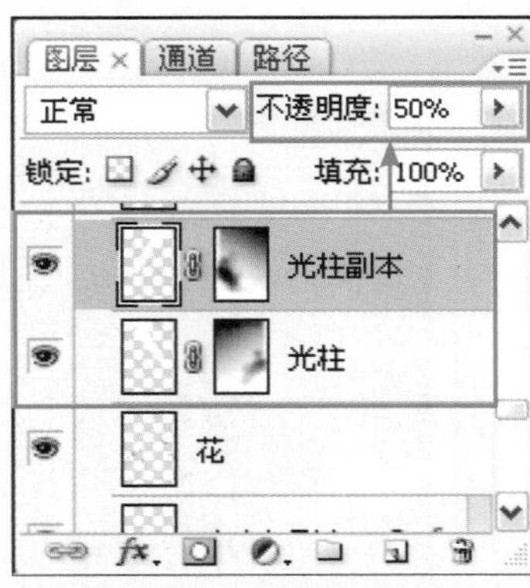

16 复制图层并调整

设置该“光柱”图层的“不透明度”为50%，按下快捷键Ctrl+J，得到该图层的副本。然后按下快捷键Ctrl+T，右击鼠标，在弹出的快捷菜单中选择水平翻转。放到适当位置后，按Enter键确定。完成光柱效果的制作。

17 创建路径并填充

选择路径面板，新建路径2，单击自定义形状工具，在属性栏中单击“路径”按钮，选择好形状后，创建一个自定义形状，单击“将路径作为选区载入”按钮，新建图层4，使用渐变工具填充渐变色。

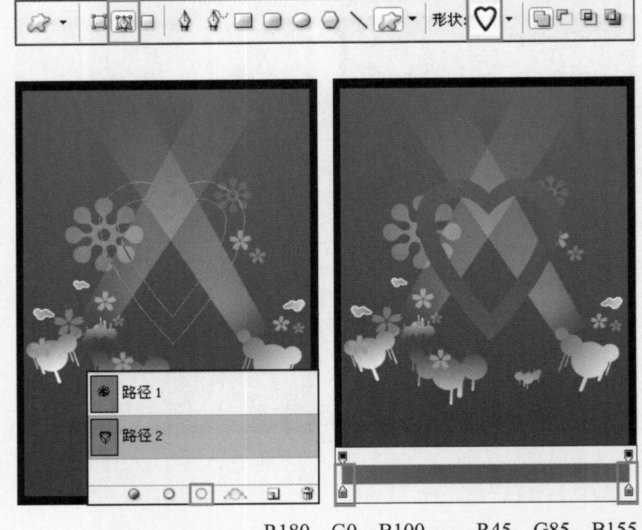

R180、G0、B100　　R45、G85、B155

18 添加图层蒙版并调整

选择图层4，单击“添加图层蒙版”按钮，使用默认的黑色到白色渐变，在图层蒙版上创建渐隐的效果，然后设置该图层的“不透明度”为65%。最后按下快捷键Ctrl+T，调整方向后，放在适当的位置，按Enter键确定。

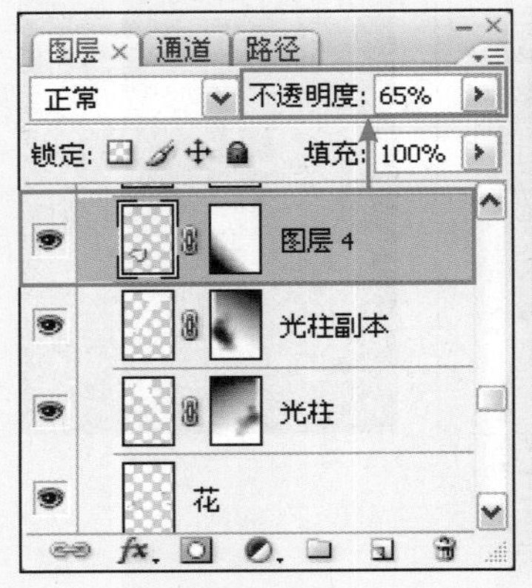

19 复制图层并调整

按下3次快捷键Ctrl+J，得到图层4的3个副本，调整大小和方向后，放在适当位置。

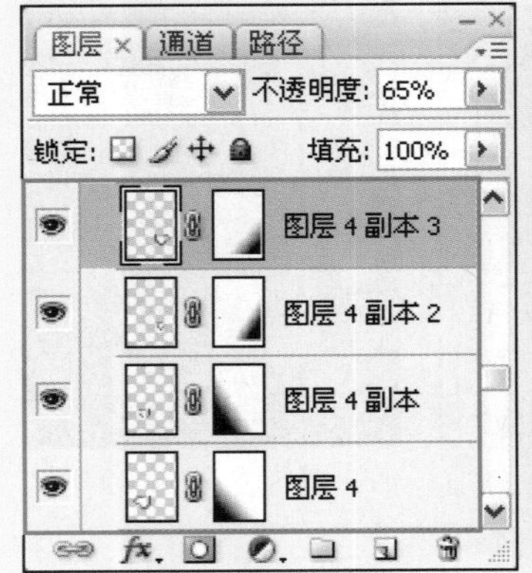

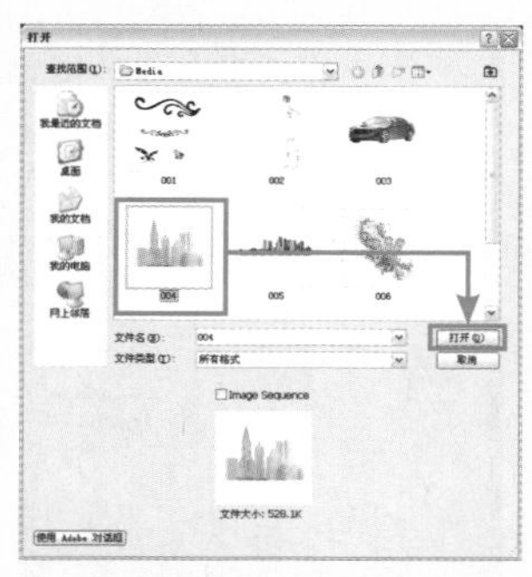
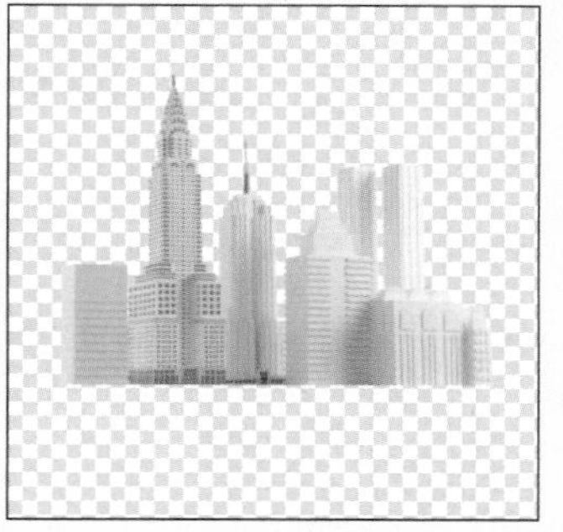

20 打开素材文件

执行“文件>打开”命令，选择本书配套光盘中素材与源文件\Chapter12\02地产报纸广告\Media\004.png文件，单击“打开”按钮打开素材文件。

R180、G0、B45　　R45、G85、B155

21 拖入文件并填充渐变

将该素材拖入报纸广告文件中，得到图层5，单击“锁定透明像素”按钮，然后单击渐变工具，设置好参数后，从左到右拖动鼠标，填充渐变。

22 创建条纹元素

按下快捷键Ctrl+J，复制图层5，得到图层5副本，设置前景色为黑色，按下快捷键Alt+Delete，填充黑色。选择路径面板，单击自定义形状工具，创建一个条形路径，然后单击“将路径作为选区载入”按钮，选择图层5副本，按下Delete键，删除选区部分。

23 复制图层并调整

按下两次快捷键Ctrl+J，分别复制图层5，以及图层5副本。单击移动工具，调整大小和方向后，放在适当位置，使整体画面协调美观。

24 打开素材并拖入文件

按下快捷键Ctrl+O，选择本书配套光盘中素材与源文件\Chapter12\02地产报纸广告\Media\006.png文件，单击“打开”按钮打开素材文件。将该素材文件拖入报纸广告中，得到图层6。

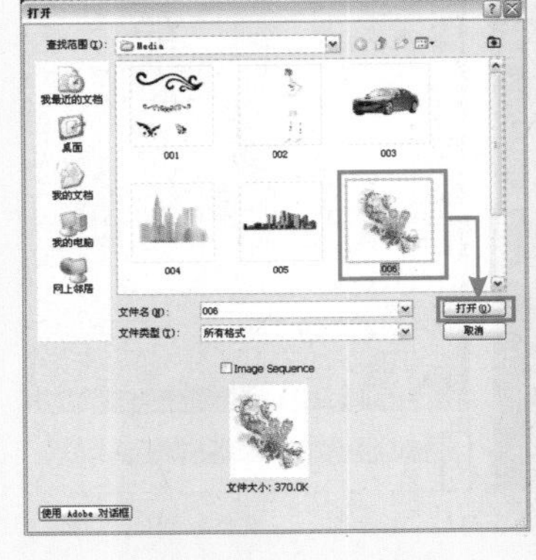

25 填充径向渐变

单击图层6的“锁定透明像素”按钮，然后单击渐变工具，在属性栏中单击“径向渐变”按钮，设置好参数后，在图层6中从中间到两边拖动鼠标，填充径向渐变。

26 复制图层并调整

选择图层6，按下两次快捷键Ctrl+J，得到图层6的2个副本图层。单击移动工具，调整大小和方向后，放在适当位置。并设置图层6副本2的“不透明度”为70%。

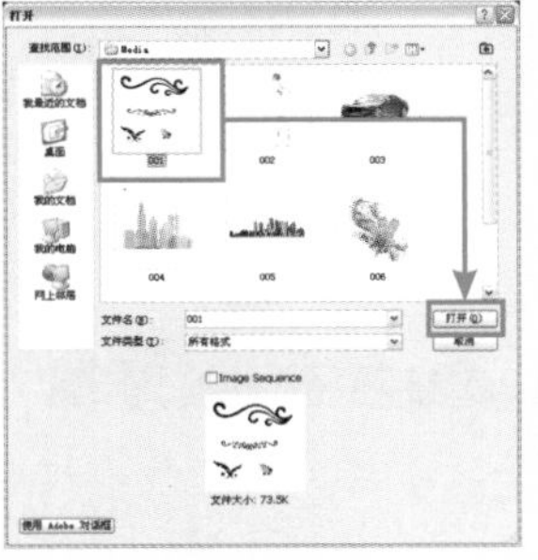

27 打开素材文件

按下快捷键Ctrl+O，选择本书配套光盘中素材与源文件\Chapter12\02地产报纸广告\Media\001.png文件，单击“打开”按钮打开素材文件。

R255、G255、B0　R255、G109、B0

28 拖入素材并填充渐变

单击矩形选框工具，沿着需要的元素创建矩形选区。单击移动工具，将该元素拖入报纸广告中，得到新图层，并重命名为“元素花1”，单击该图层的“锁定透明像素”按钮，使用渐变工具填充渐变色。

R180、G0、B100　R45、G85、B155

29 拖入其他元素

根据前面的方法，拖入其他元素，得到新图层，并重命名为“元素花2”。单击该图层的“锁定透明像素”按钮，使用渐变工具填充渐变色。

30 拖入元素并调整

根据上面的方法，继续拖入其他元素，得到新图层，并重命名为"元素花3"。复制几个元素花的图层，单击移动工具，调整其大小和方向，放在适当位置。使整体画面和谐美观。

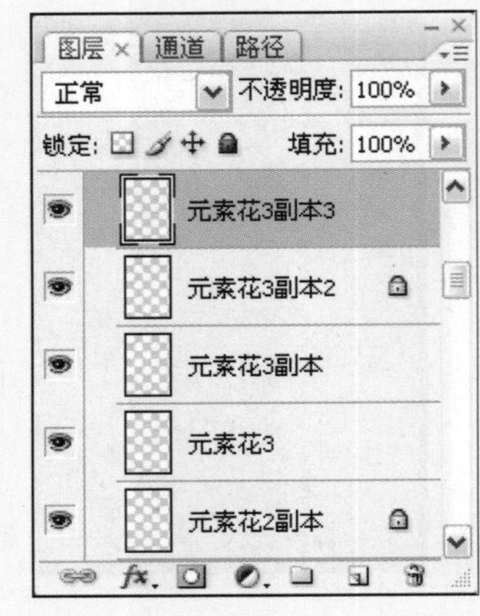

31 打开素材

按下快捷键Ctrl+O，选择本书配套光盘中素材与源文件\Chapter12\02地产报纸广告\Media\005.png文件，单击"打开"按钮打开素材文件。

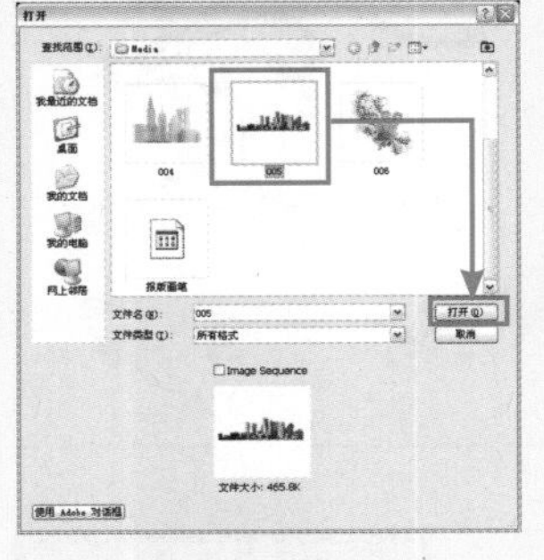

32 调整阈值

将该素材拖入报纸广告中，得到图层7，执行"图像>调整>阈值"命令，设置"阈值色阶"为128，然后单击"确定"按钮，得到黑白的阈值效果。

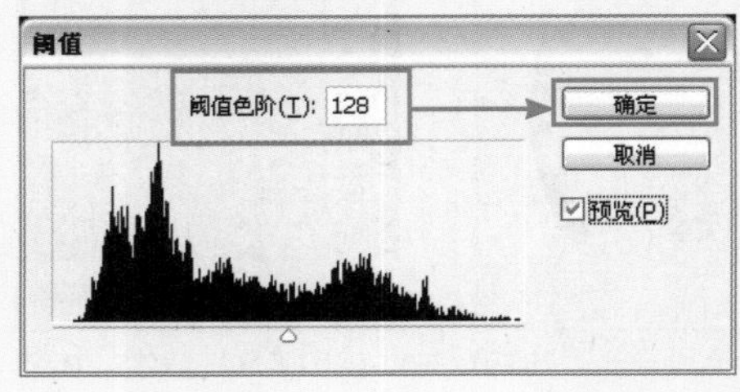

33 复制并调整

选择图层7，按下快捷键Ctrl+J，得到图层7副本，单击移动工具，调整其大小和方向，放在适当位置，使画面效果和谐美观。完成背景组的制作。

34 创建酒瓶路径

选择路径面板，新建路径3，单击钢笔工具，在属性栏中单击"路径"按钮和"添加到路径区域"按钮。然后绘制一个酒瓶路径。

R170、G33、B105　　R220、G35、B79

35 填充酒身渐变

单击路径选择工具，选择酒身路径，然后单击"将路径作为选区载入"按钮。新建图层组，并重命名为"酒瓶"。新建图层8，单击渐变工具，设置好参数后，在选区内从下到上填充渐变。

36 填充盖子渐变

单击路径选择工具，选择酒瓶盖子路径，然后单击“将路径作为选区载入”按钮。新建图层，并重命名为“盖子”。单击渐变工具，设置好参数后，在选区内从左到右填充渐变。最后取消选区。

37 创建路径并填充

新建路径4，使用钢笔工具，创建一个曲线路径，设置前景色为黑色，新建图层9，单击路径面板下面的“用前景色填充路径”按钮，将图层9移动到图层8上面，最后按下快捷键Alt+Ctrl+G，创建图层8的剪贴蒙版。

38 高斯模糊

选择图层9，执行“滤镜>模糊>高斯模糊”命令，设置“半径”为50像素，然后单击“确定”按钮，得到高斯模糊效果。

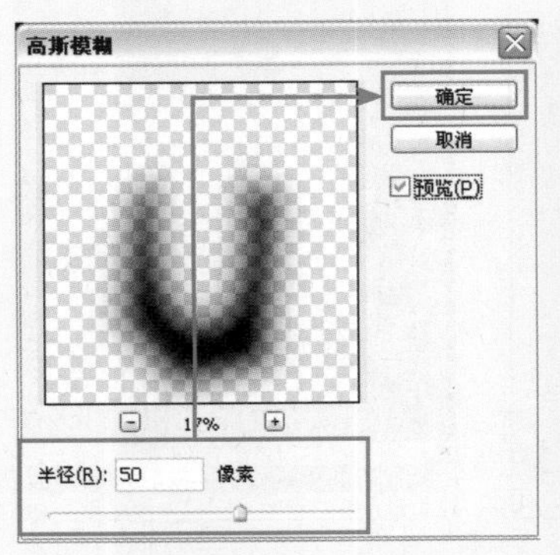

39 添加图层蒙版并调整

选择图层9，单击“添加图层蒙版”按钮，设置前景色为黑色，使用画笔工具在该图层蒙版上涂抹，得到渐隐的效果。最后设置该图层的“不透明度”为85%。

R200、G200、B200　R255、G255、B255

40 创建选区并填充渐变

新建图层10，单击矩形选框工具，创建一个矩形选区，单击渐变工具，设置好参数后，在该选区中从上到下拖动鼠标填充渐变，最后按下快捷键Ctrl+D，取消选区。

41 添加图层蒙版

选择图层10，单击“添加图层蒙版”按钮，然后单击画笔工具，设置前景色为黑色，在图层蒙版上涂抹，得到渐隐的效果。最后按下快捷键Alt+Ctrl+G，创建图层8的剪贴蒙版。

42 创建路径并填充渐变

根据上面的方法，新建路径5，使用钢笔工具创建一个曲线路径，载入选区后，使用渐变工具填充渐变色，然后取消选区。最后按下快捷键Alt+Ctrl+G，创建图层8的剪贴蒙版。

R170、G33、B105　　R220、G35、B79

43 复制图层并调整

选中图层8、图层9和图层10，以及“盖子”图层，拖到“创建新图层”按钮上，得到它们的副本，并将它们移动到图层8下面，删除图层9副本，使用渐变工具填充图层8副本，最后单击移动工具，改变其大小，放在适当的位置。

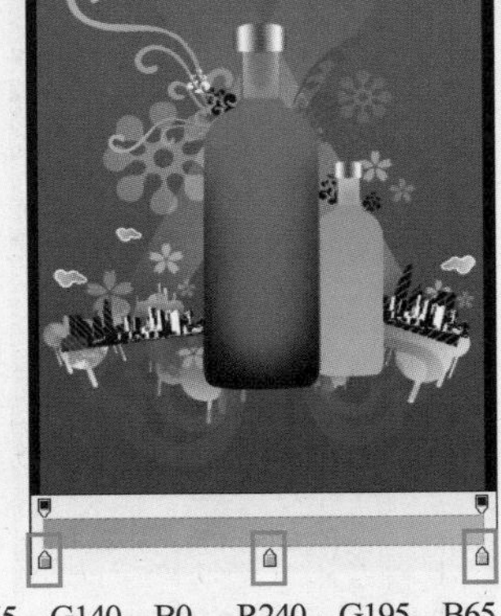

R252、G96、B2　　R255、G140、B0　　R240、G195、B65

44 创建阴影

新建图层，并重命名为“阴影”，单击多边形套索工具，设置“羽化”为10px，创建一个不规则选区。设置前景色为黑色，按下快捷键Alt+Delete，填充黑色。最后将该图层移动到图层8副本下面。

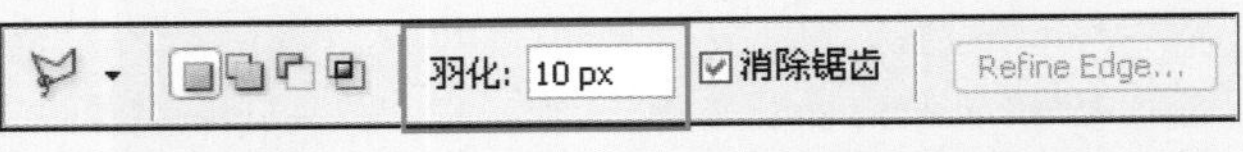

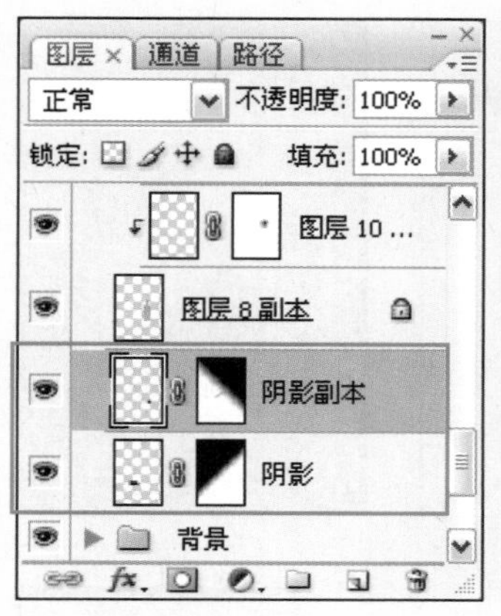

45 添加图层蒙版并复制

选择"阴影"图层，单击"添加图层蒙版"按钮，然后单击渐变工具，使用默认的黑色到白色渐变，在图层蒙版上从右上角到左下角拖动鼠标，得到渐隐的效果。按下快捷键Ctrl+J，复制该图层，单击移动工具，调整大小后放在适当的位置。完成阴影的制作。

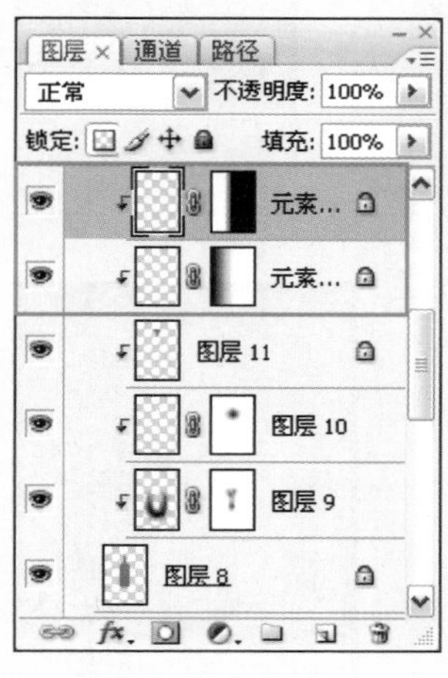

46 复制元素并调整

选择"元素花1"图层，复制2个副本移动到图层11上面，添加图层蒙版，使用渐变工具填充，得到渐隐的效果，最后按下快捷键Alt+Ctrl+G，创建图层8的剪贴蒙版。完成酒瓶组的制作。

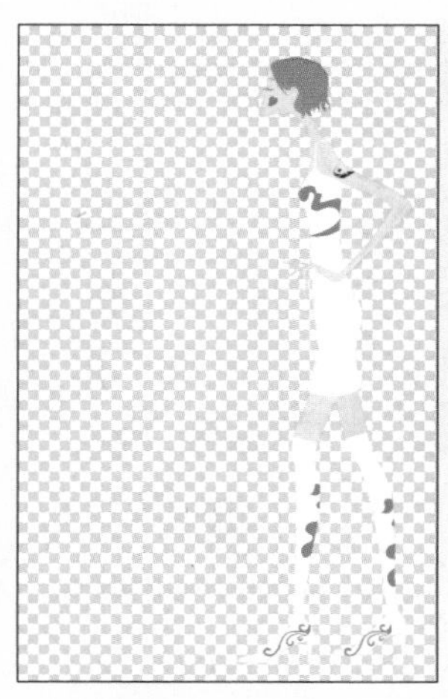

47 打开素材并拖入文件

按下快捷键Ctrl+O，选择本书配套光盘中素材与源文件\Chapter12\02地产报纸广告\Media\002.png文件，单击"打开"按钮打开素材文件。新建图层组，并重命名为"元素"，将该素材拖入报纸广告中，得到新图层，重命名为"人物"。

48 打开素材并拖入文件

按下快捷键Ctrl+O，选择本书配套光盘中素材与源文件\Chapter12\02地产报纸广告\Media\003.png文件，单击“打开”按钮打开素材文件。将该素材拖入报纸广告中，得到新图层，并重命名为“车”。

49 调整色相/饱和度

选择“车”图层，单击“创建新的填充或调整图层”按钮，在弹出的快捷菜单中，选择“色相/饱和度”命令，设置“色相”为78，然后单击“确定”按钮。最后按下快捷键Alt+Ctrl+G，创建“车”图层的剪贴蒙版。

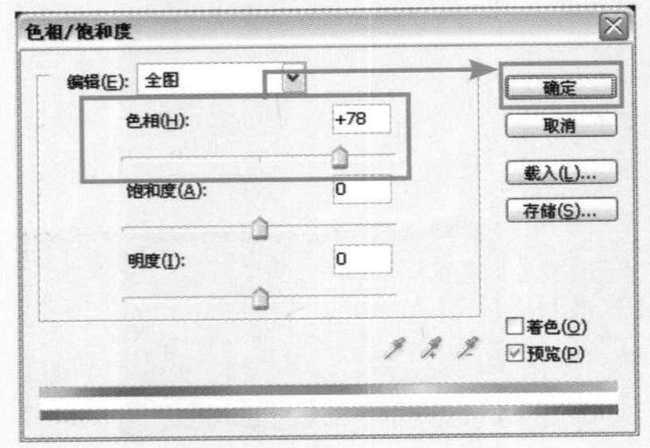

50 复制图层并调整曲线

选择“车”图层，按下快捷键Ctrl+J，得到“车”副本，单击“创建新的填充或调整图层”按钮，在弹出的快捷菜单中，选择“曲线”命令，设置好参数后，单击“确定”按钮。按下快捷键Alt+Ctrl+G，创建“车”图层的剪贴蒙版。最后单击移动工具，适当调整大小和方向，放在适当的位置。

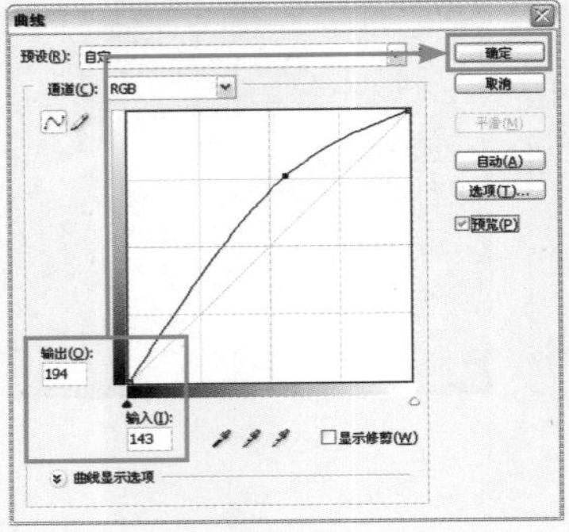

51 创建元素

选择路径2，单击“将路径作为选区载入”按钮，新建组，并重命名为“元素”，新建图层11，使用渐变工具填充好渐变后，添加图层蒙版，使用默认的黑色到白色渐变，在图层蒙版上从下到上拖动鼠标，得到渐隐的效果。

R180、G0、B100　　R45、G85、B155

52 添加文字元素

单击竖排文字工具，在属性栏中单击“显示/隐藏字符和段落调板”按钮，在弹出的“字符和段落”面板中设置好参数后，输入以下英文字母。最后单击移动工具，将该文字放在适当位置。

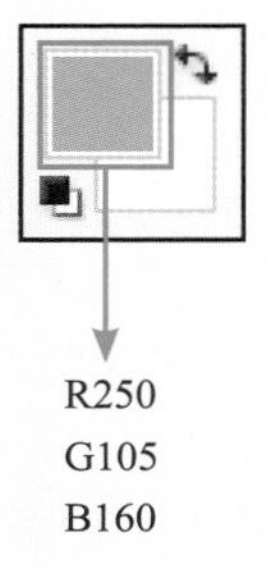

R250
G105
B160

53 使用画笔工具

新建图层，并重命名为“心型元素”，单击画笔工具，设置好前景色后，在该图层上单击鼠标创建一个心型。按下两次快捷键Ctrl+J，得到该图层的两个副本。单击“锁定透明像素”按钮，设置前景色为白色，按下快捷键Alt+Delete填充，最后单击移动工具，调整大小和方向后，放在适当位置。

R252	R255	R240
G96	G140	G198
B2	B0	B65

54 拖入素材并填充渐变

选择001.png文件，单击矩形选框工具，沿着蝴蝶元素创建选区。然后单击移动工具，将该素材拖入报纸广告中，得到新图层，重命名为“蝴蝶元素”，单击“锁定透明像素”按钮，使用渐变工具填充渐变色。

55 拖入素材并填充渐变

选择001.png文件，根据上面的方法，拖入素材，使用渐变工具填充渐变色，最后单击移动工具，适当调整大小，放在红色瓶子下面的位置。

R81、G78、B99　R255、G255、B255

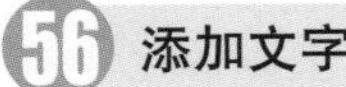

56 添加文字

单击横排文字工具T，在属性栏中单击“显示/隐藏字符和段落调板”按钮，在弹出的“字符和段落”面板中设置好参数后，输入STANDARD，最后单击移动工具，将该文字放在黄色瓶子上。

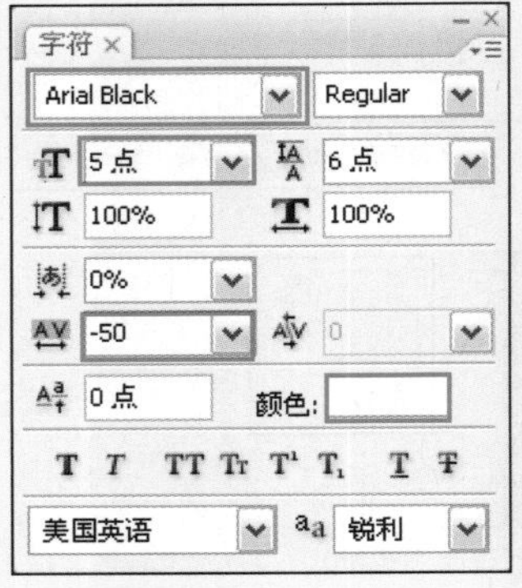

57 添加其他元素

根据整体画面效果，读者可根据自己的审美观添加一些其他元素，复制前面的元素，调整好大小和方向后，放在适当位置。完成元素组的制作。

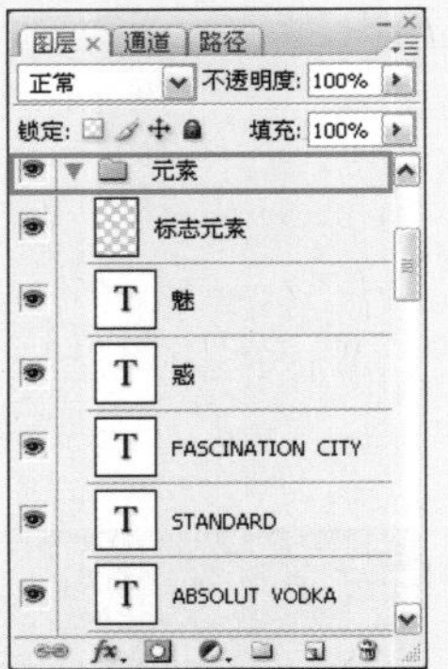

58 添加中文文字

新建组，并重命名为“下面文字”。单击横排文字工具T，设置好参数后，输入文字，选择“新生活”3个字，设置为白色。最后单击移动工具，将该文字放在适当位置。

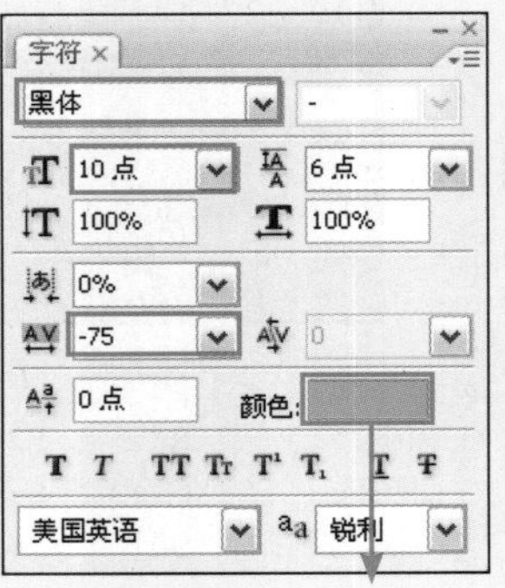

R250、G105、B160

R250、G105、B160

59 添加英文文字

单击横排文字工具[T]，设置好参数后，输入以下文字，选择“Say hi”，设置为粉红色。最后单击移动工具[▶+]，将该文字放在适当位置。

60 添加其他文字

根据需要，添加其他文字。读者可以根据自己的审美观重新排版，这里的文字排版仅供参考。

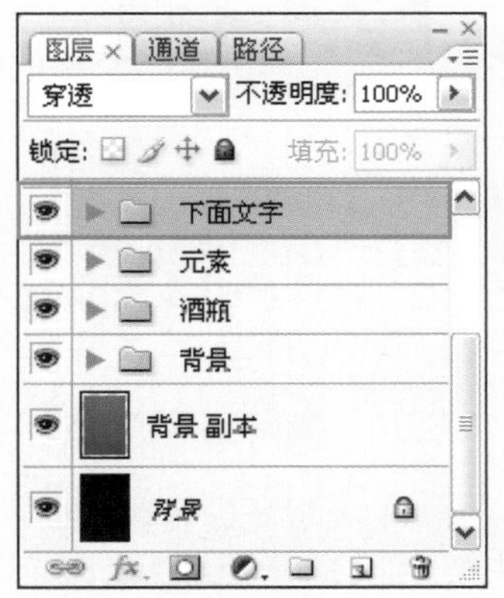

61 添加其他元素

根据整体画面效果，读者朋友可根据自己的审美观添加一些其他元素，复制前面的元素，调整好大小和方向后，放在适当位置。完成下面文字组的制作。

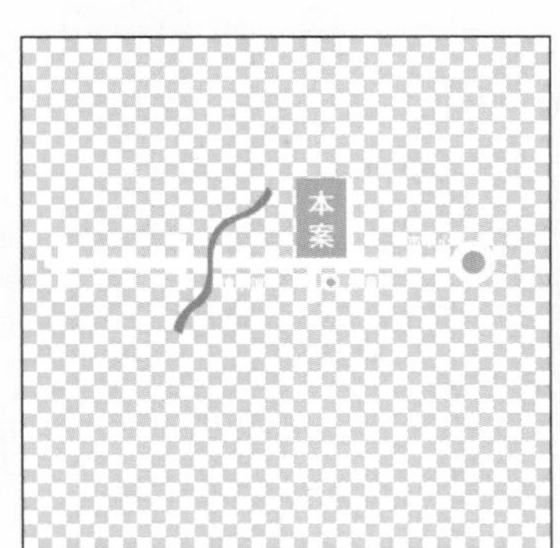

62 打开素材并拖入文件

按下快捷键Ctrl+O，选择本书配套光盘中素材与源文件\Chapter12\02地产报纸广告\Media\007.png文件，单击“打开”按钮打开素材文件。将该素材拖入报纸广告中，得到新图层，并重命名为“地图”。

63 创建选区并填充渐变

新建图层13，单击矩形选框工具，创建一个矩形选区。然后单击渐变工具，设置好参数后，在选区内从上到下拖动鼠标，填充渐变，最后按下快捷键Ctrl+D，取消选区。

64 拖入标志

按下快捷键Ctrl+O，选择本书配套光盘中素材与源文件\Chapter12\02地产报纸广告\Media\008.png文件，单击“打开”按钮打开素材文件。将该素材拖入报纸广告中，得到新图层，并重命名为“标志”。调整大小后放在适当位置。本实例完成。

12.5 地产户外广告

文件路径 素材与源文件\Chapter12\03地产户外广告\Complete\户外效果.psd

实例说明 本实例主要运用了渐变工具、图层蒙版等，通过合理的排版，色彩的对比烘托，达到理想的效果。

技法表现 运用色彩的互补衬托，使暖色标志更醒目，主体标语更突出，产生更强的视觉冲击力。

难度指数 ★★★★★

01 新建文件

执行“文件>新建”命令，弹出“新建”对话框，在对话框中设置“宽度”为10厘米，“高度”为3.6厘米，“分辨率”为300像素/英寸。单击“确定”按钮，新建一个图像文件。

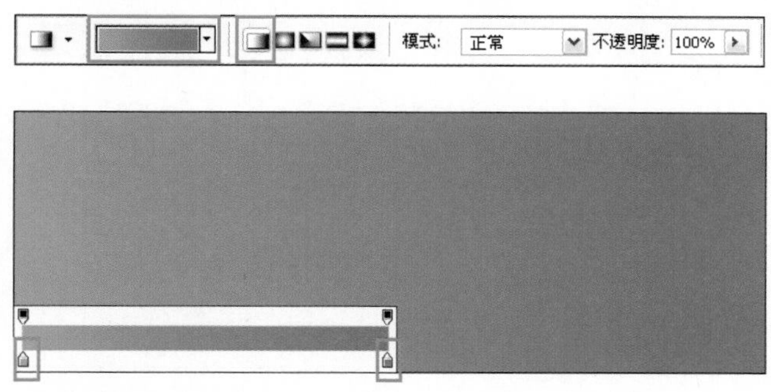

R253、G79、B228　　R148、G1、B229

02 填充渐变

选择背景图层，单击渐变工具，在属性栏中单击“线性渐变”按钮，设置好参数后，在背景图层上从左到右拖动鼠标填充渐变。

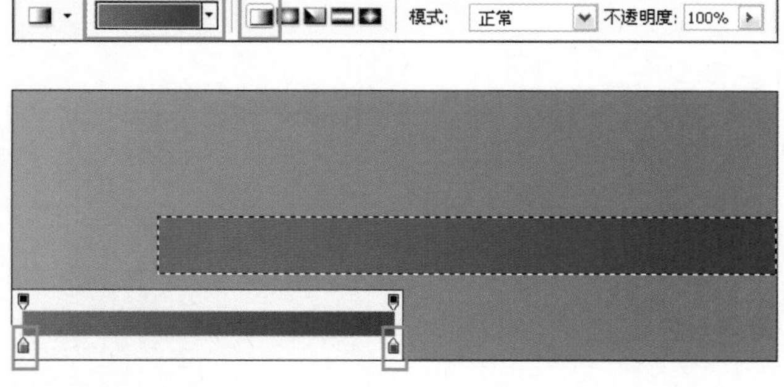

R180、G0、B100　　R100、G10、B65

03 创建选区并填充渐变

新建图层1，单击矩形选框工具，创建一个矩形选区，然后单击渐变工具，设置好参数后，在选区内从左到右拖动鼠标填充渐变。

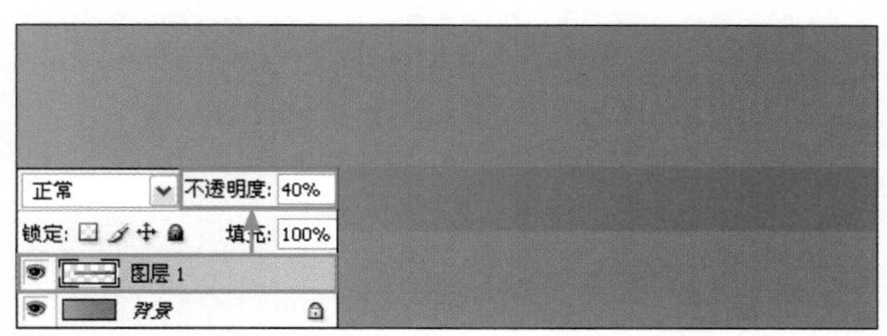

04 设置不透明度

选择图层1，按下快捷键Ctrl+D，取消选区后，设置该图层的“不透明度”为40%，得到柔和的整体效果。

05 打开素材文件

执行“文件>打开”命令，选择本书配套光盘中素材与源文件\Chapter12\03地产户外广告\Media\002.png文件，单击“打开”按钮打开素材文件。

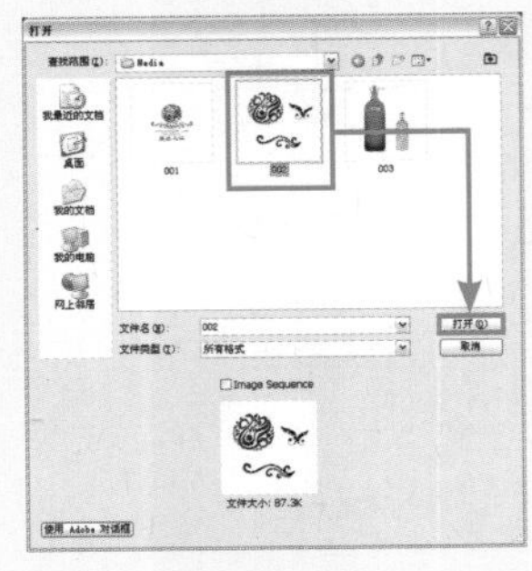

06 拖入素材并调整

单击矩形选框工具，沿着需要的素材创建矩形选区，然后单击移动工具，将该素材拖入户外广告中，得到图层2。单击“锁定透明像素”按钮，设置前景色为白色，按下快捷键Alt+Delete，填充白色。

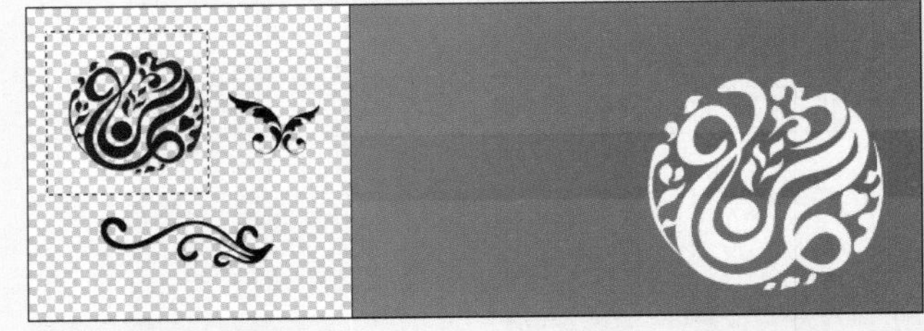

07 复制图层并调整

按下三次快捷键Ctrl+J，得到图层2的3个副本，适当调整大小，放在适当的位置。选中图层2以及图层2的副本图层，按下快捷键Ctrl+E，合并选中图层，并重命名为“元素底纹1”。

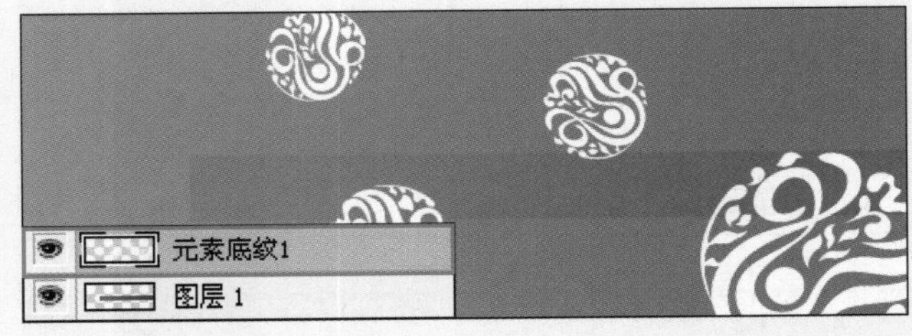

08 设置不透明度

选择“元素底纹1”图层，设置该图层的“不透明度”为50%，得到和谐的整体效果。

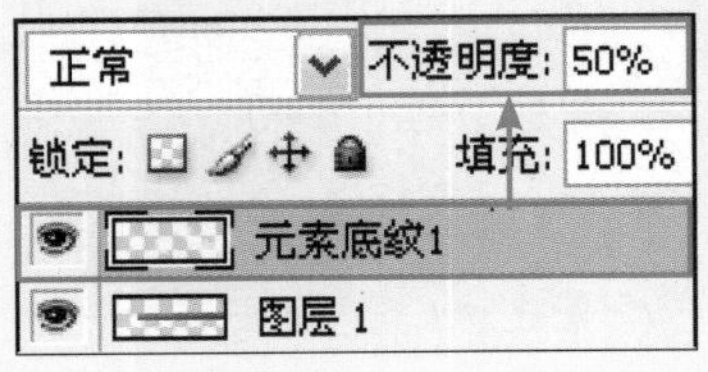

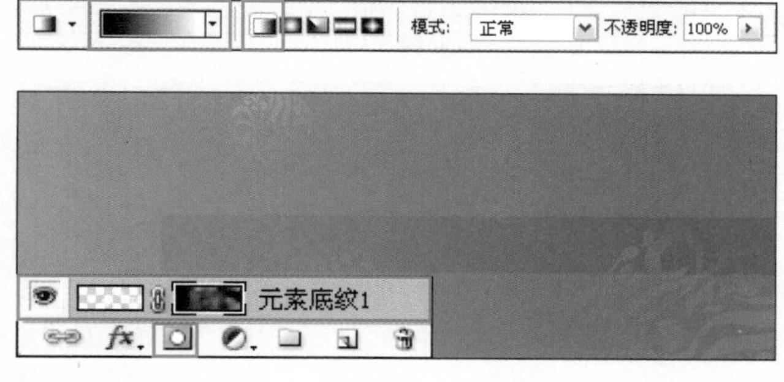

09 添加图层蒙版

选择“元素底纹1”图层，单击“添加图层蒙版”按钮，然后单击渐变工具，使用默认的黑色到白色渐变，在图层蒙版上从左到右拖动鼠标。设置前景色为黑色，最后再使用画笔工具在图层蒙版上涂抹，使整体效果更有层次感。

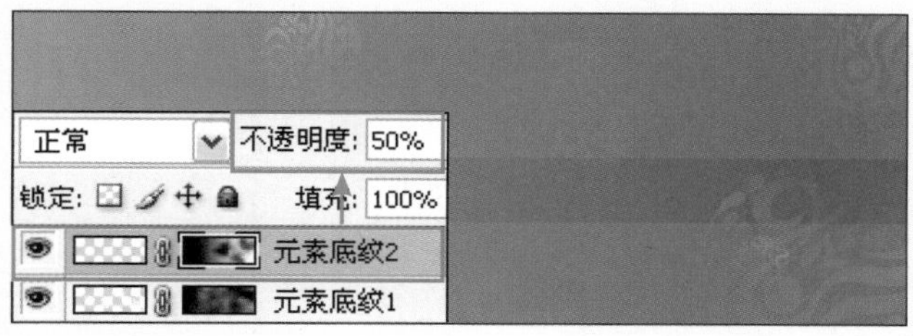

10 创建元素底纹2

根据上面的方法，创建“元素底纹2”图层。最后设置该图层的“不透明度”为50%，完善画面整体效果。

R30、G30、B30

11 创建选区并填充

新建图层2，单击矩形选框工具，创建1个矩形选区。设置好前景色后，按下快捷键Alt+Delete，填充黑色。最后按下快捷键Ctrl+D，取消选区。

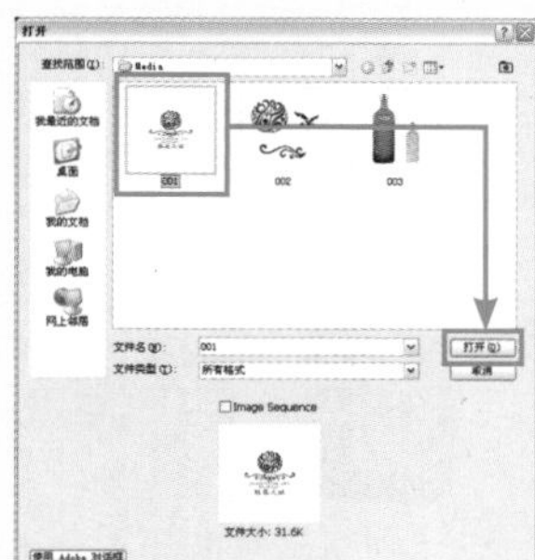

12 打开素材文件

按下快捷键Ctrl+O，选择本书配套光盘中素材与源文件\Chapter12\03地产户外广告\Media\001.png文件，单击“打开”按钮打开素材文件。

13 拖入素材并填充渐变

将该标志素材拖入户外广告中，得到新图层，并重命名为“标志”，单击“锁定透明像素”按钮。然后单击渐变工具，设置好参数后，在该图层从下到上拖动鼠标，填充渐变。

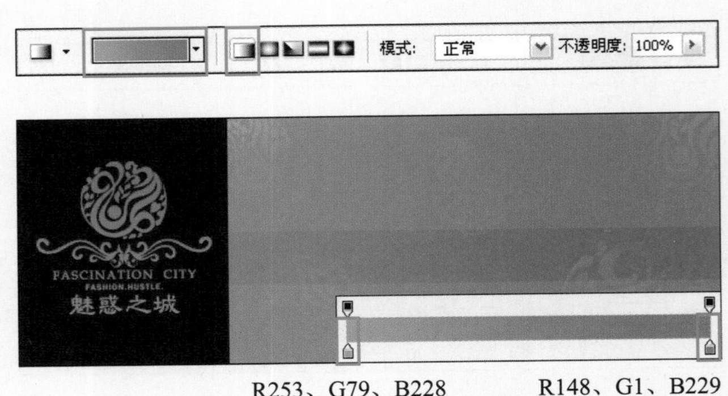

14 拖入其他元素

根据前面的方法，拖入其他素材花纹，得到图层3，按下快捷键Ctrl+T，调整大小和方向后，放在适当位置，最后按下Enter键来确定。

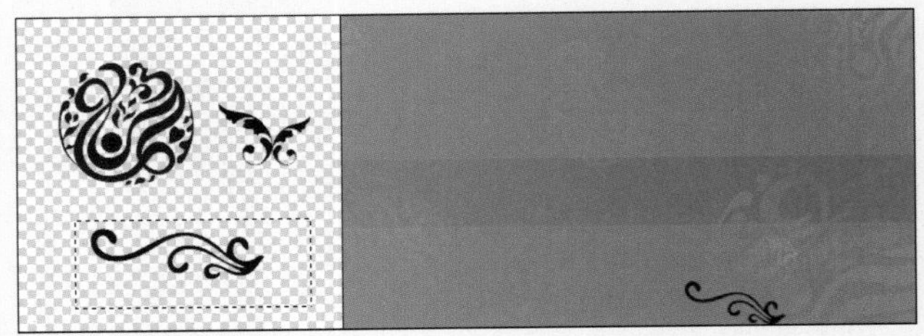

15 复制图层并调整

按下快捷键Ctrl+J，适当复制图层3，放在适当位置。分别单击“锁定透明像素”按钮，设置不同的前景色，按下快捷键Alt+Delete，改变颜色。设置图层3的“不透明度”为75%。

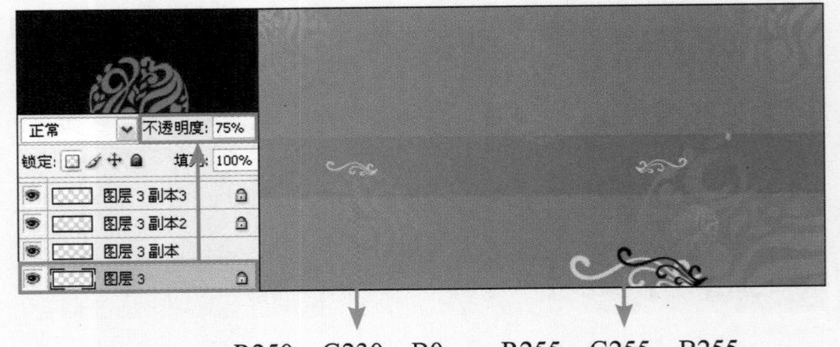

16 打开素材文件

按下快捷键Ctrl+O，打开文件，选择本书配套光盘中素材与源文件\Chapter12\03地产户外广告\Media\003.png文件，单击“打开”按钮打开素材文件。

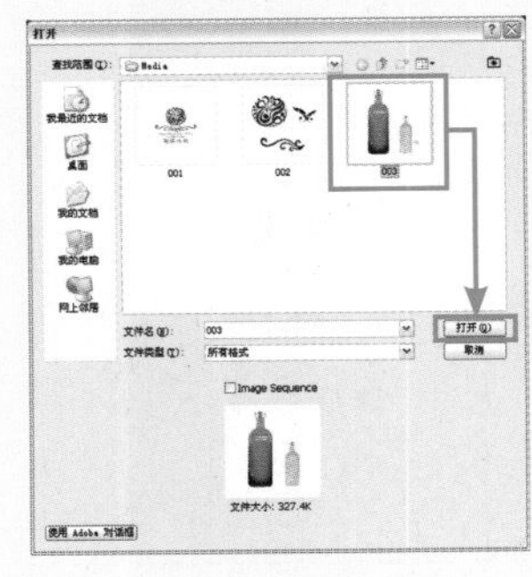

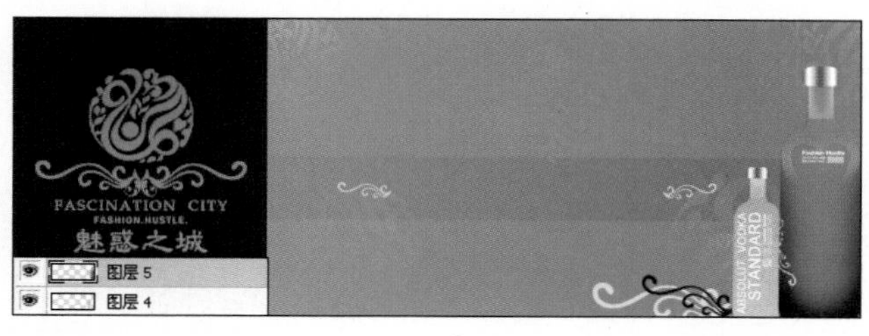

17 拖入素材并调整

分别选择元素，单击移动工具，分别拖入户外广告中，适当调整好大小，放在适当的位置，得到图层4和图层5。

18 添加文字

单击竖排文字工具，在属性栏中单击“显示/隐藏字符和段落调板”按钮，在弹出的“字符和段落”面板中设置好参数后，输入如图所示英文字母。最后单击移动工具，将该文字放在适当位置。

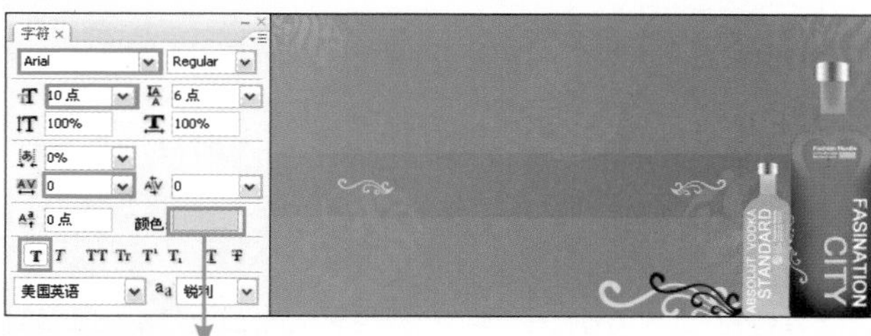

R250、G230、B0

19 添加文字元素

单击竖排文字工具，设置好参数后，继续添加文字元素。最后单击移动工具，将该文字放在适当位置。

20 添加主体文字

单击横排文字工具，在属性栏中单击“显示/隐藏字符和段落调板”按钮，在弹出的“字符和段落”面板中设置好参数后，输入中文文字。最后单击移动工具，将该文字放在适当位置。

R250、G230、B0

21 添加副语文字

单击横排文字工具，设置好参数后，输入以下文字。选择其中的“mini”字母，设置其颜色为黄色。最后单击移动工具，将该文字放在适当位置。

22 继续添加文字

单击横排文字工具[T]，设置好参数后，输入以下文字。最后单击移动工具，将该文字放在适当位置。

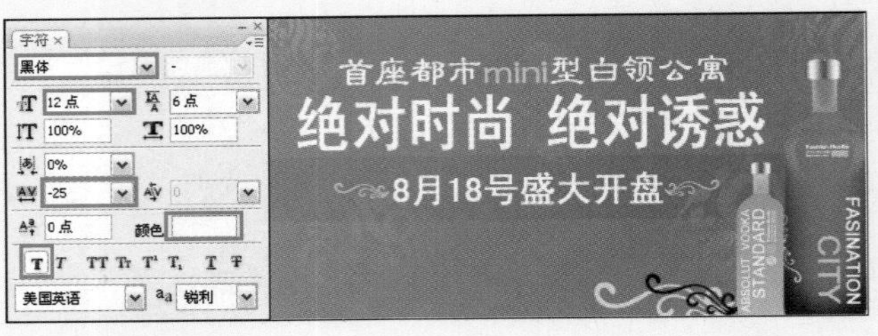

23 根据情况添加文字

根据客户要求，继续添加文字。最后单击移动工具，将文字放在适当位置。

24 添加小元素

读者可根据自己的审美观，添加一些小元素，使画面与文字更醒目和谐。编者这里添加了3个黄色的小元素，仅供参考。分别得到图层6和图层7以及图层8。

25 添加蝴蝶元素

根据前面的方法拖入蝴蝶元素，得到图层9，按下快捷键Ctrl+J，复制图层，得到图层9副本。单击移动工具，分别调整大小和方向，放在适当的位置。

26 合并图层

选择图层9副本，按下Shift+Ctrl+Alt+E，合并可见图层，并自动生成新图层10。完成户外广告的平面制作。下面来制作效果图。

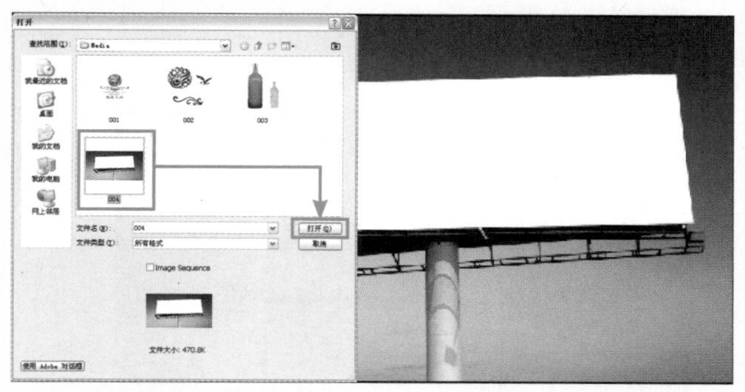

27 打开素材文件

按下快捷键Ctrl+O，打开文件，选择本书配套光盘中素材与源文件\Chapter12\03地产户外广告\Media\004.jpg文件，单击“打开”按钮打开素材文件。

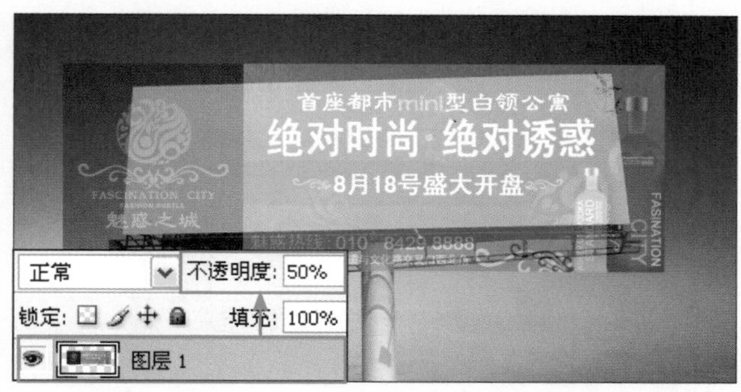

28 调整不透明度

将刚才制作好的户外广告图层10，拖入004.jpg中，得到图层1，并设置图层1的“不透明度”为50%。这样方便下面的调整。

29 变换调整

选择图层1，按下快捷键Ctrl+T，按住Ctrl键，分别选择4个角的节点，拖动到适合的位置。最后按下Enter键来确定变换。

30 调整透明度

选择图层1，设置该图层的“不透明度”为100%。完成贴图的制作，下面来制作层次效果。

31 使用加深工具

选择图层1，按下快捷键Ctrl+J，得到图层1副本，单击加深工具，在四周涂抹，得到暗部效果。

32 创建选区并填充渐变

新建图层2，按住Ctrl键，单击图层1，得到图层1的选区。单击渐变工具，设置好参数后，在图层2选区内从右到左拖动鼠标，填充渐变。

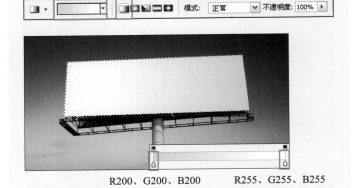

R200、G200、B200　　R255、G255、B255

33 调整不透明度

选择图层2，设置该图层的"不透明度"为30%。

34 添加图层蒙版

选择图层2，单击图层面板下面的"添加图层蒙版"按钮，然后单击渐变工具，使用默认的黑色到白色渐变，在图层蒙版中从左上角到右下角拖动鼠标，得到渐隐的自然效果。最后设置前景色为黑色，使用画笔工具在图层蒙版上涂抹，使整体效果层次感更强，效果更逼真。本实例完成。

12.6 地产楼书

12.6.1 封面封底制作

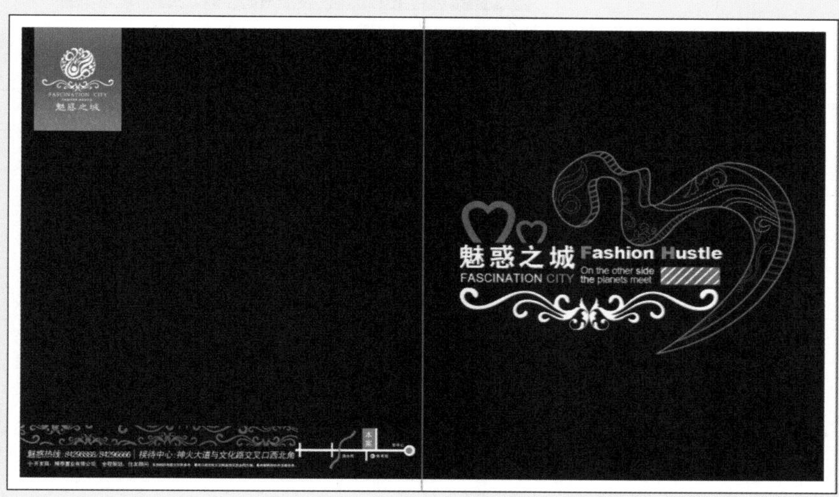

文件路径 素材与源文件\Chapter12\04地产楼书\封面封底\Complete\封面封底.psd

实例说明 本实例主要运用了渐变工具、图层剪贴蒙版等，通过合理的排版，色彩的对比烘托，达到理想的效果。

技法表现 运用黑色的背景做衬托，使主体色彩更醒目，使楼书时尚，而不失高雅的气质。

难度指数 ★★★★★

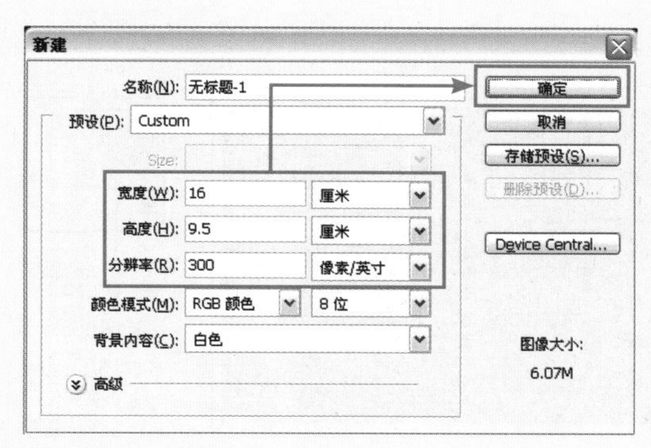

01 新建文件

执行“文件>新建”命令，弹出“新建”对话框，在对话框中设置“宽度”为16厘米，“高度”为9.5厘米，“分辨率”为300像素/英寸。单击“确定”按钮，新建一个图像文件。

02 新建图层并填充

新建图层1，设置好前景色后，按下快捷键Alt+Delete，填充图层1。

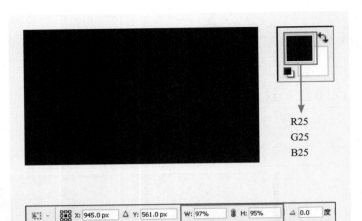

03 调整图层大小

选择图层1，按下快捷键Ctrl+T，在属性栏中，设置W为97%，H为95%，最后按下Enter键来确定。

04 创建参考线

按下快捷键Ctrl+R，显示标尺。单击移动工具，从左边的标尺拖出一条参考线，放在8里面出。

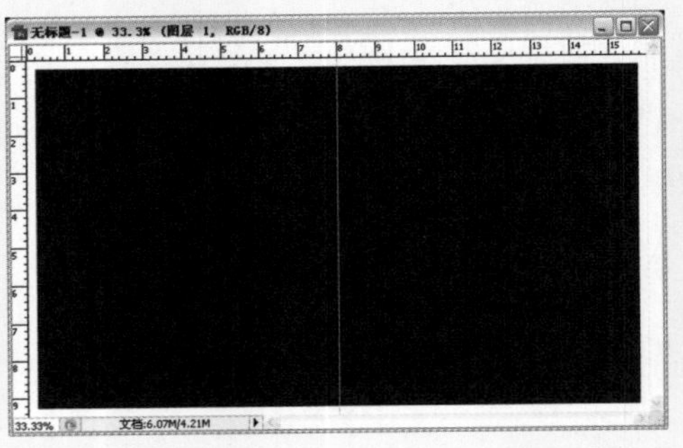

05 使用铅笔工具

新建图层2，设置好前景色后，单击铅笔工具，按住Shift键沿着参考线绘制一条直线。最后按下快捷键Ctrl+H，隐藏参考线。

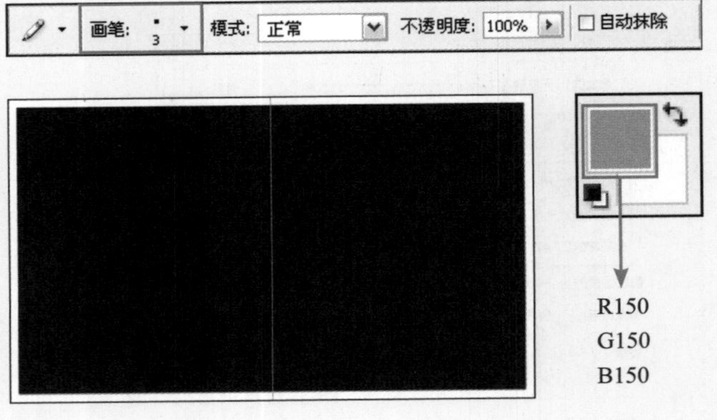

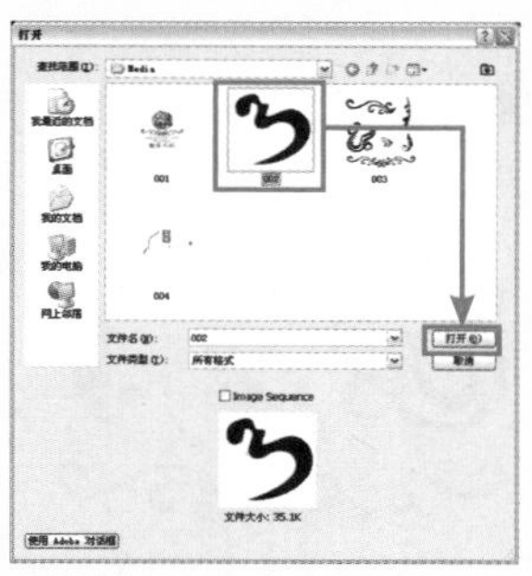

06 打开素材文件

按下快捷键Ctrl+O，打开文件，选择本书配套光盘中素材与源文件\Chapter12\04地产楼书\封面封底\Media\002.png文件，单击“打开”按钮打开素材文件。

07 拖入素材并载入选区

新建图层组，并重命名为“正面”，将该素材拖入封面文件中，得到图层3，适当调整大小，按住Ctrl键，单击鼠标，载入选区。

正面
图层 3
图层 2
图层 1
背景

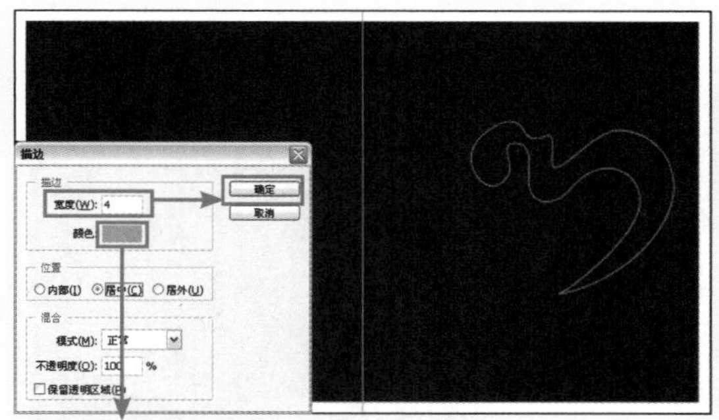

R150、G150、B150

08 选区描边

新建图层4，执行“编辑>描边”命令，设置“宽度”为4，“位置”为居中，然后单击“确定”按钮。得到灰色的描边效果。

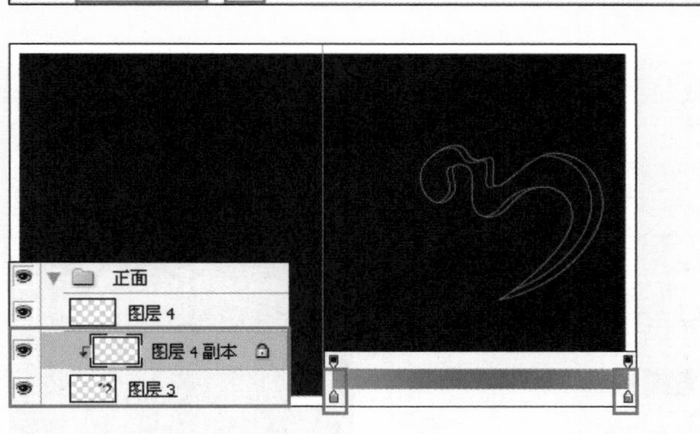

R0、G147、B221 R245、G0、B165

09 复制图层并填充渐变

选择图层4，按下快捷键Ctrl+J，复制图层，得到图层4副本，单击“锁定透明像素”按钮，并将该图层移动到图层3上面，单击渐变工具，设置好参数后，填充渐变。适当调整好位置后，按下快捷键Alt+Ctrl+G，创建图层3的剪贴蒙版。

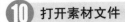

10 打开素材文件

按下快捷键Ctrl+O，打开文件，选择本书配套光盘中素材与源文件\Chapter12\04地产楼书\封面封底\Media\003.png文件，单击“打开”按钮打开素材文件。

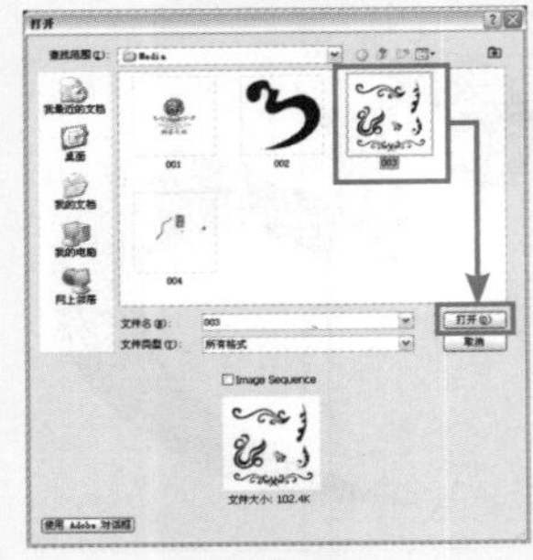

11 拖入素材并载入选区

单击矩形选框工具，沿着需要元素边缘创建选区。然后单击移动工具，将该素材拖入封面文件中，得到图层5，并重命名为“元素1”。按住Ctrl键，单击鼠标，载入选区。

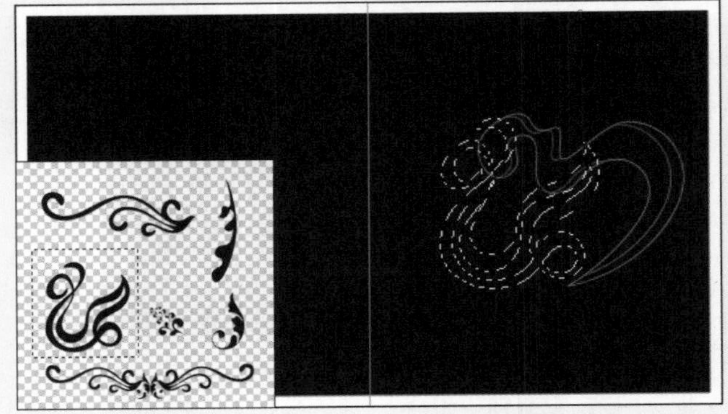

12 选区描边

新建图层5，执行“编辑>描边”命令，设置“宽度”为2px，“位置”为居中，然后单击“确定”按钮。得到灰色的描边效果。

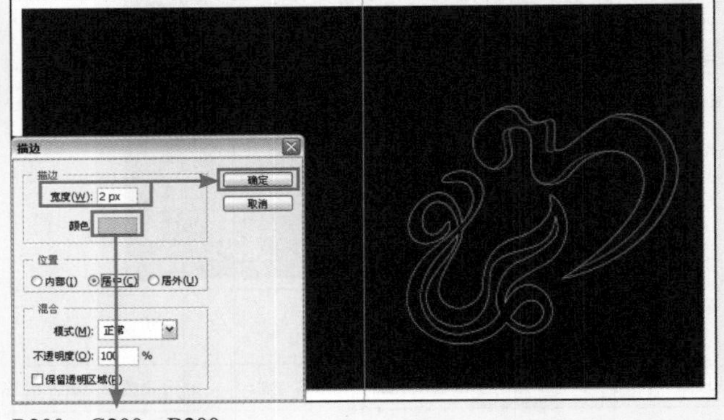

R200、G200、B200

13 创建图层剪贴蒙版

将图层5移动到图层3的上面，单击移动工具，适当调整大小和方向，放在适当位置。最后按下快捷键Alt+Ctrl+G，创建图层3的剪贴蒙版。

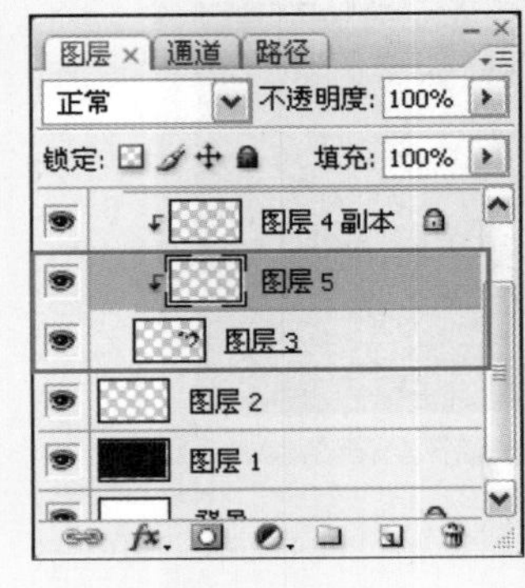

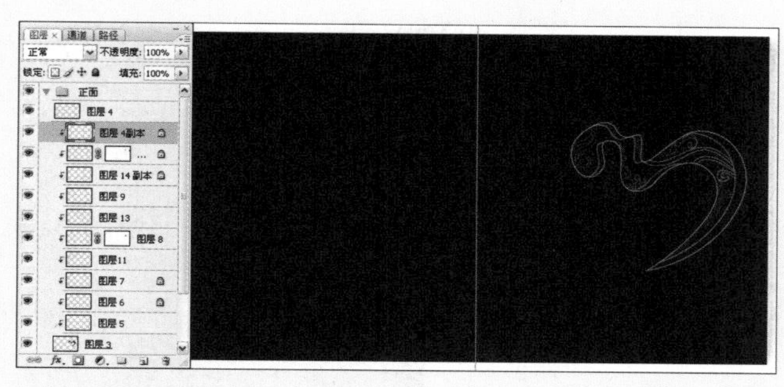

14 创建其他元素

根据前面的方法，创建其他素材，适当调整好大小和方向，放在适当的位置，并依次创建图层3的剪贴蒙版。根据画面效果适当调整一些图层的不透明度，使整体效果更和谐美观。最后删除多余的"元素"图层。

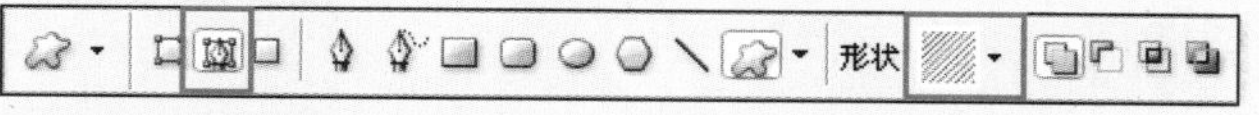

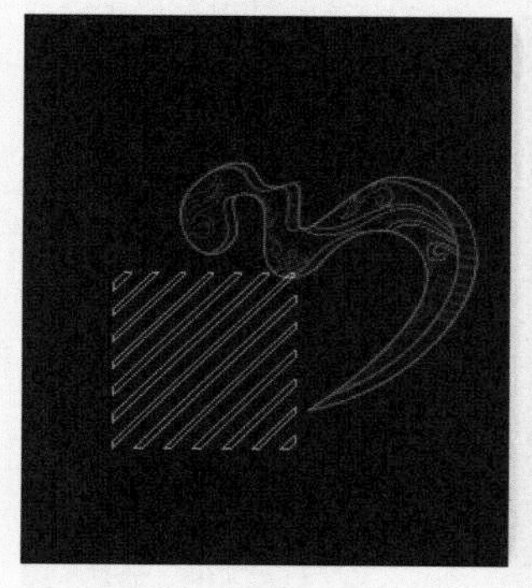

15 创建路径并填充

选择路径面板，单击自定义形状工具，在属性栏中单击"路径"按钮，创建一个自定义路径。设置前景色为白色，新建图层7，单击"用前景色填充路径"按钮，将路径填充为白色。

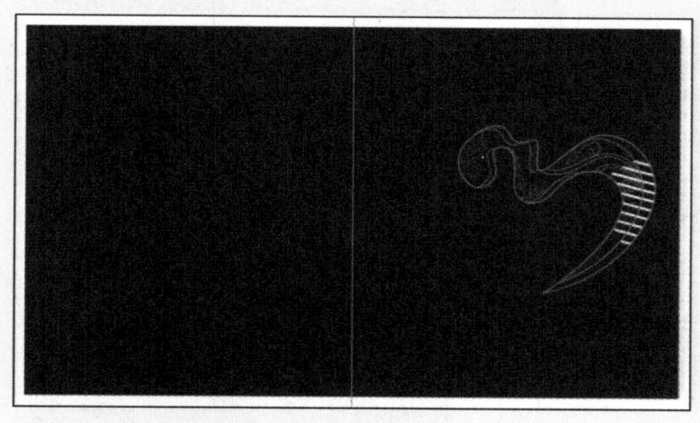

16 创建图层剪贴蒙版

选择图层7，按下快捷键Ctrl+T，调整大小和方向后，放在适当位置，按下Enter键来确定。最后按下快捷键Alt+Ctrl+G，创建图层3的剪贴蒙版。

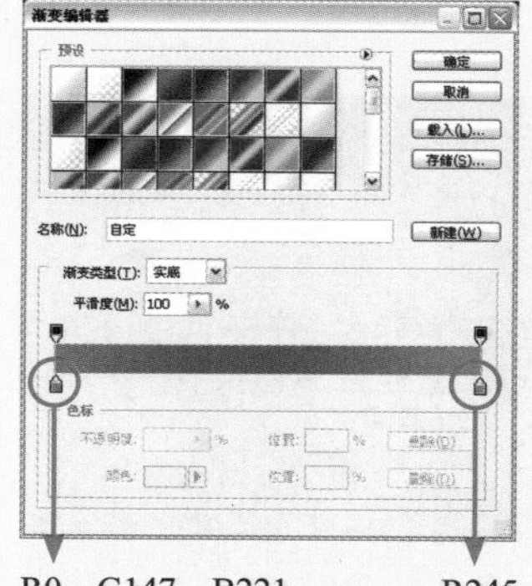

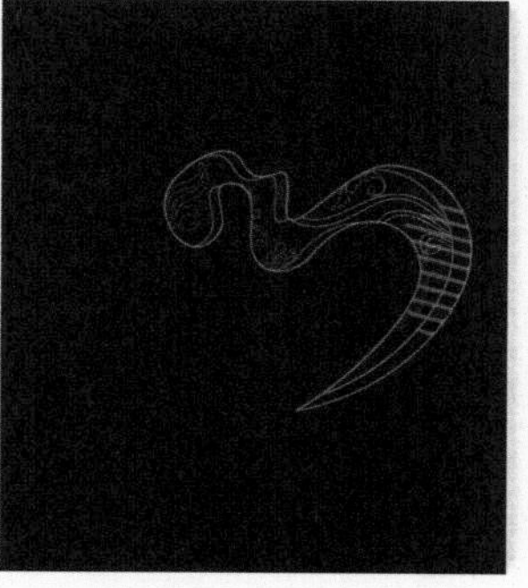

R0、G147、B221　　R245、G0、B165

17 填充渐变

选择图层7，单击"锁定透明像素"按钮，然后单击渐变工具，设置好参数后，从左到右拖动鼠标，填充渐变。

18 调整图层

选择图层7，单击橡皮擦工具，擦除多有部分。并设置该图层的“不透明度”为35%，使整体效果更和谐。

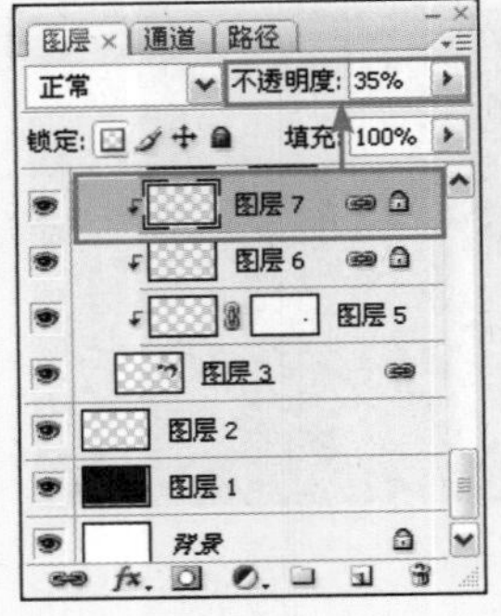
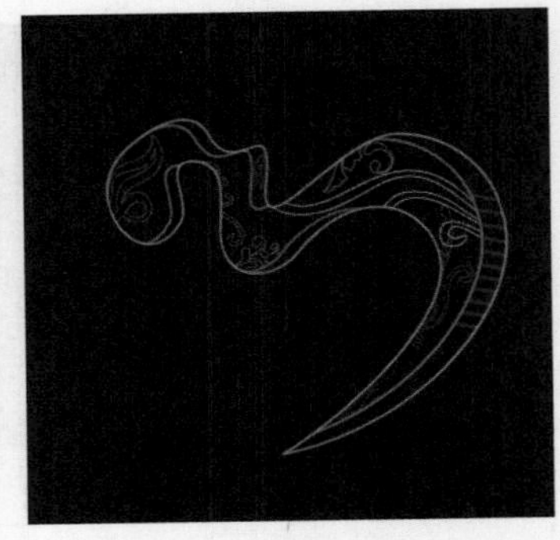

19 添加其他元素

根据上面的方法，在适当的地方添加其他条形元素。使用橡皮擦，擦除多余部分。最后按下快捷键Alt+Ctrl+G，依次创建图层3的剪贴蒙版。

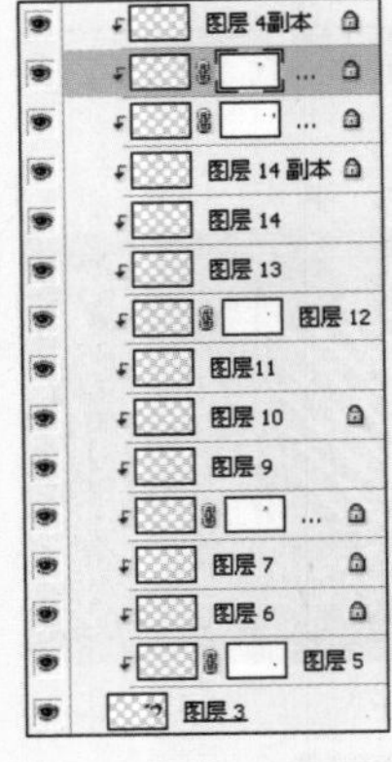
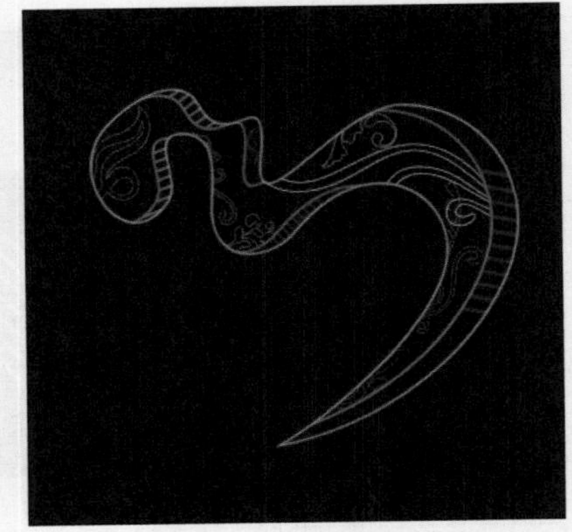

20 添加英文文字

单击横排文字工具，在属性栏中单击“显示/隐藏字符和段落调板”按钮，在弹出的“字符和段落”面板中设置好参数后，输入如图所示文字，并选中字母F和H，设置其颜色为红色。最后单击移动工具，将该文字放在适当位置。

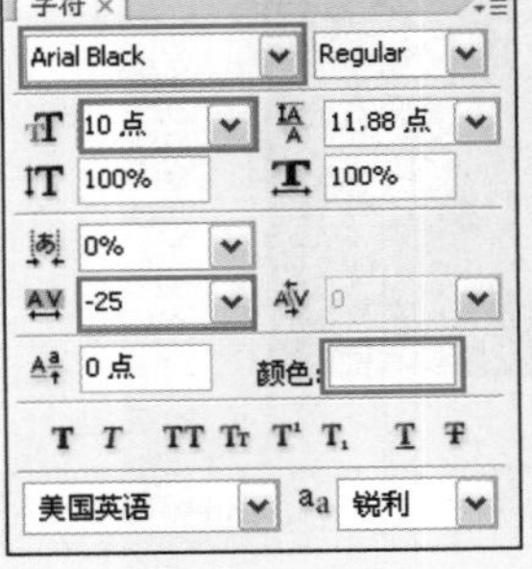

R245、G0、B165

21 添加小英文字母

单击横排文字工具，设置好参数后，输入以下文字。最后单击移动工具，将该文字放在适当位置。

R0、G147、B221　　　R245、G0、B165

22 添加时尚元素

新建图层11，单击矩形选框工具，使用渐变工具填充渐变色。然后使用自定义形状工具，创建自定义形状路径。设置前景色为白色，新建图层，将路径填充为白色，按下快捷键Alt+Ctrl+G，创建图层11的剪贴蒙版。最后按下快捷键Ctrl+E，向下合并图层。

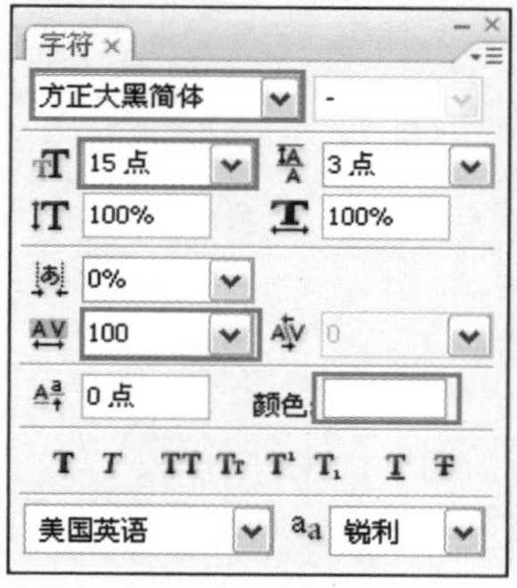

23 添加主体文字

单击横排文字工具，设置好参数后，输入如图所示文字。最后单击移动工具，将该文字放在适当位置。

R245、G0、B165

24 添加文字元素

单击横排文字工具，设置好参数后，输入如图所示文字。选中FASCINATION，设置其颜色为白色。最后单击移动工具，将该文字放在适当位置。

25 将素材拖入文件

根据前面的方法拖入素材元素，得到图层12，单击“锁定透明像素”按钮，设置前景色为白色。然后按下快捷键Alt+Delete，填充为白色。最后单击移动工具，调整大小和方向后，放在适当的位置。

26 创建路径并填充渐变

选路径面板，新建路径1，单击自定义形状工具，在属性栏中单击“路径”按钮，创建一个自定义形状路径。单击“将路径作为选区载入”按钮，新建图层13，使用渐变工具，填充渐变色。最后取消选区。

R0、G147、B221　　R245、G0、B165

27 复制图层并调整

选择图层13，按下快捷键Ctrl+J，复制图层，适当调整大小后，按下快捷键Ctrl+E，向下合并图层。单击矩形选框工具，创建矩形选区，按下Delete键删除多余部分。最后单击移动工具，调整大小后，放在适当位置。

28 新建图层组

正面部分完成，下面制作底面部分。新建图层组，并重命名为“底面”。

29 创建矩形选区

新建图层14，单击矩形选框工具，创建一个矩形选区。设置好前景色后，按下快捷键Alt+Delete进行填充。

专家支招：这里填充的颜色和背景色相同，用作下面创建剪贴蒙版。

30 拖入素材并调整

根据前面的方法拖入素材。复制几个，调整大小，放在适当位置。并合并些素材所在的图层，得到图层15，设置前景色为白色，单击“锁定透明像素”按钮，按快捷键Alt+Delete填充。

R0、G147、B221　　R245、G0、B165

31 填充渐变

选择图层15，单击渐变工具，设置好参数后，从右到左填充渐变。最后按下快捷键Alt+Ctrl+G，创建图层14的剪贴蒙版。

32 添加文字

根据需要，添加一些相关信息。这里适当添加了一些小元素，使画面更和谐。读者可以根据自己的审美观进行添加。

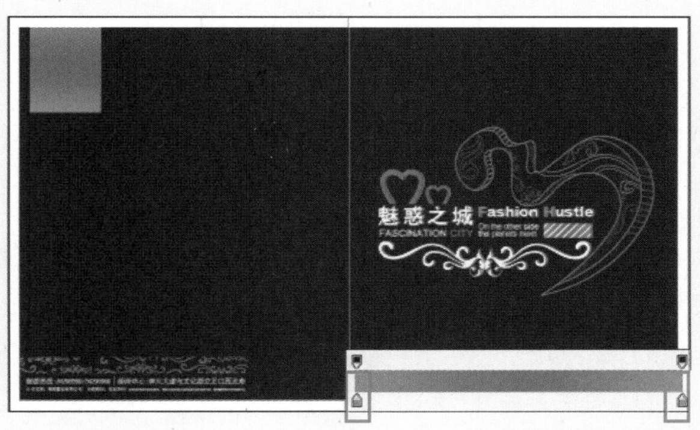

R0、G147、B221　　R245、G0、B165

33 填充渐变

新建图层18，单击矩形选框工具，创建一个矩形选区。然后单击渐变工具，设置好参数后，从上到下拖动鼠标，填充渐变。最后按下快捷键Ctrl+D，取消选区。

34 拖入素材完成制作

按下快捷键Ctrl+O，打开文件，选择本书配套光盘中素材与源文件\Chapter12\04地产楼书\封面封底\Media\001.png和004.png文件，单击"打开"按钮打开素材文件。分别拖入封面文件中，调整大小后，放在适当的位置。并分并将图层重命名为"标志"和"地图"。本实例完成。

12.6.2 楼书内页制作

文件路径 素材与源文件\Chapter12\04地产楼书\内页\ Complete\内页.psd

实例说明 本实例主要运用了渐变工具、路径工具、文本工具、画笔工具等，通过合理的排版，色彩的和谐运用，强烈表现出地产楼书内页的时尚感，从侧面衬托出主题：时尚领地，财富之都。

技法表现 空间的合理运用，使整个画面效果活泼，充满都市的时尚气氛。色彩的合理搭配，从侧面表现出主题的绚丽多彩，层出不穷，给人强烈的视觉冲击力。

难度指数 ★★★★★

01 新建文件

执行“文件>新建”命令，弹出“新建”对话框，在对话框中设置“宽度”为16厘米，“高度”为9.5厘米，“分辨率”为300像素/英寸。单击“确定”按钮，新建一个图像文件。

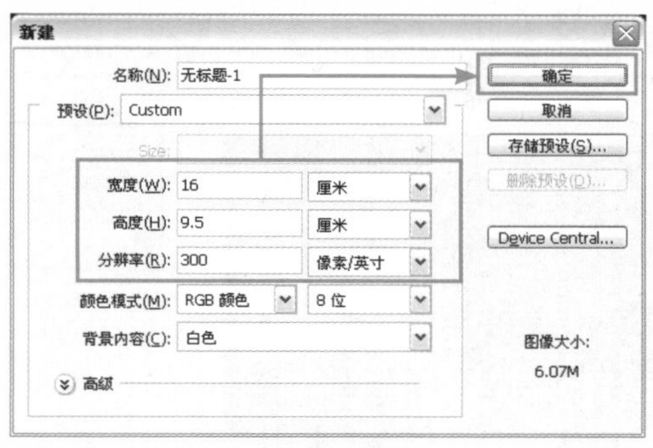

02 新建图层并填充

新建图层1，设置好前景色后，按下快捷键Alt+Delete，将图层1填充为25%的黑色。

R25
G25
B25

03 调整图层大小

选择图层1，按下快捷键Ctrl+T，在属性栏中，设置W为97%，H为95%，最后按Enter键确定。

04 创建参考线

按下快捷键Ctrl+R，显示标尺。单击移动工具，从左边的标尺拖出一条参考线，放在8上面。

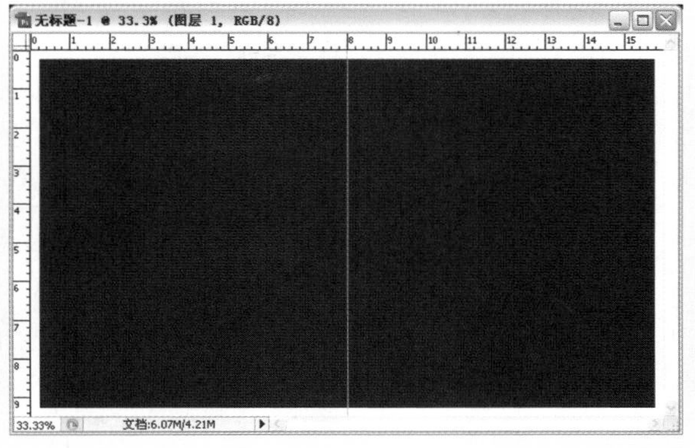

05 使用铅笔工具

新建图层2，设置好前景色后，单击铅笔工具，按住Shift键沿着参考线绘制一条直线。最后按下快捷键Ctrl+H，隐藏参考线。

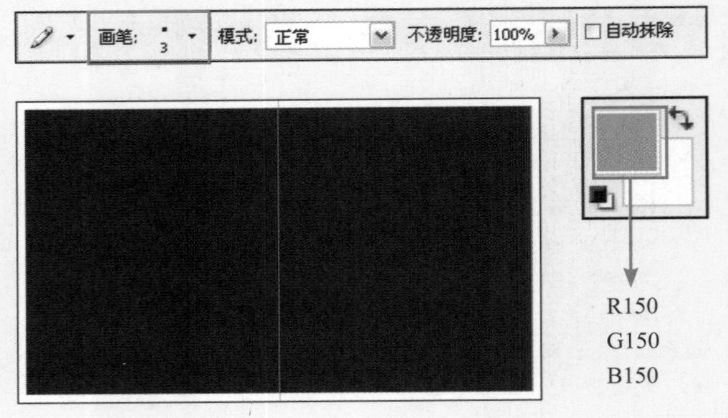

06 创建选区并填充

新建图层组，并重命名为"左边"。新建图层3，单击矩形选框工具，按住Shift键，创建矩形选区。设置前景色为白色，按快捷键Alt+Delete填充选区。

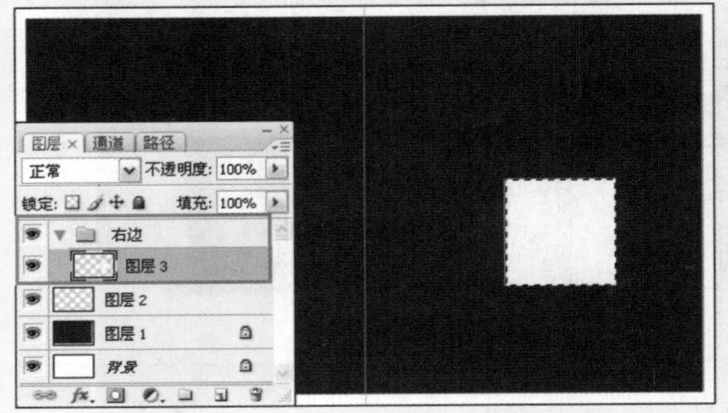

07 复制图层并调整

选择图层3，按下快捷键Ctrl+D，取消选区后，按下9次快捷键Ctrl+J，得到图层3的9个副本。调整好大小后，放在适当的位置，以方便下面的排版。

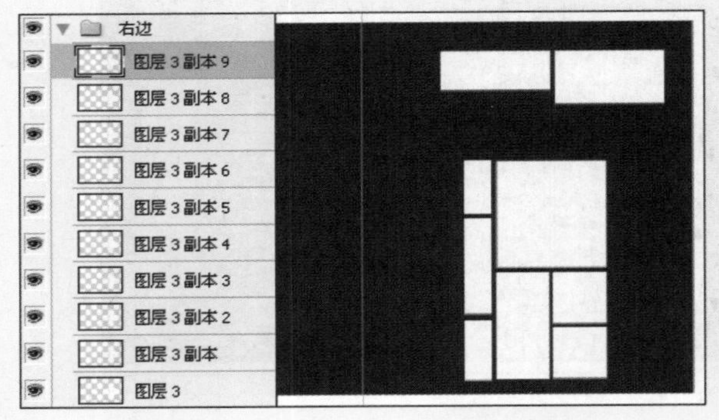

08 打开素材文件

按下快捷键Ctrl+O，打开文件，选择本书配套光盘中素材与源文件\Chapter12\04地产楼书\内页\Media\001.jpg文件，单击"打开"按钮打开素材文件。

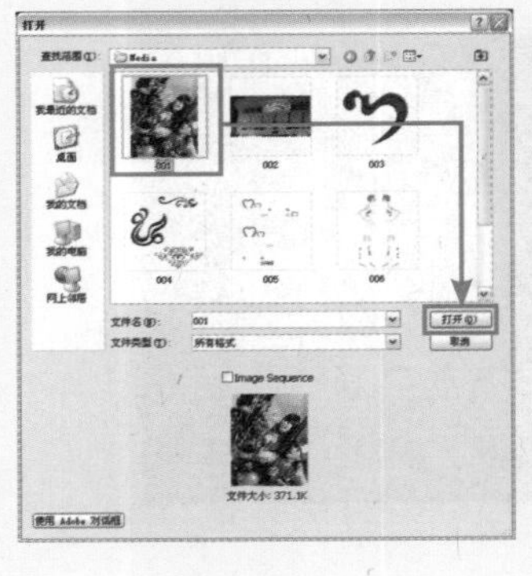

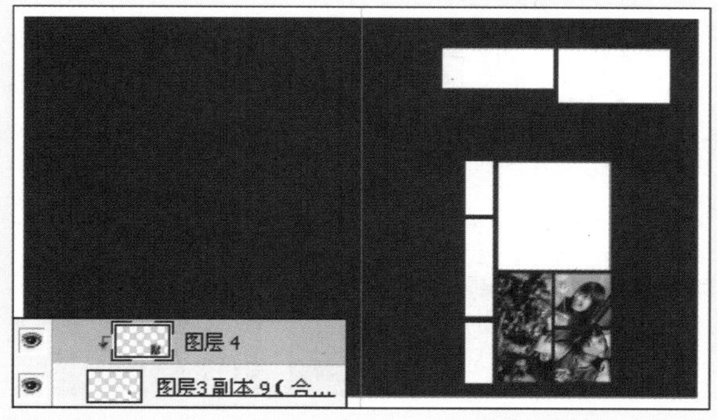

09 创建图层剪贴蒙版

将该素材拖入内页文件中，得到图层4，选择下面3个方块所在的图层，按下快捷键Ctrl+E，合并图层。将图层4放在该合并图层的上面，调整好位置后，按下快捷键Alt+Ctrl+G，创建图层3副本9（合并）的剪贴蒙版。

10 打开素材并拖入文件

按下快捷键Ctrl+O，打开文件，选择本书配套光盘中素材与源文件\Chapter12\04地产楼书\内页\Media\004.png文件，单击“打开”按钮打开素材文件。选择需要的元素，拖入内页文件中，得到图层5，单击“锁定透明像素”按钮，设置前景色为白色，按下快捷键Alt+Delete，填充白色。

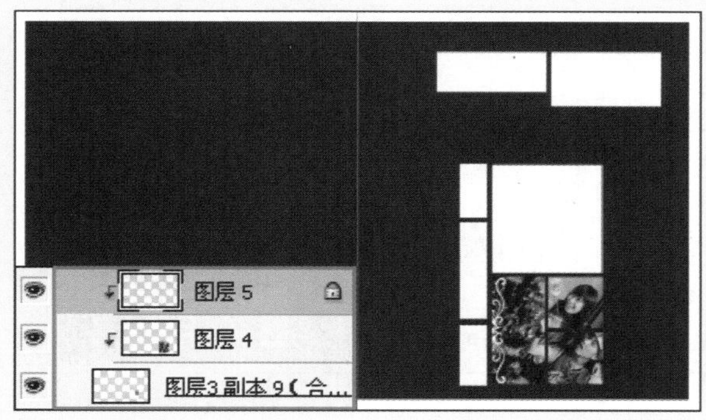

11 创建图层剪贴蒙版

将图层5移动到图层4上面，缩小图像的大小并适当调整好位置后，按下快捷键Alt+Ctrl+G，创建图层3副本9（合并）的剪贴蒙版。

12 打开素材并拖入文件

根据前面的方法，按下快捷键Ctrl+O，打开文件，选择本书配套光盘中素材与源文件\Chapter12\04地产楼书\内页\Media\003.png文件，拖入内页文件文件，得到图层6，放在适当的位置，按下快捷键Alt+Ctrl+G，创建图层3副本的剪贴蒙版。

13 创建图层剪贴蒙版

根据前面的方法，按下快捷键Ctrl+O，打开文件，选择本书配套光盘中素材与源文件\Chapter12\04地产楼书\内页\Media\005.png文件，选择需要的元素拖入内页文件文件，得到图层7，放在适当的位置，按下快捷键Alt+Ctrl+G，创建图层3副本的剪贴蒙版。

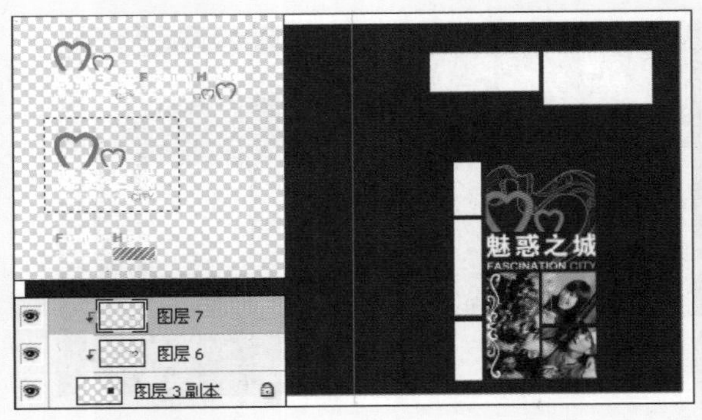

14 打开素材并拖入文件

按下快捷键Ctrl+O，打开文件，选择本书配套光盘中素材与源文件\Chapter12\04地产楼书\内页\Media\002.jpg文件，单击“打开”按钮打开文件，拖入内页文件中，调整大小后，放在适当的位置。

15 添加文字元素

选择图层3副本2，单击“锁定透明像素”按钮，设置好前景色后按下快捷键Alt+Delete，填充。然后单击横排文字工具，在属性栏中单击“显示/隐藏字符和段落调板”按钮，在弹出的“字符和段落”面板中设置好参数后，输入以下文字，并选择字母C，设置其颜色为粉红色。

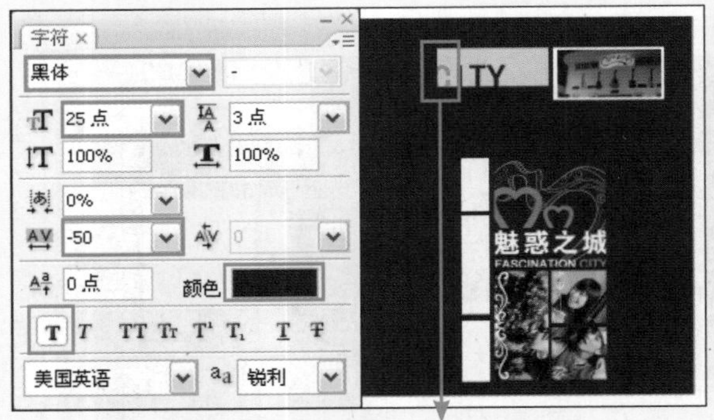

R245、G0、B165

16 添加花纹元素

选择图层3副本7，单击“锁定透明像素”按钮，设置好前景色后按下快捷键Alt+Delete，填充。拖入素材花纹，适当调整大小和位置，填充渐变色。最后按下快捷键Alt+Ctrl+G，创建图层3副本7的剪贴蒙版。

R253、G79、B228　　R148、G1、B229

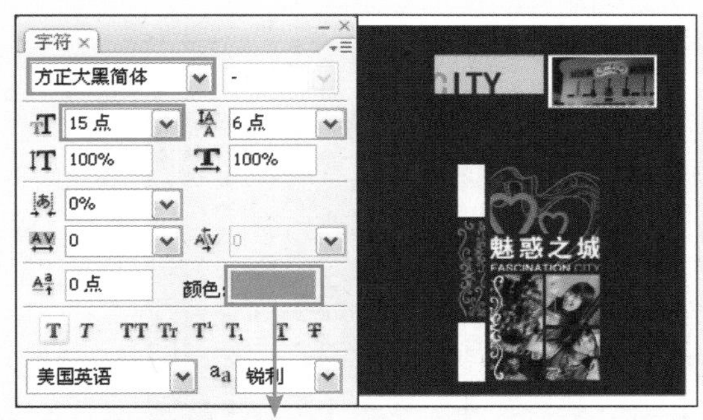
R245、G0、B165

17 添加文字元素

选择图层3副本8，单击“锁定透明像素”按钮，设置好前景色后按下快捷键Alt+Delete，填充。单击横排文字工具，设置好参数后，输入以下文字，单击移动工具，调整大小和方向后，放在适当的位置。

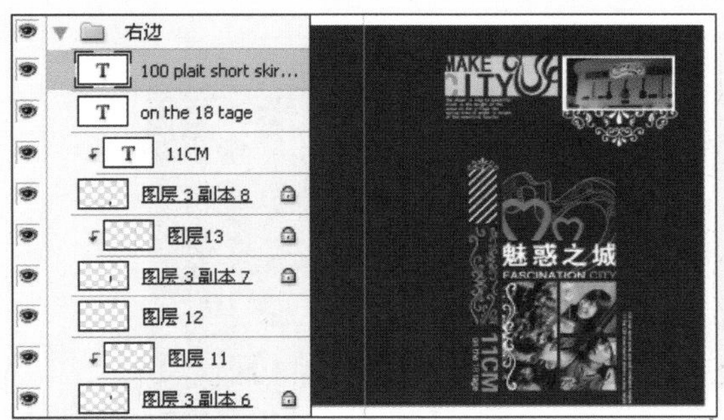

18 添加其他元素

根据前面的方法，适当添加其他元素。读者可以根据自己的审美观进行添加。这里的效果仅供参考。

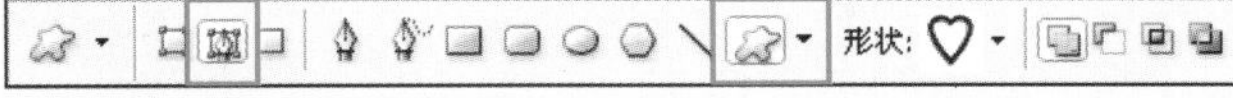

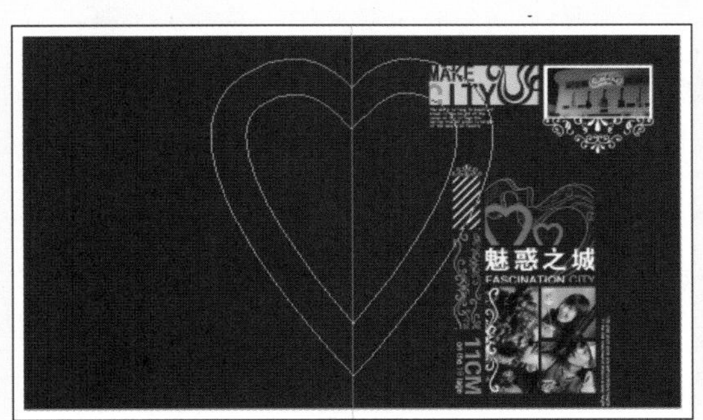

19 创建自定义路径

选择路径面板，新建路径1，单击自定义形状工具，在属性栏中单击“路径”按钮，创建一个自定义形状路径。

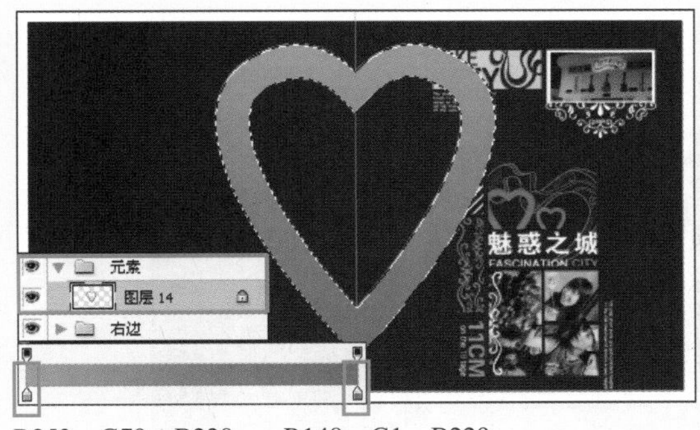
R253、G79、B228　R148、G1、B229

20 填充渐变

新建图层组，并重命名为“元素”，新建图层14，选择路径1，单击“将路径作为选区载入”按钮。然后单击渐变工具，设置好参数后，从上到下拖动鼠标，填充渐变。最后取消选区。

21 添加图层蒙版

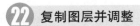

选择图层14，单击“添加图层蒙版”按钮，然后单击渐变工具，使用默认的黑色到白色渐变，在图层面板中从下到上拖动鼠标，得到渐隐的效果。最后调整大小，放在适当的位置。

22 复制图层并调整

复制图层14，得到图层14副本。单击“锁定透明像素”按钮，设置好前景色后，按下快捷键Alt+Delete，填充前景色。最后调整大小，放在适当的位置。

23 打开素材文件

按下快捷键Ctrl+O，打开文件，选择本书配套光盘中素材与源文件\Chapter12\04地产楼书\内页\Media\006.png文件，单击“打开”按钮打开文件。

24 拖入素材并调整

分别将素材拖入内页文件中，得到新图层，分别重命名为“人物1”和“人物2”。调整好大小后，放在适当的位置。

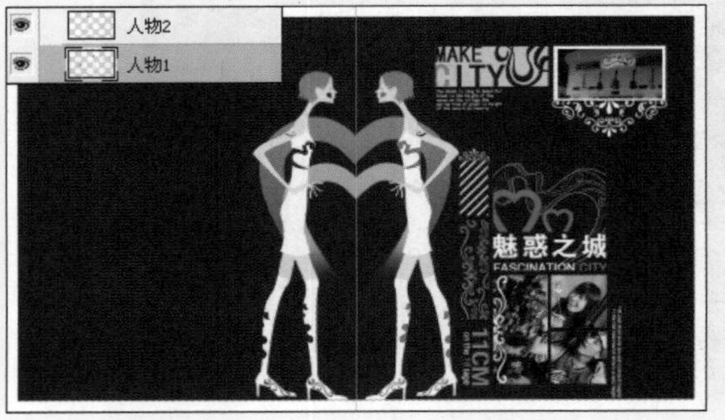

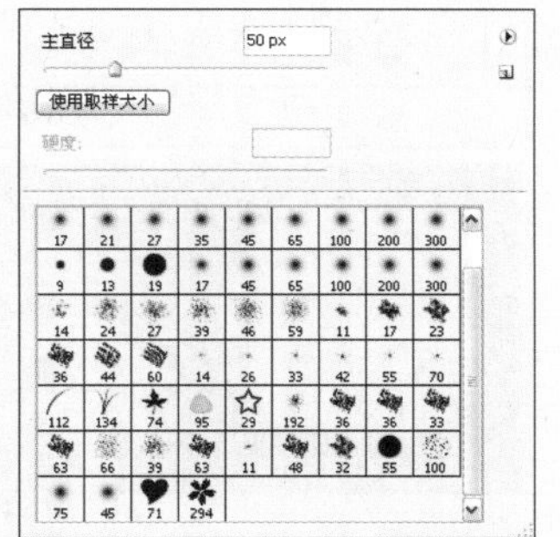

25 载入画笔

单击画笔工具，右击鼠标，在弹出的快捷菜单中，选择载入画笔命令，选择本书配套光盘中素材与源文件\Chapter12\04地产楼书\Media\内页画笔.abr，单击"载入"按钮载入画笔。

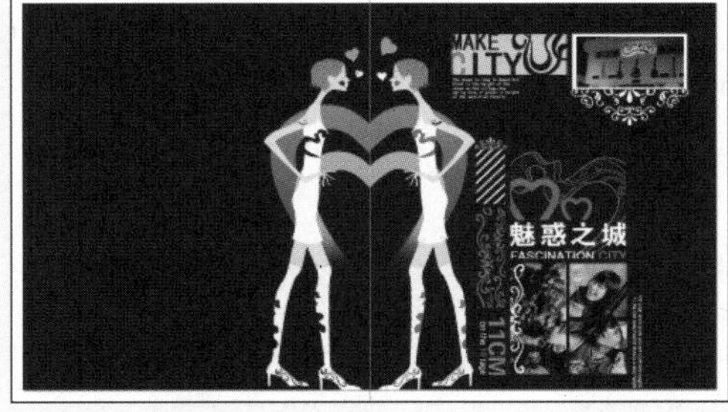

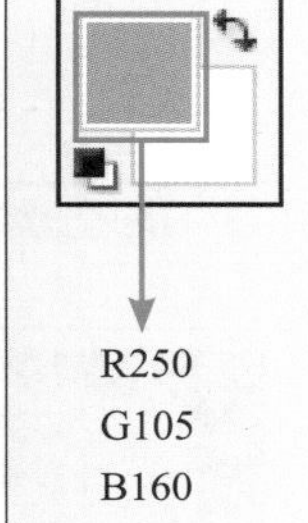

R250
G105
B160

26 使用画笔工具

新建图层15，单击画笔工具，设置好前景色后，在图层上单击鼠标，创建元素。复制几个图层15，调整好大小和方向后，放在适当的位置。

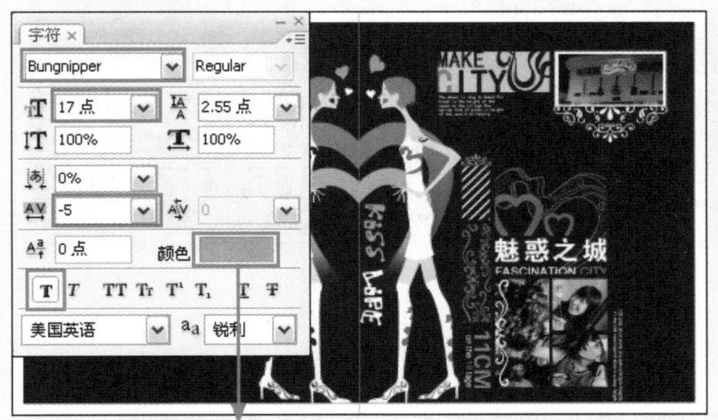

R250、G105、B160

27 添加文字元素

单击横排文字工具T，设置好参数后，输入以下文字，并选中字母LIFE，设置其颜色为白色。调整大小和方向后，放在适当的位置。

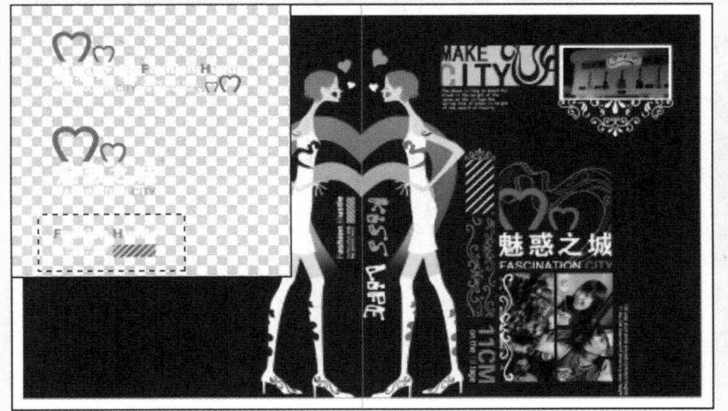

28 拖入素材美化效果

选中需要的元素，拖入内页文件中，放在适当的位置，使画面效果更和谐美观。

29 创建自定义路径

选择路径面板，新建路径2，单击自定义形状工具，在属性栏中单击“路径”按钮，创建一个自定义形状路径。新建图层17，设置好前景色后，单击“用前景色填充路径”按钮。

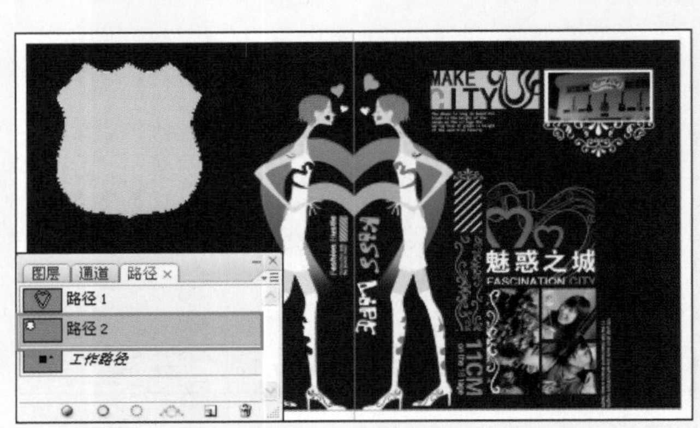

30 复制图层并调整

选中图层17，按下快捷键Ctrl+J，得到图层17副本。单击“锁定透明像素”按钮，然后单击渐变工具，设置好参数后，从上到下拖动鼠标填充渐变色。最后按下快捷键Ctrl+T，进行缩小处理后，放在适当位置。

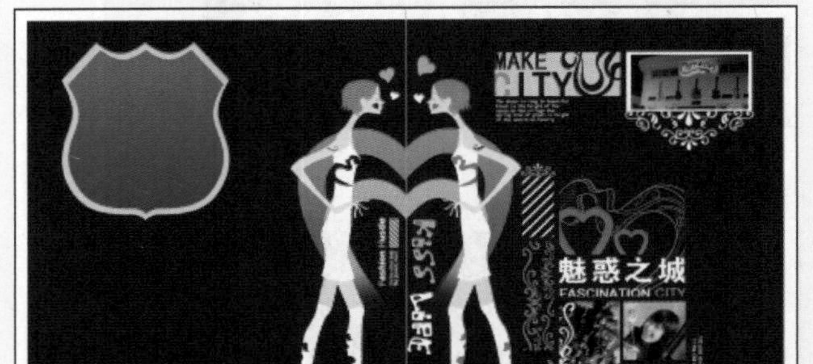

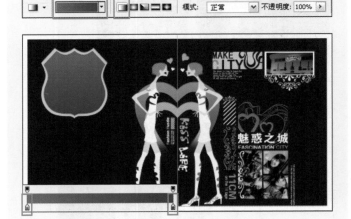

R180、G0、B100　　R100、G10、B65

31 添加元素

同理复制图层17，调整大小后，放在适当位置。然后拖入素材花纹，填充渐变色，放在适当的位置。

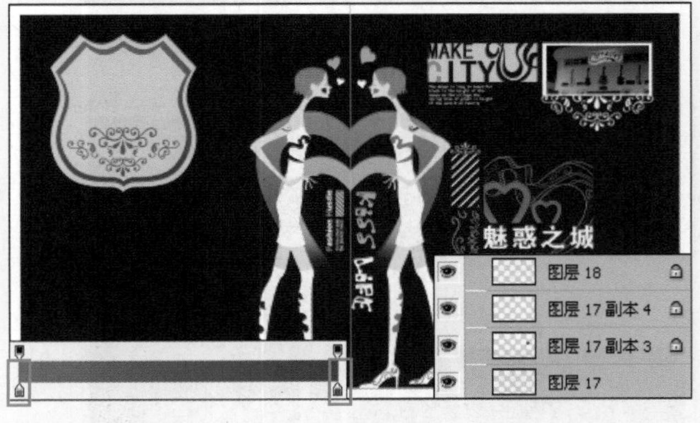

R180、G0、B100　　R100、G10、B65

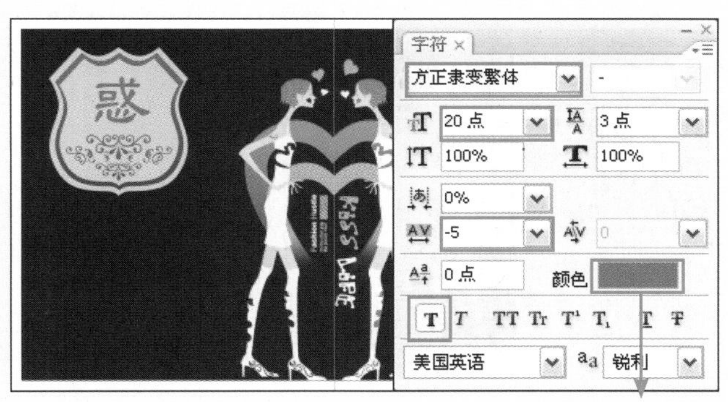

R180、G0、B100

32 添加文字

单击横排文字工具T，设置好参数后，输入以下文字，最后调整大小和方向，放在适当的位置。完成该元素的制作。

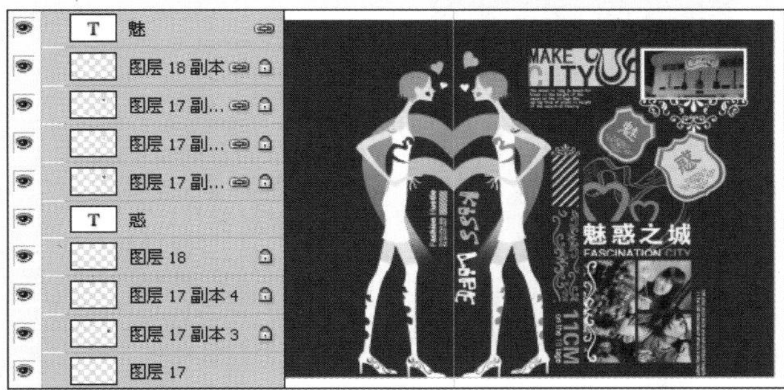

33 复制元素并调整

根据上面的方法，制作另一个元素。设置不同的颜色。调整好大小和方向后，放在适当的位置。

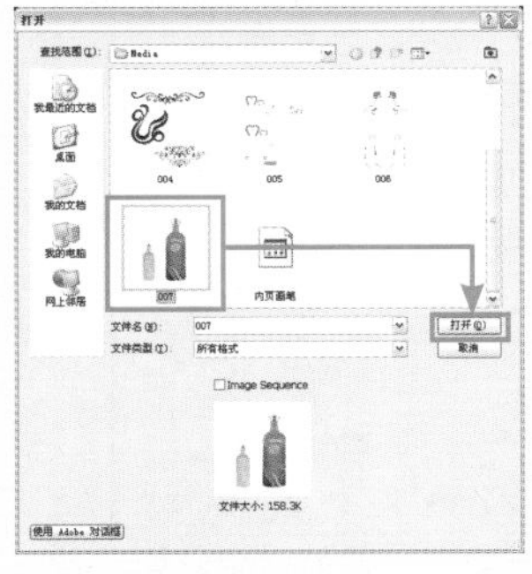

34 打开素材文件

按下快捷键Ctrl+O，打开文件，选择本书配套光盘中素材与源文件\Chapter12\04地产楼书\内页\Media\007.png文件，单击“打开”按钮打开文件。

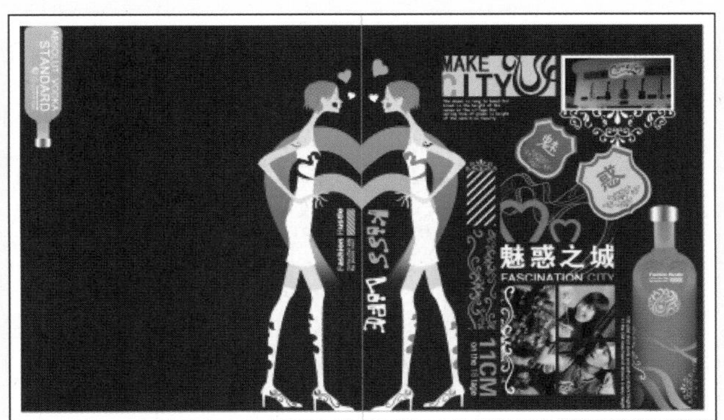

35 拖入素材文件

将该素材分别拖入内页文件中，得到图层19和图层20。调整大小和方向后，放在适当的位置。

36 添加其他元素

根据画面整体效果，读者可以根据自己的审美观添加其他元素，使画面更和谐美观。完成元素组的制作。下面添加文字。新建图层组，并重命名为“文字”。

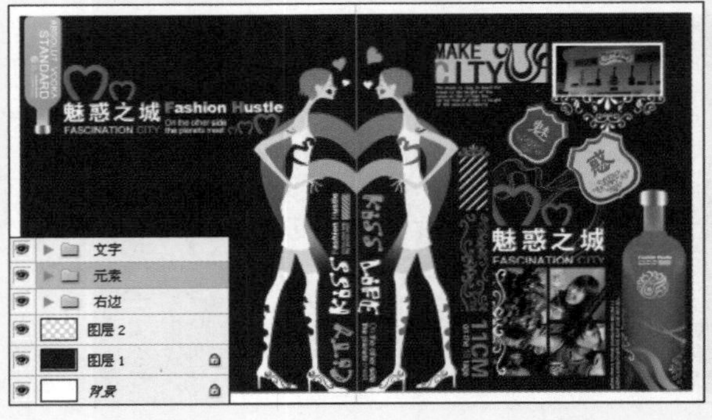

37 添加文字

单击横排文字工具T，设置好参数后，输入以下文字，并分别选中“领地”、“之都”，设置其颜色为白色。最后调整大小和方向，放在适当的位置。

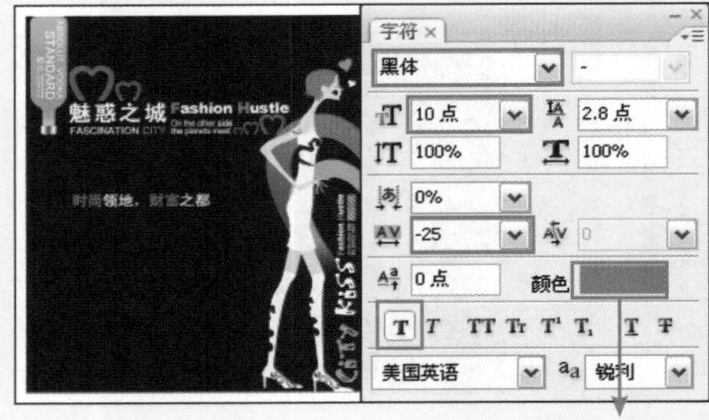

R245、G0、B165

38 添加文字

单击横排文字工具T，设置好参数后，输入如图所示文字。最后单击移动工具，放在适当的位置。

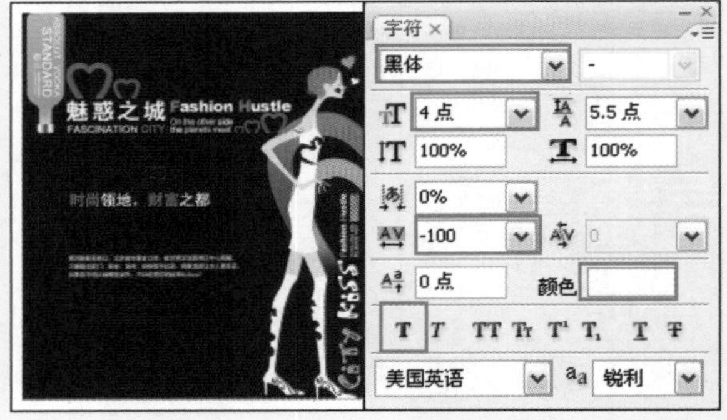

39 添加其他文字

根据客户要求和整体画面效果，添加其他文字。最后单击移动工具，放在适当的位置。

40 添加其他元素

读者可以根据自己的审美观，添加一些小元素。使画面效果更和谐美观。本实例完成。

12.7 广告理论与后期应用

12.7.1 VI系统

VI是CIS的一个部分。CIS的具体组成部分：MI（理念识别），BI（行为识别），VI（视觉识别）。CIS是Corporate Identity System的缩写，意思是企业形象识别系统。

VI全称Visual Identity，即企业VI视觉设计，是企业VI形象设计的重要组成部分。以标志、标准字、标准色为核心展开的完整的、系统的视觉表达体系。将上述的企业理念、企业文化、服务内容、企业规范等抽象概念转换为具体符号，塑造出独特的企业形象。在CI设计中，视觉识别设计最具传播力和感染力，最容易被公众接受，具有重要意义。

VI系统的主要构成如下：

（1）基本要素系统。如企业名称、企业标志、企业造型、标准字、标准色、象征图案、宣传口号等。

（2）应用系统。包括产品造型、办公用品、企业环境、交通工具、服装服饰、广告媒体、招牌、包装系统、 公务礼品、陈列展示以及印刷出版物等。

下面是VI应用系统优秀案例欣赏。

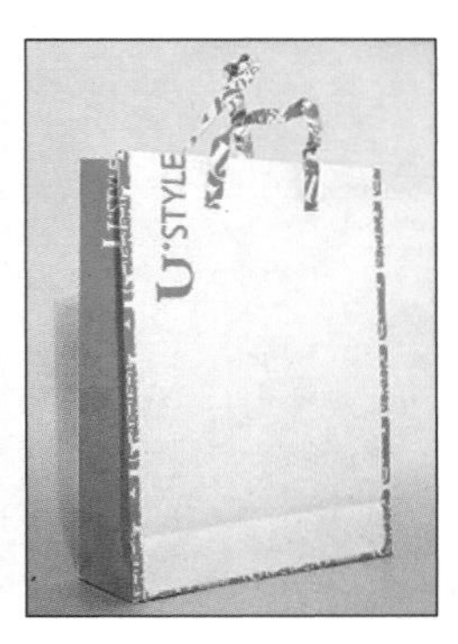

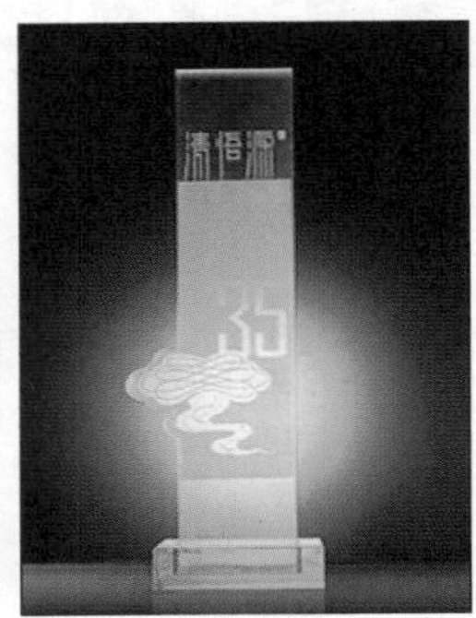

本章标志运可用在礼品盒子包装、咖啡杯、名片等VI系统。

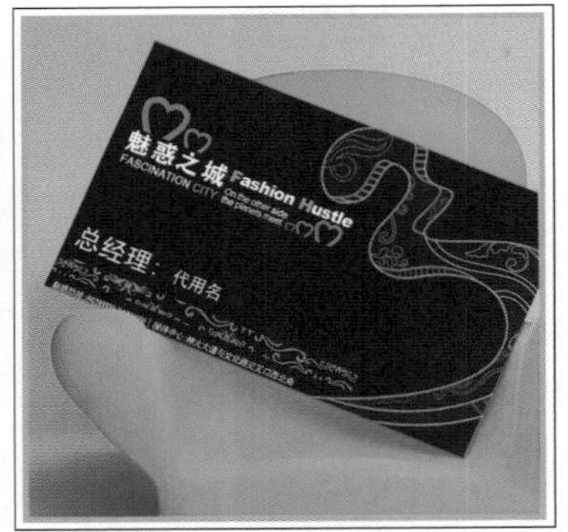

本户外广告运用可应用在高速公路广告牌上，不仅起到广告的宣传作用，同时也起到美化城市的作用。

12.7.2　报纸广告

报纸广告（newspaper advertising），即刊登在报纸上的广告。报纸是一种印刷媒介（print-medium），它的特点是发行频率高、发行量大、信息传递快，因此报纸广告可及时广泛发布。报纸广告以文字和图画为主要视觉刺激，不像其他广告媒介，如电视、广告等受到时间的限制。而且报纸可以反复阅读，便于保存。鉴于报纸纸质及印制工艺上的原因，报纸广告中的商品外观形象和款式、色彩不能理想地反映出来。

Iraqis go to the polls
Review-Journal Las Vegas Sun
Sunday
THE MAN BEHIND THE MASKS

USA TODAY
Iraqis agree to sign charter
Robin Hood is alive in court, say those seeking lawsuit limits
More funding directed to DNA crime fighting

LA PRESSE
LE QUÉBEC QU'ON AIME
ESCALADE DE MOTS
Alex, 5 ans, héros du Tour de l'Île
WOW

The Truth
Marines heading to Haiti
All hail the 'King'
Car-pickup crash kills 71-year-old
Fire levels square block

国外报纸欣赏

12.7.3　商业画册

画册用流畅的线条、和谐的图片，配以策划师的优美文字，组合成一本富有创意，又具有可读、可赏性的精美画册。全方位立体展示企业的风貌、理念，宣传产品、品牌形象。

在画册设计、创意的过程中，可以依据不同内容、不同的主题特征，进行优势整合，统筹规划，使画册在整体和谐中求创新。企业画册策划制作过程实质上是一个企业理念的提炼和实质的展现的过程，而非简单的图片文字叠加。一本优秀的企业画册应该是给人以艺术的感染、实力的展现、精神的呈现，而不是枯燥的文字和呆板的图片。高水准的设计服务，从各角度展示企业风采可以气势磅礴，可以翔实细腻，可以缤纷多彩，可以朴实无华。

房产画册设计一般根据房地产的楼盘销售情况做相应的设计，如开盘用，形象宣传用，楼盘特点用等。此类画册设计要求体现时尚、前卫、和谐、人文环境等。

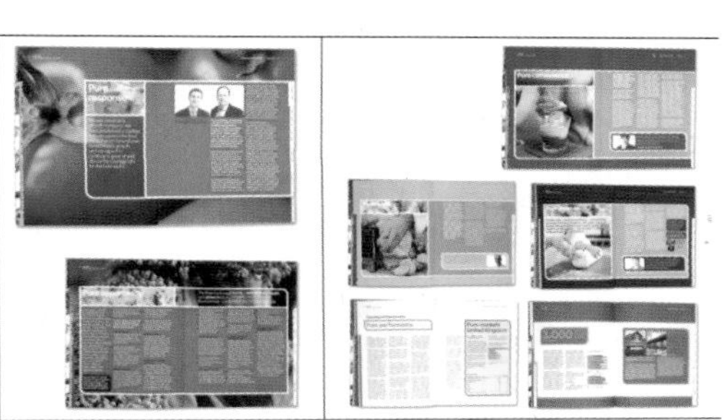

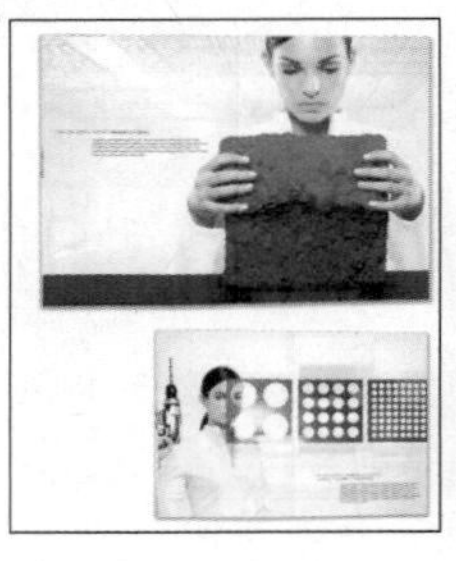

本章画册作为地产楼书，将楼盘的时尚卖点进一步深化，起到了更好的宣传作用。

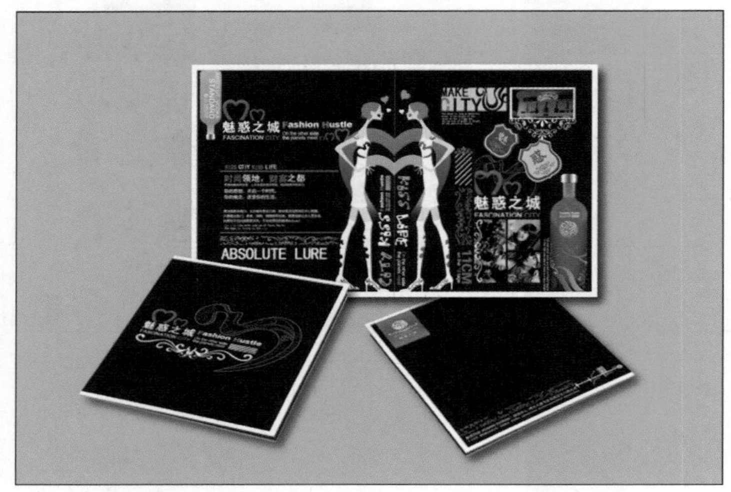